中国球宿根花卉研究进展
2021

中国园艺学会球宿根花卉分会
张永春　　产祝龙　　吴学尉　主编

中国林业出版社
CFPH China Forestry Publishing House

图书在版编目(CIP)数据

中国球宿根花卉研究进展. 2021 / 中国园艺学会球宿根花卉分会等主编. —北京：中国林业出版社，2021.6

ISBN 978-7-5219-1179-4

Ⅰ.①中… Ⅱ.①中… Ⅲ.①球根花卉-观赏园艺-研究进展-中国-2021②宿根花卉-观赏园艺-研究进展-中国-2021 Ⅳ.①S682-53

中国版本图书馆CIP数据核字(2021)第095119号

责任编辑：贾麦娥

电话：(010)83143562

出版发行	中国林业出版社(100009 北京市西城区德内大街刘海胡同7号) http://www.forestry.gov.cn/lycb.html
印　刷	河北京平诚乾印刷有限公司
版　次	2021年6月第1版
印　次	2021年6月第1次印刷
开　本	889mm×1194mm 1/16
印　张	16.5
字　数	514千字
定　价	128.00元

编委会

前　言

中国园艺学会球宿根花卉分会自2005年9月成立16年以来，先后举办过14届中国球宿根花卉年会，差不多一年一届，今年在上海举办的是第十五届。为了方便并有效地交流，我们每次会议都要编辑论文(摘要)集，总共14册。其中①《中国球根花卉年报2005》(北京：中国农业出版社，2005-09)、②《中国球根花卉年报2007》(北京：中国农业出版社，2007-10)、③《中国球根花卉研究进展2011》(西安：陕西科技出版社，2011-10)、④《"球根花卉 扮靓世园"延庆论坛论文集》[现代园林，2014，11(8)]、⑤《美丽大丰 球宿花开 中国球宿根花卉2015年会论文集》[现代园林，2015，12(4)]、⑥《中国球宿根花卉研究进展2017》(现代园林155. 北京：中国建筑工业出版社，2018-10. 1-84)、⑦《中国球宿根花卉研究进展2019》(北京：中国林业出版社，2019-04)等7册是正式出版的。2008、2009、2010、2011、2014、2015年的论文集已被中国知网作为会议论文或期刊论文收录。

这次由张永春研究员、产祝龙教授和吴学尉教授主编的《中国球宿根花卉研究进展2021》，将由中国林业出版社出版。该书分为两部分，第一部分是研究论文，包括种质资源10篇，遗传育种6篇，生理与发育17篇，繁殖与栽培9篇，共42篇。同一个主题下面，一般按照百合、郁金香、朱顶红、石蒜等和不分种类的顺序排列。其中全文16篇，摘要26篇。大家都知道，期刊论文比会议论文更受重视，我们的目的也是以会议交流为主，发表论文为辅。大多数摘要可能还会在期刊上全文发表，这也是我们对全文和摘要一视同仁的原因。第二部分是球宿根花卉的新品种，包括43种(属)232个品种，反映了国内球宿根花卉育种的基本情况。其中百合新品种已在《中国球宿根花卉研究进展2019》上刊登，本书未包含百合新品种；兰花、荷花因中国花卉协会有分会也未收录；非洲菊、香石竹因品种较多，留在下次收录。

这本论文集能够按期出版，首先要感谢各位作者的踊跃投稿和大力支持；感谢上海市农科院林果所张永春研究员及其团队的辛勤努力，按时完成了从征稿、收稿、统稿到审稿的全部流程；感谢华中农业大学园艺林学学院产祝龙教授和云南大学农学院吴学尉教授按时审毕稿件；更要感谢中国林业出版社贾麦娥责任编辑，她在极短的时间内，完成了几乎不可能的任务！

祝愿第十五届中国球宿根花卉年会顺利召开，祝愿《中国球宿根花卉研究进展》连续出版！

刘青林

2021年5月19日

目　录

第一部分　研究论文

·种质资源·

·遗传育种·

·生理与发育·

·繁殖与栽培·

第二部分 新品种

第一部分

研究论文

· 种质资源 ·

从种质到品种：不同阶段百合性状观测表的比较

翟志扬　李金娜　刘青林*

（中国农业大学园艺学院，北京　100193）

摘　要：从百合种质资源到百合新品种，要经过种质资源性状的描述、品种选育、DUS 测试和国际品种登录等四个流程。其中百合种质资源数据采集表包含 146 个性状（或指标），品种选育表包括 72 个性状，DUS 测试指南包括 46 个性状，国际品种登录有 28 个性状，涵盖了原产地、物候期、鳞茎、茎、叶、花、果、种子、抗性等性状。描述百合种质资源的性状包括了原产地和种源的基本信息，对各个器官的观测既包括有经济价值的、常用的性状，也包括有潜在价值的、特殊的性状。品种选育是在种质创新的基础上进行的筛选和聚焦，选育标准（性状）比种质描述集中，且符合育种目标。DUS 测试主要是从选育标准中选择品种间特异、品种内一致且稳定的部分性状，作为新品种与已知品种的区别。国际（内）品种登录则是从选种标准或 DUS 性状表中筛选出的，既符合育种目标，又是百合品种的标志性性状。从种质资源描述到品种登录，性状数逐步减少，育种目标越来越明确，品种的特征越来越突出。其实，无论是种质资源的采集或描述，还是品种选育、DUS 测试，或品种登录，都是百合育种者的职责。如果能将不同阶段、不同目标的百合性状表贯通起来，就能增加性状观测的年代和数据的可靠性。

关键词：种质资源；品种选育；DUS 测试；国际登录

From Germplasm to Cultivar: Comparison of Characteristics at Different Stages in Lilies

ZHAI Zhiyang, LI Jinna, LIU Qinglin*

(*College of Horticulture*, *China Agricultural University*, *Beijing* 100193, *China*)

Abstract: From germplasm to new cultivar, there are four processes including description of the germplasm resources, selection of cultivar, DUS test and International Cultivar Registration. The data of lily germplasm resources contains 146 characteristics (or indexes), the table of cultivar selection contains 72 characteristics, the guidelines for the conduct of tests for DUS contains 46 characteristics, the application for international cultivar registration contains 28 characteristics, covering geographic origin, phenological period, bulb, stem, leaf, flower, fruit, seed, resistance and other characteristics. The characteristics describing germplasm resources include the basic information of plant materials and their origin. The observation of various organs includes not only the economically valuable and common characteristics, but also the potential valuable and special characteristics. The breeding is the process of selecting and focusing based on germplasm innovation. The selection standard (characteristics) is more concentrated than that of description of germplasm resources, and consistent to the breeding ob-

通讯作者：Author for correspondence (E-mail: liuql@cau.edu.cn)。

jects. DUS test is mainly based on the selection standards, applied the characteristics that distinct inter-cultivars, uniform and stable intra-cultivars as the criteria of new and known cultivars. As for international(national) cultivar registration, the characteristics are selected from the breeding standard or DUS characteristics, which is not only conformed to breeding objects, but also the significant characteristics of cultivars. From the description of germplasm resources to international cultivar registration, the number of characteristics is gradually decreased, the breeding objects are more and more clear, and the characteristics of cultivars are more and more remarkable. In fact, the collection and description of germplasm resources, the selection and breeding of cultivars, the test of DUS and the cultivar registration are all responsibilities of lily breeders. If the characteristics of different stages and for different objects can be integrated together, the time of observation and the reliability of data can be increased obviously.

Key words: germplasm resources; the breeding and selecting of cultivars; DUS test; international cultivar registration

3个野生郁金香花粉形态、生活力及储藏方法研究

邢桂梅　田海亮　赵　展　张艳秋　张惠华　吴天宇　鲁娇娇　梅国宏　屈连伟*

（辽宁省农业科学院花卉研究所，辽宁省花卉科学重点实验室，沈阳　110161）

摘　要：为明确准噶尔郁金香（*Tulipa schrenkii*）、垂蕾郁金香（*T. patents*）和伊犁郁金香（*T. iliensis*）的花粉形态、生活力和储藏方法，采用扫描电镜对花粉形态进行了观察，利用离体萌发法测定了不同采集时间、不同储藏条件下花粉的生活力，并通过田间杂交试验进行了花粉活力验证。结果表明：3种野生郁金香花粉均为扁球体型，萌发沟均为单沟。垂蕾郁金香的花粉粒最大，极轴长为54.32μm，赤道轴长为26.85μm。准噶尔郁金香、垂蕾郁金香和伊犁郁金香的花粉生活力均在开花当天最高，分别达到75.28%、56.43%和78.98%。在-20℃储藏条件下郁金香的花粉生活力下降最慢，较25℃和4℃条件下保存效果更好，储藏50d后三种野生郁金香花粉生活力分别为25.68%、27.85%和33.81%。杂交试验显示，以-20℃保存的准噶尔郁金香花粉为父本的杂交组合，子房膨大率、坐果率和获得种子率最高，这表明温度对花粉的生活力具有很大的影响。试验结果可为提高郁金香杂交育种的效率提供参考。

关键词：野生郁金香；花粉形态；花粉萌发；花粉生活力

Study on Pollen Morphology, Viability and Storage Methods of Three Wild Tulip Species Native to China

XING Guimei, TIAN Hailiang, ZHAO Zhan, ZHANG Yanqiu, ZHANG Huihua, WU Tianyu, LU Jiaojiao, MEI Guohong, QU Lianwei*

(*Institute of Floriculture, Liaoning Academy of Agricultural Sciences, Key Laboratory of Floriculture of Liaoning Province, Shenyang* 110161)

Abstract: To study the pollen morphology, viability and storage method of *T. schrenkii*, *T. patents* and *T. iliensis*, the pollen morphology of four wild tulips were observed by scanning electron microscope. The pollen viability stored in different collected time and stored temperature was determined using in vitro germination method, and the the pollen viability was verified by field hybridization experiment. The results showed that the pollen grains of three *Tulipa* species were oblate spheroid, germinal furrows were all single. The largest length of polar axis and equator axial were 54.32μm and 26.85μm in *T. patents*. The pollen germination rate of *T. schrenkii*, *T. patents* and *T. iliensis* were the highest at flowering day with 75.28%, 56.43% and 78.98%, respectively. Pollen viability of three species reduced slowly when pollen was stored ats-20℃. After stored 50d, the pollen germination rate of *T. schrenkii*,

基金项目：辽宁省“兴辽英才计划”项目（XLYC1907045）；辽宁省博士启动基金项目（2019-BS-133）；辽宁省“百千万人才工程”经费资助项目（201945-37）；辽宁省农业科学院学科建设计划项目（2019DD051608）；地方科研基础条件和能力建设项目（3213312）；科技特派行动专项计划项目（2020030187-JH5/104）；辽宁省农业攻关及产业化项目（2020JH2/10200016）。

通讯作者：Author for correspondence（E-mail：568219189@qq. com）。

T. patents and *T. iliensis* were 25.68%, 27.85% and 33.81%, respectively. The hybridization experiment showed that the highest rate of ovary swelling, fruit setting and seed gained was found in the hybrid combination with *T. schrenkii* pollen stored ats-20℃ as male parent, which suggested that temperature has a strong effect on pollen viability. The experimental results can provide reference for improving the efficiency of tulip hybrid breeding.

Key words: wild *Tulipa* L.; pollen morphology; pollen germination; pollen viability

郁金香(*Tulipa* L.)是百合科郁金香属的著名球根花卉，其花色艳丽、花型优美、品种丰富，具有很高的观赏价值。近年来，郁金香已成为春季花海、花带使用的重要植物材料。同时，郁金香还可用作切花和盆花，在全世界范围已经得到广泛应用(Van Tuyl *et al.*, 2006)。中国是郁金香的重要起源中心，分布的野生郁金香资源达到17个种(Tang, 1980; 谭敦炎 等, 2000; Shen, 2001; Tan *et al.*, 2007)。中国野生郁金香资源的抗逆性和适应性很强，是新品种选育的重要遗传材料。利用我国野生郁金香资源为亲本与栽培品种进行远缘杂交，能够提高栽培品种的适应性，也是促进我国郁金香产业可持续发展的一条可行途径(陈俊愉, 2015)。

花粉是杂交育种中植物遗传信息的重要载体，其生活力直接影响到杂交结实率(Yi *et al.*, 2006; Twell, 2002)。屈连伟等(2016)发现，野生种与栽培品种的花期差异较大，花期不遇成为远缘杂交育种工作的重要问题，因此开展野生郁金香花粉生活力及离体储藏方法的研究对解决远缘杂交的花期不遇问题具有重要意义。

温度是影响花粉生活力的重要因素之一，低温能降低呼吸强度与酶活性，延缓花粉的衰老(Wang *et al.*, 2015)。花粉粒形态、大小、外壁纹饰等在郁金香种间存在不同程度的差异，这些差异对郁金香分类具有一定参考意义(谭敦炎, 2005)，也对花粉的生活力有一定影响(Aydin *et al.*, 2016)。本研究以原产我国的3种野生郁金香的花粉为材料，研究花粉的微观形态、花粉生活力和花粉储藏方法，并以储藏后的花粉为材料开展田间杂交试验，从而系统探讨野生郁金香的花粉生活力，为郁金香花粉的储藏及杂交育种工作提供参考。

1　材料与方法

1.1　试验材料

以准噶尔郁金香(*T. schrenkii*)、垂蕾郁金香(*T. patents*)和伊犁郁金香(*T. iliensis*)的花粉为试验材料。3种野生郁金香来源于辽宁省农业科学院国家郁金香种质资源库。

1.2　试验方法

1.2.1　花粉采集及超微形态观察

花粉于晴朗的上午(10:00~12:00)采集，选取花瓣第一次盛开的花朵，用镊子取下花药，装入培养皿中。待24h后花药自然开裂，花粉散出后备用。将花粉均匀撒在粘有导电胶带的样品台上，用真空喷镀法喷金处理后，在Hitachi-TM3030扫描电镜下观察，每份材料挑选50个饱满的花粉进行观察、拍照。花粉形态描述术语参考谭敦炎(2005)的方法。

1.2.2　3个野生郁金香花粉萌发情况

将花粉分别涂抹于1/2MS+10%蔗糖+0.5%琼脂+2mg/L硼酸+2mg/L硝酸钙的培养基上，在室温条件下培养24h、48h、72h、96h后，采用光学显微镜(Olympus B×50)观察花粉管生长情况。花粉管长度超过花粉粒直径2倍的花粉粒，记为花粉萌发。每个处理设3个重复，每个重复随机选取5个视野进行统计，每个视野花粉粒数不少于50粒。

1.2.3　不同采集时间花粉生活力研究

分别在开花前2d(花药未散粉)，前1d(花药未散粉)，开花当天(花药开始散粉)，开花后1d(50%花药散粉)、开花后2d(花药全部散粉)采集准噶尔郁金香、垂蕾郁金香和伊犁郁金香的花药，干燥处理散粉后，将花粉分别涂抹于1/2MS培养基+10%蔗糖+0.5%琼脂+2mg/L硼酸+2mg/L硝酸钙的培养基上，在 25℃散射光条件下培养 24h 后，采用光学显微镜(Olympus B×50)观察和统计花粉的萌发情况。每个处理设 3 个重复。

1.2.4 不同储藏温度对花粉生活力的影响

采集 3 种野生郁金香开花当天的花粉，置于相对湿度为 18%的干燥箱内进行自然散粉。每个处理取 0.1g 花粉，放入 2ml 的离心管中，分别置于 25℃、4℃和−20℃的温度下储藏。在储藏 5d、10d、15d、20d、25d、30d、35d、40d、45d、50d 后，每个处理分别取出部分花粉进行生活力测定。以新鲜花粉为对照，每处理重复 3 次。

1.2.5 花粉生活力的田间验证

分别取出在 25℃、4℃和−20℃储藏 10d、20d 和 30d 的准噶尔郁金香花粉，将少量花粉授于亲和性好的母本‘Heart of Poland’的柱头上，第 4 周调查子房膨大率，第 8 周统计坐果率，第 10 周进行果实采收。果实风干后将种子取出、计数并统计种子获得率，评价不同储藏条件对花粉生活力和结实率的影响，每个组合至少授粉 20 朵花，每个组合重复 3 次。子房膨大率(%)= 膨大的子房数/授粉花朵数×100%。坐果率(%)= 获得成熟种子的果实数/授粉花朵数×100%。种子获得率(%)= 成熟种子数/总种子数×100%。

1.3 数据分析

数据使用 Excel 进行整理，采用 SPSS19.0 软件进行单因素方差分析，采用 LSD 法多重比较。

2 结果与分析

2.1 野生郁金香花粉的超微结构

扫描电镜下观察发现，3 种野生郁金香花粉均以单粒形式存在，花粉粒均为扁球体型，准噶尔郁金香极面为肾形(图 1，A)，垂蕾郁金香和伊犁郁金香花粉粒极面为近舟形(图 1，B、C)。3 种野生郁金香的花粉纹饰有一定差异，除垂蕾郁金香外(图 1，b)，其他 2 种野生郁金香的花粉粒上都具条纹状沟壑纹饰(图 1，a、c)。阿尔泰郁金香和天山郁金香花粉表面有疣状与瘤状突起，垂蕾郁金香的花粉表面为网状突起。3 种野生郁金香纹饰内部均为圆柱形或细长圆柱形，与沟槽平行并与凹槽相互交织形成导管状的横纹。3 种野生郁金香的萌发沟均为单沟。

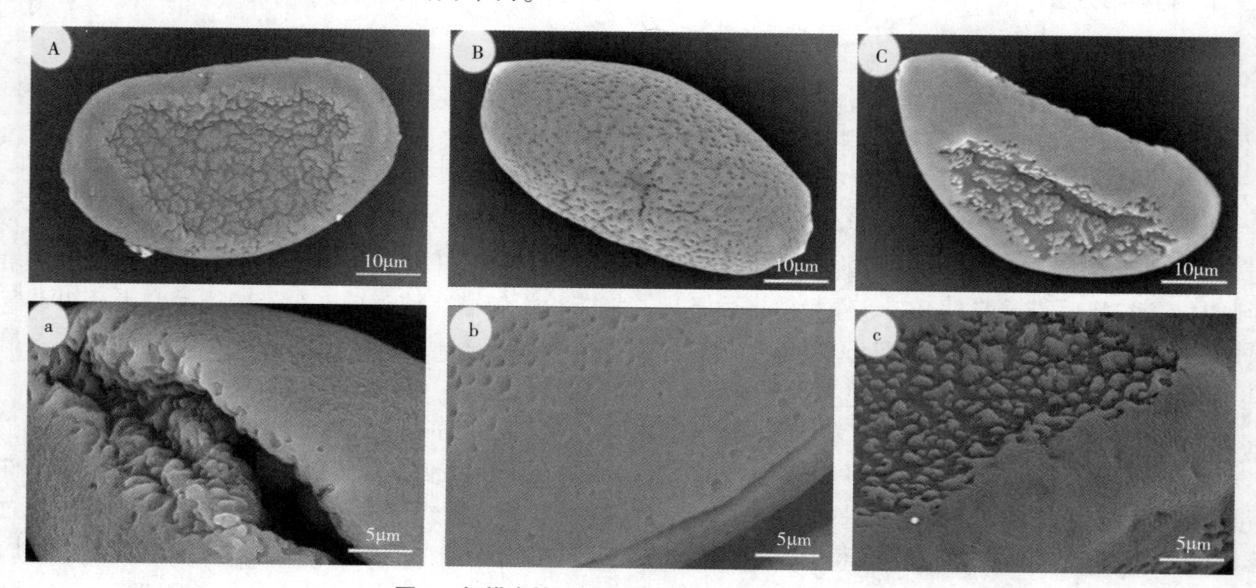

图 1 扫描电镜下 3 种野生郁金香花粉粒形态

A a：准噶尔郁金香；B b：垂蕾郁金香；C c：伊犁郁金香

Fig. 1 SEM micrographs of pollen grains of three wild *Tulipa* species

A a：*T. schrenkii*；B b：*T. patents*；C c：*T. iliensis*

3 种野生郁金香中，花粉粒尺寸存在一定的差异(表 1)。花粉粒最大的是垂蕾郁金香，极轴长为

54.32μm，赤道轴长为 26.85μm。花粉粒最小的为准噶尔郁金香，极轴长为 51.87μm，赤道轴长为 26.51μm。3 种野生郁金香的极轴长和赤道轴长比为 1.83~1.94。

表 1　3 种野生郁金香的花粉形态特征

Table 1　Pollen characteristics of three wild *Tulipa* species

种 Species	形状 Shape	外壁纹饰 Exine ornamentation	萌发沟类型 Type of germination aperture	均值±标准误 Mean±SE		
				极轴长 P(μm)	赤道周长 E(μm)	P/E
准噶尔郁金香 *T. schrenkii*	椭球形	疣状突起	单沟	51.87±1.24b	26.51±1.01b	1.83±1.21b
垂蕾郁金香 *T. patens*	扁舟形	网状纹饰	单沟	54.32±1.73a	26.85±0.55b	1.86±1.33b
伊犁郁金香 *T. iliensis*	近舟形	瘤状突起	单沟	53.53±1.24a	27.32±0.63a	1.94±1.32a

注：同一行不同字母代表在 $P<0.05$ 水平上差异显著。

Note: Different letters on the same line represent significant differences at the $P<0.05$.

2.2　采集时间对野生郁金香花粉生活力的影响

野生郁金香的花粉生活力与花粉发育时期具有相关性，且不同发育阶段生活力差异显著(表 2)。准噶尔郁金香、垂蕾郁金香和伊犁郁金香花粉的生活力在开花前 2d 为最低，分别为 42.45%、33.26%和 32.43%。随着花粉的不断成熟，生活力呈不断上升的趋势，开花当天 3 种野生郁金香的花粉生活力最高，准噶尔郁金香、垂蕾郁金香和伊犁郁金香分别达到 75.28%、56.43%和 78.98%。花朵开放后，随着开花时间的延长，所有花粉的生活力都出现逐渐下降的趋势。

表 2　3 种野生郁金香不同采集时间的花粉萌发情况

Table 2　Pollen germination at different collection time of three *Tulipa* species

种 Species	不同采集时间的花粉生活力 Pollen germination under different collection time(%)				
	Two days before flowering 开花前 2d	One day before flowering 开花前 1d	Date of first flowering 开花当天	One day after flowering 开花后 1d	Two days after flowering 开花后 2d
准噶尔郁金香 *T. schrenkii*	42.45±1.23d	64.13±2.23b	75.28±1.55a	55.21±3.69c	43.27±1.93d
垂蕾郁金香 *T. patens*	33.26±2.35c	47.52±1.03c	56.43±0.21a	49.07±1.41b	40.27±2.83b
伊犁郁金香 *T. iliensis*	32.43±0.72c	51.33±0.86b	78.98±2.65a	43.65±0.56b	39.83±2.49c

注：同一行不同字母代表在 $P<0.05$ 水平上差异显著。

Note: Different letters on the same line represent significant differences at the $P<0.05$.

2.3　不同储藏温度对花粉萌发力的影响

准噶尔郁金香在不同储藏温度下花粉生活力差异显著(图 2)。25℃条件下储藏的花粉萌发率呈快速下降的趋势，储藏 50d 后，活粉活力从最初的 53.98%下降到 13.54%。4℃条件下，花粉生活力在 0~20d 时下降较快，在 20~35d 时出现一个缓慢的下降过程，35d 后又开始迅速的下降，在储藏 50d 后，准噶尔郁金香的花粉生活力仅为 18.54%。在-20℃条件下，花粉生活力一直呈缓慢下降的趋势，储藏 50d 后，准噶尔郁金香花粉生活力为 25.68%。

垂蕾郁金香在-20℃条件下储藏后的生活力与 25℃和 4℃下储藏存在显著差异(图 3)。4℃和 25℃储

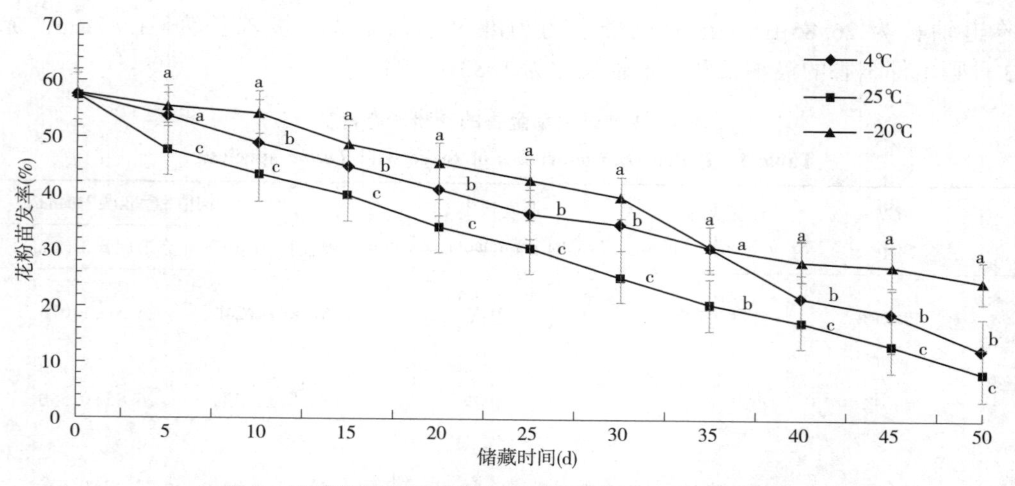

图 2　准噶尔郁金香花粉在不同储藏温度下生活力变化

Fig. 2　Trends of in *vitro* pollen germinations of *T. schrenkii* stored at different temperature

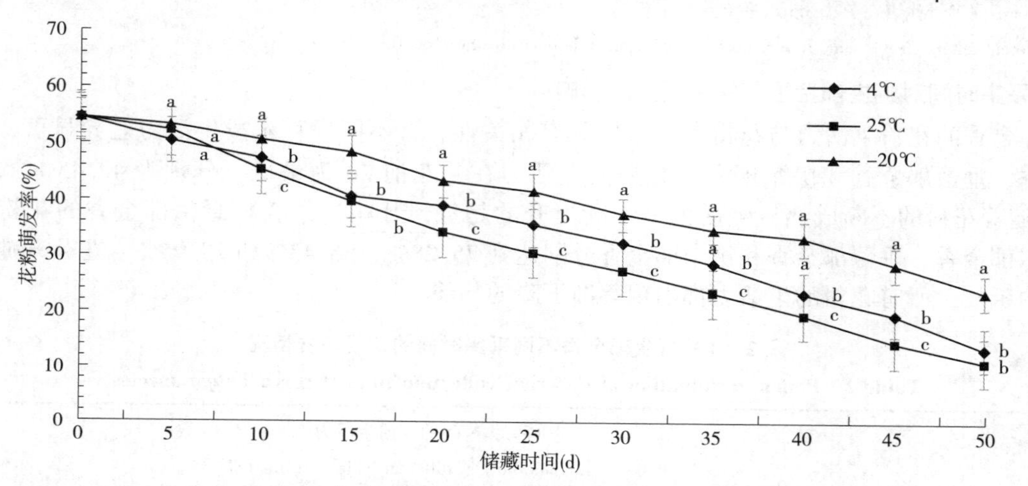

图 3　垂蕾郁金香花粉在不同储藏温度下生活力变化

Fig. 3　Trends of in *vitro* pollen germinations of *T. patens* stored at different temperature

藏 5d 后，生活力开始快速下降，储藏 50d 后生活力仅为 15. 42%和 12. 34%。-20℃条件下储藏，生活力一直呈现缓慢下降的趋势，50d 后，花粉生活力为 27. 85%。

伊犁郁金香在 25℃下储藏花粉活力一直呈快速下降趋势，与 4℃和-20℃下储藏差异明显(图 4)。4℃和-20℃在 35d 前都呈缓慢下降，从最初的 56. 83%分别下降到 38. 71%和 39. 83%，35d 后 4℃下花粉活力迅速下降，40d 下降到 16. 21%，与 25℃储藏下基本一致，-20℃条件下储藏 50d 花粉生活力为 33. 81%。

2. 4　不同温度储藏条件下准噶尔郁金香花粉生活力验证

以‘Heart of Poland’为母本，以不同温度储藏后的准噶尔郁金香花粉为父本进行杂交，验证不同储藏条件对花粉活力和受精结实的影响。在表 3 中可以看出，不同储藏条件下的花粉受精能力和结实率存在显著差异。在 25℃储藏条件下储藏 10d、20d 和 30d 的准噶尔郁金香的花粉在生活力最低，分别为 42. 41%、37. 43%和 20. 25%。杂交授粉后子房膨大率和获得种子数也最低。在-20℃储藏条件下储藏准噶尔郁金香花粉的生活力在各时期均最高，分别为 63. 24%、51. 35%和 49. 37%，授粉后子房膨大率也最高，为 69. 53%、61. 52%和 51. 31%。对储藏后的花粉生活力与授粉后的子房膨大率进行相关性分析后，相关系数为 0. 953(数据未列出)。通过杂交试验结果可以看出，花粉储藏温度直接影响花粉的活力，储藏后的花粉的生活力也直接影响杂交结实的子房膨大率、坐果率和种子获得率。

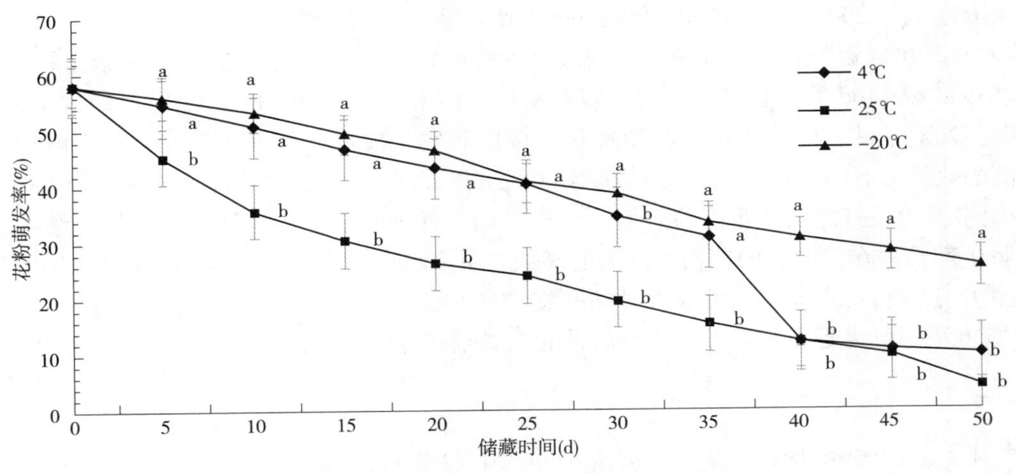

图 4　伊犁郁金香花粉在不同储藏温度下生活力变化

Fig. 4　Trends of in *vitro* pollen germinations of *T. iliensis* stored at different temperature

表 3　不同温度储藏条件下准噶尔郁金香花粉田间杂交结实情况

Table 3　The ovary swelling rate, fruits-setting rate, seeds gained rate in the crosses of 'Heart of Poland' as female parent with *T. schrenkii* used as male parents

储藏温度 Temperature(℃)	储藏时间 Stored time(d)	储藏后的花粉生活力 Rate of pollen germinations(%)	子房彭大率 Ovary swelling rate(%)	坐果率 Fruit setting rate(%)	种子获得率 Seed gained rate(%)
25	10	42. 41±1. 65c	53. 16±1. 67b	51. 59±0. 56b	56. 54±2. 78a
	20	37. 43±2. 45d	40. 59±2. 54c	42. 37±1. 54c	45. 23±1. 35b
	30	20. 25±0. 98d	36. 64±1. 76d	33. 52±2. 65d	34. 22±1. 54c
4	10	54. 63±1. 34b	56. 24±3. 87b	56. 53±2. 18b	53. 42±0. 65a
	20	41. 26±3. 34c	51. 66±2. 13c	47. 92±1. 56c	45. 87±3. 71b
	30	24. 57±2. 73d	37. 37±1. 56d	34. 57±3. 68d	43. 22±2. 52c
-20	10	63. 24±1. 29a	69. 53±2. 67a	66. 24±1. 25a	70. 45±1. 68a
	20	51. 35±1. 56b	61. 52±1. 18b	58. 21±1. 54b	62. 32±1. 45b
	30	49. 37±2. 46b	51. 31±0. 72b	47. 32±2. 65c	50. 31±2. 43c

注：同一列不同字母代表在 $P<0.05$ 水平上差异显著 .

Note: Different letters on the same line represent significant differences at the $P<0.05$.

3　讨论

植物花粉生活力的高低会直接影响杂交授粉的结果，因此在进行人工授粉前测定花粉活力是不可或缺的一步。国内外学者研究了一些植物花粉生活力，试验结果显示，离体培养法是检测花粉活力的最佳方法(Aydin *et al.*, 2016)。研究显示同一植物花粉萌发能力与花粉粒尺寸有一定的相关性，花粉粒尺寸越小，花粉为其萌发和花粉管的生长所提供的能量就越少(Gwataet *et al.*, 2003)。花粉体积越大，能量储备越多，从而提高花粉的萌发率(Pfahlerpl *et al.*, 2003)。本研究的结果显示：垂蕾郁金香花粉的尺寸最大，但其萌发率不是最高，与以上的研究结果不一致。研究发现，花粉萌发力随着开花时间的延长而逐步下降，油菜花粉萌发力在开花后 2h 高达 82. 84%，而开花后 72h 则迅速降低为 0. 19%(Sato *et al.*, 1998)。百日草不同时间采集的花粉生活力不同，上午 10：00 的花粉生活力明显高于下午 15：00 的花粉生活力(叶要妹 等，2007)。本试验结果显示，3 种野生郁金香的花粉生活力均随着开花时间延长而逐渐降低，与以上研究结果一致。

花粉储藏可以延长花粉寿命，克服杂交育种中的花期不遇问题，而温度是花粉储藏中最重要的影响因素之一(张玉进 等，2000)。在番茄的杂交育种中使用液氮储藏 15d 的花粉进行授粉，10d 后统计的结实率可达到为 85. 70%(赵树仁 等，1993)；蟹爪兰花粉在 21℃下干燥储藏 20d 后授粉结实率很低，而在-4℃和-18℃下储藏 140d 后授粉结实率与新鲜花粉授粉结实率相当(Boyle，2001)。杨树花粉在 4℃条件下储藏 1 年或-20℃条件下储藏 2 年的花粉授粉后可以萌发，授粉后可以获得发育正常的种子，尤其以-20℃下储藏的效果为好(杜克兵 等，2007)。本实验结果表明，在-20℃条件下储藏，野生郁金香花粉的生活力下降缓慢，能较好的保持花粉的活力，为解决郁金香种间杂交的花期不遇，提高结实率具有积极作用。3 个野生郁香种在储藏后的花粉生活力的高低与子房膨大率具有一定的相关性，-20℃条件下储藏保存后的花粉用于授粉可大大提高郁金香种间杂交结实率，与以上研究结果相似。因此，进一步优化郁金香花粉储藏方法，可为野生郁金香与栽培品种的远缘杂交育种工作提供技术参考。

参考文献

陈俊愉，2015. 通过远缘杂交选育中华郁金香新品种群[J]. 农业科技与信息(现代园林)，12(4)：327.

杜克兵，沈宝仙，许林，等，2007. 不同储藏条件下杨树花粉活力变化及隔年杂交授粉应用的可行性研究[J]. 华中农业大学学报(3)：385-389.

贾文庆，张少伟，刘露颖，等，2013. 不同培养基和储藏方法对矮牡丹花粉萌发的影响[J]. 西南农业学报，26(01)：338-341.

年玉欣，曹冬煦，李智辉，等，2008. 储藏条件对郁金香花粉生命力的影响[J]. 北方园艺(11)：120-122.

屈连伟，雷家军，张艳秋，等，2016. 中国郁金香科研现状与存在的问题及发展策略[J]. 北方园艺(11)：188-194.

谭敦炎，2005. 中国郁金香属(广义)的系统学研究[D]. 北京：中国科学院研究生院植物研究所.

叶要妹，张佳祺，张双凤，等，2007. 百日草自交系花粉萌发条件及花粉活力研究[J]. 华中农业大学学报(5)：693-696.

张玉进，张兴国，刘佩瑛，2000. 魔芋花粉的低温和超低温保存[J]. 园艺学报，27(2)：139-140.

赵树仁，武丽英，姚民昌，1993. 番茄花粉超低温保存的研究[J]. 园艺学报，20(1)：66-70.

AYDIN S，VAHIDEHh N，MAJID S，2016. Pollen viability and storage life in *Leonurus cardiaca* L[J]. J Appl Res Med Mroma，3：101-104.

BOYLE TH，2001. Environmental control of moisture content and viability in *Schlumbergera truncala*(Cactaceae)pollen[J]. Journal of the American Society for Horticultural Science，5：625-630.

GWATA ET，WOFFORD DS，PFAHLER PL，et al，2003. Pollen morphology and in vitro germination characteristics of nodulating and nonnodulating soybean(*Glycine max* L.)genotypes[J]. Theor Appl Genet，106(5)：837-839.

PFAHLER PL，PEREIRA MJ，BARNETT RD，2003. Genetic and environmental variation in anther，pollen and pistil dimensions in sesame[J]. Sex Plant Reprod，9(4)：228-232.

SATOS，KATHO N，IWAI S，1998. Estabilishment of reliable method of *in vitro* pollen germination and pollen preservation of *Brassica rapa*[J]. Euphytica，103：29-33.

SHEN X S，2001. A new species of *Tulipa* (Liliaceae)from China[J]. Acta Bot Yunnanica，23：39-40.

TAN D Y，LI X R，HONG D Y，2007. *Amana kuocangshanica*(Liliaceae)，a new species from south-east China[J]. Bot J Linn Soc，154(3)：435-442.

TANG J，WANG F Z，1980. The flora of China，vol 14[M]. Beijing：Science Publishing House.

TAN D Y，WEI X，FANG J，2000. New taxa of *Tulipa* L. from Xinjiang[J]. Acta Phytotaxon Sin，38(3)：302-304.

TWELL D，2002. Pollen developmental biology[J]. Plant Reproduction，6：86-153.

VAN T J，VAN C M，2006. *Tulipa gesneriana* and *Tulipa hybrids*[M]. In：Anderson NO(ed)Flower breeding and genetics：issues，challenges and opportunities for 21st century. Springer，Dordrecht：613-637.

VAN EIJK J P，VAN RAAMSDONK L W D，EIKEL B M，et al，1991. Interspecific crosses between *Tulipa gesneriana* cultivars and wild *Tulipa* species：a survey[J]. Sex Plant Reprod，4(1)：1-5.

WANG Li，WU J，CHEN J，et al，2015. A simple pollen collection，dehydration，and long-term storage method for litchi(*Litchi chinensis* Sonn)[J]. Scientia Horticulturae，188：78-83.

YI W G，LAW S E，MCCOY D，et al，2006. Stigma development and receptivity in almond(*Prunus dulcis*)[J]. Annals of Botany，97(1)：57-63.

朱顶红花粉形态、活力及离体萌发研究

杨柳燕　李青竹　李　心　周　琳　陈敏敏　张永春*

（上海市农业科学院林木果树研究所，上海　201403）

摘　要：大花朱顶红（*Hippeastrum* spp.）为石蒜科孤挺花属杂交品种群的总称，具有花大色艳、形态丰富等明显优势，具有很高的观赏价值和经济价值。目前市场上流行的品种大多从品种间或种间杂交获得，而花粉的状态直接影响着杂交结果。本研究选取2个品种'红狮'和'苹果花'，进行花粉形态、活力和离体萌发试验，为后期杂交授粉提供基础数据。通过花粉形态电镜扫描观察，发现朱顶红正常花粉为合卷状，属长椭圆形花粉，'苹果花'畸形率为22.24%，'红狮'畸形率为14.71%，花粉外壁具网状纹饰，网孔内壁内凹；'苹果花'网孔大小4.0μm，'红狮'网孔大小3.1μm。通过对花药开裂前、开裂（未散粉）、开裂后（已散粉）3种状态花粉活力的测定，发现活力均在花药开裂散粉时最高，两个品种花粉在开裂后（已散粉）的花粉活力呈现出显著差异，'红狮'显著高于'苹果花'。花粉管离体萌发4h后，发现16个处理都可以使花粉萌发，但是花粉萌发率却有很大差异。处理A2的'苹果花'萌发率最高，为63.11%，处理B2的'红狮'的萌发率最高，达到80.91%，蔗糖和硼酸浓度偏高都不适宜花粉的萌发，以0.5%和1%的表现更好，认为A2配方（蔗糖浓度10%+硼酸浓度0.5%）更有利于'苹果花'花粉的萌发试验，B2（蔗糖浓度10%+硼酸浓度1%）配方更有利于'红狮'花粉的萌发试验。

关键词：朱顶红；花粉形态；活力；离体萌发

Study on Pollen Morphology, Viability and *in vitro* Germination of *Hippeastrum* spp.

YANG Liuyan, LI Qingzhu, LI Xin, ZHOU Lin, CHEN Minmin, ZHANG Yongchun*

(*Forestry and Pomology Research Institute, Shanghai Academy of Agricultural Sciences, Shanghai* 201403)

Abstract: *Hippeastrum* spp., the hybrid population of Amaryllidaceae family, Hippeastrum genus, has high ornamental and economic values such as large flower, bright color and diverse flower types. Most of the popular varieties on the market are obtained from interspecific hybridization, and the pollen state directly affects the result of hybridization. In this study, pollen morphology, pollen viability and *in vitro* germination of two cultivars ('Red Lion' and 'Apple Blossom') were studied to provide basic data for cross pollination. The pollen morphology was observed by scanning electron microscope. Results showed that the normal pollen was involute and long ellipsoid, the deformity rate of 'Apple Blossom' and 'Red Lion' were 22.24% and 14.71%, respectively. The outer wall of pollen was reticulate, and the inner wall of reticular was concave. Mesh size of 'Apple Blossom' and 'Red Lion' were 4.0μm and 3.1μm, respectively. By measuring the pollen viability before anther dehiscence, after anther dehiscence (pollen not scattered) and after anther dehiscence (pollen scattered), it was found that the vigor was the highest when the pollen scattered. The pollen viability in anther dehiscence (pollen scattered) showed a signifi-

通讯作者：Author for correspondence (E-mail: saasflower@163.com)。

cant difference of the two cultivars, and the pollen viability of 'Red Lion' was significantly higher than 'Apple Blossom'. After 4 hours of pollen germination *in vitro*, all 16 treatments can make pollen germinate, but the pollen germination rate was quite different. The germination rate of 'Apple Blossom' treated with A2 was the highest (63.11%), and 'Red Lion' treated with B2 was the highest(80.91%). Higher concentration of sucrose and boric acid were not suitable for pollen germination and the most suitable concentrations were 0.5% and 1% respectively. Results showed that the treatment of A2(10% sucrose+0.5% boric acid) was more suitable to the pollen germination of 'Apple Blossom', and the treatment of B2(10% sucrose+1% boric acid) was more suitable to the pollen germination of 'Red Lion'.

Key words: *Hippeastrum* spp.; pollen morphology; pollen viability; *in vitro* germination

顶空固相微萃取-气相色谱-质谱法分析3个朱顶红品种挥发性物质成分差异

刘小飞　孙映波　黄丽丽　朱根发　于　波*

（广东省农业科学院环境园艺研究所，广东省园林花卉种质创新综合利用重点实验室，
农业农村部华南都市农业重点实验室，广州　510640）

摘　要：以朱顶红香气品种'宝石''瑞贝卡'和非香气品种'魔法触摸'为试验材料，通过顶空固相微萃取-气相色谱-质谱法分析盛花期花序中挥发性物质成分，进一步采用正交偏最小二乘方-判别分析(OPLS-DA)模型第一主成分的变量权重值(Variable important in projection，VIP)值>1，T检验的p-value值<0.05为标准筛选3个品种间的差异代谢产物，并对差异代谢物间的相关性和KEGG通路富集情况进行分析。结果表明，'宝石''瑞贝卡'和'魔法触摸'中测到的挥发性物质分别为235、244和234种。'宝石'和'魔法触摸'间差异代谢物为56种，其中表达上调为33种，表达下调为23种；'瑞贝卡'与'魔法触摸'间差异代谢物为79种，其中表达上调为45种，表达下调为34种；'宝石'和'瑞贝卡'间差异代谢物为99种，其中表达上调为54种，表达下调为45种。显著差异代谢物之间的相关性分析证实上调物质之间呈正相关，上调物质与下调物质之间呈负相关，下调物质之间呈正相关。差异代谢物的KEGG通路富集分析表明单萜类生物合成通路和倍半萜和三萜生物合成通路显著富集，暗示这两个通路中的物质可能是挥发性物质的主要来源。

关键词：朱顶红；挥发性物质；差异代谢物；富集分析

Analysis of the Difference of Volatile Components in Three Varieties of *Hippeastrum* by Headspace Solid Phase Microextraction and Gas Chromatography-mass Spectrometry

LIU Xiaofei，SUN Yingbo，HUANG Lili，ZHU Genfa，YU Bo*

(*Environmental Horticulture Institute*，*Guangdong Academy of Agricultural Sciences*，*Guangdong Key Lab of Ornamental Plant Germplasm Innovation and Utilization*，*Key Laboratory of Urban Agriculture in South China*，*Ministry of Agriculture*，*Guangzhou* 510640 *China*)

Abstract：Using the scented varieties of *Hippeastrum*'Gemstone''Rebecca' and the non-scented variety'Magic Touch' as the test materials，the volatile components in the inflorescences in full bloom were analyzed by head-space solid-phase microextraction and gas chromatography-mass spectrometry. Orthogonal Partial Least Squares-

基金项目：广东省重点领域研发计划项目"芳香型朱顶红新品种选育"(2020B020220005)；广州市产学研协同创新重大专项"朱顶红种质资源创新和产业化生产关键技术研究"(2016201603040076)。

通讯作者：于波，1977年生，男，副研究员，博士，主要从事观赏植物育种和产业化生产技术研究。
通讯地址：510640广州市天河区金颖东一街1号，广东省农业科学院环境园艺研究所，Tel：020-87596413，邮箱：yubo423@163.com。

Discriminant Analysis(OPLS-DA) model variable weight value(Variable important in projection, VIP) value of the first principal component of the model>1, T test p-value value <0. 05 is the standard screening 3 Different metabolites between varieties, and analyze the correlation between different metabolites and the enrichment of KEGG pathway. The results showed that the volatile substances detected in 'Gemstone' 'Rebecca' and 'Magic Touch' were 235, 244 and 234, respectively. There are 56 different metabolites between 'Gemstone' and 'Magic Touch', of which 33 are up-regulated and 23 are down-regulated. There are 79 different metabolites between 'Rebecca' and 'Magic Touch', of which 45 are up-regulated and 34 are down-regulated. The differential metabolites between 'Gemstone' and 'Rebecca' are 99 species, of which 54 are up-regulated and 45 are down-regulated. The correlation analysis between significantly different metabolites confirmed that up-regulated substances were positively correlated, up-regulated substances were negatively correlated with down-regulated substances, and down-regulated substances were positively correlated. The enrichment analysis of the KEGG pathway of differential metabolites showed that the monoterpenoid biosynthesis pathway and the sesquiterpene and triterpene biosynthesis pathways were significantly enriched, suggesting that the substances in these two pathways may be the main sources of volatile substances.

Key words: *Hippeastrum*; volatile substances; differential metabolites; enrichment analysis

基于主成分和聚类分析的石蒜属特性比较研究

张鹏翀[1,*]　郑玉红[2]　鲍淳松[1]　刘晓航[1]　王小泉[1]

(1. 杭州植物园(杭州西湖园林科学研究院)，杭州　310013；2. 江苏省中国科学院植物研究所，南京　210014)

摘　要：在多指标(变量)的研究中，由于变量彼此之间存在着一定的相关性，使得观测的数据在一定程度上存在着信息重叠。当变量较多时，在高维空间中研究样本的变异规律就更麻烦。研究多个数量性状之间的关系及对受多个性状影响的群体进行分类时，主成分分析和聚类分析越来越多地被广泛使用。本研究利用主成分分析和聚类分析对杭州植物园收集的28份石蒜属种质资源的21个形态学和观赏性状进行评价，为石蒜属植物种类的特性评价和分类提供参考和理论依据。

所有种源均区域化定植、隔离保纯于杭州植物园石蒜属种质资源库核心区(120°6′E，30°15′N，海拔20m)，并在花期时进行套袋和人工收种，保证种质资源的纯度。试验观测了叶期、初花期、孕性、花序小花、反卷程度、褶皱程度、花色、葶高、花被长、花被宽、花横径、花纵径、花筒长、总苞长、总苞宽、雄蕊长、雌蕊长、鳞茎直径、叶数、叶长和叶宽，共21个形态学和观赏性状。叶片性状在抽叶1个半月至2个月、叶片成熟后进行测定；初花期为伞形花序第一朵小花开放的时间；花性状在所有小花全部打开时进行测定；花色测定利用RHS比色卡(第六版)进行比对，所有测量的方法按照石蒜属DUS测试指南中的规定，每个指标测定设置6个重复，测量的时间自2015年6月至2019年12月。主成分分析和聚类分析采用SPSS软件包，其中主成分分析选择相关系数矩阵作为提取因子变量的依据，聚类分析采用层次聚类分析中的Q型聚类。为消除不同量纲产生的影响，数据的标准化如下：叶期为自抽叶至叶片完全枯萎的时间月数(精确至0.5月)，初花期为第一朵小花盛开的时间日期，其中整数部分为月份，小数部分为日期(30日折合为百分数)，孕性设置为不育1、可育2，反卷程度分为略微反卷1、中度反卷2、极度反卷3，褶皱程度分为不褶皱1、略微褶皱2、中度褶皱3、极度褶皱4，花色依据RHS比色卡的序号，鳞茎直径为最大和最小直径的均值，其他连续数量性状采用测量值。

根据主成分累计贡献率≥85%的标准，前6个主成分累计贡献率为85.179%，即各性状中前6个主成分可代表原来21个性状所包含的绝大部分信息。主成分1的特征值为7.699，贡献率为36.663%，总苞宽、花筒长、叶数和花被宽的影响较大，为主要性状指标，且总苞宽、花筒长、花被宽与叶数之间都存在极显著的正相关，所有该成分可称为叶数因子；主成分2的特征值为5.620，贡献率为26.763%，在该成分中影响较大的是雄蕊长和雌蕊长，而且雄蕊长与雌蕊长存在极显著的正相关，因此该因子可合称为蕊长因子；主成分3的特征值为1.646，贡献率为7.837%，其中影响较大的是花横径和花纵径，且花横径和花纵径之间存在极显著的正相关，所有该因子可合称为花径因子；主成分4的特征值为1.218，贡献率为5.801%，其中初花期的影响最大，因此该因子可合称为花期因子；主成分5的特征值为0.911，贡献率为4.340%，其中影响最大的是总苞长，所有该因子可称为总苞因子；主成分6的特征值为0.793，贡献率为3.776%，其中影响较大的是花色和小花数，该因子可称为花色、花量因子。根据28个石蒜属种类综合评分的高低可以将其分为4大类，即Z>0.300、0<Z<0.300、−0.200<Z<0和Z<−0.200，根据性状特征可以看出，四类基本是按照叶数从多到少、蕊长从长到短和花径从大到小的规律进行分类。

28个石蒜属种源的21个特征性状的变异系数范围7.05%~80.22%，说明性状间存在丰富的变异。通过主成分分析，将21个特征性状转化为6个独立的主成分，可代表85%以上的原有信息(贡献率为85.179%)，其中贡献率较大的为叶数、(雌、雄)蕊长、花径、花期、花色和小花数。由于石蒜属植物的叶期较短，养分积累的有效时间也就比较短，叶数与营养生长和养分积累以及开花有直接的关系，而蕊长、花径、花期、花色和小花数与石蒜属植物的观赏性也直接相关，因此，可以用这6个主成分来对石蒜属种类进行评价。

对 21 个性状采用类平均法(group average method)进行聚类分析，将 28 个种源分为四类。第一类包括忽地笑和忽地笑与石蒜的天然杂交种；第二类均为春季出叶种类，是以中国石蒜或换锦花为亲本的杂交石蒜种类；第三类均为秋季出叶种类，是以石蒜为亲本的杂交石蒜种类；第四类包括血红石蒜和武陵石蒜(新拟)，均为小花型，其中血红石蒜为日本和韩国的特有种，而武陵石蒜为石蒜的变异类型，表明两者之间有比较近的亲缘或进化关系。四大类石蒜属种源的形态特征和起源基本一致，且与第一、二类与主成分分析后综合评价的 $Z>0$ 的Ⅰ、Ⅱ类一致，第三、四类与综合评价 $Z<0$ 的Ⅲ、Ⅳ类一致，说明了主成分分析和聚类分析的结果基本一致，表明多因素分析适用于石蒜属植物的种间关系分析和评价。此外，形态学和遗传起源接近的种类聚类在一起，为石蒜属植物的种类判定提供了依据，也为杂种的真实性鉴定提供了参考。

石蒜属植物种质资源多样性与应用研究

张凤姣　王　宁　束晓春　程光昊　王　涛　庄维兵　王　忠

（江苏省中国科学院植物研究所，南京　210014）

摘　要：石蒜属（*Lycoris* Herb.）是石蒜科极具代表性的一个属，有花叶不相见的特征，被誉为“中国郁金香”，是集观赏和药用价值于一体的球根植物，有很大的商品开发价值。石蒜属共有20余种，其中中国分布15种，是该属植物野生资源最丰富的国家。根据目前的资源调查与研究进展，分析我国野生石蒜属植物种质资源的种类、分布、资源开发与利用现状；基于已收集保存的石蒜属植物资源，通过叶绿体全基因组序列信息，梳理它们的亲缘关系和分类学地位。通过资源的整合和利用，充分展示该属植物的观赏价值以及在园林中的应用；并针对园林应用现状和前景，在我国野生石蒜属资源调查、保护和利用方面提出相关建议：①加强野生石蒜属植物资源的调查与保护力度，完善资源保护体系；②构建野生石蒜属植物资源的鉴定与评价体系，扎实开展种质资源登记与数据库系统建立；③从定向育种、种球规模化生产、切花生产等方面健全产业化技术体系；④充分挖掘石蒜属植物的观赏和药用价值，研究其在园林造景和医学领域的应用空间。

6个香雪兰品种的染色体核型及聚类分析

过雪莹[1]　朱凯琳[2]　陈　昕[2]　付雪晴[1]　唐东芹[1,*]

（1. 上海交通大学设计学院，上海　200240；2. 南京林业大学生物与环境学院，南京　210037）

摘　要：本研究以香雪兰6个品种的根尖为研究材料进行核型分析以揭示其核型特征，进一步通过进行聚类分析了品种间的相似性并探讨了可能的亲缘关系。结果表明，香雪兰6个品种的染色体数目均为44；除'Gold River'为二倍体外，其余品种均为四倍体。6个品种的核型公式不同，分别为：'Gold River'为2n=2x=44=33m+11sm，'White River'为2n=4x=44=1M+34m+9sm，'Castor'为2n=4x=44=35m+9sm，'上农红台阁'为2n=4x=44=32m+12sm，'Pink Passion'为2n=4x=44=38m+6sm，'Red River'为2n=4x=44=37m+7sm。核型参数因品种而异，其中，'Castor'相对长度范围最广，'Red River'臂比范围最广，'上农红台阁'核不对称系数最大。核型不对称系数范围在57%~60.07%之间，核型类型均为2B，进化程度中等，处于由对称至不对称过渡阶段，其核型进化的趋势大致为：'Pink Passion'→'Red River'→'Gold River'→'White River'→'Castor'→'上农红台阁'。聚类结果显示，遗传距离为15时可将所有品种分为3类，第一类包含'Pink Passion'和'Red River'；第二类包含'Castor''上农红台阁'和'White River'；第三类只有'Gold River'一个品种。6个品种间存在的核型差异意味着香雪兰品种间有着较为丰富的染色体遗传多样性，其核型参数的差异可作为香雪兰品种分类和鉴定的辅助依据，为其细胞学研究和育种实践提供理论参考。

关键词：香雪兰；染色体核型；聚类分析；亲缘关系

Karyotype and Cluster Analysis of 6 *Freesia hybrida* Cultivars

GUO Xueying[1], ZHU Kailin[2], CHEN Xin[2], FU Xueqing[1], TANG Dongqin[1,*]

(1. *School of Design*, *Shanghai Jiao Tong University*, *Shanghai* 200240, *China*;
2. *School of Biology and Environment*, *Nanjing Forestry University*, *Nanjing* 210037, *China*)

Abstract: In this study, the root tips of 6 varieties of Freesia hybrida was used as the research material for karyotype analysis to reveal their karyotype characteristics, and cluster to analyze the similarity between the 6 varieties to explore their kinship. The results show that the chromosome number of 6 freesia varieties are all 44. Except 'Gold River' which is diploid, other varieties are tetraploid. The karyotype formula of six cultivars of Freesia hybrida are as follows respectively: 'Gold River' is 2n=2x=44=33m+11sm, 'White River' is 2n=4x=44=1M+34m+9sm, 'Castor' is 2n=4x=44=35m+9sm, 'SN Hongtaige' is 2n=4x=44=32m+12sm, 'Pink Passion' is 2n=4x=44=38m+6sm, and 'Red River' is 2n=4x=44=37m+7sm. The karyotype asymmetry coefficient ranges from 57% to 60.07%. The karyotype types are all 2B, and the degree of evolution is medium, which is in the

---

基金项目：上海市闵行区科委产学研项目（2017MH288）。

通讯作者：Author for correspondence（E-mail：dqtang@sjtu.edu.cn）。

transition stage from symmetry to asymmetric. The evolution trend of karyotype is roughly: ‘Pink Passion’→’Red River’→ ‘Gold River’→‘White River’→‘Castor’→‘SN Hongtaige’. The clustering results show that when the genetic distance is 15, it can be divided into three categories, the first category is ‘Pink Passion’‘Red River’, the second category is ‘Castor’‘SN Hongtaige’‘White River’, and the third category is only ‘Gold River’. The karyotype differences among the 6 varieties indicate that there are rich chromosomal genetic diversity among different varieties. The difference of its karyotype parameters can be used as the basis for the classification of different cultivars of freesia plants, providing theoretical reference for its cytological inheritance and breeding practice in future.

Key words: *Freesia hybrida*; karyotype; cluster analysis; genetic relationship

香雪兰(*Freesia hybrida*)，又名小苍兰、香鸢尾、洋晚香玉等，属鸢尾科(Iridaceae)香雪兰属(*Freesia*)多年生球根花卉。其花姿典雅、花色丰富、香气怡人，深受人们喜爱，是一种重要的切花及盆栽观赏植物(Wang，2006；丁苏芹 等，2019)。目前，现代应用的香雪兰绝大多数为杂交品种，遗传背景复杂，在新品种引进和选育工作上具有一定盲目性(陈诗林和黄敏玲，1997)，因此，对香雪兰品种间的亲缘关系及进化程度研究具有重要意义。核型是生物遗传物质在细胞水平上的表征，与外部形态相比，受外界环境因素影响较小，更能保持相对稳定(王建波，2004)；同时，基于核型参数的聚类分析可以与已有的系统解剖学和分子标记结果所建立的分类进行相互印证(苏芸芸和王康才，2017)。因此，核型分析已成为基于细胞学研究遗传多样性的重要方法，文献表明它可以为观赏植物品种间亲缘关系的鉴定提供一定的参考价值，并为品种选育杂交等提供理论基础(谭培，2017；李晓莉 等，2019)。

目前利用核型分析方法来鉴定染色体组学信息在许多观赏花卉中已有运用，如在金盏菊(*Calendula officinalis*)(龙海梅 等，2020)、迷迭香(*Rosmarinus officinalis*)(杨东娟 等，2018)、芍药(*Paeonia lactiflora*)(辛如洁，2020)、风信子(*Hyacinthus orientalis*)(苏晓倩 等，2019)、春兰(*Cymbidium goeringii*)和蕙兰(*Cymbidium faberi*)(费昭雪 等，2020)等物种上已有相关核型研究。而关于香雪兰属内种的核型研究早期也有一些报道。最早的文献见于 1926 年的 *F. refracta* 的染色体组数(Taylor，1926)。在 1971 年，Goldblatt(1982)等学者对属内 11 个野生种中的 4 种 *F. refracta*、*F. alba*、*F. caryophyllacea* 和 *F. cf. speciosa* 进行了染色体数目的鉴定。这时期内，Lawrence 又报道出关于几种 *F.* × *hybrida* 的染色体组数(as cited by Goldblatt，1982)。随后，在 1988 年，Wang 和 Pu(1988)才首次报道了 *F. refracta* 的具体核型情况，发现这个种有 6 对亚中着丝粒染色体、4 对中着丝粒染色体和 1 对端着丝粒染色体。

由于观赏植物种间杂交频繁、品种更新很快，经常导致不同栽培品种间的亲缘关系难以鉴定，故运用包括核型分析在内的多种方法来分析品种之间的核型差异及亲缘关系的方法已较为常见，发现核型差异与植物品种间亲缘关系确实存在一定关联。如对秋英属中波斯菊(*Cosmo bipinnata*)的 7 个品种和硫华菊(*C. sulphureus*)的 2 个品种进行了核型比较及亲缘关系的分析鉴定(孙桂芳 等，2019)，还有学者对 6 个金银花(*Lonicera japonica*)栽培品种进行了核型分析比较(张力鹏 等，2017)。通过对 17 种绣线菊(*Spiraea salicifolia*)的染色体特征进行相关性和聚类分析，刘慧民等(2010)探讨了其品种进化及亲缘关系。而关于香雪兰品种间亲缘关系的报道前期主要集中在表观形态、生理生化和分子三个层面。如从叶、花、花粉、球茎等部位的形态特征探讨了部分香雪兰品种间的亲缘关系(Wongchaochant *et al.*，2002；丁苏芹等，2019；孙忆 等，2019)。Wongchaochant 等(2002)和陈诗林等(1997)则利用花芽分化、休眠相关的生理指标及球茎中的可溶性蛋白质对香雪兰品种之间的亲缘关系进行了探讨。此外，还有文献利用 ISSR、EST-SSR 和 RAPD 等分子标记技术研究了香雪兰品种间的亲缘关系(Wongchaochant *et al.*，2002；吴晨炜 等，2009；Tang *et al.*，2018)。但是，迄今为止，利用染色体核型分析方法来研究香雪兰不同品种间的核型差异及亲缘关系的研究尚未见报道。

本文以香雪兰的 6 个栽培品种为试验材料，利用染色体核型分析方法，明确各品种间的核型特征，利用其核型参数进行聚类分析，以探索品种间的核型差异及进化程度，旨在为今后香雪兰品种的鉴定、起源、演化、良种培育及进一步的分子生物学研究等提供必要的细胞遗传学资料，为丰富香雪兰遗传多样性等提供细胞学基础(鲜恩英 等，2014)。

1 材料与方法

1.1 试验材料

本试验以香雪兰 6 个栽培品种(*Freesia hybrida*)为研究对象，分别为：'Gold River''White River''Castor''上农红台阁''Pink Passion''Red River'。其中，'上农红台阁'(下文图表中由'SN Hongtaige'表示)为上海交通大学自主培育品种，其余品种均为进口品种，购自 Van den bos 公司(https：//www. Vandenbos. com)，于 2018—2020 年期间取样测定。

1.2 试验方法

选择生长健壮的植株进行水培，用镊子和解剖针取下香雪兰长根尖作为试验材料，将其放入蒸馏水中冲洗干净，置于 0.05%秋水仙素和 0.002mol/L 8-羟基喹啉 1∶1 混合液中，避光处理 1~2h。再转入到卡诺固定液(V 无水乙醇∶V 乙酸=3∶1)中，于室温下固定 12h。再将固定好的根尖材料用蒸馏水洗净，放入 1mol/L 的 HCl(60℃水浴)解离 8~10min。待解离后的根尖材料充分冲洗后，取约 1mm 的根尖分生组织，放入卡宝品红溶液中染色 6min。利用常规方法压片，镜检，观察到分散良好的中期染色体后，显微拍照进行图像采集。

1.3 核型分析方法

参考李懋学和陈瑞阳(1985)提出的标准，选取 30 个以上染色体分散较好的中期细胞统计染色体数目。其中选取 5 个分散良好，染色体纵向收缩程度均匀一致，缢痕区显示清晰的染色体中期照片进行核型分析。参考 Levan 等(1964)和 Kuo 等(1972)方法分别计算相对长度、相对长度系数等相关核型参数；参考 Arano(1963)的方法计算核型不对称系数；参照 Stebbins(1971)的标准进行核型分类；对核型的主要参数进行综合分析，得出核型公式。

计算公式如下：

相对长度(CRL)=(染色体绝对长度/染色体组分总长度)×100%

相对长度系数(IRL)=染色体长度/组染色体平均长度

染色体长度比(Lt/St)=最长染色体/最短染色体

臂比值(AR)=长臂/短臂

着丝点指数=短臂/染色体全长×100%

核型不对称系数(AKC)=全部染色体长臂总和/全组染色体总长

1.4 数据分析及统计方法

使用 Auto CAD 2015 软件测量染色体长度，运用 Excel 2010 和 Adobe Photoshop CS4 软件处理数据，进行同源染色体配对并制作核型模式图。利用 SPSS 11 软件，选用平均臂比为横坐标，染色体长度比为纵坐标，建立核型不对称散点图；同时对所研究的香雪兰品种的各染色体核型参数进行标准化转化，采用平方欧氏距离，利用组间连接法进行聚类分析。

2 结果与分析

2.1 香雪兰核型参数分析

分别观测香雪兰 6 个品种的中期分裂细胞，其染色体分裂相和核型模式图结果如图 1、图 2 所示。并对各品种的核型参数进行统计，结果列于表 1、表 2 中。

结果表明，'Gold River'是由 22 对染色体构成，属于二倍体植物。该品种染色体核型公式为：2n=2x=44=33m+11sm，无随体出现。染色体的相对长度系数组成为 2n=6L+18M1+15M2+5S，相对长度变化范围为 2.78%~6.07%。臂比值范围在 1.06~2.51 之间，平均臂比值为 1.46。其染色体的长度比为

2.62；臂比值大于2的染色体占总染色体的4.55%。核不对称系数为59.05%，核型为2B型。

而其余5个品种均由11对染色体构成，属于四倍体植物，着丝点类型只有m、sm两种，且无随体出现，核型均为2B型。具体核型特征如下：

‘White River’染色体核型公式为2n=4x=44=1M+34m+9sm，具有1个中部着丝点类型。染色体的相对长度系数组成2n=6L+15M1+14M2+9S，相对长度变化范围为6.13%~12.09%。臂比值范围在1.12~1.84之间，平均臂比值为1.45。其染色体的长度比为2.21；臂比值大于2的染色体占总染色体的2.27%，核不对称系数为59.30%。

‘Castor’染色体核型公式为2n=4x=44=35m+9sm，染色体的相对长度系数组成为2n=4L+23M1+14M2+3S，相对长度变化范围为6.24%~13.42%。臂比值范围在1.15~2.25之间，平均臂比值为1.51。染色体的长度比为2.6；臂比值大于2的染色体占总染色体的6.82%，核不对称系数为60.05%。

‘上农红台阁’染色体核型公式为2n=4x=44=32m+12sm，染色体的相对长度系数组成为2n=8L+19M1+12M2+5S，相对长度变化范围为6.45%~13.16%。臂比值范围在1.11~2.03之间，平均臂比值为1.51。该品种染色体的长度比为2.54；臂比值大于2的染色体占总染色体的9.09%。核不对称系数为60.07%。

‘Pink Passion’染色体核型公式为为2n=4x=44=38m+6sm，染色体的相对长度系数组成为2n=5L+23M1+13M2+3S，相对长度变化范围为6.81%~13.64%。臂比值范围在1.09~1.58之间，平均臂比值为1.34。其染色体的长度比为2.71；臂比值大于2的染色体占总染色体的2.27%。核不对称系数为57.00%。

‘Red River’染色体核型公式为：2n=4x=44=37m+7sm，无随体出现。染色体的相对长度系数组成2n=6L+16M1+16M2+6S，相对长度变化范围为6.65%~12.81%。臂比值范围在1.1~1.79之间，平均臂比值为1.40。该品种染色体的长度比为2.84；臂比值大于2的染色体占总染色体的4.55%。核不对称系数为58.22%。

可见，6个香雪兰品种中，染色体数目均为44。除‘Gold River’为二倍体外，其他品种均为四倍体。另外，只有‘White River’中具有M、m、sm三种着丝点类型，而其他品种均只有m、sm两种着丝点类型，且6个品种中均未观测到随体出现，核型类型均为“2B”型。其中，‘Castor’相对长度范围最广，‘Red River’臂比范围最广，‘上农红台阁’核不对称系数最大。

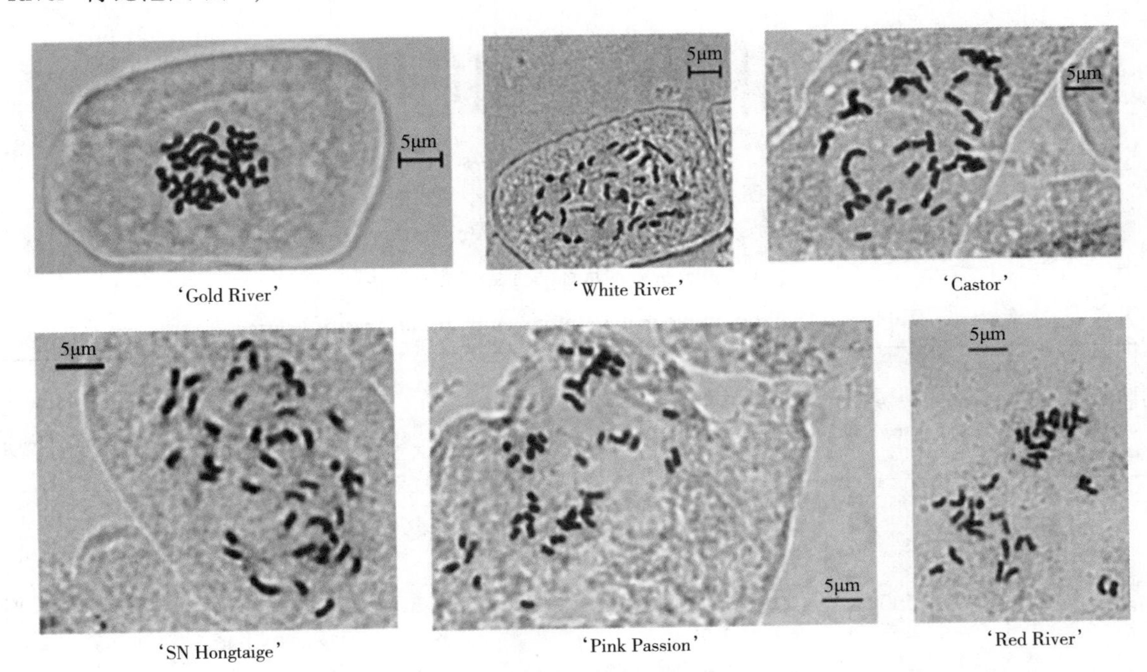

图1　香雪兰6个品种的中期分裂相

Fig. 1　Photomicrographs of chromosome at metaphase in six cultivars of *Freesia hybrida*

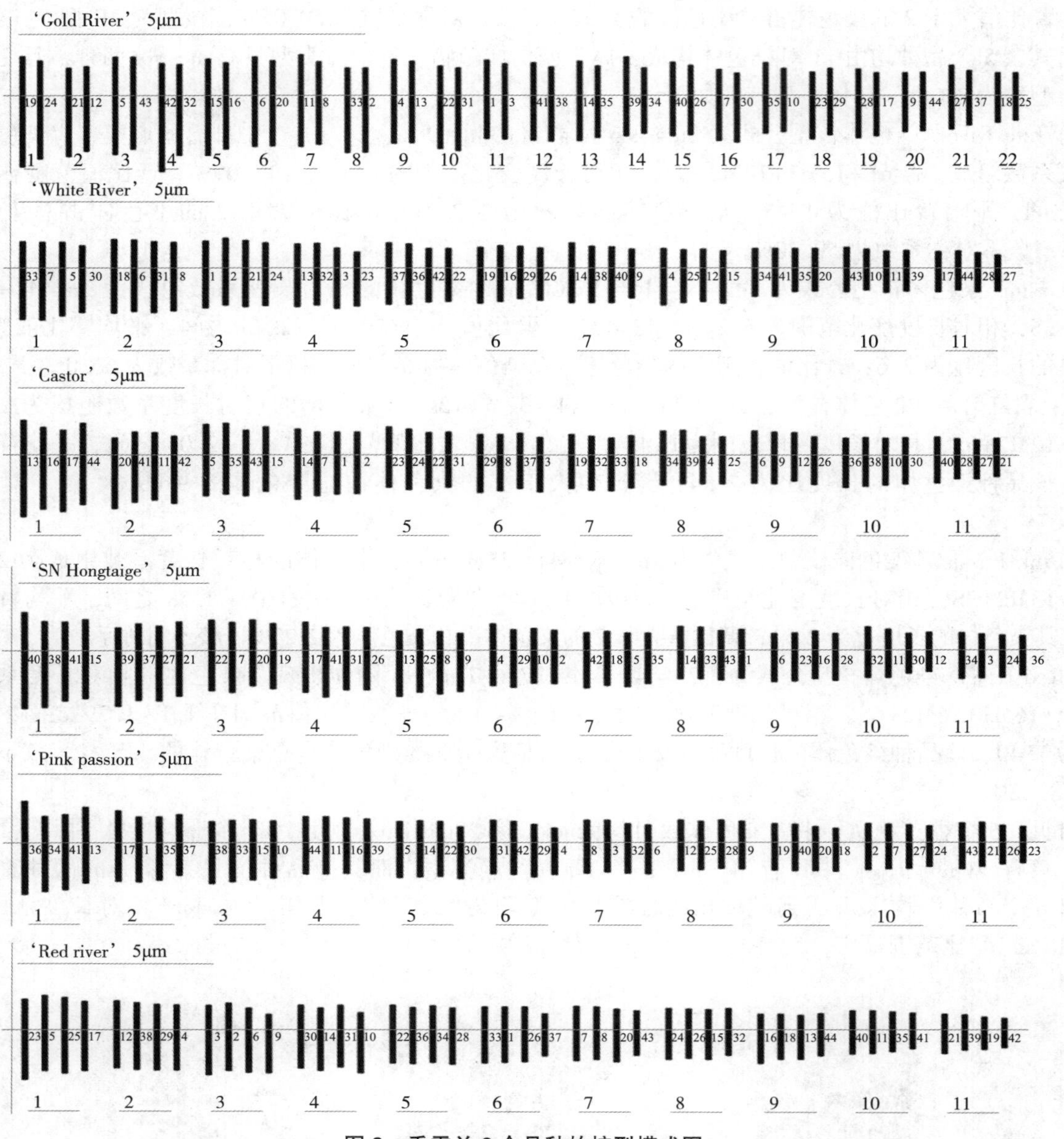

图 2 香雪兰 6 个品种的核型模式图

Fig. 2 Photomicrographs of karyotype pattern in six cultivars of *Freesia hybrida*

表 1 香雪兰 6 个品种的染色体组型分析

Table 1 The karyotype analysis of six cultivars of *Freesia hybrida*

品种 Cultivars	染色体编号 Chromosome number	相对长度(L+S=T) Relative length(%)	臂比(L/S) Arm ratio	着丝粒类型 Centromere type	染色体编号 Chromosome number	相对长度(L+S=T) Relative length(%)	臂比(L/S) Arm ratio	着丝粒类型 Centromere type
'Gold River'	1	3. 88+2. 19=6. 07	1. 77	sm	12	2. 56+1. 84=4. 40	1. 40	sm
	2	3. 38+2. 61=6. 00	1. 30	m	13	2. 47+1. 90=4. 37	1. 30	m
	3	3. 21+2. 55=5. 76	1. 26	m	14	2. 21+1. 96=4. 17	1. 13	m
	4	3. 91+1. 55=5. 46	2. 51	m	15	2. 25+1. 90=4. 15	1. 19	sm
	5	3. 33+2. 07=5. 40	1. 61	m	16	2. 62+1. 43=4. 05	1. 82	sm
	6	2. 90+2. 18=5. 08	1. 33	sm	17	2. 09+1. 78=3. 87	1. 17	m

（续）

品种 Cultivars	染色体编号 Chromosome number	相对长度（L+S=T） Relative length（%）	臂比（L/S） Arm ratio	着丝粒类型 Centromere type	染色体编号 Chromosome number	相对长度（L+S=T） Relative length（%）	臂比（L/S） Arm ratio	着丝粒类型 Centromere type
‘Gold River’	7	2. 84+2. 22=5. 06	1. 28	m	18	2. 35+1. 50=3. 85	1. 56	m
	8	3. 26+1. 63=4. 89	2. 00	m	19	2. 35+1. 47=3. 82	1. 60	m
	9	2. 71+2. 09=4. 80	1. 30	m	20	2. 02+1. 38=3. 40	1. 46	m
	10	3. 10+1. 69=4. 79	1. 83	m	21	1. 76+1. 64=3. 40	1. 07	sm
	11	2. 46+1. 98=4. 45	1. 24	sm	22	1. 43+1. 35=2. 78	1. 06	m
‘White River’	1	7. 82+4. 26=12. 09	1. 84	sm	7	5. 26+3. 67=8. 93	1. 43	m
	2	6. 96+4. 58=11. 54	1. 52	m	8	5. 54+3. 14=8. 68	1. 77	m
	3	6. 02+4. 65=10. 67	1. 29	m	9	3. 94+3. 31=7. 25	1. 19	m
	4	6. 11+3. 60=9. 70	1. 70	m	10	3. 52+3. 16=6. 68	1. 12	m
	5	5. 48+3. 76=9. 23	1. 46	m	11	3. 50+2. 63=6. 13	1. 33	m
	6	5. 15+3. 96=9. 11	1. 30	m				
‘Castor’	1	8. 59+4. 84=13. 42	1. 77	m	7	5. 13+3. 13=8. 26	1. 64	m
	2	7. 49+3. 33=10. 81	2. 25	m	8	4. 29+3. 52=7. 81	1. 22	sm
	3	5. 97+4. 71=10. 68	1. 27	m	9	4. 12+3. 58=7. 70	1. 15	m
	4	6. 19+3. 87=10. 06	1. 60	sm	10	4. 52+2. 86=7. 38	1. 58	m
	5	4. 93+4. 05=8. 98	1. 22	sm	11	3. 45+2. 79=6. 24	1. 24	m
	6	5. 36+3. 29=8. 65	1. 63	m				
‘SN Hongtaige’	1	7. 98+5. 18=13. 16	1. 54	m	7	5. 22+2. 91=8. 13	1. 79	m
	2	7. 51+4. 24=11. 75	1. 77	sm	8	4. 16+3. 54=7. 69	1. 17	m
	3	5. 70+4. 75=10. 45	1. 20	m	9	4. 43+2. 81=7. 24	1. 57	m
	4	6. 20+3. 99=10. 19	1. 55	m	10	3. 53+3. 17=6. 69	1. 11	m
	5	6. 41+3. 15=9. 55	2. 03	m	11	3. 91+2. 54=6. 45	1. 54	m
	6	5. 04+3. 65=8. 69	1. 38	m				
‘Pink Passion’	1	7. 83+5. 81=13. 64	1. 35	sm	7	4. 86+3. 59=8. 45	1. 36	m
	2	6. 00+4. 97=10. 98	1. 21	m	8	4. 24+3. 88=8. 12	1. 09	m
	3	6. 21+3. 94=10. 14	1. 58	m	9	4. 49+2. 97=7. 46	1. 51	m
	4	4. 90+4. 44=9. 33	1. 10	m	10	4. 05+3. 17=7. 22	1. 28	m
	5	5. 64+3. 57=9. 21	1. 58	m	11	3. 58+3. 23=6. 81	1. 11	m
	6	5. 22+3. 42=8. 64	1. 52	m				
‘Red River’	1	7. 17+5. 64=12. 81	1. 27	m	7	4. 71+3. 78=8. 48	1. 25	m
	2	6. 44+4. 75=11. 19	1. 36	m	8	4. 52+3. 67=8. 19	1. 23	m
	3	7. 03+3. 92=10. 95	1. 79	m	9	4. 78+2. 71=7. 49	1. 77	m
	4	6. 54+3. 92=10. 46	1. 67	sm	10	3. 49+3. 16=6. 65	1. 10	m
	5	5. 40+4. 09=9. 48	1. 32	m	11	3. 17+2. 42=5. 59	1. 31	m
	6	4. 97+3. 73=8. 70	1. 33	m				

表 2　香雪兰 6 个品种的核型公式及核型参数

Table 2　Karyotype formulas and parameters of six varieties of *Freesia hybrida*

品种 Cultivars	核型公式 Karyotype formula	染色体相对长度组成 Chromosome relative length composition	核不对称系数 Asymmetrical karyotype coefficient	染色体长度比 Chromosome length ratio	平均臂比 Arm ratio average	臂比大于2的比例 Scale of arm ratio>2	核型分类 Classification
'Gold River'	2n=2x=44=33m+11sm	6L+18M1+15M2+5S	59.05%	2.62	1.46	4.55%	2B
'White River'	2n=4x=44=1M+34m+9sm	6L+15M1+14M2+9S	59.30%	2.21	1.45	2.27%	2B
'Castor'	2n=4x=44=35m+9sm	4L+23M1+14M2+3S	60.05%	2.60	1.51	6.82%	2B
'SN Hongtaige'	2n=4x=44=32m+12sm	8L+19M1+12M2+5S	60.07%	2.54	1.51	9.09%	2B
'Pink Passion'	2n=4x=44=38m+6sm	5L+23M1+13M2+3S	57.00%	2.71	1.34	2.27%	2B
'Red River'	2n=4x=44=37m+7sm	6L+16M1+16M2+6S	58.22%	2.84	1.40	4.55%	2B

2.2　香雪兰品种核型参数散点图分析

核型不对称散点图中，坐标点接近右上方表示核型不对称性强，进化程度高。反之，坐标点越靠近左下角代表其不对称性越低，种的进化程度相对也越低(王丽平，2010；盛璐，2011；彭海英，2016)。从图 3 整体结果来看，6 个香雪兰品种的不对称性程度均较大。'Castor'、'上农红台阁'均最靠近图右方，故两者相对其他品种而言，不对称性最大且进化程度相当。'Red River'和'Pink Passion'最靠近图左方，故相对而言，两者进化程度较低，但'Red River'相比'Pink Passion'而言，进化程度较大。在这 6 个品种中，'Red River'和'Pink Passion'在染色体长度比方面进化较快，而'White River'在平均臂比方面进化较快，'Gold River'在两方面进化方向相对均衡。结合表 3 中的核不对称系数，可得：6 种香雪兰植物的进化程度由低到高为：'Pink Passion''Red River''Gold River''White River''Castor''上农红台阁'。

2.3　香雪兰植物品种核型参数聚类分析

Inceer 等提出以核型数据为基础的聚类分析能更好地考察物种间的亲缘关系(苏庆祥，2018)。基于上述核型参数，我们进行聚类分析(图 4)。结果发现，香雪兰品种间的遗传距离变化范围大，为 1.2~25，具有较为丰富的遗传多样性。其中，'Pink Passion'和'Red River'、'Castor'和'上农红台阁'两两之间的遗传距离最小，都为 1.2，说明'Pink Passion'和'Red River'、'Castor'和'上农红台阁'之间核型相似程度较高，亲缘关系最近。在遗传距离为 15 时，可将 6 个品种明显分为 3 类，第一类包括'Pink Passion'和'Red River'，这两个品种均为四倍体，其核型不对称系数、臂比均值均较小且近似，各染色体着丝点类型的数量也差别不

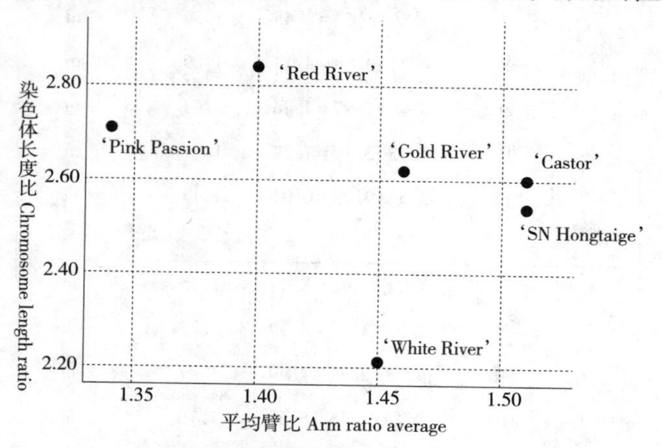

图 3　6 个香雪兰品种的核型不对称性散布图

Fig. 3　Scatter diagram of six varieties of *Freesia hybrida* based on the degree of karyotypic asymmetr

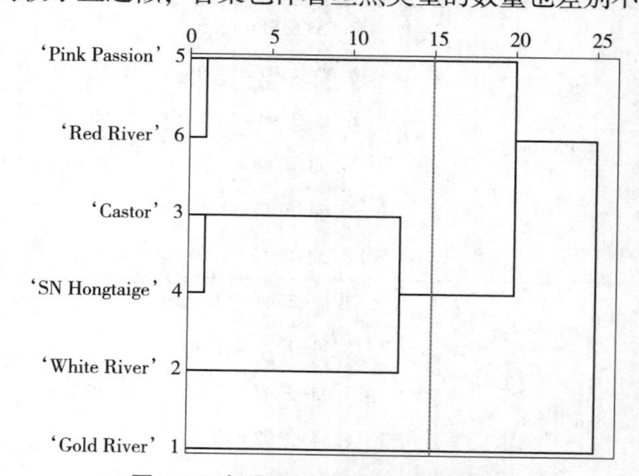

图 4　6 个香雪兰品种的核型聚类图

Fig. 4　Karyotype clustering figure of six varieties of *Freesia hybrida*

大；第二类包括‘Castor’‘上农红台阁’和‘White River’，这3个品种均为四倍体，核不对称系数均较大且近似；第三类只有‘Gold River’品种，为二倍体，核型参数与其他品种有较大差异。

3 讨论

核型是了解植物系统发育和进化的一个重要参数，可以为植物分类与鉴定提供可靠的细胞学依据(刘慧民 等，2010)。据Goldblatt(1982)报道，1945年Lawrence发现了香雪兰属内染色体数目为2n=2x=22、2n=3x=33、2n=4x=44，有二倍体、三倍体和四倍体，但基数均为11，后面Wang(2007)也报道了香雪兰染色体基数为11。本研究发现，香雪兰6个品种中不仅存在四倍体，还存在二倍体，且除‘Gold River’以外的5个品种的染色体数目均为2n=4x=44，与上述研究相一致。但同时，我们在香雪兰中‘Gold River’中首次发现了染色体基数为22的情况，这可能是因为香雪兰在长期的引种育种过程中，受自然和人为环境的影响发生了染色体变异或加倍(孙桂芳 等，2019)。研究表明，染色体能很好地反映物种在遗传上的差异和亲缘关系(谭培，2017)。核型分析结果显示，6个香雪兰品种都是中部着丝粒染色体数量多于亚中部着丝粒染色体数量，且均无随体，说明6个品种之间具有一定相似性，在亲缘关系上存在一致性。且‘Pink Passion’和‘Red River’之间、‘White River’和‘Castor’之间的核型只存在一条染色体区别，相似程度高，初步证明了其两两之间的亲缘性最近。但不同品种间的核型差异也存在多样性，如‘White River’核型中出现一条正中部着丝粒染色体，而这是其他5个品种所不具备的，说明这个品种出现了显著进化现象，可能与它的亲本及人为选育目标有关。

核型不对称性可较为科学地反映核型或植物的进化程度(彭海英，2016)。Stebbins(1971)研究中提出，高等植物核型进化基本是由对称向不对称方向发展。核型相似程度越高，物种间亲缘关系越近，因此核型不对性指标是衡量植物进化及亲缘关系的重要参数之一(陈瑞阳 等，2003；郭玉洁 等，2018)。所观察的6个香雪兰品种的染色体核型不对称系数范围较大，在57%~60.07%之间，表明香雪兰存在较为复杂的遗传关系，这与其长期自然选择和人工培养驯化的进程有关，不同育种目标、不同环境需求导致不同的育种亲本渗入，形成了适应当地环境的品种群体，使香雪兰地方品种进化程度参差不齐(姚启伦等，2017)。其中，‘上农红台阁’核不对称系数最大，同时，‘Castor’也较大，与‘上农红台阁’极为接近，意味着这两个品种可能存在共同的亲本。根据核型不对称系数，推测这6个香雪兰品种核型进化的基本趋势为：‘Pink Passion’→‘Red River’→‘Gold River’→‘White River’→‘Castor’→‘上农红台阁’，该结果可被核型散点图反映的结果所佐证。此外，根据Stebbins(1971)的分类，6个香雪兰品种均为2B型，说明这6个品种的香雪兰都处于由对称向不对称过渡的阶段，进化程度中等且亲缘关系较近，核型类型结果与核型不对称系数所反映的结果相一致，可互相印证结果的可靠性。

核型进化遗传距离是利用物种的核型数据对物种间的相似性进行多向、立体、多维的考察，从而判断物种间的亲缘关系，故是传统分类学中一种非常好的补充方法，这在许多观赏植物中已有了相关研究报道(苏芸芸和王康才，2017)。从本研究结果来看，在遗传距离为15时，可将6个品种分为3类，分类的结果与上述初步验证结果基本一致。‘上农红台阁’与‘Castor’，‘Pink Passion’和‘Red River’分别先聚在一起，说明组内两者之间进化程度相当，亲缘关系最近；然后，‘上农红台阁’‘Castor’与‘White River’在更远的距离聚成一类，说明‘White River’虽核型具有变化，离前两者有一定遗传差距，但亲缘关系相对与这2个品种是较近的。此外，‘Gold River’单独聚为一类，说明它与其他5个香雪兰品种的亲缘关系最远。聚类结果与上述推测的进化程度相一致，但在其他植物中也有发现其进化程度与亲缘聚类结果没有明显关系(王丽平，2010；盛璐，2011；彭海英，2016；苏庆祥，2018；孙桂芳 等，2019)。在已报道的关于香雪兰品种间的亲缘关系研究中有类似报道，如基于ISSR分子标记发现‘White River’和‘上农红台阁’聚为同一类、‘Gold River’单独成一类(吴晨炜 等，2009)，同时Tang等(2018)学者利用EST-SSR分子标记发现‘Gold River’与‘上农红台阁’和‘Castor’等亲缘关系较远，可见，本文基于核型的聚类反映其亲缘关系的结果较为可靠。

参考文献

陈诗林，黄敏玲，1997. 小苍兰品种间可溶性蛋白质及其亲缘关系分析[J]. 园艺学报(3)：100-102.
陈瑞阳，宋文芹，李秀兰，2003. 中国主要经济植物基因组染色体图谱：第 3 册[M]. 北京：科学出版社：1-152.
丁苏芹，孙忆，李玺，等，2019. 小苍兰品种花色表型数量分类研究[J]. 北方园艺，427(4)：85-91.
费昭雪，雷珊，崔苗苗，等，2020. 秦岭野生春兰和蕙兰染色体核型分析[J]. 林业科技讯(5)：24-27.
郭玉洁，张响，郭明阳，等，2018. 6 种鼠尾草属植物的核型分析[J]. 河北农业大学学报，41(5)：90-93+123.
李懋学，陈瑞阳，1985. 关于植物核型分析的标准化问题[J]. 武汉植物学研究(4)：297-302.
刘慧民，陈雅君，吕贵娥，等，2010. 17 种绣线菊核型特征及核型参数分析[J]. 园艺学报，37(9)：1456-1462.
李晓莉，贺新桠，肖鑫辉，等，2019. 5 个木薯品种染色体核型与聚类分析[J]. 热带作物学报，40(1)：79-86.
龙海梅，张楠卿，李宗艳，等，2020. 金盏菊根尖细胞染色体制片与核型分析[J]. 浙江农业学报，32(1)：86-92.
彭海英，2016. 花楸属部分植物形态与核型研究[D]. 南京：南京林业大学.
饶龙兵，杨汉波，郭洪英，等，2013. 桤木属 7 种植物的核型分析[J]. 西北植物学报，33(7)：1333-1338.
盛璐，2011. 铁钱莲属 16 种植物的核型分析[D]. 南京：南京林业大学.
苏芸芸，王康才，2017. 不同产地藿香核型及似近系数聚类分析[J]. 核农学报，31(6)：1053-1060.
苏庆祥，2018. 25 种柱花草染色体核型与亲缘关系分析[D]. 海口：海南大学.
苏晓倩，王斐，胡凤荣，2019. 3 个二倍体风信子品种核型分析[J]. 浙江农业学报，31(9)：1509-1515.
孙桂芳，赵艺璇，杨建伟，等，2019. 秋英属植物核型分析[J]. 河北大学学报(自然科学版)，39(4)：412-420.
孙忆，丁苏芹，史益敏，等，2019. 15 个小苍兰品种的花粉形态研究[J]. 植物研究，39(1)：19-28.
谭培，2017. 两种扁穗雀麦核型分析与种子萌发期抗旱性研究[D]. 杨凌：西北农林科技大学.
王建波，2004. 遗传学实验教程[M]. 武汉：武汉大学出版社：47-48.
吴晨炜，周凌瑜，王秀丽，等，2009. 小苍兰种质遗传多样性的 ISSR 分析[J]. 植物研究，29(3)：357-361.
王丽平，2010. 黄杨属五种植物的核型分析[D]. 南京：南京林业大学.
鲜恩英，刘兰，李勇，等，2014. 西藏两种蔷薇科藏药植物染色体核型分析[J]. 中国民族医药杂志，20(10)：37-39.
辛如洁，2020. 芍药属植物杂交亲和性研究及核型分析[D]. 沈阳：沈阳农业大学.
姚启伦，陈发波，何章帅，等，2017. 基于染色体核型的玉米地方品种聚类分析[J]. 河南农业科学，46(6)：34-38.
杨东娟，李绪杰，唐泽君，2018. 迷迭香的染色体数目与核型分析[J]. 韩山师范学院学报，39(6)：27-31.
张力鹏，郑书行，徐仲凯，等，2017. 六个金银花栽培品种的核型分析[J]. 北方园艺(6)：103-107.
Arano H，1963. Cytological studies in subfamily carduoidae(composite)of Japan. [J]. Botanical Magazine Tokyo，76：419-426.
Goldblatt P，1982. Systematics of *Freesia*(Iridaceae)[J]. Southern Africa Journal of Botany(48)：39-92.
Kuo S R，Wang T T，Huang T C，1972. Karyotype analysis of some Formosan gymnosperms[J]. Taiwania，17(1)：66-80.
Levan A，Fredga K，Sandberg A，1964. Nomenclature for centromeric position on chromosomes[J]. Hereditas，52(2)：201-220.
Stebbins G L，1971. Chromosomal evolution in higher plants[M]. London：Edward Arnold：87-90.
Taylor W R，1926. Chromosome morphology in *Fritillaria*，*Alstroemeria*，*Silphium*，and other genera[J]. American Journal of Botany，13(3)：179-193.
Tang D Q，Sun Y，Li X，et al，2018. De novo sequencing of the *Freesia hybrida* petal transcriptome to discover putative anthocyanin biosynthetic genes and develop EST-SSR markers[J]. Acta Physiologiae Plantarum，40(9).
Wang L，Pu X L，1988. Karyotypic study of *Freesia refracta*[J]. Journal of Northeast Normal University(3)：93-95.
Wongchaochant S，Doi M，Imanishi H，2002. Phylogenetic classification of *Freesia* spp. by Morphological and physiological characteristics and RAPD markers[J]. Journal of the Japanese Society for Horticultural Science，71(6).
Wang L，2006. *Freesia*[M]. In：Flower Breeding and Genetics. Berlin Germany：Springer Netherlands.
Wang L，2007. *Freesia*(*Freesia×hybrida*)[M]. Flower Breeding and Genetics：665-693.

19个矾根品种叶色表型及色素成分和含量初步分析

孙　翊　张永春*　杨　贞　王　桢　李　心　万　弛

（上海市农业科学院林木果树研究所，上海　201403）

摘　要：为探究叶片呈色与色素类型及含量的关系，以19个不同矾根品种的叶片作为试验材料，开展表型测定和色素成分分析。通过目测法、比色卡及色差仪进行表型的测定和分析。采用溶剂萃取法进行色素提取，通过紫外-可见光谱扫描分光光度计法对样品中的叶绿素、类胡萝卜素、花青素含量进行测定。结果表明，矾根的叶色分布在RHSCC比色卡的137A至201A之间。NF333色差仪测得的CIE $L^* a^* b^*$ 值，明度 L^* 范围为27.21~66.86；红度 a^* 范围为-21.29~22.70；黄度 b^* 范围为1.32~39.85。矾根叶片色素由叶绿素、花青素苷及类胡萝卜素组成，花青素苷是矾根叶片呈现非绿色的关键色素基础。在供试的19个品种中，黑色叶的品种'黑曜石'所含花青素苷含量最高，达1.47mg/g·Fw，其次是紫色叶的'磨砂紫罗兰'，为1.33mg/g·Fw。而绿色叶的品种'莱姆里基''马戏团'和'抹茶'中几乎不含花青素苷。所有品种叶片中均含有叶绿素和类胡萝卜素，且两者的含量呈正相关。'米兰'和'冰花'是类胡萝卜素和叶绿素含量最高的两个品种，同时也含有一定量的花青素苷，它们的叶色是不同色素类群复合呈色的结果。综合表型测定和色素成分分析结果，可将这19个矾根品种分为7个色系：绿色系（'抹茶''高更''马戏团''白雪天使'）；黄绿色系（'毕加索''梵高''莱姆里基'）；橙色系（'饴糖''地球天使''里奥''樱桃可乐'）；紫色系（'磨砂紫罗兰''紫色宫殿'）；红色系（'狂欢节西瓜'）；棕色系（'黑曜石''摩卡''XXL'）；银色系（'米兰''冰花'）。本研究能够在矾根品种鉴定和保护以及叶色观赏价值的改良等方面起到积极作用。

关键词：矾根；花青素苷；叶绿素；类胡萝卜素；叶色表型

Preliminary Analysis of Leaf Color Phenotypes and the Content and Composition of Pigments in 19 Cultivars of *Heuchera* spp.

SUN Yi, ZHANG Yongchun*, YANG Zhen, WANG Zhen, LI Xin, WAN Chi

(*Forestry and Pomology Research Institute*, *Shanghai Academy of Agricultural Science*, *Shanghai* 201403)

Abstract: In order to explore the relationship between leaf coloration and the composition and content of pigments, 19 cultivars of alum roots (*Heuchera* spp.) were used as experimental materials to determinate leaf color phenotypes and analysis the composition of pigments. Leaf color phenotypes were measured by visual color measurement, RHS color card colorimetry and colorimeter. Solvent extraction method were used to extract pigments. Contents of chlorophylls, carotenoids and anthocyanins were measured by UV-vis spectrum scanning spectrophotometer. Results show that: the distribution of RHS color card values were between 137A and 201A. The val-

通讯作者：Author for correspondence (E-mail: saasflower@163.com)。

ues of CIE $L^* a^* b^*$ were measured by NF333 spectrophotometer. The lightness index L^* were between 27.21 and 66.86; The redness index a^* were between −21.29 and 22.70; The redness a^* were between −21.29 and 22.70; The yellowness index b^* were between 1.32 and 39.85. Pigments in leaves of alum roots consist of chlorophylls, carotenoids and anthocyanins, and the anthocyanins was the key pigments in the coloration of non-green leaves of alum roots. *H.* 'Obsidian' which had dark leaves contained the highest levels of anthocyanins in 19 cultivars of alum roots, which could reach 1.47mg/g · Fw. 'Frosted Violet' which had purple leaves contained the second highest levels of anthocyanins, which could reach 1.33mg/g · Fw. Anthocyanins almost does not contain in 'Lime Rickey' 'Circus' and 'Matcha'. Leaves of all cultivars contain chlorophylls and carotenoids, and their contents were positively correlated. 'Milan' and 'Cracked Ice' were 2 cultivars having a certain amount of anthocyanins, which contained the highest levels of anthocyanins chlorophylls and carotenoids. The coloration of their leaves was the result of the combination of different pigment groups. Comprehensive analysis based on the results of leaf colorphenotype determination and the pigment composition, 19 cultivars of alum roots were divided into 7 groups: Green Series('Matcha' 'Gauguin' 'Circus' and 'Snow Angel'); Yellow-green Series('Picasso' 'Van Gogh' and 'Lime Rickey'); Orange Series('Caramel' 'Earth Angel' 'Rio' and 'Cherry Cola'); Red Series ('Watermelon'); Brown Series ('Obsidian' 'Mocha' and 'XXL'); Silver Series ('Milan' and 'Cracked Ice'). This study would have a positive effect on cultivar identification, variety protection and the improvement of ornamental value in leaf color features of alum roots.

Key words: *Heuchera* spp.; anthocyanins; chlorophylls; carotenoids; leaf color phenotypes

基于 AHP 法的上海崇明地区 168 份新优花卉种质资源园林应用综合评价

杨 贞 孙 翊 李 心 王 桢 杨柳燕 张永春*

（上海市农业科学院 林木果树研究所，上海市设施园艺技术重点实验室，上海 201403）

摘 要：在上海地区，各种花卉种质资源在园林配置、景观设计、家庭园艺等中被广泛应用，第十届花博会也即将在上海举行，然而关于多种花卉种质资源种间及品种间的相对优劣和其在园林应用中的综合评价相关的研究未见报道。如何筛选出适宜的花卉品种对上海地区园林应用及花博会花卉品种选择具有重要的指导意义。上海市崇明区港沿镇的智慧生态花卉园收集并栽培了 200 余种花卉种质资源。本研究选取了其中 168 份新优花卉种质资源，对其在花博会期间的重要性状进行了表型测定和分析。每个花卉品种随机选取 16 个单株用于观测和评价。收集和整理相关资料并以此作为参考和依据，采用 AHP 层次分析法对 168 份新优花卉种质资源分别进行 5 月、6 月、7 月的园林应用综合评价。选取花部性状、叶部性状和适应性状 3 个性状类别作为评价指标，每个性状类别又分别包含 9 个（花数、花色、花香、花姿、花枝量、花显示度、花期早晚、花期天数、花后观赏性）、5 个（叶色、叶形、叶面积大小、叶片观赏期、枝叶覆盖力）、3 个（生长势、抗逆性、养护频度）（共计 17 个）评价指标，每个评价指标的评价分值为 1~5 分，对每个品种进行评分。根据不同花卉种质资源的特性，将评价情况分成观花为主和观叶为主两种类型，赋予各个评价指标以不同的权重，形成《花卉品种品质测试评价分值计算权重表（观花为主）》和《花卉品种品质测试评价分值计算权重表（观叶为主）》，按照对应的权重表计算分值。共筛选出花博会开幕期推荐观花品种 17 个，花博会中期 15 个和花博会后期 15 个。三个时期的推荐观叶品种均为 9 个。在 5~7 月均表现优异的种类有四季海棠、向日葵、山桃草、长春花等。大部分石竹品种、白晶菊、黄晶菊、波斯菊等，它们在 5 月表现相对较好，太阳花、百日草、非洲凤仙等在 6 月表现较好，而在 7 月表现较好的种类仅有超级凤仙桑蓓斯系列的 6 个品种、鸡冠花新视野系列‘红色’、鸡冠花和服系列‘猩红’和‘樱桃红’、鸡冠花智脑系列‘Raven Red’、鼠尾草蓝霸系列‘蓝色’、夏堇、紫松果菊、繁星花以及萼距花。通过观测和评价，累计筛选出在花博会期间（5 月 21 日至 7 月 2 日）适宜上海崇明地区应用的优质花卉品种 37 个。该工作为花博会花卉品种的选择提供较强的科学依据，也将为崇明生态岛的建设过程中花卉品种的选择提供重要参考，对上海崇明地区花卉品种选择和景观应用也具有较好的经济效益和社会效益。

关键词：花卉；AHP；上海崇明地区；花博会；园林应用；综合评价

通讯作者：Author for correspondence（E-mail：saasflower@ 163. com）。

AHP-based Comprehensive Evaluation of Landscape Application of 168 New and Excellent Flower Germplasm Resources in Shanghai Chongming Area

YANG Zhen, SUN Yi, LI Xin, WANG Zhen, YANG Liuyan, ZHANG Yongchun*

(*Forest & Fruit Tree Institute, Shanghai Academy of Agricultural Sciences, Shanghai Key Laboratory of Protected Horticultural Technology, Shanghai* 201403)

Abstract: In Shanghai, various flower germplasm resources have been widely used in garden configuration, landscape design, home gardening, etc. The 10th Flower Fair will be held in Shanghai soon. However, there are no reports on the relative advantages and disadvantages of various flower germplasm resources among different species and their comprehensive evaluation in garden application. How to select suitable flower varieties has important guiding significance for landscape application and selection of flower varieties in flower exposition. The Wisdom Ecological Flower Garden in Gangyan Town, Chongming District, Shanghai has collected and cultivated more than 200 kinds of flower germplasm resources. In this study, 168 new and excellent flower germplasm resources were selected and phenotypes of their important characters were determined and analyzed during the Flower Fair. Sixteen individual plants of each flower variety were randomly selected for observation and evaluation. After collecting and sorting out the relevant data as reference and basis, the comprehensive garden application evaluation of 168 new and excellent flower germplasm resources in May, June and July was carried out by AHP. Choose flower character, leaf traits and adapt to the character of three properties category as evaluation index, each character class and contains nine(flower number, color, fragrance, flowers posture, flowers, flower clearer defect display, flowering after morning and evening, flowering days, flower appreciation), 5(leaf color, leaf shape, leaf size, leaf ornamental period, branches and leaves covered), 3(growth potential, resistance and maintenance frequency)(a total of 17)evaluation index, evaluation score of each evaluation index is 1~5 points, to score each breed. According to the characteristics of different flower germplasm resources, the evaluation is mainly divided into flower and foliage two types and gives different weights to all evaluation indexes of, formed the flower varieties quality test evaluation score calculation weight table(flower)"and" flower varieties quality test evaluation score calculation weight table(foliage), the score calculated on the basis of the corresponding weight table. A total of 17 flower varieties were screened out in the opening period of the Fair, 15 in the middle period of the Fair and 15 in the late period of the Fair. Nine cultivars were recommended for leaf viewing in each of the three periods. The species that performed well from May to July were begonias, sunflower, hickory and periwinkle, etc. Most carnation varieties, chrysanthemum, chrysanthemum multicaule, cosmos, etc., they did relatively well in May, sunflowers, one hundred impatiens grass, Africa and so on tend to do well in June and in July show good species only super impatiens SangBeiSi series of six varieties, cockscomb series of new horizons 'Red', cockscomb kimono series 'Carlet' and 'Cherry Red', cockscomb wisdom brain series'Raven Red', sage lamba 'Blue', violet, purple coneflower in the summer, flowers and calyx from the stars. Through observation and evaluation, a total of 37 high-quality flower varieties suitable for application in Chongming area of Shanghai were selected during the Expo period(May 21, BBB 0, July 2). This work will provide a strong scientific basis for the selection of flower varie-

Corresponding author: Zhang Yongchun, E-mail: saasflower@ 163. com。
First author: Yang Zhen, E-mail: 17349711050@ 163. com。

ties at the Expo, and will also provide an important reference for the selection of flower varieties in the construction process of Chongming Ecological Island. It will also have good economic and social benefits for the selection of flower varieties and landscape application in Chongming District, Shanghai.

Key words: flowers and plants; analytic hierarchy process; Shanghai Chongming; flower fair; landscape application; comprehensive evaluation

中国花境植物应用现状分析

李淑娟[1]　刘青林[2]

（1. 陕西省西安植物园/陕西省植物研究所/陕西省植物资源保护与利用工程技术研究中心，西安　710061；
2. 中国农业大学园艺学院，北京　100193）

摘　要：为了摸清我国花境植物的应用现状、历史变化及存在问题，为花境植物生产者和应用提供参考，本文对近20年来的我国花境植物种类、科属、生活型等信息数据，进行了对比、分析。结果显示：①物种多样性大大提高，科属更为丰富。目前我国花境中应用的植物有125科478属1300余种(含品种，下同)，较2007年的74科210属320种，增加了近1000种。②物种丰富进程与我国花境的发展速度一致，前期缓慢，后期迅速增加。2007年为320种，2016年增加到429种，近4年增加到1300余种。③花境植物较多的科变化不大。主要集中在菊科、唇形科、禾本科、蔷薇科、百合科、虎耳草科、木樨科、毛茛科、天门冬科、柏科、马鞭草科和鸢尾科等。④新优品种使用率较高。如绣球类、矾根类、女贞类、矮蒲苇、紫娇花、墨西哥鼠尾草、水果兰、芒类、彩叶杞柳、石菖蒲、粉黛乱子草等。⑤一二年生草本比例下降，花灌木和小乔木比例上升。一二年生草本从2006年的29.4%下降到8.4%；而花灌木从12.8%上升到25.8%，小乔木从0.9%上升到4.9%。目前存在的主要问题：①一二年生花卉、花灌木和小乔木占比较大，还有许多多年生草本甚至半灌木被当作一年生使用，这与花境材料以多年生草本为主、长效性、节约性的原则相背离。②国内花境中应用的物种种源，多数为引进品种，乡土物种开发应用严重不足。③原种使用率高于园艺品种。国内自育品种的应用率极低，育种工作亟待加强。

关键词：花境植物；应用；多年生草本；存在问题

Analysis on the Application of Plants in Flower Borders in China

LI Shujuan[1], LIU Qinglin[2]

(1. *Xi' an Botanical Garden of Shaanxi Province/Institute of Botany of Shaanxi Province/Shaanxi Engineering Research Centre for Conservation and Utilization of Botanical Resources*, *Xi' an* 710061, *China*;
2. *College of Horticulture*, *China Agricultural University*, *Beijing* 100193, *China*)

Abstract: In order to find out the historical changes, application status and existing problems of flower border plants in China, and provide reference for the producers and users of flower border plants, The information data of species, families and life forms of plants in flower border in China in the past 20 years was analyzed and studied. The results show that, ①Species diversity has been greatly improved, and families and genera are more abundant. At present, there are more than 1300 species (including varieties, the same below) used in flower borders, belonging to 125 families and 478 genera, which is nearly 1000 species more than that in 2007, with 320 species, 74 families and 210 genera. ②The growth rate of species richness was consistent with the development of flower borders in China, with a slow growth in the early stage and a rapid increase in the late stage, such as 320 species in 2007, 429 species in 2016, and more than 1300 species in the past four years. ③There was little change in the families and genera for the commonly used species. They were mainly concentrated in Asteraceae, Labiaceae, Poaceae, Rosaceae, Liliaceae, Saxifragaceae, Oleaceae, Ranunculaceae, Asparagaceae, Cupressaceae, Verbenaceae and Iridaceaeetc. ④The utilization rate of new excellent varieties is higher, such as *Hydrangea*, *Heuchera*, *Ligustrum*, *Cortaderia*, *Tulbaghia violacea*, *Salvia leucantha*, *Teucrium fruticans*, *Miscanthus*, *Salix integra* 'Hakuro Nishiki'. ⑤The proportion of annual and biennial flowers decreased to 8.4% from 29.4% in 2006, the proportion of flowering shrubs increased to 25.8% from 12.8% in 2006 and the proportion of small trees increased to 4.9% from 0.9% in 2006. There are some problems: ①The proportion of annual and biennial, shrubs and small trees are relatively high, there are many perennials and even semi-shrubs are used as annual, which is contrary to the principle of perennial herbaceous, long-term and economical on flower border plants. ②Most of the species used in flower borders are foreign species, and the application of native species are insufficient. ③The utilization rate of the original species was higher than that of horticultural varieties. The application rate of new varieties with PBR is very low, breeding needs to be strengthened.

Key words: plants in flower borders; application status; perennials; problem

· 遗传育种 ·

盆栽百合‘娇羞’的选育及栽培

周俐宏[1,2]　胡新颖[1]　白一光[1]　王伟东[1]　李雪艳[1]　杨迎东[1*]
（1. 辽宁省农业科学院花卉研究所，沈阳　110161；2. 中国农业科学院蔬菜花卉研究所，北京　100081）

摘　要：‘娇羞’以亚洲盆栽百合‘4 you’为母本，‘矩阵’(‘Matrix’)为父本，采用常规杂交育种方法培育出的盆栽百合新品种。植株矮小，花型正，花瓣为橙黄色带橙色晕，茎秆绿色，生长强健。
关键词：百合；盆栽；品种

Breeding and Cultivation of Lily Pot Cultivar ‘Shyness’

ZHOU Lihong[1,2], HU Xinying[1], BAI Yiguang[1], WANG Weidong[1], LI Xueyan[1], YANG Yingdong[1*]
(1. *Flower Institution of Liaoning Academy of Agricultural Sciences*, *Shenyang* 110161, *China*;
2. *Institute of Vegetables and Flowers*, *Chinese Academy of Agricultural Sciences*, *Beijing* 100081, *China*)

Abstract: A new lily pot cultivar ‘Shyness’ which is selected from the Asiatic corss Lilium ‘4 you’×*Lilium* ‘Matrix’. The plant is small. The flower is orange-yellow with orange halo. The stem is green and grows strongly.
Key words: lily; pot; cultivar

盆栽百合越来越受市场欢迎，但市场上的盆栽百合还主要是从荷兰进口的品种，我国自主培育的盆栽百合品种还很少(程迁发和邱敏，2011)。盆栽百合‘娇羞’是以亚洲盆栽百合‘4 you’为母本，‘矩阵’(‘Matrix’)为父本，采用常规杂交育种手段选育的盆栽百合新品种(图 1)。‘4 you’为亚洲盆栽百合，花肉色带紫色斑点。‘矩阵’为亚洲盆栽百合，花为橙红色。

2013 年 6 月杂交，10 月收获种子干燥保存。2014 年 2 月对杂交种子进行低温沙藏催芽处理，5 月播种，经过 3 年冷棚种球繁育，2017 年第 1 次开花进行初选。2018 年第 2 次开花进行复选。2019 年第 3 次开花，整体性状稳定。2020 年 2 月在英国皇家园艺学会登录。

品种特征特性

植株直立，株高 45~55cm。茎秆下部浅紫色上部绿色，茎上无珠芽。叶片散生，披针形，绿色或墨绿色，叶片及边缘光滑，叶长 9.2~9.8cm，叶片最宽 1.4~1.8cm，无叶烧。花向上生长，单瓣，花被 6 片，扁平，橙黄色，无香味，花瓣顶端轻微后弯，花蜜腺沟纹浅黄色，花丝浅黄色，花粉橙色，柱头淡

基金项目：辽宁省农业科学院院长基金项目(2020QN2404)；辽宁省科学技术计划项目(2020JH2/10200016)；辽宁省自然基金项目(2019-MMS-193)。
通讯作者：Author for correspondence(E-mail：494418975@ qq. com)。

绿色，花径 12. 3～13. 2cm，花瓣长 6. 8～7. 4cm，花瓣最宽 4. 2～4. 7cm，花苞数 3～5 朵。

生育期较短，约 80d。冷棚种植，花期 7 月上旬，单朵花花期 5～7d，抗倒伏。与亲本的主要差异表现在其花瓣为橙黄色，而母本为肉色带紫色斑点，父本为橙红色。

栽培技术要点

适宜辽宁地区为代表的气候类型做露地、冷棚栽培生产，云南、浙江、北京等地区作简易设施栽培及周年生产。生长适温为白天 20～25℃，夜间 14℃以上。喜疏松肥沃、排水良好的土壤，种植前深翻土壤结合土壤消毒。起高畦栽培，畦高 20～30cm，宽 90～120cm，畦间距 30cm，滴灌浇水，定植 1 周内保持土壤表面湿润。定植后常规管理。

盆栽观赏选择土壤疏松、肥沃，腐殖质高的壤土或以草炭土：细沙：珍珠岩按 2：2：1 的比例配制无土配方。pH 保持 6～7。根据种球和盆的规格确定种植数量。种球底部基质厚度约 3cm，种球上部覆土厚度约 8cm。定植后轻微压实并浇透水，放入阴棚中生根。当芽长出 8cm 左右时移出，常规管理。

图 1　盆栽百合‘娇羞’

Fig. 1　Pot lily ‘Shyness’

参考文献

程迁发，邱敏，2011. 东方百合盆栽新品种‘喜来临’[J]. 园艺学报，38(12)：2421-2422.

南京地区盆栽百合引种适应性研究

陈子琳[1,2]　吴　泽[1,2]　张德花[1,2]　国　圆[3]　滕年军[1,2*]

（1. 南京农业大学园艺学院/农业农村部景观农业重点实验，南京　210095；
2. 南京农业大学—南京鹂岛现代农业发展有限公司江苏省研究生工作站/南京农业大学八卦洲现代园艺产业科技创新中心，南京　210043；3. 中国农业出版社有限公司，北京　100125）

摘　要：本文旨在对引进的盆栽百合品种的生长适应性以及观赏特性进行综合评价与比较，筛选出适宜南京地区推广的盆栽百合品种和育种材料。采用百分制记分法对18个盆栽百合新品种的物候期、植物学特性和综合抗性进行综合评价与比较，筛选适宜推广种植的百合品种和潜在的优良育种亲本。在连栋薄膜大棚内种植，春季种植的13个盆栽百合品种中，其中8个盆栽亚洲百合能够正常生长发育，从定植到开花时间为58~74d；植株挺直健壮，植株高度为25~45cm；花色丰富艳丽、花型完整，单株有7~11朵花，多为单瓣；整体花期长15~25d，无病虫害发生，适应性好、观赏价值高。盆栽东方百合观赏价值也很高，但多数品种蚜虫危害严重。秋季种植的13个盆栽百合品种经过低温处理后，盆栽亚洲百合品种依旧表现出较高的观赏价值和较强的适应性，从定植到开花时间为29~51d，明显短于春季，花期长20~28d，明显长于春季。盆栽东方百合品种除'红马丁''瑞丽'和'粉罗宾'外，其他盆栽东方百合生长异常、病虫害严重。盆栽亚洲百合观赏性和抗性均优于盆栽东方百合。南京及附近地区春、秋两季均适宜引种盆栽亚洲百合，而盆栽东方百合仅个别品种适宜在南京地区引种栽培，且需及时防治病虫害。

关键词：盆栽百合；引种；观赏性；适应性；品种筛选

Study on the Adaptability of Potted Lily Introduction in Nanjing Area

CHEN Zilin[1,2], WU Ze[1,2], ZHANG Dehua[1,2], GUO Yuan[3], TENG Nianjun[1,2*]

(1. *College of Horticulture/Key Laboratory of Landscaping Agriculture, Ministry of Agriculture and Rural Affairs, Nanjing Agricultural University*, *Nanjing* 210095, *China*; 2. *Nanjing Agricultural University-Nanjing Oriole Island Modern Agricultural Development Co., Ltd. Jiangsu Graduate Workstation/Nanjing Agricultural University Baguazhou Modern Horticultural Industry Science and Technology Innovation Center*, *Nanjing* 210043, *China*; 3. *China Agriculture Press Co., Ltd.*, *Beijing* 100125, *China*)

Abstract: The paper aimed to the growth adaptability and ornamental characteristics of some potted lily varieties in Nanjing and select suitable varieties in Nanjing area promotion and breeding materials. The phenological period, botanical characteristics and comprehensive resistance of 18 new potted lily varieties were comprehensively evaluated and compared using the percentile score method, and lily varieties suitable for promotion and planting and potential excellent breeding parents were screened. Planted in a multi-span film greenhouse. In spring, 13 potted lily

---

基金项目：江苏省"六大人才高峰"高层次人才项目（2016-NY-077）；南京农业大学种质资源专项（KYZZ201920）；江苏省现代农业产业技术体系（JATS[2019]008）。

通讯作者：Author for correspondence（E-mail：njteng@njau.edu.cn）。

varieties were planted in a plastic greenhouse, and eight potted Asiatic lily varieties can grow and develop normally. The time from planting to flowering was 58 ~ 74 days. The plants were straight and strong, and the height of the plants was 25 ~ 45cm. The flowers were rich and gorgeous, and the patterns were complete. There were 7 ~ 11 single plants. The flowers were mostly single petals, and the overall flowering period was 15 ~ 25 days long. No diseases and insect pests occurred, good adaptability and high ornamental value. The ornamental value of potted Oriental Hybrids lily was also very high, but most varieties of aphids had serious harm and not as adaptable potted Asiatic Lily. Thirteen potted lily varieties were planted in the plastic greenhouse in autumn. After low temperature treatment, the potted Asiatic lily series still showed high ornamental value and strong adaptability. The time from planting to flowering within 29 ~ 51d of the plant planted in fall which was obviously shorter than that in spring. The flowering period as long as 20 ~ 28d which was significantly longer than that in spring. Except for 'Sunny Martin' 'Releezei' and 'Sunny Robyn', other potted Oriental Hybrids lilies had abnormal growth and serious pests and diseases. The ornamental and resistance of Asian lilies were better than those of potted Oriental Hybrids lilies, and potted Asiatic lilies are suitable for introduction in both spring and autumn in Nanjing and nearby areas. What's more, the flowering period of potted lilies was longer in autumn than in spring. Several potted Oriental Hybrid varieties are suitable for introduction in Nanjing and nearby areas, but measures should be taken to control pests and diseases in time.

Key words: potted lily; introduction; ornamental characteristics; adaptability; variety screening

‘白天堂’百合再生体系构建

王英姿[1]　张　琪[1]　李炆岱[1]　刘思泱[2]　赵祥云[1]　王文和[1*]

（1. 北京农学院园林学院，北京　102206；2. 内蒙古蒙草生态环境(集团)股份有限公司，呼和浩特　010070）

摘　要：本研究以麝香百合品种‘白天堂’无菌苗叶片为外植体，探讨不同植物激素组合及光照培养条件对愈伤组织诱导、增殖和再生不定芽的影响，进而建立麝香百合高效再生体系。结果显示，诱导愈伤组织的最佳培养基为MS+0.125mg/L 2,4-D+0.25mg/L 6-BA，诱导率为80%。叶片不同位置诱导率有显著差异，叶片基部诱导率最高，可以达到80%，上部最低，诱导率仅为16.7%。在黑暗条件下，于MS+0.1mg/L NAA+0.1mg/L 6-BA培养基中进行继代培养，愈伤组织增殖较快，愈伤组织细胞排列疏松。将愈伤组织转接到MS+0.5mg/L KT+0.1mg/L NAA培养基后暗培养，诱导不定芽和形成小鳞茎最佳。种球长到直径约1cm后移栽，成活率为57%。移栽后10个月左右部分单株即可开花。本研究建立的麝香百合高效再生体系对于百合种质资源保存、基因工程育种及在国内的推广应用具有重要意义。

关键词：百合；愈伤组织；再生体系

Establishment of Regeneration Culture System of *Lilium* ‘White Heaven’

WANG Yingzi[1], ZHANG Qi[1], LI Wendai[1], LIU Siyang[2], ZHAO Xiangyun[1], WANG Wenhe[1*]

(1. *School of Landscape Architecture*, *Beijing University of Agriculture*, *Beijing* 102206;
2. *Inner Mongolia M · Grass Ecology and Environment* (*Group*) *Co.*, *Ltd.*, *Huhehaote* 010070)

Abstract: In this study, the leaves of sterile seedlings of *Lilium longiflorum* variety ‘White Heaven’ were used as explants to explore the effects of different combinations of plant hormones and light and dark culture conditions on callus induction, proliferation and regeneration of adventitious buds, and then an efficient regeneration system of *Lilium longiflora*. The results showed that the best medium for callus induction was MS+0.125mg/L 2,4-D+0.25mg/L 6-BA, and the induction rate was 80%. There are significant differences in the induction rate at different positions of the leaves. The induction rate at the base of the leaf is the highest, reaching 80%, and the induction rate is the lowest at the upper part, which is only 16.7%. Under dark conditions, subculture in MS+0.1mg/L NAA+0.1mg/L 6-BA medium, the callus proliferated faster and the callus cells were loosely arranged. The callus was transferred to MS+0.5mg/L KT+0.1mg/L NAA medium and then cultured in the dark to induce adventitious buds and the formation of small bulbs. The bulbs grew to about 1cm in diameter and then transplanted, with a survival rate of 57%. Some single plants can bloom about 10 months after transplanting. The research and establishment of the high-efficiency regeneration system of lily sylvestris is of great significance for the preservation of lily germplasm resources, genetic engineering breeding and its promotion and application in China.

Key words: *Lilium* spp.; callus; regeneration system

百合(*Lilium* spp.)是单子叶植物亚纲百合科百合属的多年生球根花卉，是常见的园艺植物之一(姜新超 等，2011)。有呈扁球形或阔卵状球形的地下鳞茎，表面无皮膜，一般由多个肉质鳞片抱合组成，大小因种而存在差异(柳玉晶，2006)。百合不仅具有极高的观赏价值，还有极高的药用价值、食用价值，是药食同源植物之一(李一寒 等，2018；王昌华 等，2018)。在百合栽培生产上，运用组织培养技术可以进行脱毒苗生产和大量扩繁，加快百合的繁殖速度，缩短百合的生育周期，弥补种球繁育的不足，是百合商品化及产业化发展的必然趋势。

现已报道包括 6-BA(张旭红 等，2018)、Picloram(姜新超 等，2011)、2,4-D(胡凤荣，2007)、NAA(段超，2009)、IBA(李倩中，2003)、KT(李筱帆，2009)、TDZ(孙红梅 等，2015)等生长调节剂在百合愈伤组织诱导中扮演重要的角色。林海等(2010)在诱导百合愈伤组织时对激素进行探究，发现6-BA 和 2,4-D 具有显著效果。袁雪等人(2012)在对铁炮百合叶片诱导愈伤组织的研究中发现将叶片分为上部、中部以及下部，添加 2,4-D 和 NAA 的激素组合可诱导出胚性愈伤组织，并且发现2,4-D 在诱导胚性愈伤组织过程中起了关键作用。同时，光照对百合愈伤组织的形成也有影响。Enaksha 等(1994)在试验中发现，黑暗培养为诱导麝香百合愈伤组织的必要条件。汪娜(2013)以毛百合(*L. dauricum*)和松叶百合(*L. pinifolium*)的叶片为外植体，分别设定了光照及黑暗两种条件诱导愈伤组织，从试验结果发现，黑暗培养下可以有利于愈伤组织的形成。

麝香百合品种‘白天堂’具有生长周期短，播种或组培瓶球均可在 12 个月左右开花的优点，其次未曾对‘白天堂’百合进行再生体系构建进行报道。本研究以‘白天堂’无菌苗叶片为外植体进行诱导愈伤组织，并对愈伤组织形态及诱导率进行分析，研究影响愈伤组织诱导与再生的条件，探讨不同植物激素组合及光照培养条件对愈伤组织诱导、增殖和再生不定芽的影响，构建了百合组织再生体系，以及为其快速扩繁、次生代谢物生产、分子育种等研究奠定基础。

1　材料与方法

1.1　试材及取样

‘白天堂’百合材料取自北京农学院园林植物实践基地组培室，将‘白天堂’百合无菌苗的叶片分割成上、中、下 3 部分。

1.2　无菌苗叶片诱导愈伤组织

以 MS 为基本培养基，用 NAA、2,4-D 与 6-BA 进行组合诱导培养，以 6-BA 为主要激素，改变 NAA、2,4-D 浓度进行试验，探索百合叶片适合诱导愈伤组织的条件。将叶片接种到不同激素配比的培养基上(表 1)进行试验对比，筛选出最佳诱导培养基。每组 10 个叶片，3 组互为平行对照。

表 1　诱导叶片的愈伤组织的不同外源激素组合的 MS 培养基

Table 1　Different combinations of exogenous hormones on callus induction of leaves under MS medium

培养基编号 Medium number	基本培养基 Basic medium	NAA (mg/L)	2,4-D (mg/L)	6-BA (mg/L)
1	MS	0.125	0.000	0.25
2	MS	0.250	0.000	0.25
3	MS	0.500	0.000	0.25
4	MS	0.125	0.000	0.50
5	MS	0.250	0.000	0.50
6	MS	0.500	0.000	0.50
7	MS	0.125	0.000	0.75
8	MS	0.250	0.000	0.75

（续）

培养基编号 Medium number	基本培养基 Basic medium	NAA (mg/L)	2,4-D (mg/L)	6-BA (mg/L)
9	MS	0.500	0.000	0.75
10	MS	0.000	0.125	0.25
11	MS	0.000	0.250	0.25
12	MS	0.000	0.500	0.25
13	MS	0.000	0.125	0.50
14	MS	0.000	0.250	0.50
15	MS	0.000	0.500	0.50
16	MS	0.000	0.125	0.75
17	MS	0.000	0.250	0.75
18	MS	0.000	0.500	0.75

1.3 愈伤组织继代

采用单因素试验设计，将叶片诱导的愈伤组织切割成 0.5～1.0cm^3，分别接种到添加不同浓度的 6-BA、KT、2,4-D 的 MS 培养基上，每种激素的浓度都为以下 4 种，分别为：0.1mg/L、0.5mg/L、1mg/L、2mg/L，并添加 0.1mg/L NAA；共 12 个处理组合(表 2)。每组条件下接种 4 块愈伤组织，3 组互为平行对照。

表 2 不同激素组合的愈伤组织继代培养基

Table 2 Subculture medium for callus with different hormone combinations

培养基编号 Medium number	基本培养基 Basic medium	NAA (mg/L)	2,4-D (mg/L)	6-BA (mg/L)	KT (mg/L)
B1	MS	0.1	0.0	0.10	0.0
B2	MS	0.1	0.0	0.50	0.0
B3	MS	0.1	0.0	1.00	0.0
B4	MS	0.1	0.0	2.00	0.0
K1	MS	0.1	0.0	0.50	0.1
K2	MS	0.1	0.0	0.50	0.5
K3	MS	0.1	0.0	0.75	1.0
K4	MS	0.1	0.0	0.75	2.0
D1	MS	0.1	0.1	0.75	0.0
D2	MS	0.1	0.5	0.25	0.0
D3	MS	0.1	1.0	0.25	0.0
D4	MS	0.1	2.0	0.25	0.0

2 结果与分析

2.1 不同激素处理对叶片诱导培养结果分析

试验研究，以 MS 为基本培养基，分别添加不同组合的外源激素 NAA、2,4-D 与 6-BA 进行培养探究(表 3)。

表 3　含 3 种激素的 MS 培养基诱导叶片产生愈伤的情况

Table 3　Results of callus induction of leaves under MS medium and three hormones

编号 Number	培养基配方 Mediacomponent			叶片接种总数 Total number of leaf inoculation	形成愈伤组织数 The number of formed callus	愈伤组织诱导率(%) Callus induction rate (%)
	NAA (mg/L)	2,4-D (mg/L)	6-BA (mg/L)			
N1	0. 125	0. 000	0. 25	30	15	50. 0±17. 3cde
N2	0. 250	0. 000	0. 25	30	16	53. 3±5. 8bcd
N3	0. 500	0. 000	0. 25	30	18	60. 0±17. 3abcd
N4	0. 125	0. 000	0. 50	30	20	66. 7±11. 5ab
N5	0. 250	0. 000	0. 50	30	11	36. 7±5. 8efg
N6	0. 500	0. 000	0. 50	30	21	70. 0±10. 0ab
N7	0. 125	0. 000	0. 75	30	17	56. 7±5. 8bcd
N8	0. 250	0. 000	0. 75	30	18	60. 0±10. 0abcd
N9	0. 500	0. 000	0. 75	30	19	63. 3±5. 8abc
M1	0. 000	0. 125	0. 25	30	24	80. 0±10. 0a
M2	0. 000	0. 250	0. 25	30	18	60. 0±20. 0abcd
M3	0. 000	0. 500	0. 25	30	20	66. 7±11. 5ab
M4	0. 000	0. 125	0. 50	30	20	66. 7±5. 8ab
M5	0. 000	0. 250	0. 50	30	12	40. 0±20def
M6	0. 000	0. 500	0. 50	30	10	33. 3±5. 8fg
M7	0. 000	0. 125	0. 75	30	15	50. 0±10. 0cde
M8	0. 000	0. 250	0. 75	30	13	43. 3±5. 8def
M9	0. 000	0. 500	0. 75	30	9	30. 0±10. 0g

试验结果表明：培养 30d 后，培养基中添加 2,4-D 和 6-BA 进行培养效果整体优于 NAA 与 6-BA 的组合，在 0. 125mg/L 2,4-D 和 0. 25mg/L 6-BA 的激素组合下叶片愈伤组织最大诱导率为 80%，0. 5mg/L 6-BA 和 0. 5mg/L NAA 的激素组合下最大诱导率为 70%。试验发现使用 NAA 作为诱导外源激素时，诱导率不如 2,4-D，并且愈伤组织整体有褐化，愈伤组织增殖较弱，容易发生分化，不利于得到愈伤组织。试验表明，‘白天堂’百合叶片进行分化诱导培养基最佳培养基配方为 MS+0. 25mg/L 6-BA+0. 125mg/L 2,4-D。

2. 2　无菌苗叶片不同位置诱导结果分析

将叶片切割成 3 部分，分别为叶片上部、叶片中部、叶片基部，放置于 MS+0. 125mg/L 2,4-D+0. 25mg/L 6-BA 培养基中，试验表明，基部的诱导率最高为 80%(表 4、图 1)。诱导率按照大小排序为叶片基部>叶片中部>叶片上部。

表 4　以相同培养基对叶片不同位置分化诱导情况

Table 4　The differentiation of leaves was induced at different positions under the same medium

外植体种类 Explants	接种数 Number of explants	形成愈伤组织数量 The number of callus was formed	愈伤形成率(%) Callus formation rate(%)
叶片上部	30	5	16. 7±6. 7c
叶子中部	30	18	60. 0±5. 8b
叶子基部	30	24	80. 0±5. 8a

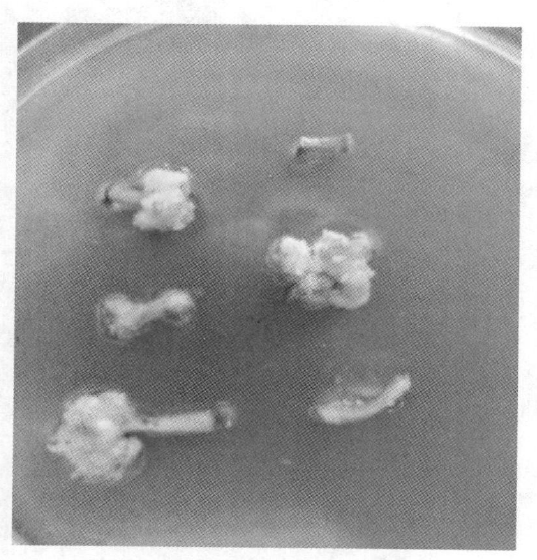

图 1　叶片基部诱导所得到的愈伤组织
Fig. 1　Callus induced at the base of leaf blade

试验结果表明：将叶片进行不同位置诱导发现，叶子中部及基部诱导成功率较高，上部分首先不容易诱导愈伤组织出现，并且会伴随发黄以及部分出现褐化，如果接种密度过大，可能由于叶片上部分褐化造成其他材料的褐化死亡，所以剔除掉叶片的上部分可以提高诱导率还能减少褐化率。叶片的基部诱导率可以达到 80%，但叶片中部诱导率仅次于基部，也可以达到 60%，仍然可以作为较好的诱导材料，所以在选择外植体的时候，可以使用靠近叶片底部的部分诱导愈伤组织，可以得到疏松、黄色并且生长旺盛的愈伤组织。

2.3　愈伤组织继代培养结果与分析

将通过无菌苗叶片诱导所得的黄色愈伤组织在原培养基上继代 1 次后，转移至不同条件的培养基上进行试验，设置不同外源激素 6-BA、KT 以及 2,4-D 组合及浓度，调节不同光照培养条件，观察和记录不同组合对愈伤组织增殖继代的影响。

2.3.1　不同 6-BA，NAA 处理对愈伤组织继代结果分析

以 0.1mg/LNAA 为固定工作浓度，调节 6-BA 浓度及光照时间，设置为黑暗条件及明暗比例时间为 16h/8h。30d 后观察发现，光照情况下更有利于愈伤组织进行增殖分化；而黑暗培养条件下，愈伤组织长势较旺盛(表 5)。随着 6-BA 浓度升高，重量增高，但会出现褐化，在黑暗条件下 6-BA 浓度达到 0.5mg/L 时愈伤组织呈现紧密型，不再为颗粒易分散状态，继续培养容易产生分化。工作浓度继续提高会导致愈伤组织出现褐变。在 6-BA 浓度达到 2mg/L 时，增重指数比较于 1mg/L 6-BA 工作浓度时，有所下降，且褐化严重(图 2)。在有光处理的条件下，愈伤组织都有分化现象出现，在 B3 培养基上增重指数最高为 5.86。所以可以根据实际需要选择适合的培养基，为了得到松散的愈伤组织，为后续悬浮系做基础，可以选择 B1 培养基，并进行暗处理，培养基为 MS+0g/L 6-BA。B3 培养基在光培养下最有益于分化不定芽，培养基为 MS+0.1mg/L NAA+1mg/L 6-BA。

表 5　培养条件及激素对愈伤组织继代的影响(6-BA，NAA)
Table 5　Effects of culture conditions and hormones on callus subculture(6-BA，NAA)

组合 Hormone combination	光照条件 Illumination condition	颜色及状态 Color and state	增重指数 Weight growth index
B1	光照	绿色颗粒，部分出苗	5.05
	黑暗	黄白色，非常松散	3.47
B2	光照	黄绿色颗粒，有分化出现	5.00
	黑暗	黄白色，愈伤组织较为紧实	3.20
B3	光照	黄绿色颗粒状，有分化现象	5.86
	黑暗	黄白色，有分化伴随底部褐化	9.50
B4	光照	褐化，长势较弱	7.00
	黑暗	黄白色，褐化	7.00

愈伤组织的增重指数=(继代后的愈伤组织重量-继代时愈伤组织的重量)/继代时的愈伤组织重量)，下同。

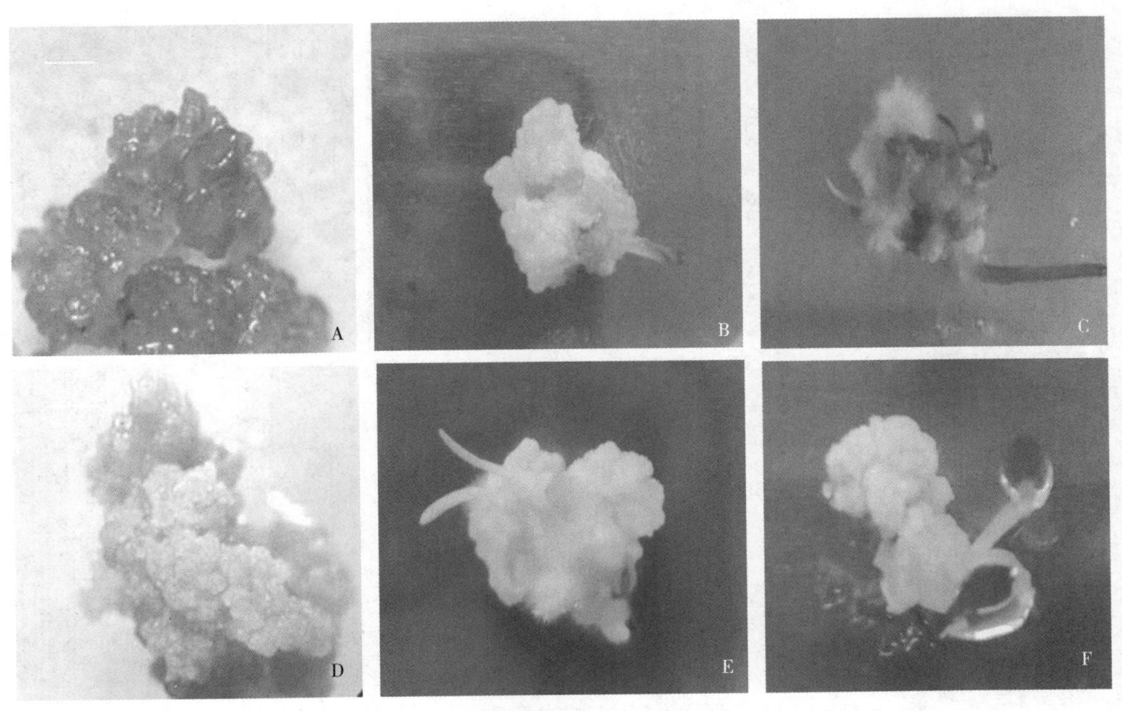

图 2 培养条件及激素对愈伤组织继代的影响(6-BA，NAA)

A：B1 培养基光培养；B：B2 培养基光培养；C：B3 培养基光培养；D：B1 培养基暗培养；E：B2 培养基暗培养；F：B3 培养基暗培养

Fig. 2 Effects of culture conditions and hormones on callus subculture(6-BA，NAA)

A：B1 Medium light culture；B：B2 Medium light culture；C：B3 Medium light culture；D：B1 Medium dark culture；E：B2 Medium dark culture；F：B3 Medium dark culture

2.3.2 不同 KT，NAA 处理对愈伤组织继代结果分析

以 0.1mg/LNAA 为固定工作浓度，调节 KT 浓度及光照时间，设置为黑暗及黑暗/光照时间为 16h/8h。30d 后观察发现，KT 和 NAA 的组合有利于愈伤组织分化，但 KT 浓度不易过高，当 KT 浓度达到 2mg/L 时，光处理及暗处理下的愈伤组织都会死亡。当浓度达到 1mg/L 时，愈伤组织增重指数较大，但光处理下会发生褐化，黑处理下未发生分化，但愈伤组织呈现紧密状。当 KT 浓度为 0.5mg/L 时，在暗处理情况下分化得到小鳞茎，光处理下，也得到了不定芽(表 6、图 3)。综上所述，K2 为有利的诱导分化培养基。

表 6 培养条件及激素对愈伤组织继代的影响(KT，NAA)

Table 6 Effects of culture conditions and hormones on callus subculture(KT，NAA)

组合 Hormone combination	光照条件 Illumination condition	颜色及状态 Color and state	增重指数 Weight growth index
K1	光照	少量褐化，结构趋向紧密性	2.01
	黑暗	黄白色愈伤组织，有根分化	1.07
K2	光照	黄色，分化较为旺盛	3.20
	黑暗	黄白色，底部有褐化，部分长出小鳞茎	8.14
K3	光照	褐化	11.61
	黑暗	愈伤组织黄色，表面颗粒状减少，较为紧实	11.70
K4	光照	褐化，死亡	
	黑暗	褐化，死亡	

2.3.3 不同 2,4-D，NAA 处理对愈伤组织继代结果分析

以 0.1mg/LNAA 为固定工作浓度，调节 2,4-D 浓度及光照时间，设置为长暗及光照、黑暗比例时间

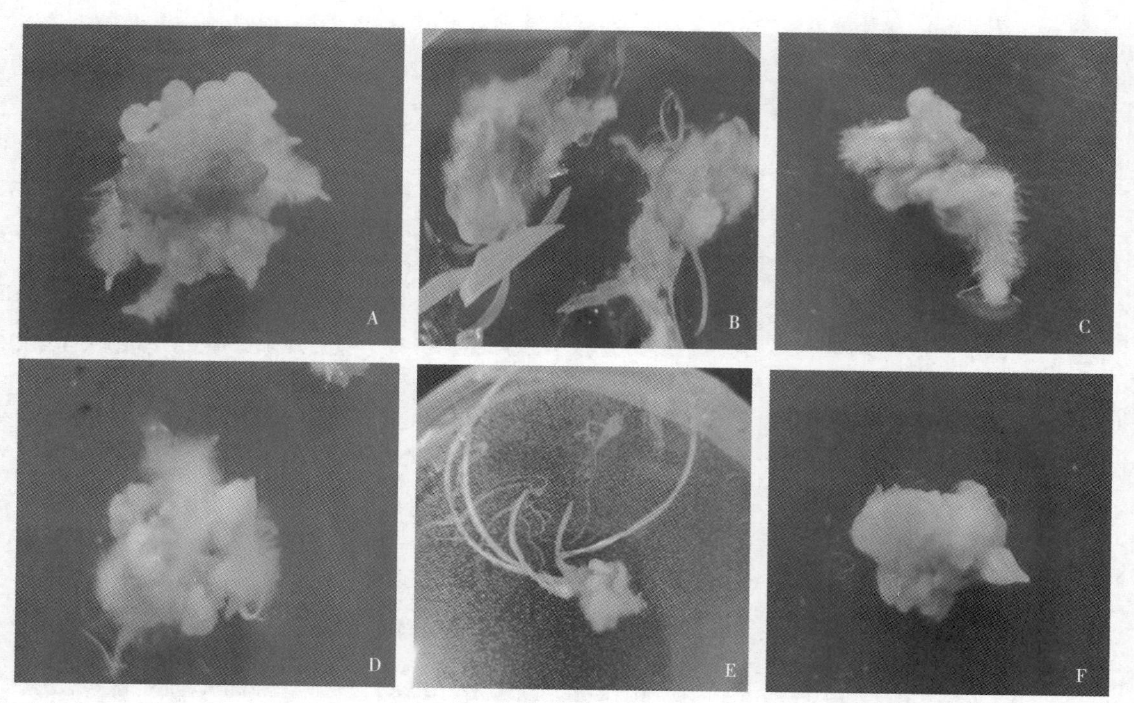

图 3　培养条件及激素对愈伤组织继代的影响(KT，NAA)

A：K1 培养基光培养；B：K2 培养基光培养；C：K3 培养基光培养；D：K1 培养基暗培养；E：K2 培养基暗培养；F：K3 培养基暗培养

Fig. 3　Effects of culture conditions and hormones on callus subculture(KT，NAA)

A：K1 Medium light culture；B：K2 Medium light culture；C：K3 Medium light culture；D：K1 Medium dark culture；E：K2 Medium dark culture；F：K3 Medium dark culture

为 16h/8h。30d 后观察发现，整体愈伤组织并未见明显增殖，愈伤组织易产生褐变。只有在 D1 条件下，光照培养有分化现象，黑暗培养愈伤组织可以保持其原有形态(表 7、图 4)。可以作为控制愈伤组织增殖保藏的潜在培养基。D1 培养基为 MS+0. 1mg/L 2,4-D+0. 1mg/L NAA。

表 7　培养条件及激素对愈伤组织继代的影响(2,4-D，NAA)

Table 7　Effects of culture conditions and hormones on callus subculture(2,4-D，NAA)

组合 Hormone combination	光照条件 Illumination condition	颜色及状态 Color and state
D1	光照	黄白色
	黑暗	黄色
D2	光照	略微透明，黄白色
	黑暗	黄色，
D3	光照	部分褐化，黄白色
	黑暗	褐化
D4	光照	深黄色
	黑暗	褐化

综上所述，试验中需要保持愈伤活性，作为保藏处理的培养基应当选择 D1 培养基。而促进‘白天堂’百合愈伤组织分化鳞茎的培养基，应当选择 K2 并进行暗处理。B1 培养基作为工作培养基，进行暗处理后，可以得到颗粒状疏松的愈伤组织。B3 培养基光处理下，可以诱导不定芽的出现。KT 及 6-BA 都为细胞分裂素，但在‘白天堂’百合愈伤组织继代中，发挥的功能有所差异，相比较而言，外源激素 KT 更有利于愈伤组织的分化，而 6-BA 有利于愈伤组织的增殖。

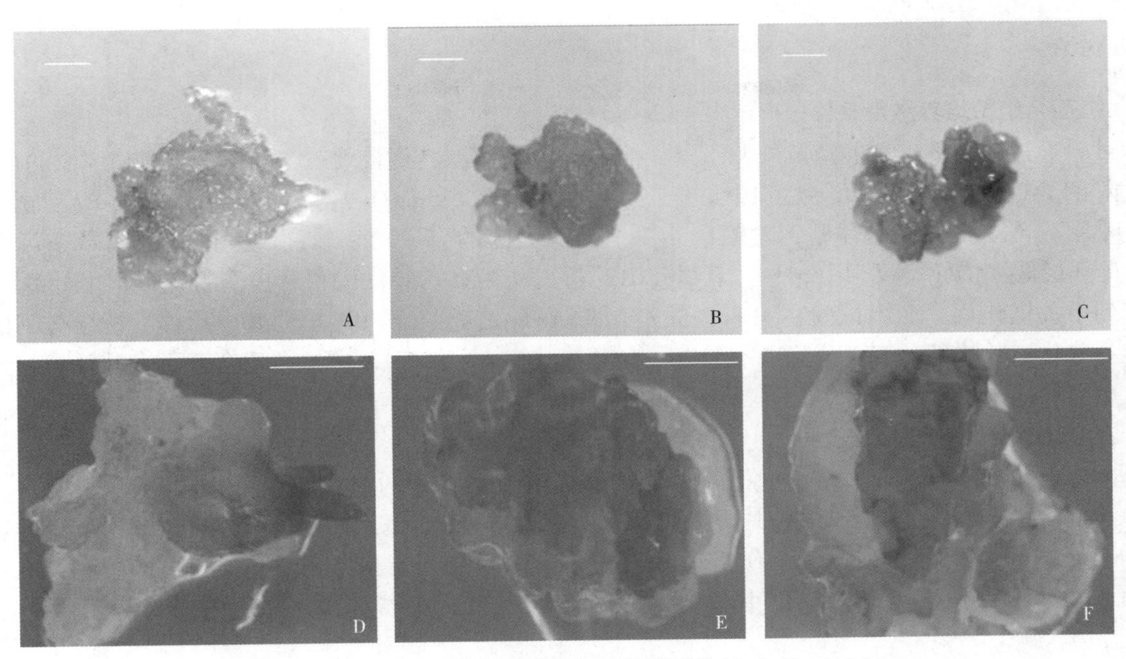

图 4　培养条件及激素对愈伤组织继代的影响(2,4-D，NAA)

A：D1 培养基黑暗培养；B：D2 培养基黑暗培养；C：D3 培养基黑暗培养；D：D1 培养基光培养；E：D2 培养基光培养；F：D3 培养基光培养　标尺 = 1000μm

Fig. 4　Effects of culture conditions and hormones on callus subculture(2,4-D，NAA)

A：D1 Medium dark culture；B：D2 Medium dark culture；C：D3 Medium dark culture；D：D1 Medium light culture；E：D2 Medium light culture；F：D3 Medium light culture　Bar = 1000μm

2.3.4　炼苗移栽

将无菌小鳞茎在培养基上培养到直径 1cm 左右后，打开组培瓶盖炼苗 3d，之后洗净培养基种植在育苗盘中，基质用进口育苗基质，精心管理，30d 后观察成活率，种植了 84 棵，成活率 57%(图 5)，8～10 个月部分单株开花(图 6)。

图 5　移栽后 1 个月成活情况

Fig. 5　Survival after 1 month of transplantation

图 6　成苗并开花

Fig. 6　Seedlings and flowering

3 讨论

3.1 百合组织培养激素条件分析结果

本试验通过改变基础培养基及外源激素，探究适合‘白天堂’百合无菌苗叶片诱导愈伤组织的培养基，‘白天堂’百合叶片愈伤组织诱导过程中最优培养基为 MS+0.125mg/L 2,4-D+1.25mg/L 6-BA，诱导率为80%。叶片不同位置诱导率有显著差距，叶片中部及底部诱导成功率较高，其中基部诱导率可以达到80%，上部最低，诱导率仅为16.7%。袁雪(2012)等人认为在诱导铁炮百合愈伤组织过程中外源激素 2,4-D 起到了关键作用，而本试验在 MS+0.5mg/L NAA+0.25mg/L 6-BA 培养基中培养，诱导得到的愈伤组织容易分化，叶片部分直接分化出不定根。有报道称 6-BA 和 NAA 的组合适合于百合叶片直接通过器官发生途径，这个激素组合常用作百合愈伤组织继代分化(刘爱玲，2016；张艳波，2013)。

3.2 愈伤组织继代分析结果

本试验研究过程中发现，在对愈伤组织转接继代中生长旺盛的愈伤组织大多数不发生褐变，如 B1(MS+0.1mg/LNAA+0.1mg/L 6-BA)培养基黑暗培养，愈伤组织生长旺盛，1 个月后，愈伤组织增重指数为3.47 倍，并未发生分化现象，愈伤组织活力较高未见褐化。黑暗条件下，K2 培养基(MS+0.1mg/L NAA+0.5mg/L KT)愈伤组织分化出小鳞茎，光照培养下，K2 培养基的条件下同样发生了愈伤组织的分化。

培养过程中会发生褐变，除了外植体生理状态及基因型等内部因素，外部因素也是造成褐变的原因(陈玲娟，2012)。无机盐浓度、细胞分裂素水平处于一个较高的浓度时，多酚氧化酶活性受到影响。如 K4 培养基下，KT 激素浓度达到 2mg/L，愈伤组织褐变，整体愈伤组织后期死亡，不利于愈伤组织增殖及分化的。所以避免褐化就要选择合适外源激素与条件进行愈伤组织的增殖，并且要保持愈伤组织的活性，要注意继代时间及培养环境条件(陈玲娟，2012)。

参考文献

陈玲娟，2012. 新型酪氨酸酶抑制剂筛选及其活性测试[D]. 长沙：中南林业科技大学.

段超，2009. 几种百合组织培养及多倍体育种技术的研究[D]. 北京：北京林业大学.

姜新超，刘春，明军，等，2011. 岷江百合悬浮细胞系的建立及植株再生[J]. 园艺学报，38(2)：327-334.

胡凤荣，2007. 百合种质资源鉴定与组培快繁技术体系研究[D]. 南京：南京林业大学.

刘爱玲，2016. 蓝色相关基因转化‘Robina’百合的研究[D]. 杨凌：西北农林科技大学.

李筱帆，2009. 几种百合组织培养及体细胞胚发生技术的研究[D]. 北京：北京林业大学.

李倩中，刘晓青，陈尚平，2003. 不同浓度 IBA 和 6-BA 对百合组织培养的影响[J]. 南京农专学报(2)：43-45.

柳玉晶，2006. 百合原生质体分离及培养的研究[D]. 哈尔滨：东北农业大学.

李一寒，何思琦，孟嫣，等，2018. 北京昌平区食用百合根及鳞茎腐烂的病原菌分离与鉴定[J]. 北京农学院学报(2)：32-37.

林海，张芳，郝慧敏，2010. 不同激素水平对百合愈伤组织诱导研究[J]. 北方园艺(24)：142-145.

孙红梅，王锦霞，段鑫，等，2015. 重瓣东方百合‘Double surprise’离体快繁技术体系的建立[J]. 沈阳农业大学学报，46(4)：391-397.

王昌华，舒抒，银福军，等，2018. 药用百合正源考证研究[J]. 中国中药杂志，43(8)：1732-1736.

汪娜，2013. 毛百合与松叶百合组培技术研究[D]. 长春：吉林农业大学.

袁雪，钟雄辉，李晓昕，等，2012. 铁炮百合的胚性愈伤组织诱导和植株再生[J]. 核农学报，26(3)：454-460，477.

张艳波，2013. 毛百合组织培养与试管鳞茎膨大的研究[D]. 哈尔滨：东北林业大学.

张旭红，王頔，梁振旭，等，2018. 欧洲百合愈伤组织诱导及植株再生体系的建立[J]. 植物学报，53(6)：840-847.

Enaksha R M，Wickremesinhe E，Jay Holcomb，et al，1994. A pratical method for the production of flowering Easter lilies from callus cultures[J]. Scientia Horticulturae，60：143-152.

郁金香新品种‘金丹玉露’的选育及栽培技术

张艳秋　邢桂梅　鲁娇娇　张惠华　吴天宇　崔玥晗　蔡忠杰　赵　展　屈连伟*

（辽宁省农业科学院花卉研究所，辽宁省花卉科学重点实验室，沈阳　110161）

摘　要：‘金丹玉露’是以‘Moonshine’为母本、‘Spring Green’为父本进行杂交获得的郁金香新品种。植株高49.3cm，花单生茎顶，花瓣为黄色，花瓣外侧基部具深绿色条纹。生育期70d，盛花期12d，观赏性高，适应能力强，是优良的盆栽和园林绿化品种。

关键词：郁金香；品种；育种；栽培

Breeding and Cultivation of a New *Tulipa* Cultivar ‘Jindanyulu’

ZHANG Yanqiu，XING Guimei，LU Jiaojiao，ZHANG Huihua，WU Tianyu，
CUI Yuehan，CAI Zhongjie，ZHAO Zhan，QU Lianwei*

(*Institute of Floriculture*，*Liaoning Academy of Agricultural Sciences*，
Key Laboratory of Floriculture of Liaoning Province，*Shenyang* 110161)

Abstract：The new Tulip cultivar ‘Jindanyulu’ was selected from progenies of the cross of ‘Moonshine’×‘Spring Green’. Average height is 49.3cm. Flower solitary，petals are yellow with dark green strips at the base of outer petals. The growth period is 70 days with the florescence duration of 12days. The new cultivar has favourable horticultural characteristics and strong adaptability，which can be used as potting and landscaping flowers.

Key words：*Tulipa*；cultivar；breeding；cultivation

郁金香是一种重要的经济作物，为百合科（Liliaceae）郁金香属（*Tulipa*）多年生鳞茎类植物（陈敏敏等，2019；黑银秀 等，2021）。因其花型优美、花色艳丽，被誉为“世界花后”。目前中国应用的郁金香品种严重依赖国外进口，缺乏具有自主知识产权的郁金香品种，已成为制约产业可持续发展的瓶颈问题。为了实现选育适合中国气候条件的“中华郁金香新品种群”的目标（陈俊愉，2015），辽宁省农业科学院郁金香团队自2001年开始进行郁金香种质资源收集及新品种选育工作。‘金丹玉露’是通过品种间杂交选育出来的新品种，其颜色艳丽，适应性强，具有很好的推广前景。

基金项目：辽宁省“百千万人才工程”经费资助项目（201945-37）；辽宁省农业科学院学科建设计划项目（2019DD051608）；辽宁省博士启动基金项目（2019-BS-133）；辽宁省“兴辽英才计划”项目（XLYC1907045）；地方科研基础条件和能力建设项目（3213312）；科技特派行动专项计划项目（2020030187-JH5/104）。

通讯作者 Author for correspondence（E-mail：568219189@qq.com）。

1　选育过程

1.1　亲本材料

亲本材料'Moonshine'和'Spring Green'于2007年10月从荷兰引进，栽植于辽宁省农业科学院国家郁金香种质资源库。

'Moonshine'为单瓣早花类品种，由P. A. van Geest于1987年选育，其鳞茎卵圆形，具棕褐色革质外皮；株高50cm；叶3~4片，披针形，长24.3cm，宽8cm；花单生茎顶，碗状，花冠高6.0cm，直径6.0cm；花瓣6片，黄色；雄蕊6枚，离生，雌蕊柱3裂；蒴果长圆柱形，种子多数、黄褐色、扁平呈三角形。生育期63d，盛花期10d。

'Spring Green'为绿花群品种，由P. Liefting于1969年选育，其鳞茎卵圆形，具棕褐色革质外皮；株高50cm；叶3~4片，狭状披针形，叶长25cm，叶宽8.5cm；花单生茎顶，碗状，花冠高6.5cm，直径6.5cm，花瓣6片，花瓣内侧白色，花瓣外侧白色带绿色条纹；雄蕊6枚，离生，雌蕊柱3裂；蒴果长圆柱形，种子多数、黄褐色、扁平呈三角形。生育期65d，盛花期12d。

1.2　选育过程

2008年4月，以'Moonshine'为母本，'Spring Green'为父本进行杂交试验，6月获得杂交种子1160粒。2008年12月将杂交种子播种于栽培箱内，2009年8月获得小籽球1084粒。再经过4年的连续培养，于2013年4月，杂交后代开花。经过性状调查，筛选出花瓣为黄色，花瓣外侧基部具深绿色条纹的优良单株，编号为08101-5。2014—2020年，经过7年的扩繁和连续调查，08101-5植株遗传性状稳定，定名为'金丹玉露'，并于2020年7月通过国际登录。

图1　郁金香新品种'金丹玉露'

2　选育结果

2.1　植物学特性

'金丹玉露'株高49.3cm，叶3~4片，狭状披针形，深绿色；茎高43cm，深绿色，无毛；花单生于茎顶，大型直立，碗状，直径6.5cm，花瓣6片，花瓣内为黄色，花瓣外部基部具深绿色条纹（图1）；果实长圆柱形，直径1.5~2.0cm；种子100~150粒，黄褐色，扁平，三角形；鳞茎扁球形，直径2.5~3.5cm，鳞茎皮革质，橙棕色，内有伏毛；根脆易断，根白色，老根深棕色，根长15cm以上。详细性状描述见表1。

表1　'金丹玉露'植物学性状调查表

Table 1　Description of the botanical characters of 'Jindanyulu'

调查项目 Items investigated	性状描述 Detailed description
叶 Leaf	叶3~4片，狭状披针形，深绿色，互生，向上伸展，长25cm，宽8.2cm，叶缘无毛，无苞叶，叶片无条纹
茎 Stem	茎高43cm，深绿色，直立无毛，无分枝
花 Flower	花单生于茎顶，大型直立，碗状，直径6.5cm，花冠高6.0cm，花瓣6片，花瓣内侧为黄色，花瓣外侧基部深绿色条纹，花瓣长6.0cm，宽4.3cm；花被片基部黄绿色，无毛；雄蕊6枚，离生，雌蕊柱头3裂至基部；花药黄色长1.5cm，宽0.2cm

（续）

调查项目 Items investigated	性状描述 Detailed description
果实 Fruit	果实长圆柱形，直径 1.5~2.0cm；种子 100~150 粒，黄褐色，扁平，三角形
鳞茎 Bulb	鳞茎扁球形，直径 2.5~3.5cm，鳞茎皮革质，鳞茎皮上延，橙棕色，内有伏毛
根 Root	根脆易断，根皮白色，老根深棕色，根长 5~10cm

由表 2 可知，在株高、叶长等植物学性状方面，‘金丹玉露’与亲本差异不大，但花色与亲本差异明显。‘金丹玉露’花瓣为黄色，花瓣外侧基部带有深绿色条纹，而母本‘Moonshine’花瓣为黄色，父本‘Spring Green’花瓣为白色，花瓣外侧带绿色条纹。

表 2 ‘金丹玉露’与亲本性状调查

Table 2 Characters of ‘Jindanyulu’ and its parents

品种 Cultivars	株高 Plant height (cm)	叶长 Leaf length (cm)	叶宽 Leaf width (cm)	花径 Flower diameter (cm)	花冠高度 Corolla height (cm)	花色 Flower colour
‘Moonshine’	50	24.3	8	6	6	黄色
‘Spring Green’	50	25	8.5	6.5	6.5	花瓣白色，花瓣外侧带绿色条纹
‘金丹玉露’ ‘Jindanyulu’	49.3	25	8.2	6.5	6	花瓣黄色，花瓣外侧基部具深绿色条纹

2.2 生物学特性

在辽宁地区，‘金丹玉露’萌芽期为 3 月下旬，开花期为 4 月下旬到 5 月初，整个生育期为 70d，盛花期 12d。喜冬季温暖湿润、夏季凉爽干燥、向阳的环境；生根适温 9~11℃，生长适温 15~18℃，耐寒性强，冬季可耐-30℃的低温。喜腐殖质丰富、疏松肥沃、排水良好的微酸性砂质壤土，忌碱土和连作。‘金丹玉露’适应性强，是优良的盆栽和园林绿化品种。

3 栽培技术要点

‘金丹玉露’用于园林绿化时，在我国北方地区一般于 10 月中下旬开始种植。种植前，用 0.15%高锰酸钾 600 倍液浸泡种球 30min 进行消毒处理。种植深度为种球高度的 2 倍，栽植株行距 10~15cm×15~20cm(孙国峰 等，2000；张艳秋 等，2020)。

种植后要立即浇透水，整个生长期内浇水要遵循少量多次的原则(胡新颖，2010)，保持土壤湿度为 60%~70%。4 月下旬开始每 3~4d 浇水 1 次，开花后控制水量，枯萎期停止浇水。早春种球萌芽出土后开始追肥，每公顷施用 450~700kg N：P：K 比例为 2：1：1 的复合肥；现蕾期每 2 周施用 1 次磷钾肥，用量 1.5~3.0kg/hm^2，开花前 7d 停止施肥，花后施 1 次磷钾肥以促进种球生长，用量与现蕾期相同(王文斗 等，1998；邢桂梅 等，2015)。

植株生长期间如发现病毒株要及时拔除并销毁，如发现真菌侵染，可喷施 3~4 次 70%甲基托布津 800 倍液或 25%多菌灵 1000 倍液。郁金香虫害主要是蚜虫，可使用 10%吡虫啉 1000 倍液进行防治，每隔 7~10d 喷施 1 次(屈连伟 等，2015)。

如进行种球扩繁生产，在花朵显色后巡查生产田，及时拔除杂株，然后摘除植株的花蕾，以利于更新球膨大。6月中下旬，待地上1/3植株枯黄时挖出地下种球，并进行消毒处理。药剂可用50%甲基托布津100倍液+50%克菌丹200倍液+25%阿米西达200倍液，浸泡种球120min。消毒处理完成后要快速风干种球表面水分，防止滋生病菌。经过分级装箱处理后，将种球置于25℃条件下储藏7d，然后在20℃的温度下储藏21d，以促进花芽的分化和花器官的形成(邢桂梅 等，2015)。最后将种球置于温度17℃，通风良好的环境下储藏。

参考文献

陈俊愉，2015. 通过远缘杂交选育中华郁金香新品种群[J]. 现代园林，12(4)：327.
陈敏敏，顾俊杰，沈强，等，2019. 郁金香鳞茎更新与植物激素变化关系[J]. 植物生理学报，55(3)：301-309.
黑银秀，刘君，郭方其，等，2021. 铯-137γ射线辐射对郁金香鳞茎的诱变效应[J]. 浙江林业科技，41(1)：1-7.
胡新颖，印东生，颜范悦，等，2010. 北方地区郁金香切花栽培技术要点[J]. 北方园艺，5：120-122.
屈连伟，苏君伟，邢桂梅，等，2015. 郁金香盆花标准化栽培[J]. 中国花卉园艺，18：28-29.
孙国峰，张金政，2000. 郁金香品种在北京的引种栽培[J]. 中国园林，5：76-78.
王文斗，王汝杰，那冬晨，1998. 沈阳地区栽种郁金香应注意的问题[J]. 辽宁林业科技，3：51.
邢桂梅，苏君伟，张艳秋，等，2015. 郁金香新品种'紫玉'的选育[J]. 北方园艺，23：170-172.
张艳秋，邢桂梅，张惠华，等，2020. 郁金香新品种'黄玉'[J]. 园艺学报，47(S2)：3048-3049.

室内水培郁金香品种的筛选与评价

张惠华　邢桂梅　吴天宇　赵　展　张艳秋　鲁娇娇　屈连伟*

（辽宁省农业科学院花卉研究所，沈阳　110161）

摘　要：：以8个郁金香品种为材料，采用室内水培栽植的方法，调查不同品种在水培过程中的物候期、植物学性状和生根情况，目的是筛选出适合室内水培的郁金香品种。试验结果表明：各品种在室内水培条件下均可正常开花，但生根及开花表现存在差异。其中，'Dow Jones'综合表现优异，最适宜室内水培；'Strong Gold''Ile de France''World's Favorite'和'Dutch Design'适合室内水培；'Corola'虽前期生长慢，根系稍差，但后期成花率高，也可作为室内水培品种；'Golden Parade'与'Spryng'在水培条件下根系生长差，成花率低，不适合作为室内水培品种。

关键词：室内水培；郁金香品种；筛选；评价

Screening and Evaluation of Tulip Varieties for Indoor Hydroponics

ZHANG Huihua，XING Guimei，WU Tianyu，ZHAO Zhan，ZHANG Yanqiu，LU Jiaojiao，QU Lianwei*

（*Floricultural Research Institute*，*Liaoning Academy of Agricultural Sciences*，*Shenyang* 110161，*China*）

Abstract：Eight tulip varieties were used as materials for indoor hydroponic cultivation. The phenological period，botanical characteristics and rooting status of different tulip varieties during hydroponic cultivation were investigated，in order to select suitable tulip varieties for indoor hydroponic culture. The results showed that all cultivars could bloom normally under indoor hydroponic conditions，whereas there were some differences in rooting and flowering. 'Dow Jones' was the best variety for indoor hydroponic cultivation. 'Strong Gold' 'Ile de France' 'World's Favorite' and 'Dutch Design' were suitable for indoor hydroponic cultivation. 'Corola' although plant and root grew slowly in early stage，but had high flowering percentage in the late stage，also can be used as indoor hydroponic variety. 'Golden Parade' and 'Spryng' had poor root growth and low flowering rate during hydroponic cultivation，so they were unsuitable for indoor hydroponic cultivation.

Key words：indoor；hydroponic；tulip varieties；screening；evaluation

郁金香（*Tulipa*）属百合科（Liliaceae）郁金香属植物，是世界著名的球根花卉之一，被誉为花中皇后。国内郁金香生产主要应用于花海布展、鲜切花生产等方面（姜文正，2011），由于受地域、花期等因素限制，不能满足人们长期观赏的需求（陈建德，2008）。水培花卉栽植在发达国家已初具规模（P. V. Nelson *et al.*，2003）。国内对于郁金香进行水培的尝试是从20世纪90年代开始的（郭世荣，2003）。室内水培方

基金项目：辽宁省"兴辽英才计划"项目（XLYC1907045）；辽宁省博士启动基金项目（2019-BS-133）；辽宁省"百千万人才工程"经费资助项目（201945-37）；辽宁省农业科学院学科建设计划项目（2019DD051608）；地方科研基础条件和能力建设项目（3213312）；科技特派行动专项计划项目（2020030187-JH5/104）；辽宁省农业攻关及产业化项目（2020JH2/10200016）。

通讯作者 Author for correspondence（E-mail：568219189@qq.com）。

式栽植郁金香，能够有效控制和管理花期(张鲁归，1998)，延长观赏期，增添管理情趣，可以更好地满足郁金香爱好者的需求。

本试验通过模拟郁金香的家庭水培，对不同品种的主要观赏性状进行调查分析，研究不同品种在室内水培栽植条件下的性状表现，筛选市场认可度高并适宜室内水培的品种，为郁金香室内水栽植方法的推广与应用提供参考。

1 材料与方法

1.1 试验材料

为‘World’s Favorite’‘Strong Gold’等 8 个郁金香品种的 5 度球，包括达尔文杂交型 2 个，凯旋型 4 个，单瓣晚花型 2 个，均由辽宁省农业科学院国家郁金香种质资源库提供。各品种基本情况见表 1。

1.2 试验方法

1.2.1 种球处理

选取光滑饱满且周径 10~12cm 的郁金香种球，每个品种 30 粒，对种球进行消毒处理(屈连伟 等，2015)。去除表面褐色种皮，露出鳞茎根盘，促进根系发育；剥除侧芽，保证鳞茎营养集中供应。

1.2.2 水培栽植

2021 年 1 月 3 日开始试验，栽植装备为辽宁省农业科学院花卉研究所的专利产品“郁金香水培盆”，每盆装入 5 粒种球，注满清水。置于室内，第 1 周置于 10℃左右的环境下，促进种球生根，之后温度控制在 15~20℃，保证各品种生长环境条件一致。

1.2.3 调查数据

每组试验材料物候期及植物学性状的观测方法和标准：萌芽期，60%的种球萌发；展叶期，60%的植株叶片伸展；现蕾期，60%现蕾；始花期，30%的花蕾开放；盛花期，80%的花蕾开放；末花期，80%的花朵枯萎；花期，从始花期到末花期持续的天数。叶片长度：叶基部到顶部长度；叶片宽度：与叶长十字交叉的最宽处；花冠宽：花朵全盛开时整个花朵最宽处；茎粗：于花冠以下 10cm 处量取。

观察种球根系生长情况，记录根系萌发时间，始花期调查生根数量、根系长度和根系长势。

表 1 供试郁金香品种

Table 1 The varieties of tulip tested

序号 No.	英文名 English name	中文名 Chinese name	类型 Style	花色 Colour	周径 Circumference(cm)
1	‘Golden Parade’	‘金检阅’	达尔文杂种型	黄	10~12
2	‘World’s Favorite’	‘世界真爱’	达尔文杂种型	橘红	10~12
3	‘Strong Gold’	‘纯金’	凯旋型	黄	10~12
4	‘Dow Jones’	‘道琼斯’	凯旋型	红/黄	10~12
5	‘Spryng’	‘红霞’	凯旋型	红	10~12
6	‘Corola’	‘卡罗拉’	凯旋型	粉	10~12
7	‘Ile de France’	‘法国之光’	单瓣晚花型	红	10~12
8	‘Dutch Design’	‘荷兰设计’	单瓣晚花型	粉	10~12

2 结果与分析

2.1 不同品种的物候期与生长发育情况

如表 2 所示，各品种在水培条件下均可正常生长，但是物候期与生长发育情况存在差异。‘Dow Jones’栽植 6d 萌芽，现蕾与开花期最早，花期最长为 18d，成花率达 100%，综合表现最好；‘Corola’物候期整体表现最晚，前期生长较慢，但开花整齐，成花率高，达到 96%；'Golden Parade'花期最短，仅为 12d，少量种球未开花，成花率为较低的 83%；'Spryng'花期较短，未开花种球最多，成花率最低，仅为 80%；其他品种物候期相近，花期 14~15d，成花率均达到 90%以上。

表 2 不同郁金香品种物候期调查

Table 2 Phenology period of tulip

品种 Variety	萌芽时间 Sprout date	展叶时间 Leaf expansion date	现蕾时间 Visible bud date	始花期 First flowering date	盛花期 Full flowering date	末花期 Last flowering date	开花数量 Flowering number	成花率 Flowering percentage(%)
'Golden Parade'	1月15日	1月25日	1月31日	2月10日	2月13日	2月22日	25	83
'World's Favorite'	1月13日	1月24日	1月29日	2月9日	2月14日	2月24日	28	93
'Strong Gold'	1月14日	1月27日	2月3日	2月12日	2月16日	2月26日	29	96
'Dow Jones'	1月9日	1月17日	1月25日	2月3日	2月10日	2月21日	30	100
'Spryng'	1月16日	1月26日	2月2日	2月10日	2月15日	2月24日	24	80
'Corola'	1月17日	1月28日	2月5日	2月15日	2月19日	3月1日	29	96
'Ile de France'	1月14日	1月23日	2月1日	2月10日	2月15日	2月25日	28	93
'Dutch Design'	1月14日	1月26日	2月1日	2月9日	2月14日	2月23日	27	90

2.2 不同品种根系生长情况比较

由表 3 可知，郁金香各品种水培栽植 2~5d 均萌发根尖，生根时间相近，但是根系生长情况差异显著。'Dow Jones'根系健壮、长势好，根系数量最多为 122 条，长度达到 15.6cm；'Golden Parade'和'Spryng'根系生长细弱，且有不同程度的烂根与褐化现象，生根数量少，均未超过 80 条；'Spryng'根系长度最短，仅为 3.2cm，'Golden Parade'根系长度为 4.8cm，这两个品种的根系在水培条件下生长受到抑制，对植株生长发育存在不良影响；'Corola'根系长势稍弱，但是根系数量较多，长度为 10.9cm，也能满足植株生长需求；其他 4 个品种根系情况虽然稍有差异，但是对植株整体生长影响不大。

表 3 不同郁金香品种生根情况

Table 3 Root growth status of tulip

品种 Variety	生根时间 Root time(d)	根系长度 Root length(cm)	生根数量(条) Root number	长势 Growth vigor
'GoldenParade'	3	4.8	80	细弱 褐化
'World's Favorite'	3	9.1	117	健壮
'Strong Gold'	3	14.1	104	健壮
'Dow Jones'	2	15.6	122	健壮
'Spryng'	4	3.2	75	细弱 褐化
'Corola'	5	10.9	113	细弱
'Ile de France'	3	11.3	97	健壮
'Dutch Design'	3	9.4	102	健壮

2.3 不同品种植物学性状比较

从表 4 可以看出，在水培栽植环境下，'Golden Parade'与'World's Favorit'同属于达尔文杂种型，植株较高，'Golden Parade'株高达到 63cm，茎秆较细，花朵观赏性状较差；'Spryng'植株最矮，仅有 38cm，茎秆最细，为 0.76cm，叶片与花朵的观赏性状均不理想；'Strong Gold'株高 45cm，茎粗 0.91cm，花冠宽和高分别为 8.3cm 和 8.9cm，观赏性状表现最佳；'Dow Jones'株高 51cm，茎粗 0.91cm，同样表现出优异观赏性状；'Corola''Ile de France''Dutch Design'各调查指标相近，观赏性状较好。

表 4 不同郁金香品种植物学性状

Table 4 Morphological characteristics of tulip

品种 Variety	株高 Height of tulip(cm)	茎粗 Stem diameter(cm)	叶长 Leaf length(cm)	叶宽 Leaf width(cm)	花冠宽 Corolla width(cm)	花冠高 Corolla height(cm)
'Golden Parade'	63	0.79	29	8.7	6.6	6.5
'World's Favorite'	55	0.83	32	9.1	7.1	7.6
'Strong Gold'	45	0.91	28.2	9.8	8.3	8.9
'Dow Jones'	51	0.93	21	5.1	6.5	6.8
'Spryng'	38	0.76	22	4.4	6.2	6.1
'Corola'	46	0.87	27	4.2	6.2	6.6
'Ile de France'	42	0.85	26	6.5	6.8	6.9
'Dutch Design'	45	0.89	29.7	8.5	7.1	6.4

3 结论与讨论

水培郁金香主要是依赖鳞茎内储存的营养物质，促进其生长开花(王国夫 等，2010)。根系的生长状态，决定着水分的吸收能力，在水培郁金香生长过程中起关键作用(Hojat Abasetal，2019)。本试验结果表明：在 8 个市场认可度较高的郁金香品种中，'Dow Jones'综合表现优异，最适宜水培种植；'Golden Parade'与'Spryng'在地栽时观赏性状优异，但在水培中根系生长差，成花率低，观赏效果不理想，不适合作为水培品种；品种'Strong Gold''Ile de France''World's Favorite'和'Dutch Design'也较适宜室内水培。'Corola'虽前期生长慢，根系稍差，但从后期成花率高，也可作为水培品种。

郁金香凭借独特的花型、绚丽的花色、高贵的气质，成为世界级观赏花卉，受到世人追捧。国内室内水培郁金香市场潜力巨大，郁金香室内水培种植技术的研究和应用，使郁金香走进千家万户成为可能。

参考文献

陈建德，2008. 上海地区水培花卉及其发展对策研究[D]. 杭州：浙江大学.

郭世荣，2003. 无土栽培学[M]. 北京：中国农业出版社.

姜文正，2011. 郁金香栽培与应用研究[D]. 上海：上海交通大学.

鲁娇娇，裴新辉，关柏丽，等，2019. 北方地区朱顶红引种栽培及评价[J]. 辽宁农业科学(2)24-28.

屈连伟，苏君伟，邢桂梅，2015. 郁金香盆花标准化栽培[J]. 中国花卉园艺(18)：28-29.

王国夫，胡绍泉，孙小红，2010. 郁金香促成水培技术研究[J]. 北方园艺(17)：100-102.

魏嘉谊，2016. 水培花卉无土栽培技术的研究与讨论[D]. 杨凌：西北农林科技大学.

张鲁归，1998. 室内水栽花卉[M]. 上海：同济大学出版社.

Hojat Abasi，Mesbah Babalar，Hossain Lessani，et al，2019. Effects of nitrogen form of nutrient solution on uptake and concentration macro element and morphological trait in hydroponic tulip[J]. Journal of Plant Nutrition，39(12)：1745-1751.

P V Nelson，W Kowalczyk，C E Niedziela，et al，2003. Effects of relative humidity，calcium supply，and forcing season on tulip calcium status during hydroponic forcing[J]. ScientiaHorticulturae，98(4)：409-422.

中国球宿根花卉育种现状与展望

翟志扬　胡子祎　刘青林*

（中国农业大学园艺学院，北京　100193）

摘　要：从育种方法、种质资源、数量、对象、育种者和新品种推广途径等方面，对除百合、兰花、荷花、非洲菊、香石竹(新品种授权途径)以外的中国自育的43种(或属)球宿根花卉的232个新品种进行分析。结果表明，杂交育种是新品种的主要育种方法，中国原种和国外品种是主要的育种种质资源，新品种数量呈波动上升趋势，育种对象相对集中，主要是百合、非洲菊等，科研单位和高校是主要的育种者，新品种推广途径主要是论文发表，其次是国际登录和国内审定。建议我国球宿根花卉的育种工作，应利用现代生物技术开展育种的研究工作，继续发挥我国种质资源优势，并增加企业育种占比。

关键词：多年生花卉；新品种权；国际品种登录；良种审定

Current Situation and Prospect of Breeding of Flower Bulbs and Herbaceous Perennials in China

ZHAI Zhiyang，HU Ziyi，LIU Qinglin

（*Horticulture College of Agricultural University of China*，*Beijing* 100193，*China*）

Abstract：The breeding methods，germplasm resources，quantity，objects，breeders and new varieties promotion ways of 232 new varieties of 43 species（or genus）flower bulbs and herbaceous perennials cultivated by China，exceptlily，orchid，lotus，gerbera，carnation(new cultivar authorization way)，were analyzed. The results show that the main breeding method of new cultivar is cross breeding，the main germplasm resources of breeding is domestic original species and foreign cultivar，the quantity of new cultivar shows an fluctuating upward trend. The breeding object is relatively concentrated，mainly including lily，gerbera and so on，research institutes and colleges and universities are the main breeders，The new cultivar extension way mainly is paper publication followed by international registration and domestic approval. Suggest that the breeding work of flower bulbs and herbaceous perennials shoud use modern biotechnology to carry out breeding research，continue to give play to the advantages of domestic germplasm resources，increase the proportion of enterprise breeding.

Key words：perennial flower；new cultivar right；international cultivar registration；national approval

球宿根花卉具有色彩丰富、适应性和抗逆性强、投入成本少、管理维护方便等特点，具有极大的应用价值。本文通过统计整理1997—2020年的球宿根花卉的新品种，对球宿根花卉育种现状进行了分析。本次名录只整理了在实际的生产和运用中作为多年生花卉使用的种或品种，包含了除百合、兰花、荷花、非洲菊、香石竹(新品种授权途径)以外的，共计43个属或种232个新品种。百合在2019年时统计有165

通讯作者：Author for correspondence(E-mail：liuql@ cau. edu. cn)。

个新品种(杨志健 等，2019)，非洲菊和石竹属两类的新品种分别获得了 102 个和 67 个新品种授权(因有中国花卉协会兰花分会和中国花卉协会荷花分会，所以未做兰花和荷花新品种数量的统计)。

1 育种方法及种质资源

1.1 育种方法

在统计的 232 个新品种中有 212 个新品种写有明确的的育种方法，这些新品种的育种方法包含杂交育种、实生选种、选择育种、诱变育种、芽变育种共 5 种方法，其各自占比如图 1 所示。杂交育种(65%)是目前球宿根花卉育种的主要方式，另外在繁殖过程中实生选种(23%)、选择育种(7%)也是重要的育种方法。芽变育种(4%)和诱变育种(2%)在实际的新品种培育中运用很少，只有 10 个新品种用到这两种方法。

1.2 育种种质资源

育种的材料来源为国内外的种和品种。把所有写明育种材料来源的新品种进行统计，用作育种较多的是中国原种(47%)和引进品种(40%)这两类。而利用自育品种(7%)和引进种(6%)进行育种的相对较少(图 2)。主要由国内原种来培育新品种的有秋海棠属、鸢尾属、报春苣苔属等；主要由国外引进品种来培育新品种的有红掌、香石竹、马蹄莲、小苍兰等。

国外花卉育种工作开展时间较早，已经培育出许多有优良品种，在培育新品种时会运用已有的优良品种来优中选优。而我国拥有丰富的种质资源，有其独特的特色还适用于地区绿化，利用我国原种进行新品种培育是十分重要的育种工作。

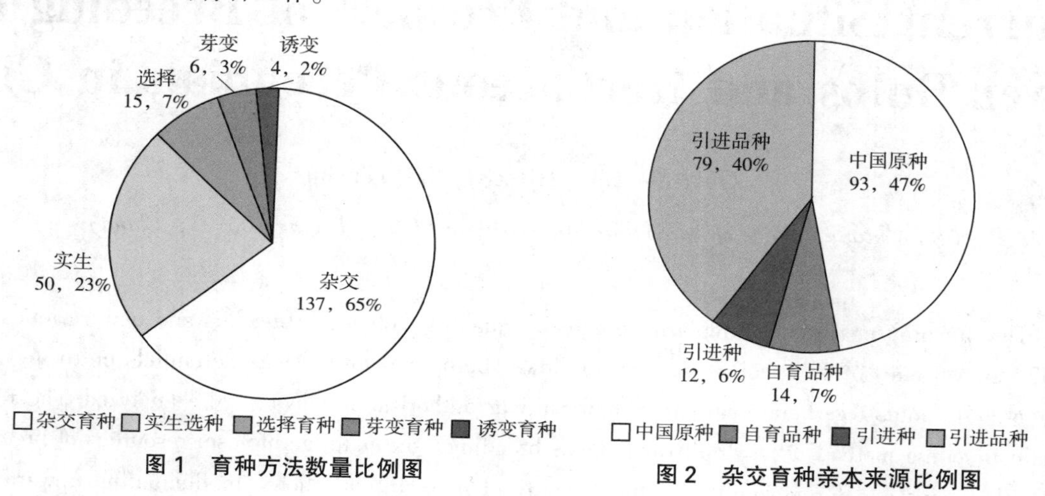

图 1 育种方法数量比例图

图 2 杂交育种亲本来源比例图

2 新品种数量及育种对象

2.1 新品种数量

在整理和统计育种年份时，育种时间是通过新品种的论文发表、良种审定或者国际登录的时间来进行统一整理。从图 3 中可以看出，历年新品种的数量连续性较差，不会出现连续上涨或下降的趋势，但通过 23 年新品种的数量的波动变化，还是能够看出球宿根花卉新品种数量增加的发展趋势。从 1997 年到 2020 年的新品种数量可以以 2010 年为界，在 2010 年以前新品种数量在较低水平波动，有 4 个年份没有新品种；在 2010 年以后新品种的数量在较高水平波动，2017 年新品种数量多达 31 个。以 2010 为界限，前 14 年(1997—2010 年)共培育出 42 个新品种。后 10 年(2011—2020 年)的里共培育出 190 个新品种，约为前 14 年的 4.5 倍。说明我国近 10 年内球宿根花卉自主培育的新品种数量比之前大幅度增多。

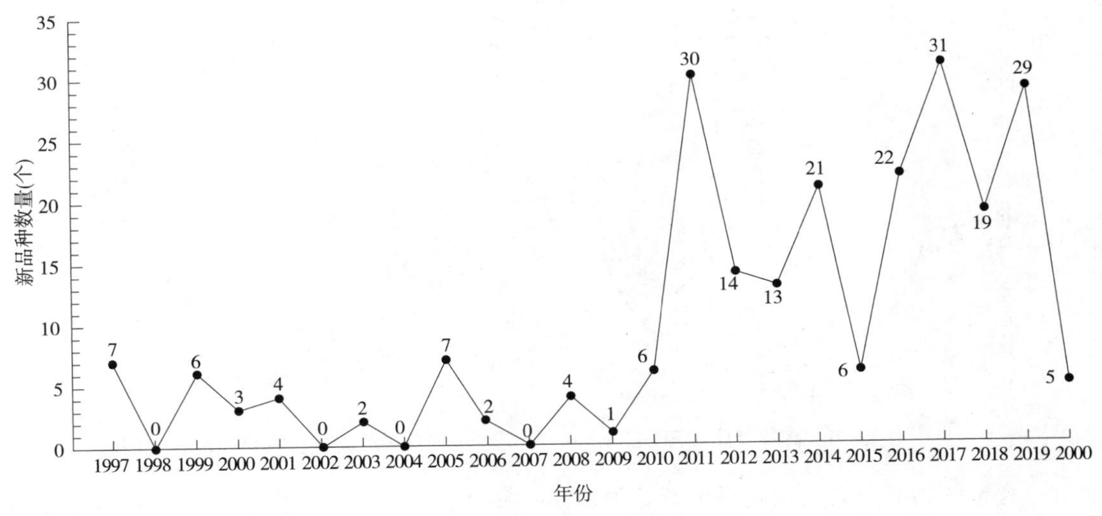

图 3　2011—2020 年新品种总数量变化图

2.2　育种对象

根据不同种花卉新品种数量(图 4)，在所统计的 232 个新品种当中，新品种数量在 6 个以上的种有 10 种，总占比达到 66%。其余 33 个种的新品种总占比为 34%。除统计的 232 个新品种外，百合(165 个)、非洲菊(102 个)、香石竹(67 个)这三类的新品种数量是统计的 43 种球宿根花卉总数量的约 1.6 倍。这说明育种对象集中在部分花卉，育种对象具有明显的倾向性。

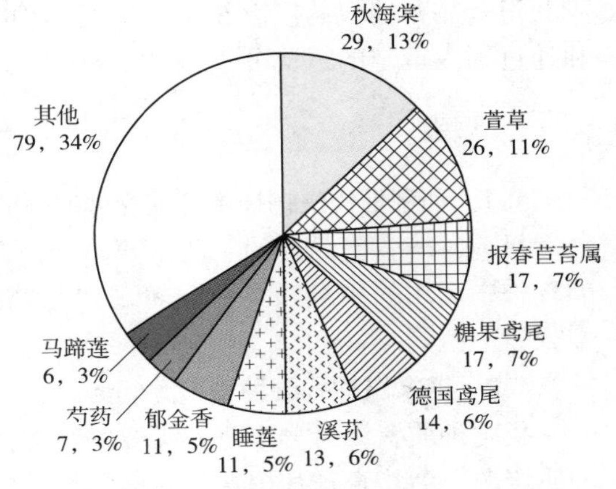

图 4　育种对象比例图

3　育种者及新品种推广途径

3.1　育种者

以第一育种单位统计了 232 个新品种的各自育种单位，其中包括北京林业大学、沈阳农业大学、东北林业大学等 9 所高校；中国科学院昆明植物研究所、江苏省中国科学院植物研究所、广西壮族自治区农业科学院花卉研究所、辽宁省农业科学院花卉研究所、河北省林业科学研究院、陕西省西安植物园、云南省农业科学院花卉研究所等 35 家研究单位；广州普邦园林股份有限公司、昆明虹之华园艺有限公司、昆明芊卉园艺有限公司、云南云科花卉有限公司，共 4 家企业单位。

如图 5 所示，科研单位是最主要的育种单位，占比达到 62%，高校占比为 35%，企业仅有 3%。目前育种工作还是集中在科研单位和高校，以企业为主导培育出的新品种很少。

3.2　新品种推广途径

本次整理统计的新品种共五条审定和推广的途径，分别是论文发表、国际品种登录、国内良种审定、新品种保护和国家科技成果。一个新品种培育出来后会经过至少一条或多条不同途径的审定或推广。

有论文发表的新品种占比达 73.71%，论文发表是最方便查阅到的新品种途径，也是最能详细了解新品种的一种途径。同时论文发表的品种全部都进行了国内审定(46.12%)、国际登录(40.09%)或新品种授权(8.62%)这三种途径中的至少一种。另外还有搜集到部分录入国家科技成果网(2.16%)的新品种。他们每条途径都有其各自的特点，国际登录对于新品种是一个国际范围内通用的名片，所以通过国际登录的新品种占比较多。对于在国内推广使用来说国内审定是必要的途径，所以进行国内审定的新品种占比也非常多。新品种授权属于知识产权保护，并非所有的新品种都需要申请保护，所以通过新品种授权途径的占比较少。

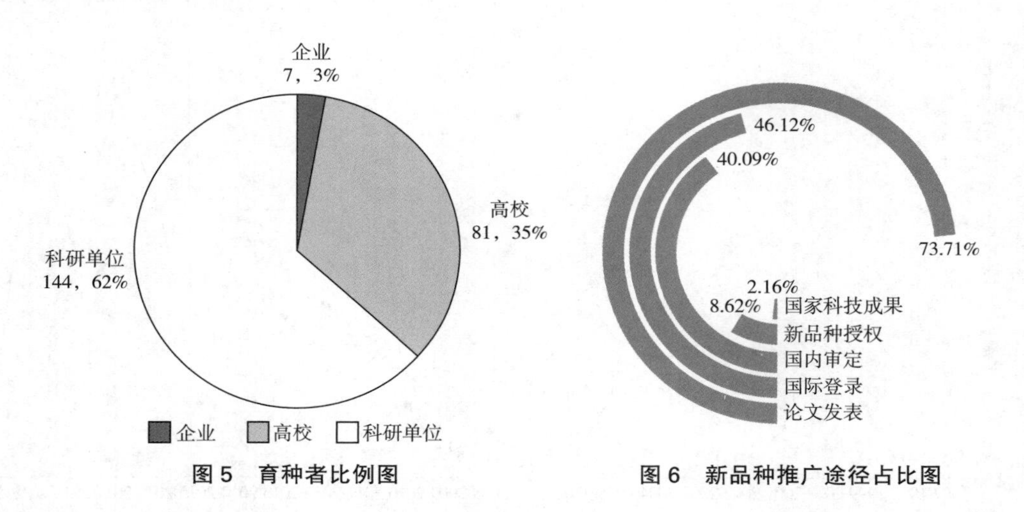

图 5 育种者比例图

图 6 新品种推广途径占比图

企业进行育种的新品种有 5 个获得了新品种授权，占由企业育种出新品种数量的 71.43%。企业培育出的新品种需要新品种权对其进行保护，所以新品种授权是企业育种的主要途径。而高校和研究单位两者获得新品种授权的仅有 5.78%，新品种授权不是高校和研究单位育种的主要育种途径，进行国际登录和通过国内审定的占比分别是 53.78%和 35.11%，是高校和研究单位主要的新品种推广途径。

4 展望

4.1 利用现代生物技术开展育种的研究工作

目前，培育新品种的手段主要是杂交育种、选择育种等传统育种方法，现代生物技术在球宿根花卉的育种中运用的相对较少。随着现代生物技术的进步，会有越来越多技术被运用到球宿根花卉育种当中去。

4.2 继续发挥我国种质资源优势

我国种质资源十分丰富，需要继续发挥资源优势培育优良品种。建立种质资源库，保存我国丰富的种质资源，为培育球宿根花卉新品种提供丰富的资源材料。

花卉产业是朝阳产业，园林绿化对种和品种的丰富度的要求也会越来越高。所以球宿根花卉新品种的育种对象需要进一步扩大，不再局限于小范围的花卉育种。发掘更多我国的特色花卉，向更多的有特点的花卉倾斜。

4.3 企业育种占比增加

企业更接近市场，直接面对花卉生产当中的问题和花卉销售时顾客的喜好，能够收集第一手数据，能够迅速掌握市场所需要的育种目标，这是其他科研单位或者高校所不能比拟的优势。企业应更加强这种优势，加大对育种方向的投入，培育出优良新品种。

参考文献

杨志健，刘青林，2019. 中国自育百合新品种[M]//义鸣放，原雅玲，张永春 . 中国球宿根花卉研究进展 2019. 北京：中国林业出版社：92-169.

春化基因 *LoVIN3-like* 调控百合休眠性状的分子机制

潘文强　张艳敏　辛　印　李静如　王少坤　义鸣放　吴　健*

（中国农业大学观赏园艺系，北京　100193）

百合（*Lilium* spp.）是百合科百合属（*Lilium*）的多年生球根花卉，深受世界人民的喜爱，是国际上最重要的切花之一。切花百合的鳞茎休眠解除过程是影响其营养生长和切花品质的关键环节之一，而生产中种球的休眠解除主要是靠低温储藏的方法完成的。因此，精准调控其休眠解除是百合种球储藏环节的技术难点，也是当下百合研究的热点领域。根据百合种球休眠的生理特性，结合前期休眠解除和早期萌发阶段的组织学观察，并通过对休眠阶段的转录组测序后综合分析结果，最终我们选择 *LoVIN3-like* 基因作为研究百合种球休眠解除的突破口。

虽然已有大量研究证明了 *VIN3* 基因在植物低温春化过程中的作用，但有关其在低温时植物休眠解除过程的具体作用尚未见研究报道。在前期工作中，利用转录组和基因组数据，我们克隆获得了百合的 *LoVIN3-like* 基因序列和启动子序列，并通过序列鉴定和生物信息学分析后发现 *LoVIN3-like* 全长为 1869bp，编码 623 个氨基酸，分子量为 152.895kD，推测的等电点为 4.95。除此之外，LoVIN3-like 蛋白含有两个主要的功能域，分别是 PHD（The plant homeodomain）domain 和 FN3（Fibronectin type-III）domain。我们还通过 Plant CARE 分析得到了 *LoVIN3-like* 基因启动子中含有与冷信号相关的 LTR 元件。

为了解析 LoVIN3-like 与百合鳞茎休眠的相关性，以深休眠的卷丹（*L. lancifolium*）、泸定百合（*L. sargentiae*），浅休眠的品种'Must See''Tiger Baby''Red Velvet'为试验材料，分析 *LoVIN3-like* 基因在休眠中、休眠解除和催芽 7d 的种球中的表达特性。结果表明，在休眠过程中，各品种的 *LoVIN3-like* 基因表达量差异不显著；在休眠解除后，浅休眠品种的 *LoVIN3-like* 基因的表达量相较于深休眠品种上升显著；而在催芽 7d 后，*LoVIN3-like* 基因在各品种中的表达量均降低。这些结果暗示了 *LoVIN3-like* 基因在百合鳞茎休眠过程中发挥着一定作用。

为了进一步解析 LoVIN3-like 参与球茎休眠过程的分子机制，我们通过酵母双杂交筛库的方法，获得了若干 LoVIN3-like 的互作蛋白，其中包括核转录因子和热激蛋白等。此外，我们还对筛选到的互作蛋白进行了酵母双杂交试验和双荧光素酶互补试验，进一步验证了互作情况。为了解析 LoVIN3-like 蛋白的互作域，我们对 LoVIN3-like 蛋白进行了短截：分别将包含 PHD 域和 FN3 域的片段构建到酵母双杂诱饵载体上，与筛选到的互作蛋白进行酵母双杂交试验。试验结果表明，含 PHD 域的 LoVIN3-like 的短截片段能够与筛选到的蛋白发生互作，但此结果需要进行下一步验证。

为了解析 *LoVIN3-like* 基因的转录调控机制，我们将含有 LTR 元件的基因上游 300bp 大小的片段构建到 pDESTHiSi-2 酵母单杂交诱饵载体上，并利用酵母单杂交筛库试验，最终筛选鉴定得到一些能够结合 *LoVIN3-like* 启动子的转录因子，其中部分转录因子与植物休眠和冷诱导过程相关。

通过以上试验，我们初步解析了 *LoVIN3-like* 基因在百合种球休眠中的表达模式，并获得了 LoVIN3-like 的互作蛋白和上游的转录调控因子。接下来通过后续研究，我们旨在更加深入地解析 *LoVIN3-like* 基

基金项目：北京市自然科学基金面上项目（6212012）。

通讯作者（E-mail：jianwu@ cau. edu. cn；Tel：010-62733817）。

因参与调控百合球茎休眠过程的分子机理，并能够为百合休眠性状相关育种手段和鳞茎休眠调控技术研发提供一定的理论依据。

关键词：百合；LoVIN3-like；春化；鳞茎休眠；互作蛋白

绿花百合鳞茎发育影响因素的转录组分析

周　莉　翟志扬　李金娜　陈　曦　肖海燕　刘青林*

（中国农业大学园艺学院，北京　100193）

摘　要：通过对绿花百合的鳞片和不同大小的鳞茎进行转录组测序，得到绿花百合鳞茎发育过程中差异表达基因的序列及功能注释，及其参与的代谢通路等信息。根据影响百合鳞茎发育的因素，将差异表达基因分为蛋白质(酶)代谢相关基因、糖类代谢相关基因、脂类代谢相关基因、植物激素代谢相关基因、转录因子相关基因、光信号转导相关基因等6类。其中，蛋白质(酶)代谢相关基因几丁质酶(chitinase)基因在L2阶段表达量显著，木葡聚糖内木葡糖基转移酶(xyloglucan：xyloglucosyltransferase)基因在L3、L4阶段差异表达显著，这些可能是特异诱导分化形成小鳞茎的相关基因。糖类代谢相关基因E2.4.1.13(蔗糖合酶)基因，E3.2.1.26(果胶酯酶)基因，E3.1.1.11(果糖合酶)基因，E2.4.1.82(棉子糖合酶)基因，CSLA(β-甘露聚糖合酶)基因差异表达显著，E2.4.1.13(蔗糖合酶)基因在L2鳞片阶段表达量较高，说明这个阶段对蔗糖的吸收较好；其他几种糖类代谢基因在鳞茎发育中后期(L3-L6)表达量显著，可适当改变糖源。脂类代谢基因以KCS(3-ketoacyl-CoA synthase)基因在L3阶段表达量较高。茉莉酸ZIM结构域蛋白(JAZ)基因在L3、L4阶段显著上调。转录因子相关基因以热休克蛋白(homeobox类转录因子)基因在L3阶段这种蛋白表达量很高。该文对探讨百合鳞茎发育的分子机理，促进百合种球繁育和食用百合生产，具有一定的参考价值。

关键词：差异表达基因；蛋白质；糖类；脂类；植物激素；光信号转导

Transcriptome Analysis of Factors Affecting Bulb Development of *Lilium fargesii*

ZHOU Li，ZHAI Zhiyang，LI Jinna，CHEN Xi，XIAO Haiyan，LIU Qinglin*

(*College of Horticulture*，*China Agricultural University*，*Beijing* 100193，*China*)

Abstract：Through transcriptome sequencing of the scales and bulbs of different sizes of *Lilium fargesii*，the sequence and function of differentially expressed genes during the bulb development were annotated，as well as the information on the metabolic pathways involved were obtained. According to the factors affecting the bulb development，the differentially expressed genes are divided into six categories：protein（enzyme）metabolism-related genes，carbohydrate metabolism-related genes，lipid metabolism-related genes，plant hormone-related genes，transcription factor genes and light signal transduction-related genes. Among them，the protein（enzyme）metabolism-related gene chitinase gene was significantly expressed at the scale stage，and the xyloglucan endoxyloglucosyl transferase（xyloglucan：xyloglucosyl transferase）gene was differentially expressed at the small and middle bulb stages. These may be someasscoated genes that specifically induceing differentiation into small bulbs. Carbohydrate metabolism related genes E2.4.1.13（sucrose synthase）gene，E3.2.1.26（pectin esterase）gene，E3.1.1.11

通讯作者：Author for correspondence（E-mail：liuql@cau.edu.cn）。

(fructose synthase) gene, E2. 4. 1. 82(cotton seed) Sugar synthase gene, CSLA(β-mannan synthase) gene were differentially expressed, and E2. 4. 1. 13(sucrose synthase) gene expression was higher in the scale stage, indicating that the absorption of sucrose at this stage is essential. Several carbohydrate metabolism genes were expressed significantly in the middle, large and mature stages of bulb developments, and the sugar source can be appropriately exchanged. The lipid metabolism gene, KCS(3-ketoacyl-CoA synthase) gene, had a higher expression level in the small bulb stage. The jasmonic acid ZIM domain protein(JAZ) gene was significantly up-regulated at the small and middle stages. Transcription factor such as heat shock protein(homeobox transcription factor) genes, were highly expressed in the small bulb stage. This article can be an reference for exploring the molecular mechanism of bulb development, promoting bulb production of both ornamental and edible lilies.

Key words: differentially expressed genes; protein; carbohydrates; lipids; plant hormones; light signal transduction

百合是以鳞茎为地下储藏器官的多年生草本植物。在植物系统分类学中，百合是百合科(Liliaceae)百合属(*Lilium*)植物的简称，全世界大约有115个种，主要分布在北温带和高山地区，以亚洲为主，中国现有55个种(Liang and Tamura，2000)。百合花色多样，花型优美，鳞茎营养成分丰富，既是世界五大切花之一，园林美化的重要花材，也是价值很高的保健食品，具有广泛的经济用途。

绿花百合(*L. fargesii*)是我国特有的野生百合，绿花百合原产于云南、四川、湖北和陕西，自然分布狭窄，主要生长在海拔1400~2250m的山坡林下。野生成熟鳞茎为卵形，高约2cm，直径1.5cm，鳞茎盘上长着白色披针形的鳞片。绿花百合以独特的花色和稀有性，备受人们的关注。但是随着生态环境的变化以及人们对百合资源的肆意开发，使得被誉为"花中大熊猫"的绿花百合也濒临灭绝，已被农业部列入《国家重点保护野生植物名录》，属于我国特有的Ⅱ级保护野生植物。在绿花百合的野生原产地调查，往往都难获其踪影(杜运鹏和贾桂霞，2010)。我们仅在陕西省宝鸡市凤县、眉县，汉中市佛坪县等地见到过绿花百合。相比于商品百合，如可食用的兰州百合(*L. davidii* var. *willmottiae*)，绿花百合的鳞茎相对较小且发育缓慢，这跟绿花百合植株整体弱小、繁殖能力差不无关联。研究百合鳞茎发育、膨大的机制能为绿花百合种质资源的保护和利用提供有力的科学依据。

鳞茎是百合茎叶的变态器官，鳞茎的发育包括形态建成和物质积累两个不同的过程，涉及到一系列的生理生化变化。既受遗传物质的分子调控，还受激素和环境等因素的影响。关于百合小鳞茎发生发育的细胞学和生理学机制，以及外界环境调控的研究有较多的报道，涉及百合鳞茎的形态建成、鳞茎形成时的碳水化合物代谢、内源激素水平变化、相关酶类的变化等；但关于鳞茎膨大的基因表达和调控机制的研究还较少。针对地下变态器官的形成与膨大的研究主要集中在马铃薯(*Solanum tuberosum*)、山药(*Dioscorea oppositifolia*)等物种上，涉及的基因主要有储藏蛋白相关基因(如Patatin蛋白基因、Sporamin蛋白基因等)、碳水化合物代谢相关基因(如SuSy基因、Inv基因、AGP基因等)、激素合成相关酶基因(如NCED基因、KNOX基因等)等等(毛绍名 等，2006；Tanaka，2008)。通过转录组测序，获得大规模基因信息，对其基因功能进行预测，获得百合鳞茎不同发育(膨大)阶段的所有差异表达基因的序列以及功能注释，及其参与的代谢通路信息。在此基础上，我们按照影响百合鳞茎发育的因素，也就是可以人为调控的因素，将差异表达基因分为蛋白质(酶)代谢、糖代谢、脂类代谢、植物激素代谢、转录因子、光周期信号等6类，并分析了表达模式，希望对全面、深入揭示鳞茎发育的分子机制具有一定的参考意义。

1 材料与方法

1.1 试验材料

本试验使用的绿花百合引自陕西凤县马头滩林场，以鳞片为外植体进行组织培养，得到不同直径大小的4个不同鳞茎发育阶段的材料，加上初始诱导小鳞茎分化阶段的母鳞片和基生叶材料，共6个发育阶段。对6种供试材料分别编号。L1：叶片；L2：分化中的母鳞片；L3：刚发生形成的小鳞茎，直径1~

2mm；L4：第二个阶段的中鳞茎，直径4~5mm；L5：经过快速膨大后的大鳞茎，直径7~8mm；L6：膨大后期的成熟鳞茎，直径10~11mm(表1)。

表1 绿花百合转录组测序样品

Table1 Plant samples of *Lilium fargesii* for transcriptome sequencing

L1	L2	L3	L4	L5	L6
叶片 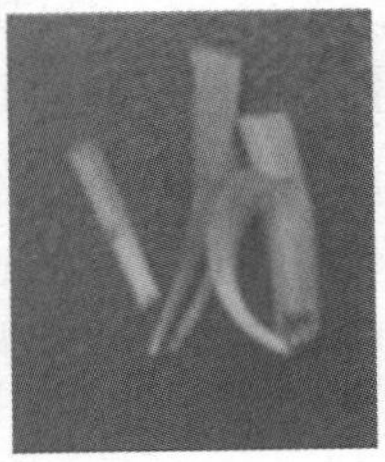	诱导鳞茎的鳞片 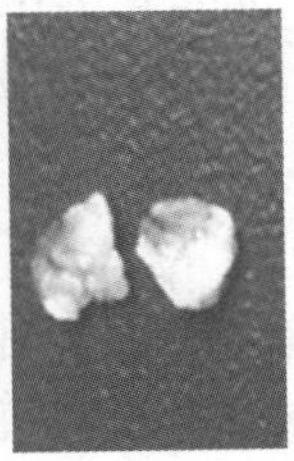	直径1~2mm 	直径4~5mm 	直径7~8mm 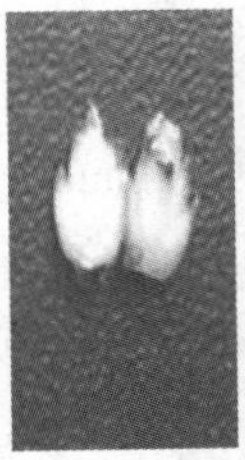	直径10~11mm 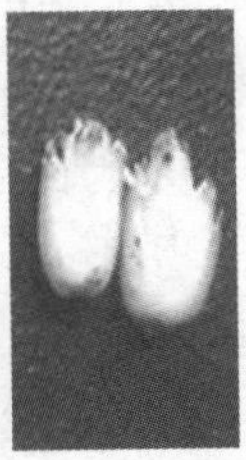

1.2 总RNA提取和检测

每个阶段的绿花百合样品至少由3个以上的单株混合，一起放入已预冷的研钵中加液氮研磨。待样本彻底研磨成粉末状后，采用TRNzol总RNA提取试剂盒(TIANGEN，DP405-02)进行RNA提取。实验操作按产品说明书进行，无特地说明一般于冰上操作，具体步骤如下：

①将研磨的粉末装入2ml离心管中，加入Trizol，室温保存5min。

②加氯仿0.2ml，用力振荡离心管使其充分混匀，室温下放置5~10min。

③12 000rpm高速离心15min后，吸取上层水相(吸70%)到另一新离心管中，注意不要吸到两层水相之间的蛋白物质。移入新管后加入等体积的-20℃预冷的异丙醇，充分颠倒混匀，置于冰上10min。

④12 000rpm高速离心15min后，小心弃掉上清液，按1ml/ml Trizol的比例加入75%的DEPC乙醇(4℃保存)以洗涤沉淀物，振荡混合，4℃下12 000rpm高速离心5min。

⑤弃去乙醇液体，室温下放置5min以充分晾干沉淀，加入DEPC处理过的水溶解沉淀，冻存于-80℃备用。

每个RNA样品取1μl进行琼脂糖凝胶电泳初步分析，Marker为Trans 2K Plus，胶浓度为1%，电压180V，电泳16min。用Nanodrop2000紫外分光光度计检测RNA的浓度和纯度，并且用Agilent 2100精确检测RNA的完整性。

1.3 文库构建及库检

从各个供试的样本材料中分别提取RNA，经过质量检测并达到合格标准后，等量混合得到的RNA；用带有Oligo(dT)的磁珠富集mRNA。随后加入fragmentation buffer将mRNA打断成短片段，以mRNA为模板，用六碱基随机引物(random hexamers)合成一链cDNA，然后加入缓冲液、dNTPs和DNA polymerase I和RNase H合成二链cDNA，再用AMPure XP beads纯化双链cDNA。已纯化的双链cDNA先进行末端修复、加A尾并连接测序接头，再用AMPure XP beads进行片段大小选择。最后进行PCR扩增，并用AM-Pure XP beads纯化PCR产物，得到最终的文库。文库构建完成后，先使用Qubit2.0进行初步定量，稀释文库至1.5ng/μl，随后使用Agilent 2100对文库的insert size进行检测，insert size符合预期后，使用qPCR方法对文库的有效浓度进行准确定量(文库有效浓度>2nM)，以保证文库质量。

1.4 上机测序、测序数据质量评估及过滤

文库质量达到要求后，把不同文库按照有效浓度及目标下机数据量的需求pooling后进行Illumina HiSeqTM2500/MiseqTM测序。得到的原始图像数据文件经CASAVA(Illumina Casava 1.8版本)碱基识别(Base Calling)分析转化为原始测序序列(Sequenced Reads)。

测序得到的原始序列(Sequenced Reads或者raw reads)，要先进行测序数据的相关质量评估，包括测

序错误率(Error rate 或 e)分布检查、A/T/G/C 含量分布检查等，以及时把握测序数据的质量。随后，过滤掉原始序列里面带接头的 reads；去除 N(N 表示无法确定碱基信息)的比例大于 10%的 reads；去除低质量的 reads(碱基质量值 Qphred = -10log10(e) ≤5 的碱基数占整个 reads 的 50%以上的 reads)，最终得到 clean reads，保证后续信息分析的质量。

1.5 序列组装及生物信息分析

对于无参考基因组的百合，其转录组分析是先将 clean reads 进行拼接，采用 Trinity 拼接法(Grabherr M G *et al.*，2011)。拼接成转录本序列后，以转录本为参考序列，并取每条基因中最长的转录本作为 Unigene。鉴于 TRINITY 拼接的算法和原理，同一个基因的不同转录本可能来源于可变剪切、等位基因、同一个基因的不同拷贝、homolog、ortholog 等，它们大多功能相近，而最长的转录本通常能更好地代表该基因。用 Unigene 进行后续的 SSR 分析、SNP 和 InDel 分析等，同时进行 Nr，Nt，Pfam，KOG/COG，Swiss-prot，KEGG，GO 这 7 大数据库的基因功能注释及 CDS 预测。对参考序列进行比对分析，进一步得到基因表达水平分析、差异表达分析、以及差异基因的 GO 富集分析和 KEGG 富集分析等信息。

1.6 Real time RT-PCR 验证

实时荧光定量多聚核苷酸链式反应(quantitative real-time polymerase chain reaction，real-time PCR 或 q-PCR)，是基于普通 PCR 的核酸定量技术。q-PCR 的荧光标记可简单地分为探针类和染料类两种。探针类是利用探针与靶序列特异杂交而显示荧光信号来探测扩增产物的增加。一般常用的荧光探针有 Taq Man 探针、Taq man MGB(水解探针)、Molecular beacons(分子信标杂交探针)、Simple proble 探针等(Kusser W *et al.*，2003)。探针法由于增加了探针的特异识别结合步骤，所以特异性更高，DNA 双链结合染料法却更简便易行，且检测成本较低。

q-PCR 结果计算的基本理论依据是在 PCR 的指数扩增期，模板的 Ct 值和该模板的起始拷贝数的对数存在线性关系。Ct 值(Cycle threshold，循环阈值)是指每个反应管内的荧光信号到达设定荧光阈值(threshold)时所经历的循环数。通常认为 PCR 反应前 15 个循环的荧光信号作为荧光本底信号，荧光阈值一般被定义为 3~15 个循环的荧光信号标准偏差的 10 倍(赵焕英和包金风，2007)。

q-PCR 方法对模板的定量可分为绝对定量和相对定量。相对定量又分为曲线法和ΔCt 值法，两者都需要测定某一内参基因来用于核酸拷贝数的比较以及平衡 PCR 扩增中各种因素的影响。内参基因通常选择构成细胞器骨架基本组分的基因(如 ACT、TUA、TUB 等)或参与生物体基本生化代谢过程的基因(如 GAPDH、UBQ 等)(Gutierrez L *et al.*，2008)，这些基因基本可以在生物体内各种组织甚至细胞中稳定表达。ΔCt 值法是同时扩增待测目的基因和内参基因，通过两者 PCR 反应的指数期得到的 Ct 值之差，在不需要标准曲线的情况下，运用数学公式来计算反应起始模板的相对量。假设靶基因和内参基因的扩增效率基本一致，每个循环 PCR 产物量增加 1 倍，则一个 Ct 值的差异相当于起始模板数 2 倍的差异，最终得到目的基因和对照组基因的相对比值(赵焕英和包金风，2007)。

1.7 差异表达基因的功能分析

以差异表达基因(Differentially Expressed Gene，DEG)为基础，在初步全面分析绿花百合鳞茎发育相关差异基因的代谢通路富集后，针对百合鳞茎膨大发育阶段内的高水平差异表达基因进行更深入地分析。所以，为了得到高水平差异性表达的基因，我们将 log2ratio 的阈值提高到 4。同样，我们将 4 份鳞茎膨大发育阶段的样品(L3-L6)分别与 L2 阶段诱导小鳞茎的母鳞片相比，一共 5 个样本、4 个比较组合，每个比较组合都会得到一个高显著性的差异基因(同时满足 qvalue<0. 005 且 | log2FoldChange | >4)集，所有比较组合的差异表达基因集的并集就是我们要进一步研究的高水平差异基因。这些差异基因在叶片样本中的表达量可以作为进一步筛选鳞茎特异表达基因的依据。经过筛选、比较和去重得到所有高显著性差异基因的并集之后，保留具有 KO 注释的基因，以便于在 KEGG 数据库中查询相关的 pathway 信息，研究其参与的代谢通路。最后归纳整理出绿花百合高水平鳞茎膨大差异表达基因一览表。这些高水平的差异性可能只是出现在某个比较组合中，而在另一个组合中并无差异，为了进一步分析这些

基因的表达特点，我们逐个比较组合查看其是否存在表达差异(qvalue<0. 005 且 | log2FoldChange | > 1)，根据基因在 4 个比较组合中的 KO 注释，将高水平鳞茎膨大差异表达基因归纳为蛋白质(酶)代谢相关基因、糖代谢相关基因、脂类代谢相关基因、植物激素代谢相关基因、转录因子相关基因和光周期信号相关基因等 6 类。

2 结果和分析

2.1 Real time RT-PCR 验证结果

定量 PCR 的上机反应结束后，分别得到 8 个 EREBP 转录因子基因及内参 ACTIN 在各个样本鳞茎中的实时扩增曲线和扩增产物熔解曲线(图 1，以 *EREBP-like*1 为例，其余省略)。从本试验获得的熔解曲线图可以看出，每个基因的扩增产物都只在 80℃以后出现一个尖锐的熔解峰，说明引物扩增出的产物单一，可以进一步利用 Ct 值进行定量分析。各基因的实时扩增曲线基本在 20 个 PCR 循环以后开始上升，最终各基因在不同样本中扩增得到的 Ct 值主要集中在 20~33。内参基因 ACTIN 的扩增曲线在所有样本中走势极其一致，各曲线基本近似某一扩增曲线的平移结果，可初步判定内参基因在各样本间的扩增效率一致。内参基因在 3 种百合各自内部的 Ct 值非常接近，在所有的 12 个鳞茎样品中，内参 Ct 值的波动范围在 23~25，差异很小。从各个反应曲线整体可以判断，定量 PCR 检测的过程和结果都正常，可信度高。

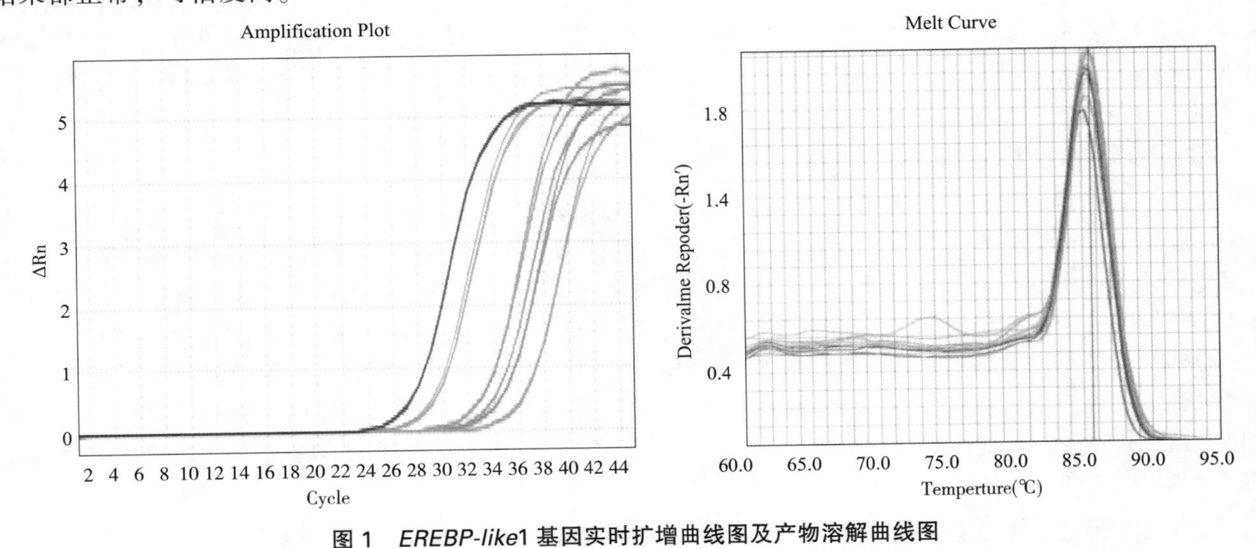

图 1 *EREBP-like*1 基因实时扩增曲线图及产物溶解曲线图

Fig. 1 Real-time amplification curves and dissolution curves of *EREBP-like*1 products

2.2 蛋白质（酶）相关基因表达量的变化

相关酶基因表达量只在诱导小鳞茎状态下的样本 L3、L4 中高水平表达，而在鳞茎膨大的其他发育阶段都显著性下调(图 2-A、图 2-B、表 2)，可能是特异诱导分化形成小鳞茎的相关基因。这类基因在所有高水平差异性下调的基因中占了很大比例，有参与氨基糖和核苷酸糖代谢的几丁质酶、促进果胶降解的果胶酯酶以及其他碳水化合物代谢相关酶的基因，有参与谷胱甘肽代谢(其他氨基酸代谢)的谷胱甘肽 s-转移酶基因，参与(类)黄酮生物合成的查尔酮合酶基因，还有涉及苯丙素生物合成的过氧化物酶基因以及钙依赖性蛋白激酶基因。可见，这些差异基因参与的生物学过程主要以水解碳水化合物等代谢反应中的部分物质和生成其他次生代谢物为主，如此可能为诱导小鳞茎提供一些小分子碳骨架和具有重要生理活性的次生代谢物。

其他差异表达的基因在 L2 阶段表达量很低，在 L3、L4 阶段显著上调(图 2-B)，以热休克蛋白 HSP20(HSP20 family protein)基因为例(c108550_g1)，该酶参与热激反应、抗逆反应，内质网蛋白加工(遗传信息处理)，在 L5、L6 表达量依然显著(表 2)。邓立新等在用拟南芥鉴定双孢蘑菇 HSP20 基因的耐热功能研究中指出，HSP20 基因对蘑菇的耐热性有直接作用(邓立新，2014)。其中 c73349_g1 在 L3 阶段表达量显著上调，L2 阶段是鳞片，L3 阶段是 1-2mm 小鳞茎，说明该基因编码的蛋白对细胞形态构建具有重要的意义。

2.3 糖类等储藏物质的转化与积累

与 L2 诱导鳞茎状态的鳞片相比，基因在 L3-L6 鳞茎发育阶段都满足差异上调表达的要求(qvalue<0.005 且 log2ratio(L2vsL3~L6)<-1)，表现为基因表达量的持续增高或波动性高水平表达状态(图 2-C，表 3)，可能对整个鳞茎发育都起到重要甚至特异的促进作用。以 β-甘露聚糖合酶(beta-mannan synthase)基因(c67759_g1、c67759_g2 和 c108457_g1)为例，该基因编码的蛋白具有糖基转移酶活性，能促进合成甘露聚糖，从而进一步积累非淀粉储藏多糖如葡萄甘露聚糖等物质，另一方面植物还能以产生的 β-1,4-甘露聚糖为主链，在半乳糖基转移酶的作用下形成植物细胞壁的非纤维素多糖——半乳甘露聚糖，进而参与细胞壁组织的形成。可见 β-甘露聚糖合酶对物质积累和细胞形态构建都具有重要意义。

2.4 脂类等储藏物质的转化与积累

在脂类代谢相关特异表达基因中，以 3-酮脂酰-CoA 合酶(3-ketoacyl-CoA synthase)基因(c24981_g1、c5627_g1、c24981_g2、c61893_g2、c72259_g1)为例，超长链脂肪酸是生物体中碳原子数超过 18 碳的脂肪酸，这类脂肪酸在生物体中具有广泛的生理功能，它们参与种子甘油酯、生物膜膜脂及鞘脂的合成，并为角质层蜡质的生物合成提供前体物质，3-酮脂酰-CoA 合酶是超长链脂肪酸合成的第一步酶。其中 c61893_g2 在 L3 阶段表达量较高(图 2-D，表 4)，L2 阶段是鳞片，L3 阶段是 1~2mm 小鳞茎，说明该基因编码的蛋白对细胞形态构建具有重要的意义。

2.5 植物激素相关基因的差异表达

激素及其信号转导相关基因在 L3 和 L4 阶段显著性上调表达也说明(图 2-E，表 5)，在鳞茎膨大初期存在着重要的激素调节作用。以赤霉素 GA2 氧化酶(gibberellin 2-oxidase)基因为例(c79034_g1)，该酶是赤霉素分解代谢途径中的重要酶。孙玉燕等报道过赤霉素参与控制碳水化合物代谢、影响蔗糖利用效率和细胞壁的合成，在变态器官膨大初期起到抑制作用(孙玉燕和李锡香，2015)。我们的基因差异表达研究表明，在鳞茎发育前期，GA 的分解处于主导地位，其抑制作用被解除，从而能使鳞茎正常膨大。与此情况类似的还有茉莉酸 ZIM 结构域蛋白(JAZ)基因。茉莉酸能阻碍植物生长和萌发并且促进衰老，但能提高植物抗性。JAZ 是茉莉酸响应基因的转录抑制因子，JAZ 在鳞茎膨大前期高水平表达可以抑制茉莉酸响应基因的转录，从而消除茉莉酸信号对绿花百合鳞茎膨大的抑制。

2.6 转录因子引起的差异表达

转录因子在筛选出的第Ⅱ类基因里也占了较大的比例，涉及 *MYBP*、*EREBP*、*RAV*、*WRKY*、*HSFF* 等多个类别。关于这些转录因子的研究主要集中在植物与病原(逆境因子)互作，很少见涉及变态器官发育机制的报道，可能参与某些激素的调控从而实现对变态器官发育的影响。综合说明，鳞茎膨大发育早期物质代谢旺盛，部分转运蛋白活跃，激素代谢和相关信号转导反应以及转录因子的表达调控都比鳞茎形成之前和快速膨大之后明显。以热休克蛋白(homeobox 类转录因子)基因为例(c45423_g1)，当有机体暴露于高温的时候，就会由热激发合成此种蛋白，来保护有机体自身，提高抗逆反应。在 L3 阶段这种蛋白表达量很高(图 2-F，表 6)。这些下调基因可能与鳞茎膨大没有直接关联，但能为研究小鳞茎的形成机理提供一些依据。

2.7 光信号转导基因的差异表达

光周期是一种可控制器官发育的动态信号，已有研究提到有关光周期调控的基因在器官发育的不同时期发挥作用(孙玉燕，2015)。从转录组数据中筛选出来与光信号相关的基因涉及 EID1、6.67E-81、psbA、LHCB4、LHCB3、LHCA2。其中 6.67E-81(2-氧谷氨酸双加氧酶)基因(c57204_g2)、LHCB4(叶绿素 a/b 结合蛋白 4)基因(c58865_g2)、LHCA2(叶绿素 a/b 结合蛋白 2)基因(c107353_g1)在 L5、L6 阶段显

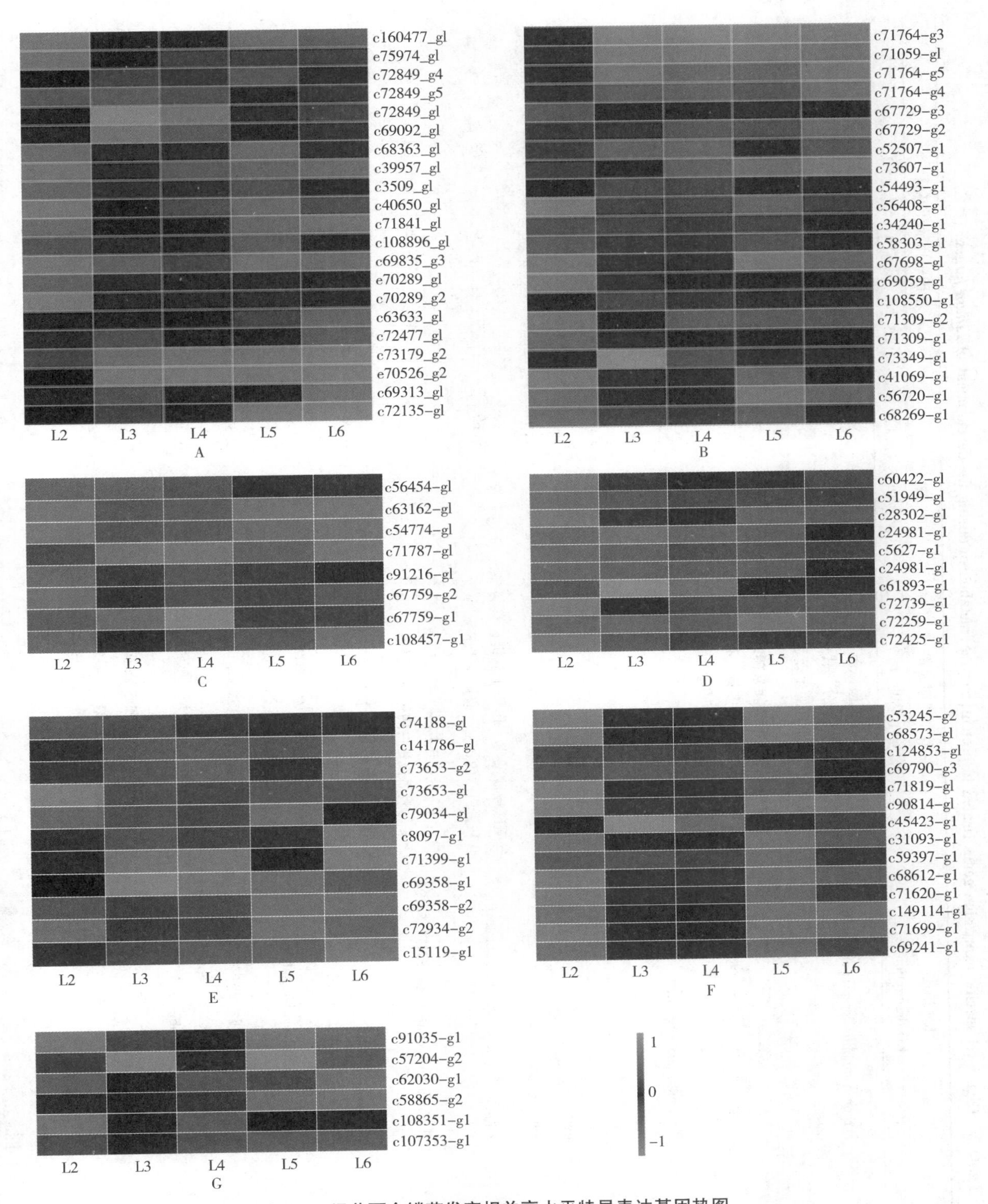

图 2　绿花百合鳞茎发育相关高水平特异表达基因热图

注：A 和 B 分别为蛋白质代谢、C 糖类代谢、D 脂类代谢、E 植物激素代谢、F 转录因子、G 光信号转导

Fig. 2　The bulb developments-related high-level specific expression genes in *Lilium fargesii*

Note：A and B protein metabolism；C carbohydrate metabolism；D lipid metabolism；E plant hormone metabolism；F transcription factors；G light signal transduction

著上调(图 2-G，表 7)。L5、L6 阶段是鳞茎膨大中后期，LHCB4(叶绿素 a/b 结合蛋白 4)基因(c58865_g2)编码的蛋白对植物的耐逆性有促进作用(张大鹏，2011)。

表 2 绿花百合鳞茎发育蛋白质(酶)代谢相关高水平特异表达基因

Table 2 High level specific expression genes related to protein(enzyme) metabolism during the development of *Lilium fargesii*

基因编号 Gene_id	KO 名称 KO name	KO 描述 KO description	注释：代谢通路 Note；Pathway	上/下调 Up/down	基因表达量/FPKM L2	L3	L4	L5	L6
c160477_g1	SNF1	carbon catabolite-derepressing protein kinase	碳分解代谢去抑制蛋白激酶，其功能的抑制理论上会造成碳分解代谢困难，从而形成高积累低消耗的生理系统	↑	0.99	19.32	23.57	4.75	9.18
c75974_g1	E2.4.1.207	xyloglucan：xyloglucosyltransferase	木葡聚糖类木葡糖基转移酶，促进合成木葡聚糖(半纤维素多糖，存在于植物初生细胞壁中，构建细胞壁组织)	↑	1.91	26.93	15.71	16.49	16.51
c72849_g4	E2.4.1.207	ditto(the same as above)	(同上)	↑	29.3	486.23	297.49	11.25	58.37
c72849_g5	E2.4.1.207	ditto	(同上)	↑	9.51	994.97	615.57	44.24	191.23
c72849_g1	E2.4.1.207	ditto	(同上)	↑	85.44	1967.29	1518.12	86.58	367.18
c69092_g1	E2.4.1.207	ditto	(同上)	↑	92.34	1653.61	903.25	30.87	145.01
c68363_g1	E2.4.1.207	ditto	(同上)	↑	2.98	136.04	97.19	4.9	18.25
c39957_g1	SCPL-II	serine carboxypeptidase-like clade II	丝氨酸羧肽酶类，作用于肽键，参与多肽和蛋白质的加工、修饰与降解	↑	0.89	17.79	9.29	6.63	5.4
c3509_g1	RNF115_126	E3 ubiquitin-protein ligase RNF115/126	E3 泛素-蛋白连接酶，将目的蛋白质多泛素化从而被蛋白酶体识别降解	↑	4.74	201.48	124.29	13.31	46.5
c40650_g1	XERICO	RING/U-box domain-containing protein	环型 E3 泛素转移酶 U-box 结构域包含蛋白	↑	0.06	40.8	13.66	5.17	14.15
c71841_g1	E1.14.17.4	aminocyclopropanecarboxylate oxidase	氨基环丙烷羧酸氧化酶；半胱氨酸和甲硫氨酸代谢(氨基酸代谢)	↑	3.13	31.2	41.02	5.12	3.04
c108896_g1	ADT，PDT	arogenate/prephenatedehydratase	脱水酶；氨基酸的生物合成	↑	9.88	150.05	85.81	8.68	28.67
c69835_g3	SLC15A3_4，PHT	solute carrier family 15(peptide/histidine transporter)，member 3/4	溶质载体家族 15(肽/组氨酸转运蛋白)	↑	0.06	5.7	14.53	2.25	4.15
c70289_g1	E3.2.1.14	chitinase	几丁质酶，水解 O-和 S-羰基化合物的酶；氨基糖和核苷酸糖代谢(碳水化合物代谢)	↓	1236.11	156.59	78.66	66.57	32.37
c70289_g2	E3.2.1.14	ditto	(同上)	↓	1839.33	117.91	100.55	95.09	49.42
c63633_g1	E3.2.1.14	ditto	(同上)	↓	93.89	66.43	25.59	15.09	5.46

（续）

基因编号 Gene_id	KO 名称 KO name	KO 描述 KO description	注释：代谢通路 Note；Pathway	上/下调 Up/down	基因表达量/FPKM L2	L3	L4	L5	L6
c72477_g1	E3. 2. 1. 21	beta-glucosidase	β-葡糖苷酶，水解 O-和 S-羰基化合物；淀粉和蔗糖代谢，氰基氨基酸代谢，苯丙素生物合成	↓	214. 36	11. 5	19. 02	27. 36	8. 64
c73179_g2	UGT73C	UDP-glucosyltransferase 73C	UDP-葡萄糖基转移酶 73C	↓	13. 61	2. 39	1. 82	1. 71	0. 28
c70526_g2	UGT73C	ditto	（同上）	↓	26. 31	0. 31	0. 37	1. 15	0. 88
c69313_g1	UGT73C	ditto	（同上）	↓	96. 14	11. 41	18. 83	26. 59	3. 39
c72135_g1	CYP73A	trans-cinnamate 4-monooxygenase	反式肉桂酸 4-单加氧酶；苯丙氨酸代谢（氨基酸代谢）	↓	25. 71	15. 75	24. 5	2. 27	0. 49
c65100_g1	ACS	1-aminocyclopropane-1-carboxylate synthase	1-氨基环丙烷-1-羧酸合酶；半胱氨酸和甲硫氨酸代谢（氨基酸代谢）	↓	15. 48	0. 35	0. 21	4. 26	0. 14
c45171_g1	GST，gst	glutathione S-transferase	谷胱甘肽 S-转移酶；谷胱甘肽代谢（其他氨基酸代谢）	↓	211. 91	11. 46	14. 13	18. 53	5. 81
c72675_g1	GST，gst	ditto	（同上）	↓	678. 12	16. 99	14. 27	23. 1	21. 94
c70638_g1	GST，gst	ditto	（同上）	↓	305. 38	7. 1	5. 78	12. 88	10. 8
c67222_g1	CHS	chalcone synthase	查尔酮合酶；（类）黄酮生物合成（其他次生代谢）	↓	63. 07	0. 61	0. 43	1. 11	1. 04
c71059_g2	CHS	ditto	（同上）	↓	185. 21	1. 24	2. 86	5. 68	4. 79
c71764_g3	CHS	ditto	（同上）	↓	50. 87	0. 62	0. 65	0. 89	1. 75
c71059_g1	CHS	ditto	（同上）	↓	100. 37	1. 8	2. 38	2. 67	3. 58
c71764_g5	CHS	ditto	（同上）	↓	61. 46	3. 56	7. 07	8. 6	2. 73
c71764_g4	CHS	ditto	（同上）	↓	76. 31	10. 54	9. 67	13. 04	4. 53
c67729_g3	E1. 11. 1. 7	peroxidase	过氧化物酶；（其他次生代谢物）苯丙素生物合成	↓	499. 99	32. 08	27. 23	52. 05	19. 73
c67729_g2	E1. 11. 1. 7	ditto	（同上）	↓	137. 31	18. 2	12. 32	14. 17	5. 51
c52507_g1	E1. 11. 1. 7	ditto	（同上）	↓	213. 73	8. 59	6. 92	23. 28	11. 28
c73607_g1	E1. 11. 1. 7	ditto	（同上）	↓	16. 85	34. 47	8. 76	4. 73	0. 95
c54493_g1	MAPK1_3	mitogen-activated protein kinase 1/3	促分裂原活化蛋白激酶，使促分裂原活化蛋白磷酸化，使细胞分裂；细胞分裂和生长	↑	19. 73	345. 6	289. 78	19. 08	54. 98

（续）

基因编号 Gene_id	KO 名称 KO name	KO 描述 KO description	注释：代谢通路 Note；Pathway	上/下调 Up/down	基因表达量/FPKM				
					L2	L3	L4	L5	L6
c56408_g1	SLC50A，SWEET	solute carrier family 50(sugar transporter)	溶质载体家族 50(糖转运蛋白)	↑	0.55	16.3	15.63	6.82	15.92
c34240_g1	PTC2_3	protein phosphatase 2C homolog	蛋白磷酸酶 2C 同源物	↑	13.35	293.05	173.82	15.45	38.69
c58303_g1	PPM1L，PP2CE	protein phosphatase 1L	蛋白磷酸酶 1L	↑	9.61	166.86	149.5	13.04	48.5
c67698_g1	grxC，GLRX，GLRX2	glutaredoxin 3	谷氧还蛋白 3	↑	1.58	105.63	71.46	1.26	6.83
c69059_g1	HSP20	HSP20 family protein	热休克蛋白，参与热激反应、抗逆反应；内质网蛋白加工(遗传信息处理)	↑	1.28	112.87	26.66	24.17	20.03
c108550_g1	HSP20	ditto	(同上)	↑	23.85	350.13	157.79	75.58	75.76
c71309_g2	HSP20	ditto	(同上)	↑	2.13	36.22	9	9.59	11.04
c71309_g1	HSP20	ditto	(同上)	↑	5.33	76.46	33.08	33.27	26.18
c73349_g1	HSP20	ditto	(同上)	↑	66.31	1405.23	445.1	93.25	87.85
c41069_g1	CNOT7 _ 8，CAF1，POP2	CCR4-NOT transcription complex subunit 7/8	CCR4-NOT 转录复合物亚基 7/8；RNA 降解(遗传信息处理)	↑	1.23	105.31	80.78	6.73	25.51
c56720_g1	SLC25A11，OGC	solute carrier family 25(mitochondrial oxoglutarate transporter)，member 11	溶质载体家族 25(线粒体氧化戊二酸转运蛋白)，成员 11	↑	4.46	84.06	49.09	2.19	7.18
c68269_g2	SLC25A11，OGC	ditto	(同上)	↑	5.92	266.7	179.77	9.95	48.85

表 3　绿花百合鳞茎发育糖类代谢相关高水平特异表达基因

Table 3　High level specific expression genes related to carbohydrate metabolism in bulb development of *Lilium fargesii*

基因编号 Gene_id	KO 名称 KO name	KO 描述 KO description	注释：代谢通路 Note；Pathway	上/下调 Up/down	基因表达量/FPKM				
					L2	L3	L4	L5	L6
c56454_g1	E2.4.1.13	sucrose synthase	蔗糖合酶；淀粉和蔗糖代谢(碳水化合物代谢)	↑	5.61	85.64	62.98	29.2	32.9
c63162_g1	E3.2.1.26	beta-fructofuranosidase	β-呋喃果糖苷酶，水解蔗糖和糖苷等的果糖苷键酶；淀粉和蔗糖代谢、半乳糖代谢(碳水化合物代谢)	↑	0.6	10.7	9.87	2.26	2.16
c54774_g1	E3.1.1.11	pectinesterase	果胶酯酶，催化果胶的甲氧酯水解产生果胶酸和甲醇反应；淀粉和蔗糖代谢、戊糖和葡糖醛酸互变(碳水化合物代谢)	↑	0.12	11.93	10.71	4.83	3.42

（续）

基因编号 Gene_id	KO 名称 KO name	KO 描述 KO description	注释：代谢通路 Note；Pathway	上/下调 Up/down	基因表达量/FPKM L2	L3	L4	L5	L6
c71787_g1	E3. 1. 1. 11	pectinesterase	果胶酯酶促进果胶降解；戊糖和葡糖醛酸互变(碳水化合物代谢)	↓	59. 16	1. 13	1. 1	8. 2	2. 02
c91216_g1	E2. 4. 1. 82	raffinose synthase	棉子糖合酶；半乳糖代谢(碳水化合物代谢)	↑	4. 45	41. 02	65. 88	19. 17	25. 75
c67759_g2	CSLA	beta-mannan synthase	β-甘露聚糖合酶，促进合成甘露聚糖，积累非淀粉储藏或结构多糖	↑	2. 32	35. 9	57. 25	44. 85	64. 71
c67759_g1	CSLA	ditto	(同上)	↑	8. 32	97. 63	128. 24	44. 02	43. 81
c108457_g1	CSLA	ditto	(同上)	↑	5. 1	28. 34	55. 6	62. 97	96. 59

表 4　绿花百合鳞茎发育脂类代谢高水平特异表达相关基因

Table 4　Specific expression of genes related to high level of plant lipid metabolismin bulb development of *Lilium fargesii*

基因编号 Gene_id	KO 名称 KO name	KO 描述 KO description	注释：代谢通路 Note；Pathway	上/下调 Up/down	基因表达量/FPKM L2	L3	L4	L5	L6
c60422_g1	ACE	fatty acid omega-hydroxy dehydrogenase	脂肪酸 ω-羟基脱氢酶，促进形成不饱和脂肪酸；角质，软骨素和蜡生物合成(脂质代谢)	↑	2. 31	38. 29	19. 09	17. 6	14. 88
c51949_g1	SMO1	4,4-dimethyl-9beta，19-cyclopropylsterol-4alpha-methyl oxidase	一种氧化酶；类固醇生物合成(脂质代谢)	↑	4. 71	80. 53	56. 13	57. 78	48. 8
c28302_g1	KCS	3-ketoacyl-CoA synthase	3-酮脂酰-CoA 合酶，KCS 为超长链脂肪酸合成的第一步酶；脂肪酸延长(脂质代谢)	↑	2. 17	37. 73	22. 29	7. 63	9. 53
c24981_g1	KCS	ditto	(同上)	↑	5. 82	126. 95	99. 12	8. 85	20. 62
c5627_g1	KCS	ditto	(同上)	↑	5. 68	95. 05	57. 9	12. 44	15. 71
c24981_g2	KCS	ditto	(同上)	↑	6. 25	94. 16	84. 24	9. 18	18. 55
c61893_g2	KCS	ditto	(同上)	↑	11. 52	171. 39	119. 84	18. 37	25. 96
c72739_g3	KCS	ditto	(同上)	↑	1. 01	23. 7	15. 12	13. 03	10. 35
c72259_g1	LOX2S	lipoxygenase	脂氧合酶；亚油酸和 α-亚麻酸代谢(脂质代谢)	↑	6. 64	107. 92	85. 09	2. 71	8. 3
c72425_g1	GPAT	glycerol-3-phosphate acyltransferase	甘油-3-磷酸酰基转移酶；甘油(磷脂)代谢(脂质代谢)	↑	2. 9	70. 7	43. 58	17. 2	47. 37

表 5　绿花百合鳞茎发育植物激素代谢高水平特异表达相关基因

Table 5　Specific expression of genes related to high level of plant hormone metabolismin bulb development of *Lilium fargesii*

基因编号 Gene_id	KO 名称 KO name	KO 描述 KO description	注释：代谢通路 Note；Pathway	上/下调 Up/down	基因表达量/FPKM L2	L3	L4	L5	L6
c74188_g1	IAA	auxin-responsive protein IAA	生长素反应蛋白 IAA；植物激素信号转导	↑	2. 52	48. 54	25. 3	13. 64	12. 86
c141786_g1	IAA	ditto	(同上)	↓	25. 32	2. 63	2. 6	3. 33	0. 82
c73653_g2	GH3	auxin responsive GH3 gene family	生长素应答 GH3 基因家族；植物激素信号转导	↓	30. 21	2. 99	1. 95	14. 96	0. 42
c73653_g1	GH3	ditto	(同上)	↓	132. 47	52. 73	38. 69	55. 12	3. 74
c79034_g1	E1. 14. 11. 13	gibberellin 2-oxidase	赤霉素 GA2 氧化酶，参与赤霉素的分解代谢途径	↑	1. 24	56. 63	41. 79	0. 86	5. 95
c8097_g1	CKX	cytokinin dehydrogenase	细胞分裂素脱氢酶；玉米素生物合成	↓	25. 96	2. 93	4. 68	17. 88	0. 09
c71399_g1	CKX	auxin responsive GH3 gene family	生长素应答 GH3 基因家族；植物激素信号转导	↓	16. 64	0. 06	0. 04	6. 88	0
c69358_g1	JAZ	jasmonate ZIM domain-containing protein	茉莉酸 ZIM 结构域蛋白，茉莉酸响应基因的转录抑制因子；植物激素信号转导	↑	6. 68	140. 35	122. 45	1. 03	2. 93
c69358_g2	JAZ	ditto	(同上)	↑	2. 91	38. 59	45. 13	0. 84	0. 96
c72934_g2	JAZ	ditto	(同上)	↑	0. 79	30. 1	34. 15	0. 68	1. 91
c15119_g1	JAZ	ditto	(同上)	↓	23. 03	43. 33	68. 91	2. 35	0. 59

表 6　绿花百合鳞茎发育转录因子相关高水平特异表达基因

Fig. 6　High level specific expression genes related to transcription factors of bulb development in *Lilium fargesii*

基因编号 Gene_id	KO 名称 KO name	KO 描述 KO description	注释：代谢通路 Note；Pathway	上/下调 up/down	基因表达量/FPKM L2	L3	L4	L5	L6
c53245_g2	EREBP	EREBP-like factor	EREBP 类转录因子	↑	0. 13	34. 14	26. 33	0. 94	3. 37
c68573_g1	EREBP	ditto	(同上)	↑	0. 17	27. 4	24. 02	0. 2	2. 02
c124853_g1	EREBP	ditto	(同上)	↑	5. 81	154. 37	106. 94	16. 16	49. 07
c69790_g3	EREBP	ditto	(同上)	↑	5. 27	272. 13	184. 66	2. 28	15. 91
c71819_g1	EREBP	ditto	(同上)	↑	0. 19	37. 03	29. 85	4. 17	10. 37
c90814_g1	RAV	RAV-like factor	RAV 类似转录因子	↑	0. 22	86. 19	57. 13	0. 45	0. 59

（续）

基因编号 Gene_id	KO 名称 KO name	KO 描述 KO description	注释：代谢通路 Note；Pathway	上/下调 up/down	基因表达量/FPKM L2	L3	L4	L5	L6
c45423_g1	HD-ZIP	homeobox-leucine zipper protein	homeobox 类转录因子，同源异型-亮氨酸拉链蛋白	↑	15.38	623.1	395.98	36.75	130.86
c31093_g1	WRKY22	WRKY transcription factor 22	WRKY 转录因子	↑	1.4	24.32	17.79	1.04	3.73
c59397_g1	MYBP	myb proto-oncogene protein，plant	MYBP 转录因子	↑	4.21	210.16	131.54	1.64	7.01
c68612_g1	MYBP	ditto	（同上）	↑	0.4	58.86	63.04	1.43	3.38
c71620_g1	MYBP	ditto	（同上）	↑	0.54	50.06	33.39	2.12	6.88
c149114_g1	MYBP	ditto	（同上）	↑	1.53	22.6	13.35	1.23	1.42
c71699_g1	HSFF	heat shock transcription factor，other eukaryote	热休克转录因子	↑	0.36	20.24	8.66	1.26	1.83
c69241_g1	HSFF	ditto	（同上）	↑	1.93	37.47	28.53	2.44	6.44

表 7 绿花百合鳞茎发育光信号转导相关高水平特异表达基因

Table 7 High level specific expression genes related to light signal transduction in bulb development of *Lilium fargesii*

基因编号 Gene_id	KO 名称 KO name	KO 描述 KO description	注释：代谢通路 Note；Pathway	上/下调 up/down	基因表达量/FPKM L2	L3	L4	L5	L6
c91035_g1	EID1	EID1-like F-box protein 3 OS=Arabidopsis thaliana	EID1 样 F-box 蛋白 3，OS=拟南芥	↑	1.48	66.75	37.33	5.21	12.31
c57204_g2	6.67E-81	PREDICTED：probable inactive 2-oxoglutarate-dependent dioxygenase AOP2 [Musa acuminata subsp. malaccensis]	预测：可能失活的 2-氧谷氨酸依赖双加氧酶 AOP2	↑	27.95	154.81	42.05	152.65	87.63
c62030_g1	psbA	photosystem II P680 reaction center D1 protein	光系统 II P680 反应中心 D1 蛋白	↓	10.44	41.65	18.89	26.67	7.98
c58865_g2	LHCB4	lights-harvesting complex II chlorophyll a/b binding protein 4	捕光色素叶绿素 a/b 结合蛋白 4	↑	51.23	43.86	31.37	123.66	125.97
c108351_g1	LHCB3	lights-harvesting complex II chlorophyll a/b binding protein 3	叶绿素 a/b 结合蛋白 3	↑	3.89	34.68	16.04	36.85	38.55
c107353_g1	LHCA2	lights-harvesting complex I chlorophyll a/b binding protein 2	捕光色素叶绿素 a/b 结合蛋白 2	↑	24.32	34.67	23.62	86.07	87.14

3 讨论

淀粉、糖类、脂类是百合鳞茎主要的储藏物质，为早期的生长提供能量和营养物质。已有研究表明淀粉合成相关酶基因(腺苷二磷酸葡萄糖焦磷酸化酶 *AGPase*、颗粒结合淀粉合酶 *GBSS*、可溶性淀粉合酶 *SSS*)的表达量变化与淀粉含量、鳞茎的膨大发育呈正相关(张进忠，2019)，这提供了可通过调节淀粉合成关键酶基因的表达量促进鳞茎发育的思路。

木葡聚糖内木葡糖基转移酶(E2. 4. 1. 207)基因 c72849_g5、72849_g1、c69092_g1，在 L3、L4 阶段表达量显著；木葡聚糖(XyG)存在于大多数植物的初生细胞壁中，对细胞壁的结构组织和生长发育具有重要的调控作用(解敏敏，2015)。百合鳞茎发育高水平特异表达基因涉及的糖类代谢基因如蔗糖合酶(E2. 4. 1. 13)基因(c56454_g1)，果胶酯酶(E3. 2. 1. 26)基因(c63162_g1)，果糖合酶(E3. 1. 1. 11)基因(c54774_g1，c71787_g1)，棉子糖合酶(E2. 4. 1. 82)基因(c91216_g1)，β-甘露聚糖合酶(CSLA)基因(c67759_g2，c67759_g1，c108457_g1)差异表达显著，蔗糖合酶(E2. 4. 1. 13)基因(c56454_g1)在 L2 鳞片阶段表达量较高，说明这个阶段对蔗糖的吸收较好；其他几种糖类代谢基因在鳞茎发育中后期(L3-L6)表达量显著(图 2-C)，说明在诱导出小鳞茎之后的阶段可适当更换培养基中的糖源(果胶、果糖、棉子糖、甘露糖)。

脂类代谢基因 KCS(3-ketoacyl-CoA synthase)基因(c24981_g1、c5627_g1、c24981_g2、c61893_g2、c72259_g1)在 L3 阶段表达量较高，这个结果与李云琴等对蒜头果的研究结果类似。他们采用 RT-PCR 方法获得蒜头果 3-酮酯酰-CoA 合酶(KĆS)基因的 cDNA 序列，命名为 MoKCS1。荧光定量 PCR 分析表明，MoKCS1 在蒜头果果实膨大期的表达量最高，而在叶中表达较低(李云琴，2019)，说明该基因编码的蛋白对细胞形态构建具有重要的意义。

几丁质酶(*chitinase*)是植物重要的防卫蛋白之一，可阻止病原菌的侵入和发展，抑制特定病害的发生，在植物抵抗病原菌的过程中具有重要作用(高建明，2020)。几丁质酶(E3. 2. 1. 14)基因 c70289_g1、c70289_g2 在 L2 阶段表达量显著。高水平差异表达基因热休克蛋白(HSP20)c73349_g1 在 L3 阶段表达量显著上调，说明该基因编码的蛋白对细胞形态构建具有重要的意义。

激素代谢相关基因在 L3、L4 阶段显著上调，说明激素调节在鳞茎膨大初期起着重要的作用。赤霉素 GA2 氧化酶(gibberellin 2-oxidase)基因(c79034_g1)是赤霉素分解代谢途径中的重要酶。赤霉素参与控制碳水化合物代谢、影响蔗糖利用效率和细胞壁的合成，在变态器官膨大初期起到抑制作用(孙玉燕和李锡香，2015)。我们的基因差异表达研究表明，在鳞茎发育前期，GA 的分解处于主导地位，其抑制作用被解除，从而能使鳞茎正常膨大。茉莉酸 ZIM 结构域蛋白(JAZ)基因(c69358_g1、c69358_g2、c72934_g2、c15119_g1)在 L3、L4 阶段显著上调。JAZ 是茉莉酸信号响应途径中的负调控因子，在鳞茎膨大前期高水平表达可以抑制茉莉酸响应基因的转录，从而消除茉莉酸信号对绿花百合鳞茎膨大的抑制。

homeobox 类转录因子在主根形成及发育中发挥作用，WOX 亚家族 WUS 进化支蛋白 WOX5 是根细胞分化的重要调控者(Scarpella *et al.*，2000；韩荣鹏 等，2020)。转录因子相关特异表达基因 homeobox 类转录因子(HD-ZIP)基因(c45423_g1)在 L3(小鳞茎 1~2mm)、L4(中鳞茎 4~5mm)阶段表达量显著。百合鳞茎膨大过程是个复杂的生物过程，涉及多种信号途径。应综合研究 homeobox 转录因子与其他因素共同调控植物鳞茎发育的关系。这为在 L4 阶段做生根处理，通过根系生长发育以及对营养物质的吸收反作用于鳞茎的膨大提供了参考依据。

光信号转导相关基因 2-氧谷氨酸依赖双加氧酶 AOP2(6. 67E-81)基因(c57204_g2)、捕光色素叶绿素 a/b 结合蛋白 4(LHCB4)基因(c58865_g2)、捕光色素叶绿素 a/b 结合蛋白 2(LHCA2)基因(c107353_g1)在 L5、L6 阶段差异表达量显著上调。张延龙等研究表明黑暗处理 12h、16h 和全暗处里(24h)的小鳞茎淀粉含量比全光照和长光照(0 和 8h)处理的高(张延龙，2010)。说明鳞茎膨大后期减少光照时长有利于鳞茎膨大。

这里分析的影响绿花百合鳞茎发育和膨大的大多数因子，都是可以在离体培养条件进行人为调节的。

如改变培养基的碳源、调整添加的植物激素或生长调节剂的浓度或组合，改变光照等培养条件等。转录组分析显示在鳞茎发育和膨大过程中差异表达的基因，经过小鳞茎离体培养的筛选和验证，有可能找到影响鳞茎发育的主要因子，进而为鳞茎发育的关键基因和分子提供有用的线索。

参考文献

邓立新，卢钟磊，沈月毛，等，2014. 利用拟南芥鉴定双孢蘑菇 Hsp20 和 Adcs 基因的耐温功能[J]. 厦门大学学报(自然版)，53(2)：267-272.

杜运鹏，贾桂霞，2010. 陕西秦岭地区百合科野生花卉资源及园林应用评价[J]. 福建林学院学报(3)：284-288

丰锦，陈信波，2011. 抗逆相关 ap2/erebp 转录因子研究进展[J]. 生物技术通报(7)：1-6

桂枝，高建明，卢树昌，2020. 紫花苜蓿Ⅲ型几丁质酶基因同源克隆与序列变异分析[J]. 分子植物育种，18(15)：4958-4964

解敏敏，晁江涛，孔英珍，2015. 参与木葡聚糖合成的糖基转移酶基因研究进展[J]. 植物学报，50(5)：644-651.

李云琴，陈中华，原晓龙，等，2019. 蒜头果中 3-酮酯酰-CoA 合酶基因克隆与表达分析[J]. 中国油脂，44(3)：134-139.

龙雅宜，张金政，1999. 百合——球根花卉之王[M]. 北京：金盾出版社.

孙玉燕，李锡香，2015. 蔬菜变态根茎发育的分子机理研究进展[J]. 中国农业科学(6)：1162-1176.

张大鹏，徐艳红，刘蕊，等，2011. 捕光色素叶绿素 a/b 结合蛋白 LHCB4 在植物育种中的应用[P]. 中国，102229951. 2011-11-02.

张进忠，孙嘉曼，李朝生，等，2019. 百合鳞茎发育过程中淀粉合成相关酶基因的克隆及表达分析[J]. 广西植物，39(4)：446-452.

张丕方，倪德祥，王富民，等，1985. 百合鳞片离体培养诱导小鳞茎发生的研究[J]. 植物科学学报，3(2)：87-90.

张延龙，张启翔，薛晓娜，2010. 光周期对野生卷丹试管苗鳞茎形成及糖代谢的影响[J]. 园艺学报(6)：957-962.

赵焕英，包金风，2007. 实时荧光定量 pcr 技术的原理及其应用研究进展[J]. 中国组织化学与细胞化学杂志，16(4)：492-497.

赵利锋，柴团耀，2008. Ap2/erebp 转录因子在植物发育和胁迫应答中的作用[J]. 植物学报，25(1)：89-101.

毛绍名，章怀云，张学文，2006. β-甘露聚糖酶基因的克隆表达及酶学性质[J]. 中南林业科技大学学报，26(6)：17-21.

韩荣鹏，汤程，等，2020. Homeobox 转录因子在植物根生长发育中的研究进展[J]. 分子植物育种，18(23)：158-167.

Gutierrez L，Mauriat M，Guénin S，et al，2008. The lack of a systematic validation of reference genes：A serious pitfall undervalued in reverse transcription-polymerase chain reaction(RT-PCR) analysis in plants[J]. Plant Biotechnology Journal，6(6)：609-618.

Kusser W，Nery J，Sparks K，et al，Fluorogenic primers for real-time quantitative PCR[J]. American Biotechrology Laboratory，2003-06.

Liang S Y，et al，2000. Liliaceae. Flora of China[M]. Beijing：Science Press，24(2)：73-263.

Rashotte A M，Mason M G，et al，2006. A subset of Arabidopsis AP2 transcription factors mediates cytokinin responses in concert with a two-component pathway[J]. Proceedings of the National Academy of Sciences of the United States of America，103(29)：11081-11085.

Wittwer C T，Reed G H，Gundry C N，et al，2003. High-Resolution genotyping by amplicon melting analysis using LCGreen[J]. Clinical Chemistry，49(1)：853-860.

Tanaka M，Kato N，Nakayama H，et al，2008. Expression of class I knotted1-like homeobox genes in the storage roots of sweetpotato(*Ipomoea batatas*)[J]. Journal of Plant Physiology，165(16)：1726-1735.

Scarpella E，Rueb S，Boot KJ，et al，2000. A role for the rice homeobox gene Oshox1 in provas-7768cular cell fate commitment[J]. Development，127(17)：3655-3669.

百合花粉发育相关 bHLH 转录因子 LoUDT1 的特征和功能分析

袁国振[1,2,#]　吴　泽[1,2,#]　刘昕悦[1,2]　李　婷[1,2]　滕年军[1,2,*]

（1. 南京农业大学园艺学院/农业农村部景观农业重点实验，南京　210095；2. 南京农业大学-南京鹂岛现代农业发展有限公司江苏省研究生工作站/南京农业大学八卦洲现代园艺产业科技创新中心，南京　210043）

摘　要：百合（*Lilium* spp.）有着美丽的花朵，是重要的园艺作物和流行的观赏植物，但是由于大量的花粉污染了花朵和周围的环境，因此其使用受到限制。为了解决这个问题，需要分析百合花粉发育的机理。然而，百合花粉发育的复杂而精细的过程仍然未知。在本研究中，分离并鉴定了百合中的 bHLH 转录因子（TF）LoUDT1。LoUDT1 与水稻的 OsUDT1 和拟南芥的 AtDYT1 亲缘关系最近。它位于细胞质和细胞核中，在酵母细胞中没有转录激活活性。LoUDT1 与另一个 bHLH 转录因子 LoAMS 相互作用，并且相互作用依赖于它们的 BIF 结构域。LoUDT1 和 LoAMS 都在花药中表达，但表现出不同的表达模式。LoUDT1 在花药整个发育过程中持续表达，而 LoAMS 仅在花药发育早期高度表达。在拟南芥中过表达 LoUDT1，影响导致了部分花粉败育。相反，通过在 *dyt*1-3 突变体中适当表达 LoUDT1，可以产生正常的花粉。因此，LoUDT1 可能是百合花粉发育的关键调控因子，本研究结果将为无花粉百合分子育种提供理论依据。

关键词：百合；花粉发育；花药；bHLH；LoUDT1

Characterization and Functional Analysis of LoUDT1, a bHLH Transcription Factor Related to Lily Pollen Development

YUAN Guozhen[1,2,#], WU [1,2,#], LIU Xinyue[1,2], LI Ting[1,2], TENG Nianjun[1,2,*]

(1. *College of Horticulture/Key Laboratory of Landscaping Agriculture, Ministry of Agriculture and Rural Affairs, Nanjing Agricultural University, Nanjing* 210095, *China*; 2. *Nanjing Agricultural University-Nanjing Oriole Island Modern Agricultural Development Co., Ltd. Jiangsu Graduate Workstation/Nanjing Agricultural University Baguazhou Modern Horticultural Industry Science and Technology Innovation Center, Nanjing* 210043, *China*)

Abstract: Lily (*Lilium* spp.), with its beautiful flower, is an important horticultural crop and a popular ornamental plant, but because the abundant pollen pollutes the flowers and surroundings, its use is restricted. To solve this problem, the mechanism of pollen development in lily needs to be analyzed. However, the complex and delicate process of anther development in lily remains largely unknown. In this study, LoUDT1, a bHLH transcription factor (TF), was isolated and identified in lily. LoUDT1 was closely related to OsUDT1 of *Oryza sativa* and AtDYT1 of *Arabidopsis*. It was localized in the cytoplasm and nucleus and showed no transcriptional activation in yeast cells. LoUDT1 interacted with another bHLH TF, LoAMS, and the interaction depended on their BIF domains.

基金项目：江苏省"六大人才高峰"高层次人才项目（2016-NY-077）；江苏高校优势学科建设工程资助项目；南京农业大学种质资源专项（KYZZ201920）。

通讯作者：Author for correspondence (E-mail: njteng@njau.edu.cn)；#同等贡献。

*LoUDT*1 and *LoAMS* were both expressed in the anthers but showed different expression patterns. *LoUDT*1 was continuously expressed during the entire development of anthers, whereas *LoAMS* was only highly expressed early in anther development. Overexpression of *LoUDT*1 in *Arabidopsis* partly caused pollen abortion. By contrast, with the appropriate expression of *LoUDT*1 in a *dyt*1-3 mutant, normal pollen grains were produced, showing partial fertility. Thus, LoUDT1 might be a key regulator of pollen development in lily, and this study will provide a theoretical basis for the molecular breeding of pollen-free lilies.

Key words: lily; anther; pollen development; anther; bHLH; LoUDT1

百合花粉发育基因 *LoGAMYB* 克隆及功能分析

刘昕月[1,2,#]　吴　泽[1,2,#]　冯婧娴[1,2]　袁国振[1,2]　何　岭[1,2]　张德花[1,2]　滕年军[1,2,*]

（1. 南京农业大学园艺学院/农业农村部景观农业重点实验，南京　210095；2. 南京农业大学-南京鹂岛现代农业发展有限公司江苏省研究生工作站/南京农业大学八卦洲现代园艺产业科技创新中心，南京　210043）

摘　要：百合（*Lilium* spp.）是一种重要的商品花卉作物，但严重的花粉污染严重影响了其市场推广和园林应用。许多研究关注模式植物的花粉发育，但对百合等花卉作物的研究较少。GAMYBs 是花药发育和花粉形成的重要正调控因子，参与 GA 信号转导途径。然而，它们在百合中的功能和调控尚不清楚。从百合中分离鉴定出一个 GAMYB 同源物 LoGAMYB。LoGAMYB 的开放阅读框为 1620bp，编码 539 个氨基酸。蛋白质序列比对表明，LoGAMYB 含有一个保守的 R2R3 结构域和三个保守的基序（BOX1、BOX2、BOX3），这是 GAMYB 家族的独特结构。LoGAMYB 具有转录激活活性，其反式激活结构域位于 C 末端 100 氨基酸范围内。LoGAMYB-GFP 融合蛋白主要定位于烟草细胞的细胞核和细胞质中。进一步分析表明，LoGAMYB 在花药发育后期高表达，尤其在花粉中。通过对转基因拟南芥 LoGAMYB 启动子活性的分析，发现 LoGAMYB 启动子在花的 12~13 个发育阶段的花粉中高度激活，并在百合中表达。LoGAMYB 在拟南芥中的过度表达导致了拟南芥的生长发育明显迟缓，但过量的 LoGAMYB 积累也破坏了拟南芥正常的花药发育，使转基因植株产生的花粉减少，导致部分雄性不育。结果表明，LoGAMYB 可能在百合花药发育和花粉形成中起重要作用。

关键词：百合；花粉发育；花药发育；R2R3-MYB；LoGAMYB

Cloning and Functional Analysis of a Lily Pollen Development Gene *LoGAMYB*

LIU Xinyue[1,2,#], WU Ze[1,2,#], FENG Jingxian[1,2], YUAN Guozhen[1,2], HE Ling[1,2], ZHANG Dehua[1,2], TENG Nianjun[1,2,*]

(1. *College of Horticulture/Key Laboratory of Landscaping Agriculture, Ministry of Agriculture and Rural Affairs, Nanjing Agricultural University, Nanjing* 210095, *China*; 2. *Nanjing Agricultural University-Nanjing Oriole Island Modern Agricultural Development Co., Ltd. Jiangsu Graduate Workstation/Nanjing Agricultural University Baguazhou Modern Horticultural Industry Science and Technology Innovation Center, Nanjing* 210043, *China*)

Abstract: Lily (*Lilium* spp.) is an important commercial flower crop, but its market popularity and landscape application are adversely affected by severe pollen pollution. Many studies play attention to the pollen development in the model plants, but there are few researches of flower crops, such as lily. GAMYBs are the important positive regulators in the anther development and pollen formation which involves in GA signal transduction pathway. However, their underlined function and regulation in lily are unknown. Here, a *GAMYB* homology, *LoGAMYB*, was

---

基金项目：江苏省"六大人才高峰"高层次人才项目（2016-NY-077）；江苏高校优势学科建设工程资助项目；南京农业大学种质资源专项（KYZZ201920）。

通讯作者 Author for correspondence（E-mail：njteng@ njau. edu. cn）；#同等贡献。

isolated and identified from lily. The open reading frame of *LoGAMYB* was 1620bp, encoding a protein with 539 amino acids. Protein sequence alignment showed that LoGAMYB contained a conserved R2R3 domain and three conserved motifs(BOX1, BOX2, BOX3), which were unique structures in GAMYB family. LoGAMYB had transcriptional activation activity, and its transactivation domain was located within 100 a. a. of the C-terminus. The LoGAMYB-GFP fusion protein was mainly localized in the nucleus and cytoplasm of tobacco cell. Further analysis showed that *LoGAMYB* was highly expressed at the late stage of anther development, especially in the pollens. By analyzing the promoter activity of *LoGAMYB* in transgenic *Arabidopsis*, it was observed that the *LoGAMYB* promoter was highly activated in the pollens of 12 to 13 developmental stages of flower, as well as the expression pattern of *LoGAMYB* in lily. Overexpression of *LoGAMYB* in *Arabidopsis* caused significantly growth retardation, except that, excess accumulation of *LoGAMYB* also damaged the normal anther development, which generated fewer pollens and resulted in partial male sterility in transgenic plants. Taken together, our results suggested that *LoGAMYB* might play an important role in anther development and pollen formation of lily.

Key words: lily; pollen development; anther development; R2R3-MYB; LoGAMYB

百合花粉过敏原基因挖掘与研究

冯婧娴[1,2,3#]　吴　泽[1,2,3#]　王雪倩[1,2,3]　张亚明[1,2,3]　滕年军[1,2,3*]

（1. 南京农业大学园艺学院/农业农村部景观农业重点实验，南京　210095；2. 南京农业大学—南京鹂岛现代农业发展有限公司江苏省研究生工作站/南京农业大学八卦洲现代园艺产业科技创新中心，南京　210043；3. 枣庄大学生命科学学院，枣庄　277160）

摘　要：为筛选百合花粉潜在的过敏原基因，采用细胞学观察确定百合'西伯利亚'花粉的发育时期，以单核早期和成熟期花粉为材料，在转录及蛋白水平上分析基因和蛋白的表达信息，对差异基因进行克隆及表达特性分析。结果显示，转录组差异基因 *Profilin*、*Phl p* 7（*polcalcin*）、*Ole e* 1 和 *Phl p* 11 被鉴定为花粉过敏原基因，蛋白组学分析证实了这些基因在成熟期蛋白水平含量显著增加；克隆得到过敏原基因 *LoProfilin* 和 *LoPolcalcin* 的开放阅读框分别为 396bp 和 246bp，编码 131 和 81 个氨基酸，氨基酸序列比对表明蛋白序列高度保守；亚细胞定位结果显示 LoProfilin 和 LoPolcalcin 在整个细胞都有表达；表达特性分析结果显示在花粉发育过程中，*LoProfilin* 表达量不断增加，*LoPolcalcin* 只在成熟期表达，二者都在散粉期表达量最高。蛋白三级结构预测 LoProfilin 和 LoPolcalcin 的蛋白三级结构高度保守。本研究通过转录-蛋白组结合筛选了百合花粉过敏原蛋白，蛋白质结构预测和基因表达特性分析确定 LoProfilin 和 LoPolcalcin 为百合花粉中潜在的过敏原。

关键词：百合；花粉过敏原；转录组；蛋白组

Discovery and Analysis of Lily Pollen Allergen Genes

FENG Jingxian[1,2,3#], WU Ze[1,2,3#], WANG Xueqian[1,2,3], ZHANG Yaming[1,2,3], TENG Nianjun[1,2,3*]

(1. *College of Horticulture/Key Laboratory of Landscaping Agriculture, Ministry of Agriculture and Rural Affairs, Nanjing Agricultural University, Nanjing* 210095, *China*; 2. *Nanjing Agricultural University-Nanjing Oriole Island Modern Agricultural Development Co., Ltd. Jiangsu Graduate Workstation/Nanjing Agricultural University Baguazhou Modern Horticultural Industry Science and Technology Innovation Center, Nanjing* 210043, *China*; 3. *College of Life Science, Zaozhuang University, Zaozhuang* 277160, *China*)

Abstract: In order to discover potential allergen genes in lily pollen, pollen development period of lily 'Siberia' was determined by microscope observation. Early mononuclear microspores and mature pollens were used as sequencing materials. Analyze the expression information of genes and proteins at the level of transcription and protein. The DEGs were cloned and analyzed for expression characteristics. The analysis of the pollen transcriptome identified differentially expressed genes(DEGs), e. g., *Profilin*, *Phl p* 7(*Polcalcin*), *Ole e* 1, and *Phl p* 11, which are associated with pollen allergens. The proteome analysis positively verified a significant increase in pollen allergenic protein content. *LoProfiilin* and *LoPolcalcin* were cloned and their open reading frame lengths were 396

基金项目：南京农业大学种质资源专项（KYZZ201920）；江苏省"六大人才高峰"高层次人才项目（2016-NY-077）；江苏高校优势学科建设工程资助项目。

通讯作者：Author for correspondence(E-mail: njteng@ njau. edu. cn)；#同等贡献。

bp and 246 bp, which encoded 131 and 81 amino acids, respectively. Amino acid sequence alignment indicated that the protein sequences of LoProfilin and LoPolcalcin were highly conserved. Subcellular localization analysis showed that LoProfilin and LoPolcalcin were localized in the entire tobacco cell. The results of gene expression analysis showed that during the development of pollen, the expression of *LoProfilin* increased continuously. *LoPolcalcin* was specifically expressed at the mature stage. And both of them had the highest expression during the loose stage. The protein tertiary structure prediction showed that the protein tertiary structures of LoProfilin and LoPolcalcin are highly conserved. Taken together, LoProfilin and LoPolcalcin were identified as potential lily pollen allergens.

Key words: lily; pollen allergen; transcriptome; proteome

转录组分析挖掘百合‘Elodie’雄蕊向花瓣同源转化关键基因

陈敏敏[1]　聂功平[2]　杨柳燕[1]　张永春[1]　蔡友铭[1*]

（1. 上海市农业科学院林木果树研究所，上海市设施园艺技术重点实验室，上海　201403；
2. 长江大学园艺园林学院，荆州　434025）

摘　要：作为观赏价值高的球根植物，百合已被广泛用于城市景观和家庭园艺。观赏百合品种‘Elodie’花瓣有3种表型，分别为正常雄蕊、部分雄蕊花瓣状和全部雄蕊花瓣状。为了深入了解雄蕊同源转化产生变异的分子基础，本研究采用定量RNA-Seq分析筛选关键基因，并检测了3种不同表型材料中生长素、细胞分裂素、赤霉素和脱落酸等内源激素的含量差异。结果表明：转录组测序组装并注释了53 182个单基因。雄蕊部分瓣化vs正常雄蕊，雄蕊完全瓣化vs正常雄蕊，雄蕊部分瓣化vs雄蕊完全瓣化分别鉴定出8453、21 281和7646个差异表达基因(DEG)，其中2241个为共有差异基因。MADS-box家族基因(AGL，AG，PMADS，SOC，AP，MADS，MGS)和MYB家族共20个转录因子，植物激素信号传导和合成途径中的43个基因包括生长素(ARF，IAA，AUX，LAX，SAUR)，细胞分裂素(CKX，AHP，AHK，ARR)，GA(GID，GAI，GAST，GASA，GID1C，SLR，$GA_{20}OX_3$)，ABA(PYL)和乙烯(ETR，ERS，EIN，ERF)等显着差异表达。同时，完全瓣化材料中生长素、细胞分裂素、GA和ABA等内源激素含量显著下降，其中编码GA合成的$GA_{20}OX_3$基因和编码细胞分裂素生物合成的*CYP735A2*基因表达趋势与激素测定结果一致。本研究挖掘百合花发育过程中雄蕊瓣化关键基因，为重瓣百合育种提供理论基础。

关键词：百合‘Elodie’；定量转录组；雄蕊瓣化；同源转化基因

Homeotic Transformation from Stamen to Petal in *Lilium* is Associated with *MADS*-box Genes and Hormone Signal Transduction

CHEN Minmin[1], NIE Gongping[2], YANG Liuyan[1], ZHANG Yongchun[1], CAI Youming[1*]

(1. *Faculty of Forestry and Fruit Tree Research Institute*, *Shanghai Academy of Agricultural Sciences*, *Shanghai* 201403, *China*; 2. *College of Horticulture and Gardening*, *Yangtze University*, *Jingzhou* 434025, *China*)

Abstract: As one of the most popular bulbous plant with high ornamental value, *Lilium* spp. has been used as cut flower or green plants in urban landscapes and home gardening. We noticed a cultivar ‘Elodie’ show weak double-flowered phenotype, by which whole 3 can be classified into three different types including stamen, partially petaloid stamen and totally petaloid stamen. To understand the molecular basis of this homeotically conversion variation, quantitative RNA-Seq analysis was conducted to screen the important unigenes underlying this phenomenon. Meanwhile, endogenous hormone contents including auxin, cytokinin, gibberellins (GA) and abscisic acid

通讯作者。

(ABA) were detected at the same time. In total, we assembled and annotated 53 182 unigenes. 8453, 21 281 and 7646 differentially expressed genes(DEGs) were identified from partially petaloid stamen vs normal stamen, totally petaloid stamen vs normal stamen, and totally petaloid stamen vs partially petaloid stamen comparisons, in which 2241 unigenes were shared DEGs. 20 transcription factors in MADS-box (AGL, AG, PMADS, SOC, AP, MADS, MGS) and MYB families, 43 unigenes in signaling & synthesis pathways of auxin(ARF, IAA, AUX, LAX, SAUR), cytokinin (CKX, AHP, AHK, ARR), GA (GID, GAI, GAST, GASA, GID1C, SLR, $GA_{20}OX_3$), ABA(PYL) and ethylene(ETR, ERS, EIN, ERF) were significantly differentially expressed. Meanwhile, endogenous hormone contents including auxin, cytokinin, GA and ABA were declined in totally petaloidy flower. The expression of $GA_{20}OX_3$ and *CYP735A2* encode the biosynthesis of GA and cytokinin respectively were downregulated, which was consistent with the hormone determination results. This work provide a basis for double flower breeding of *Lilium* species.

Key words: *Lilium* cultivar 'Elodie'; quantitative RNA-Seq; stamen petaloidy; homeotic transformation gene

LlWRKY39 转录因子调控百合耐热性的机制解析

丁利平[1,2,#]　吴　泽[1,2,#]　滕人达[1,2]　徐素娟[1,2]　曹　兴[3]　袁国振[1,2]　张德花[1,2]　滕年军[1,2,*]

（1. 南京农业大学园艺学院/农业农村部景观农业重点实验，南京　210095；2. 南京农业大学—南京鹂岛现代农业发展有限公司江苏省研究生工作站/南京农业大学八卦洲现代园艺产业科技创新中心，南京　210043；3. 枣庄大学生命科学学院，枣庄　277160）

摘　要：本文选用耐热性较好的麝香百合杂种系‘白天堂’作为研究材料，以 LlWRKY39 为研究对象，并对其蛋白的生化特性及其在热胁迫调控网络中的作用进行研究分析，旨在为进一步完善百合转录因子参与的热信号转导网络和通过转基因技术改良百合主栽品种的耐热性奠定理论基础。从麝香百合‘白天堂’叶片中分离得到 *LlWRKY*39 基因，其开放阅读框为 858bp，预测编码 285 个氨基酸；蛋白亚细胞定位结果表明 LlWRKY39 定位在细胞核，转录激活实验显示 LlWRKY39 无转录激活活性；qRT-PCR 结果表明 *Ll-WRKY*39 的表达受高温诱导；荧光素酶报告基因结果表明，*LlWRKY*39 启动子活性受高温增强。利用花序浸染法异源转化拟南芥。筛选得到 3 个转基因阳性株系，并进行基础性耐热和获得性耐热性检测。结果显示在耐热检测中，3 个转基因株系的存活率均显著高于 WT，且在转基因植株中，一些耐热相关基因如 *AtHSFA*1、*AtHSFA*2、*AtMBF*1*c* 的表达显著提高。农杆菌介导的瞬时转化结果表明，在热激情况下，百合中瞬时超表达 *LlWRKY*39 可显著降低其离子渗透率，提高百合的耐热性。农杆菌介导的瞬时转化方法结果显示，在百合中瞬时过表达 *LlWRKY*39 可以激活 *LlMBF*1*c* 的表达；此外，酵母单杂交、凝胶迁移阻滞实验和效应子-报告子实验结果表明，LlWRKY39 可直接结合 *LlMBF*1*c* 启动子上的 W-box 元件且能够显著激活 *LlMBF*1*c* 启动子的活性，暗示 LlWRKY39 可能是 *LlMBF*1*c* 的上游调控因子。酵母双杂交、双分子荧光互补实验和荧光素酶互补分析实验检测结果表明，LlWRKY39 与 LlCaM3 存在互作关系，且两者互作依赖于 CBD。双荧光素酶报告实验结果表明，LlWRKY39 与 LlCaM3 的互作可以抑制 LlWRKY39 对 *LlMBF*1*c* 启动子的激活活性。

关键词：LlWRKY39；异源过表达；耐热性；蛋白互作

基金项目：国家重点研发计划（2019YFD1000400）；国家自然科学基金（31902055）；江苏省“六大人才高峰”高层次人才项目（2016-NY-077）；江苏省自然科学基金（BK20190532）。

通讯作者：Author for correspondence（E-mail：njteng@ njau. edu. cn）；#同等贡献。

Analysis on Thermotolerance Mechanism of Lily Regulated by LlWRKY39 Transcription Factor

DING Liping[1,2,#], WU Ze[1,2,#], TENG Renda[1,2], XU Sujuan[1,2], CAO Xing[3], YUAN Guozhen[1,2], ZHANG Dehua[1,2], TENG Nianjun[1,2,*]

(1. *College of Horticulture/Key Laboratory of Landscaping Agriculture, Ministry of Agriculture and Rural Affairs, Nanjing Agricultural University, Nanjing* 210095, *China*; 2. *Nanjing Agricultural University-Nanjing Oriole Island Modern Agricultural Development Co., Ltd. Jiangsu Graduate Workstation/Nanjing Agricultural University Baguazhou Modern Horticultural Industry Science and Technology Innovation Center, Nanjing* 210043, *China*; 3. *College of Life Science, Zaozhuang University, Zaozhuang* 277160, *China*)

Abstract: In this experiment, *Lilium longiflorum* hybrids 'White Heaven' was used as the material to study heat-stress response mechanism of lily WRKY transcription factor. The basic characteristics and roles of LlWRKY39 in the regulatory network of heat-stress response were analyzed to further improve the thermal signal transduction network involved in lily transcription factors and lay a theoretical foundation for improving the thermotolerance of lily through transgenic technology. The *LlWRKY*39 was isolated from leaves of 'White Heaven'. The open reading frame was 858 bp which encoded 285 amino acids. The result of subcellular localization showed that LlWRKY39 was localized to the nucleus. The result of transcription activation experiment showed that LlWRKY39 had no transcription activation activity. The result of qRT-PCR indicated that the expression of *LlWRKY*39 was induced by high temperature. The result of luciferase reporter assay showed that the activity of the promoter of *LlWRKY*39 could be activated by high temperature. Heterologous transformation of *Arabidopsis thaliana* was performed by inflorescence infiltration. Three transgenic lines were used for basal thermotolerance and acquired thermotolerance treatments. Results showed that the survival rate of the three transgenic lines was significantly higher than WT in basal thermotolerance and acquired thermotolerance. The expression levels of HS induced genes such as *AtHSFA*1, *AtHSFA*2, *AtMBF*1*c*, were significantly increased in transgenic lines. The result of *Agrobacterium*-mediated transient transformation showed that transiently overexpression of *LlWRKY*39 in lily could significantly reduce its ion leakage under HS to improve the thermotolerance of lily. The result of transient transformation of *Agrobacterium*-mediated showed that transiently overexpression of *LlWRKY*39 in lily could activate the expression of *LlMBF*1*c*; Results of yeast one-hybrid assay, EMSA and effector-reporter assay exhibited that LlWRKY39 could bind the W-box element on the promoter of *LlMBF*1*c* and significantly activate its promoter activity, suggesting that LlWRKY39 may be an upstream regulator of *LlMBF*1*c*. Results of yeast two-hybrid assay, bimolecular fluorescence complementation and the luciferase complementation image assay showed that LlWRKY39 could interact with LlCaM3 and this interaction depended on CBD. The result of dual-luciferase reporter assay showed the LlWRKY39-LlCaM3 interaction repressed the activation ability of LlWRKY39 forits target genes.

Key words: LlWRKY39; ectopic overexpression; thermotolerance; protein interaction

生理和时序转录组分析揭示百合'Brindisi'响应淹水胁迫的机制

聂功平[1,2]　陈敏敏[1]　杨柳燕[1]　蔡友铭[1]　张永春[1*]

（1. 上海市农业科学院林木果树研究所，上海市设施园艺技术重点实验室，上海　201403；
2. 长江大学园艺园林学院，荆州　434025）

摘　要：百合在世界范围内分布广泛，具有观赏、食用和药用等多种价值。淹水胁迫是自然界普遍存在的非生物胁迫，对百合生长和观赏、食药用品质影响较大。为了更好地理解百合响应淹水胁迫的调节机制，我们通过生理和RNA-Seq分析了淹水胁迫后0d、1d、4d、8d、13d的百合叶片生理指标和转录谱的变化。生理检测结果显示叶片中Chl a、Chl b、Chl(a+b)和类胡萝卜素含量降低，SOD和PDC活性变化不大，脯氨酸、可溶性糖、蛋白质、含量显着增加，APX、CAT、ADH和LDH活性显著上升。转录组差异分析结果表明，淹水胁迫1d、4d、8d、13d分别导致10 360、8010、8000和13 086个基因的mRNA丰度发生显著变化。KEGG功能富集分析结果显示，4个时间点分别显著富集了120、88、116和122个KEGG通路，其中植物激素信号转导、淀粉和蔗糖代谢、苯丙烷生物合成、以及植物MAPK信号通路在所有时间点均参与百合响应淹水胁迫。STEM分析共获得50个基因模块，其中18个基因模块趋势显著。转录因子分析鉴定出34种淹水胁迫诱导的转录因子，其中AP2/ERF、MYB、WRKY、bHLH和NAC家族成员受淹水胁迫影响较大，表达差异显著。生理和转录组的综合分析显示糖代谢、厌氧呼吸酶、植物激素和抗氧化酶相关生理和分子指标均上调，碳水化合物合成和光合作用相关生理和分子指标均下调，表明淹水胁迫显著促进了植株的低氧和无氧呼吸反应、激素信号转导和抗氧化酶活性氧离子清除能力，同时，淹水胁迫还抑制了碳水化合物的合成和植株的光合作用。本研究揭示了球根类植物百合淹水胁迫后的生理和分子响应，为今后培育耐涝百合品种提供了参考。

关键词：百合；淹水胁迫；转录组；分子响应

Physiological and Time-Course Transcriptome Reveal the Mechanism of *Lilium hybrid* 'Brindisi' in Response to Waterlogging Stress

NIE Gongping[1,2], CHEN Minmin[1], YANG Liuyan[1], CAI Youming[1], ZHANG Yongchun[1*]

(1. *Forestry and Pomology Research Institute*, *Shanghai Academy of Agricultural Sciences*, *Shanghai Key Laboratory of Protected Horticultural Technology*, *Shanghai* 201403, *China*; 2. *College of Horticulture and Gardening*, *Yangtze University*, *Jingzhou* 434025, *China*)

Abstract: *Lilium* spp. is widely distributed in the world and has many values such as ornamental, edible and medicinal use. Flooding stress is a common abiotic stress in nature, which has a greater impact on the growth as well as ornamental and medicinal quality of *Lilium* spp.. In order to better understand the regulation mechanism of *Lili-*

通讯作者：Author for correspondence (E-mail：saasflower@163.com)。

um spp. in response to waterlogging stress, we analyzed the changes of physiological indicators and transcription profiles of leaves at 0d, 1d, 4d, 8d, and 13d after waterlogging stress through physiological and RNA-Seq. Physiological results showed that the content of Chl a, Chl b, Chl (a + b) and carotenoids in leaves decreased, SOD and PDC activities did not change much, the content of proline, soluble sugar and protein increased significantly, APX, CAT, ADH and LDH activities increased significantly. The results of differential expression analysis showed that 1d, 4d, 8d, 13d waterlogging stress caused significant changes in the mRNA abundance of 10 360, 8010, 8000 and 13 086 genes, respectively. The results of KEGG functional enrichment analysis showed that 120, 88, 116, and 122 KEGG pathways were significantly enriched at the four time points, among them, plant hormone signal transduction, starch and sucrose metabolism, phenylpropane biosynthesis, and MAPK signaling pathways-plants participated in *Lilium* spp. response to waterlogging stress at all time points. STEM analysis obtained a total of 50 gene clusters, of which 18 gene clusters had a significant trend. Transcription factor analysis identified 34 transcription factors induced by waterlogging stress. Among them, AP2/ERF, MYB, WRKY, bHLH and NAC family members were greatly affected by waterlogging stress, and their expressions were significantly different. The comprehensive analysis of physiology and transcriptome showed that the related physiological and molecular indexes of sugar metabolism, anaerobic respiratory enzymes, plant hormones and antioxidant enzymes were all up-regulated, and the physiological and molecular indexes of carbohydrate synthesis and photosynthesis were down-regulated, which indicated that waterlogging stress significantly promoted the plant' s hypoxic and anaerobic respiratory response, the signal transduction of plant hormones and the reactive oxygen species scavenging ability of antioxidant enzymes. Meanwhile, waterlogging stress also inhibited carbohydrate synthesis and plant photosynthesis. This study revealed the physiological and molecular responses of bulbous plant *Lilium* spp. after waterlogging stress, and provided a reference for the future cultivation of waterlogging-tolerant *Lilium* spp. varieties.

Key words: *Lilium* spp.; waterlogging stress; RNA-Seq; molecular responses

生长素和茉莉酸调控郁金香种球膨大的分子机制

孙 琪 王艳平 产祝龙*

（华中农业大学园艺林学学院，武汉 430070）

摘 要：郁金香种球周径的大小决定了后期开花的质量。目前对郁金香种球的膨大机制研究较少，植物激素在郁金香种球膨大中的作用机理尚不明晰。本研究选择种球球大小有显著差异的2个郁金香品种，分别在抽薹(零点)、盛花期、末花期以及成熟期取样。利用高效液相色谱测定植物激素的含量。结果表明，吲哚乙酸(IAA)的含量在大种球和小种球的2个品种中都随着种球的膨大而降低。茉莉酸甲酯(MeJA)的含量在大小种球品种中变化趋势相反。初生代谢物分析发现，苹果酸和柠檬酸含量，氨基酸类以及糖类物质在种球大小有差异的2个郁金香品种中差异显著。利用三代全长转录组数据，克隆了郁金香中与生长素和茉莉酸代谢及信号传导相关的*TIR*1、*PIN*、*LOX*基因，通过异源转化拟南芥，发现转基因植株具有比野生型更旺盛的生长，促进侧根的发育。外源喷施生长素和茉莉酸甲酯具有促进郁金香更新鳞茎发育的作用。利用组织培养诱导再生小鳞茎的方法，发现生长素和茉莉酸甲酯促进了小鳞茎的再生。病毒诱导的VIGS试验结果表明，*TIR*1、*PIN*、*LOX*4/5等基因的沉默，导致鳞茎生长受到一定程度抑制。相关研究对于阐述郁金香种球的发育和膨大机理、实现郁金香种球的国产化提供了理论依据。

关键词：郁金香；种球膨大；植物激素；初生代谢物

Molecular Mechanisms of IAA and JA Modulated Tulip Bulb Development

SUN Qi, WANG Yanping, CHAN Zhulong*

(*College of Horticulture and Forestry Sciences*, *Huazhong Agricultural University*, *Wuhan* 430070, *China*)

Abstract: Successful flowering of tulip is dependent on bulb size. Mechanisms of tulip bulb development remain elusive. Roles of plant hormones in bulb growth have not been characterized. In this study, two tulip varieties with contrasting bulb size were selected. Bulb samples at budding, early-blooming, full-blooming and later-blooming periods were collected. Contents of plant hormones were then determined using high performance liquid chromatography(HPLC). The results showed that contents of IAA declined significantly following bulb growth, while contents of MeJA exhibited contrasting changes in the bulb of two varieties. Quantification and qualification of primary metabolites indicated that malic acid and citric acid were actively synthesized and highly accumulated in ADRM variety. Genes involving in JA and IAA biosynthesis and signaling pathways were cloned from two tulip varieties, including *TIR*1, *ARF*, P*IN* and *LOX*4/5. Ectopic transgenic *Arabidopsis* showed more vigorous growth when compared with WT. *Arabidopsis* OE lines also had more branch roots than that in WT. Exogenous application of IAA and JA promoted daughter bulb growth for soil-growing tulip and tissue cultured tulip bulbs. Virus-induced gene silen-

基金项目：华中农业大学高层次人才引进项目。

通讯作者：zlchan@ mail. hzau. edu. cn。

cing (VIGS) approved that silencing of *TIR*1, *ARF*, *PIN* or *LOX*4/5 inhibited growth of daughter bulbs. These data provided basic information to elucidate mechanisms of tulip bulb growth and to cultivate tulip bulb in China.

Key words: *Tulipa gesneriana*; bulb development; hormones; primary metabolite

*TgDRR*1调控郁金香花芽休眠解除的分子机制

赵慧敏　产祝龙　王艳平*

（华中农业大学园艺林学学院，武汉　430070）

摘　要：低温处理是解除郁金香花芽休眠的关键途径，不同品种郁金香在休眠解除中的需冷量具有显著差异。我们前期对收集到的郁金香品种资源进行了低温需求量的筛选，获得了5个低温需求量较少的品种。然后对两个低温需求量具有显著差异的品种进行转录组测序分析，并挑选出一个差异表达基因*TgDRR*1进行功能解析。研究结果表明，*TgDRR*1为bHLH类转录因子，具有转录激活活性和细胞核定位。qRT-PCR结果表明，*TgDRR*1在两个差异品种的根和茎干中均具有较高的表达水平，而只在低温需求量较低的品种中呈现花芽和鳞片的富集表达。在未春化处理条件下，*TgDRR*1超表达拟南芥转基因植株种子的萌发速率显著高于野生型；而在春化条件下二者没有显著差异。同时和野生型相比，转基因拟南芥种子对赤霉素（GA）抑制剂PAC和脱落酸（ABA）的敏感性显著降低。定量PCR结果表明，在超表达*TgDRR*1植株中ABA合成代谢（*TgNCED*1，*TgNCED*6和*TgABA*2）和信号转导通路（*TgABI*5）中相关基因的表达量显著降低；而GA的受体基因*TgGID*1*s*的表达水平升高。LC-MS测定结果显示*TgDRR*1超表达拟南芥转基因植株中的ABA含量较野生型下降了6倍左右。我们进一步克隆了*TgNCED*1和*TgGID*1*C*的启动子，序列分析结果表明二者启动子序列均含有bHLH转录因子结合的G-box元件。然后利用酵母单杂交实验验证了*TgDRR*1能够直接结合*TgNCED*1和*TgGID*1*C*的启动子区域。除此之外，外源ABA处理能够延迟郁金香花芽休眠并抑制花芽早期生长，而赤霉素处理则呈现相反的效果。上述研究结果系统探究了*TgDRR*1调控脱落酸和赤霉素合成代谢和信号转导的分子机理，并进而参与调控郁金香花芽休眠解除的作用机制。相关研究为郁金香等球根花卉种球采后处理和休眠解除提供了基因资源和理论基础。

关键词：郁金香；花芽休眠；脱落酸；赤霉素；bHLH转录因子

Molecular Mechanism of *TgDRR*1 Regulated Floral Buds Dormancy Releasing in Tulip

ZHAO Huimin，CHAN Zhulong，WANG Yanping*

（*College of Horticulture and Forestry Sciences*，*Huazhong Agricultural University*，*Wuhan* 430070，*China*）

Abstract：Cold treatment is the key process for floral bud dormancy releasing in tulip. There are significant differences of cold requirement among cultivars. Five cultivars were screened out with low cold requirement among collected cultivars resources. Then transcriptome analysis were performed of two varieties with significant differences in low temperature requirement，and a differential expression gene *TgDRR*1 was selected for functional identification. Our results indicated that *TgDRR*1 is a bHLH transcription factor with transcriptional activity and nuclear localization. *TgDRR*1 showed enriched expression levels both in roots and stems in two differential cultivars，but only obtained high expression levels in floral buds and scales in low cold requirement cultivar. The seed germination rates of transgenic *Arabidopsis* plants with *TgDRR*1 overexpression were significantly higher than that of wild-type

通讯作者：ypwang@mail.hzau.edu.cn。

plants without vernalization, however, there were no differences of seed germination after vernalization treatment. qRT-PCR analysis indicated that three ABA synthesis related genes *TgNCED*1, *TgNCED*6 and *TgABA*2, as well as *TgABI*5 showed obviously lower expression levels in transgenic plants than in wild-type plants. Whereas, the expression levels of GA receptors *TgGID*1*s* were enhanced in transgenic plants. The endogenous ABA contents decreased about six folds in transgenic plants than in wild-type plants. We further cloned the promoters of *TgNCED*1 and *TgGID*1*s*, and found that there were G-box elements in their promoter regions which could be recognized by bHLH transcription factors. Yeasts-one-hybrid assay indicated that *TgDRR*1 could bind to the promoter regions of *TgNCED*1 and *TgGID*1*s*. Additionally, exogenous ABA treatment prolonged the floral bud dormancy and inhibited seedling early growth, however, GA_3 treatment showed an opposed effect to the same process. These results systematically explored the molecular mechanism of *TgDRR*1 regulating abscisic acid and gibberellin metabolism and signal transduction during floral bud dormancy releasing, which provides gene resources and theoretical basis for the postharvest treatment of bulbous plants.

Key words: *Tulipa gesneriana*; bud dormancy; abscisic acid; gibberellin acid; bHLH transcription factor

水杨酸促进郁金香花瓣衰老的机理解析

孟　琳　王亚萍　王艳平*　产祝龙*

（华中农业大学园艺林学学院，武汉　430070）

摘　要：花期长短是衡量郁金香观赏价值的重要指标，而花朵衰老则决定了花期的长短。本研究对郁金香花朵开放的不同阶段（绿蕾期、着色期、盛花期、早衰期和晚衰期）进行内源植物激素的定量分析。结果表明，水杨酸（salicylic acid，SA）在衰老的花瓣中含量急剧上升，同时外源 SA 处理也能显著促进郁金香花瓣衰老。结合郁金香全长转录组测序分析，我们克隆了 SA 合成代谢相关的候选基因 *TgBT*2、*TgBSMT*、*TgPAT*14、*TgTGA*4、*TgCBP*60、*TgICS*1、*TgPAL*1 和 *TgPAL*2，以及在衰老阶段差异表达的转录因子 *TgNAC*2、*TgNAC*4、*TgNAC*48、*TgNAC*29 和 *TgWRKY*75，并对上述候选基因的亚细胞定位以及转录激活活性进行了系统分析。为进一步探究水杨酸的合成调控机理，我们克隆了上述 SA 代谢途径相关基因的启动子，分析发现其启动子区域均含有与 NAC 和 WRKY 结合的顺式作用元件。并进一步利用酵母单杂、EMSA 和 LUC 报告基因检测体系验证了 *TgNAC*29 和 *TgWRKY*75 均能与 SA 合成相关的关键基因 *TgICS*1 和 *TgPAL*1 的启动子结合，并且激活二者的转录。利用 VIGS 体系瞬时沉默内源 *TgWRKY*75 能够延缓郁金香花瓣的衰老。根据上述结果推测，*TgNAC*29 和 *TgWRKY*75 在花瓣衰老阶段激活 *TgICS*1 和 *TgPAL*1 的表达，进而促进内源 SA 合成并调控郁金香花朵的衰老。除此之外，通过对郁金香全长转录组酵母文库的筛选，我们筛选到 *TgBT*2 的互作基因 *TgbHLH*48，并用酵母双杂验证了 *TgBT*2 和 *TgbHLH*48 的互作关系。定量 PCR 结果表明 *TgBT*2 和 *TgbHLH*48 在花瓣衰老阶段呈现相反的表达趋势。上述研究结果阐述了 SA 途径相关基因及其调控因子在郁金香花瓣衰老中的作用机理，为后期延长郁金香花期和采后保鲜提供了理论依据。

关键词：郁金香；花瓣衰老；水杨酸；转录调控；合成代谢

Mechanisms of Salicylic Acid-regulated Petal Senescence in *Tulipa gesnerian*

MENG Lin，WANG Yaping，WANG Yanping*，CHAN Zhulong*

（*College of Horticulture and Forestry Sciences*，*Huazhong Agricultural University*，*Wuhan* 430074，*China*）

Abstract：The length of flowering period is an important indicator of ornamental values，which is dependent on flower senescence in *Tulipa gesneriana*. In the present study，the endogenous phytohormones were measured during flower opening and senescence，which includes green buds，color buds，full blooming，early senescence and late senescence stages. The results showed that salicylic acid（SA）rose sharply at senescent stage，coupled with that exogenous SA treatment promoted petal senescence significantly. Based upon full length transcriptome analysis，we cloned some candidate genes involved in SA metabolism，such as *TgBT*2，*TgBSMT*，*TgPAT*14，*TgTGA*4，*TgCBP*60，*TgICS*1，*TgPAL*1 and *TgPAL*2，as well as five transcription factors including *TgNAC*2，*TgNAC*4，

通讯作者：ypwang@ mail. hzau. edu. cn，zlchan@ mail. hzau. edu. cn。

*TgNAC*48, *TgNAC*29 and *TgWRKY*75, which were differentially expressed during petal senescence. The transcriptional activity and subcellular localization of five transcription factors were analyzed. To dissect the mechanism of SA biosynthesis during petal senescence, we cloned their promoters of the SA-related genes, and found that both of NAC-and WRKY-binding elements were present in promoter regions. We further confirmed that *TgNAC*29 and *TgWRKY*75 could bind to the promoter sequences of *TgICS*1 and *TgPAL*1, and stimulated the later genes transcription by performing yeasts-one-hybrid assay, EMSA and LUC reporter system assays. Silencing *TgWRKY*75 expression by VIGS assay delayed petal senescence in tulip. In addition, we screened out *TgbHLH*48 by screening the full length transcriptome yeast library by using TgBT2 as baitor, and further confirmed their interaction between *TgbHLH*48 and *TgBT*2 in yeast. qRT-PCR analysis indicated that *TgbHLH*48 and *TgBT*2 showed an opposed expression patterns during flower opening and senescence. Taken together, this study provides important evidences for revealing the molecular mechanism of salicylic acid-dependent tulip flower senescence and offer more insights for prolonging blooming period and postharvest management of fresh cut flowers.

Key words: *Tulipa gesneriana*; petal senescence; salicylic acid; transcription regulation; biosynthetic metabolism

外源激素对石蒜小鳞茎发生的调控作用及其生理机制

许俊旭　李青竹　杨柳燕　蔡友铭　张永春*

（上海市农业科学院林木果树研究所，上海　201403）

摘　要：石蒜(*Lycoris radiata*)具有较高的观赏和药用价值，但其鳞茎自然繁殖效率低，严重制约商业化生产的发展，外施激素是提高石蒜小鳞茎发生的有效手段。本研究通过分析外施不同激素对石蒜小鳞茎发生的作用，发现赤霉素(GA)能够显著抑制石蒜小鳞茎的发生，而赤霉素合成抑制剂多效唑(PBZ)、脱落酸(ABA)和乙烯利能够促进。进一步的分析发现GA能够抑制内源细胞分裂素(CK)的含量，并通过下调*LrSUS*1、*LrSUS*2、AGPase大小亚基等基因的表达水平来抑制碳水化合物代谢相关酶SUS和AGPase的活性，从而阻碍小鳞茎发生过程中碳水化合物的积累速率，进而抑制其生长。外施PBZ能够降低内源GA_{14}和GA_{24}的含量，并通过促进碳水化合物的代谢水平来促进小鳞茎的发生。外施ABA能够促进内源生长素的含量，并通过上调*LrSS*1、*LrSS*2、和*LrGBSS*1等基因的表达水平来促进淀粉合成酶SSS和GBSS的活性，从而提高小鳞茎中淀粉的积累速率，进而促进其生长。另外，外施乙烯利也能够通过提高内源细胞分裂素的含量和淀粉合成酶活性来促进小鳞茎的发生，但其对碳水化合物代谢的促进作用可能是间接的。

关键词：石蒜；小鳞茎发生；外施激素；碳水化合物代谢；调控

Effect of Excogenous Hormones on Bulb Development in *Lycoris radiata*

XU Junxu, LI Qingzhu, YANG Liuyan, CAI Youming, ZHANG Yongchun*

(*Forestry and Pomology Research Institute*, *Shanghai Academy of Agriculture Sciences*, *Shanghai* 201403, *China*)

Abstract: *Lycoris* species have great ornamental and medicinal values; however, their low regeneration efficiency significantly restricts their commercial production. Exogenous hormone application is an effective way to promote bulblet development, but their effect on *Lycoris radiata* has not been verified to date. In our study, we examined the effect of different exogenous hormones on bulblet development in *L. radiata*, and found that gibberellic acid (GA) significantly inhibited, whereas paclobutrazol(PBZ), abscisic acid(ABA), and ethrel promoted bulblet development, especially PBZ, a GA biosynthesis inhibitor. Furthermore, GA reduced endogenous cytokinin(CK) content, as well as the activities of carbohydrate metabolism enzymes, including sucrose synthase(SUS) and glucose-1-phosphate adenylyltransferase(AGPase), by downregulating the expression levels of *LrSUS*1, *LrSUS*2, and genes encoding AGPase large and small subunits. This resulted in the decrease in carbohydrate accumulation in the bulblets, thus hindering their development. PBZ had the opposite effect to GA on carbohydrate metabolism; it decreased endogenous GA_{15} and GA_{24}, thereby promoting bulblet development. ABA promoted endogenous auxin

通讯作者：Author for correspondence(E-mail：saasflower@ 163. com)。

content and the activities of starch synthesis enzymes, especially soluble starch synthase(SSS) and granule-bound SS(GBSS), through the up-regulation of the expression levels of *LrSS*1, *LrSS*2, and *LrGBSS*1 genes, which could also result in the accumulation of carbohydrates in the bulblets and promote their development. In addition, ethrel application partly promoted bulblet development by promoting endogenous CK content. Although the accumulation of carbohydrates and the activity of starch enzymes were increased by ethrel treatment, we hypothesized that the effect of ethrel on regulating carbohydrate metabolism may be indirect.

Key words: *Lycoris radiata*; bulblet development; hormone application; carbohydrate metabolism; regulation

朱顶红花芽发育研究

吴永朋　张　莹　杨群力

（陕西省植物资源保护与利用工程技术研究中心，陕西省西安植物园（陕西省植物研究所），西安　710061）

摘　要：对朱顶红鳞茎中败育花芽进行测量分析，结果显示败育花芽长度为1～2cm的比例为35.0%，长度为2～3cm的比例为26.7%，长度小于1cm的比例为17.5%，长度3～4cm的比例为12.5%，长度大于4cm的比例为8.3%，在败育花芽中长度为1～2cm的比例最高，长度为大于4cm的比例最低；在鳞茎中，当年第一花芽败育率为46.85%，第二花芽败育的百分率为53.15%，第一花芽败育率略低于第二花芽；在鳞茎中发育正常花芽长度和相邻外层叶片长度存在显著的回归关系。花芽长度(y)和叶片长度(x)的回归方程为 $y=0.027x+0.313$ ($R^2=0.635$)。

关键词：朱顶红；败育花芽比例；正常花芽；回归分析

Studies on the Development of Floral Bud of *Hippeastrum vittatum*

WU Yongpeng, ZHANG Ying, YANG Qunli

(*Shaanxi Engineering Research Centre for Conservation and Utilization of Botanical Resources, Xi'an Botanical Garden of Shaanxi Province* (*Institute of Botany of Shaanxi Province, Xi'an* 710061, *China*)

Abstract: The abortion of flower buds from *Hippeastrum vittatum* bulb were measured and analyzed. The results showed that the ratio of abortive flower bud about length of between 1～2cm was 35.0%, the ratio of length between 2～3cm was 26.7%, the ratio of length of less than 1cm was 17.5%, the ratio of length between 3～4cm was 12.5%, the ratio of length of more than 4cm was 8.3%. The ratio(26.7%) of length between 1～2cm was the highest. The ratio(8.3%) of length of more than 4cm was the lowest. In the bud of the same year from bulb, the abortion rate of first flower bud was 46.85%, the abortion rate of seconde flower bud was 53.15%. The abortion rate of first flower bud was slightly smaller than the seconde flower bud. There was significant positive correlation between the length of normal flower bud(y) and the length of the blade of outer layer(x). The gression relation is expressed as follows $y=0.027x+0.313$ ($R^2=0.635$).

Key words: *Hippeastrum vittatum*; ratio of abortive flower bud; normal flower bud; regression analysis

---

基金项目：陕西省科技厅项目：一般项目-农业领域(2020NY-044)。

作者简介：吴永朋，副研究员，主要从事球根花卉花芽发育研究。

彩色马蹄莲转录组特性分析及内参基因筛选

周　琳　张永春　蔡友铭　杨柳燕*

（上海市农业科学院林木果树研究所，上海市设施园艺技术重点实验室，上海　201403）

摘　要：为开展彩色马蹄莲基因功能分析、表型差异研究、分子标记开发和遗传多样性等研究，通过 Illumina HiSeq 4000 高通量测序平台对 2 个彩色马蹄莲育成品种‘金丝绒’和‘梦幻’进行转录组测序分析，并基于转录组数据筛选适宜不同品种和组织的 qRT-PCR 内参基因。转录组数据经 *de novo* 组装后获得 76 060 条 unigene，进一步利用 4 个公共数据库（Nr、Swiss-Prot、KOG 和 KEGG）对其进行注释，注释了 30 321 条 unigene；并基于转录组数据开展 SSR 位点预测和密码子使用偏好性分析。结果表明：有 10 083 个 unigene 参与了 132 条 KEGG 代谢通路，其中代谢途径和次生代谢产物的生物合成途径是 unigene 最为富集的 2 个途径；从 9721 条 unigene 序列中共含有 13 206 个 SSR 位点；预测到 1115 个转录因子，分属于 54 个家族。此外，彩色马蹄莲密码子偏好性较弱，高频密码子为 AGG、CAG 和 AAG。基于转录组的预测编码蛋白框（CDS）数据，运用 qRT-PCR 技术结合 geNorm、NormFinder 和 BestKeeper 三个软件，对彩色马蹄莲不同品种和不同组织的 6 个候选内参基因（18*S rRNA*、*ACT*、*EF*1α、*GAPDH*、*LEU* 和 *TUB*）表达稳定性进行研究。对于彩色马蹄莲不同品种，18*S rRNA* 和 *LEU* 相对稳定；在不同组织中，*ACT* 和 18*S rRNA* 相对稳定，可作为 qRT-PCR 分析的内参基因。

关键词：彩色马蹄莲；转录组；密码子偏好性；内参基因

Transcriptome Characteristics Analysis and qRT-PCR Reference Genes Screening of *Zantedeschia hybrida*

ZHOU Lin, ZHANG Yongchun, CAI Youming, YANG Liuyan*

(*Forestry and Pomology Research Institute*, *Shanghai Academy of Agricultural Sciences*; *Shanghai Key Laboratory of Protected Horticultural Technology*, *Shanghai* 201403, *China*)

Abstract: In order to provide the basis for gene function analysis, phenotypic difference research, molecular marker development and genetic diversity research of colored calla lily (*Zantedeschia hybrida*), the transcriptome sequencing of two colored calla lily ‘Jinsirong’ and ‘Menghuan’ was carried out by Illumina HiSeq 4000 high-throughput sequencing platform, and the internal reference genes of qRT-PCR suitable for different varieties and tissues were screened based on the transcriptome data. 76 060 unigenes were obtained from the transcriptome data after *de novo* assembly, and further annotated by four public databases (NR, Swiss prot, KOG and KEGG), and 30 321 unigenes were annotated. Based on the transcriptome data, SSR locus prediction and codon usage preference analysis were carried out. The results showed that a total of 10 083 unigenes were involved in 132 KEGG metabolic pathways, among which metabolic pathway and biosynthesis pathway of secondary metabolites were the most abundant. In addition, 13 206 SSR were detected from 9721 unigene sequences. 1115 transcription factors were

---

通讯作者。

predicted and classified into 54 families. Further more, the unigene codon preference of colored calla lily transcript is weak, and the high frequency codons were AGG, CAG and AAG. Based on the predictive coding protein cassette (CDS) data of transcriptome, the expression stability of six candidate internal reference genes (18*S rRNA*, *ACT*, *EF*1α, *GAPDH*, *LEU* and *TUB*) in different cultivars and tissues of colored calla lily was studied by qRT-PCR combined with geNorm, NormFinder and BestKeeper software. 18*S rRNA* and *LEU* were relatively stable in different cultivars of colored calla lily, while *ACT* and 18*S rRNA* were relatively stable in different tissues, which could be used as reference genes for qRT-PCR analysis.

Key words: colored calla lily; transcriptome; codon usage bias; reference gene

魔芋种球生长特点与休眠特性研究

张利娜　王天喜　王蕊嘉　郑　莉　吴学尉*

（云南大学农学院，昆明　650091）

摘　要：为了探究种球换头生长和多叶连续生长现象及球茎休眠过程中主要内源激素和糖类物质变化情况，本研究通过田间小区随机区组设计种植两个品种的珠芽魔芋，从球茎横切面、叶片数量、叶柄的围茎和高度来描述两种生长现象；将采收后进入休眠的球茎划分成3个主要时期，分析了魔芋球茎从深度休眠期到萌芽期脱落酸（ABA）、生长素（IAA）以及糖类物质的含量变化。结果表明，换头生长过程中，新叶从主芽叶原基部位连续产生，新的球茎形成并快速长出新的根系吸收营养，母球逐渐萎缩脱落；完成一个生长季的球茎进入较长的休眠期，休眠过程中ABA在球茎深度休眠期含量较低，在萌动期前开始上升至最高值，出芽后开始逐步下降。IAA含量一直处于相对较低的水平，在萌动期逐步升高，达到最高值。可溶性糖及可溶性蛋白含量随着储藏时间的增加均呈现升高趋势，而球茎内淀粉逐渐转化，含量持续下降。

关键词：珠芽魔芋；换头生长；多叶连续生长；休眠

魔芋为天南星科（Araceae）魔芋属（*Amorphophallus* Blume）多年生草本植物。主要分布于东南亚、中南南半岛以及云南南部等地区，魔芋属共记载有大约200个种，中国分布有大约16个种[1]。目前中国的主要栽培种为花魔芋（*Amorphophallus konjac* K. Koch）和白魔芋（*Amorphophallus albus* P. Y. Liu et J. F. chen）[2]，以及以这两个种为母本选育的一些栽培品种。魔芋作为特种经济作物，有着独特的生长特点和休眠特性。

魔芋播种后，母体种球为新球茎提供养分，当地上部叶片能够通过光合作用积累足够能量时，叶柄底部紧贴着母球开始形成新的球茎并逐渐膨大，新球茎开始生根，为魔芋提供了另一条能量途径，随后母球自行萎缩脱落，此过程称为“换头”，是魔芋生长中的一种独特现象。现有的魔芋栽培品种通常为一株一叶、一叶一年，即每个球茎在其生长周期内仅生长一片复叶，这样的生长模式使得魔芋一个生长季节内球茎膨大率仅为4~6倍。在东南亚地区发现了在叶柄分叉及叶面茎秆着生小球茎的魔芋种，称为“珠芽魔芋”[3-4]。珠芽魔芋种子及叶面球茎具有独特的多叶连续生长特性，即第一苗完成其生长周期倒伏前，第二苗叶片会从第一苗旁侧生出且明显壮于第一苗，同样的第三苗从第二苗鳞片叶间隙长出，重复第二苗的生长过程，在环境适宜的情况下，一个生长周期可连续生长数个叶片，为同一个地下球茎不间断地提供营养积累，显著缩短了营养生长所需周期，弥补魔芋因叶片单一而导致的叶面积指数过低的生物学劣势，提高了球茎的膨大率。魔芋种植一季后地上部分倒伏，球茎会进入较长休眠期，完成第一个生长周期。种球需反复经历休眠和“换头”过程，完成4个生长周期才可能开花，完成一个完整的生长周期。换头是魔芋生长过程中的重要阶段，本研究从形态上描述了珠芽魔芋在换头过程中的主要变化，设计实验来探究珠芽魔芋特有的多叶连续生长现象，更直观的说明其生长特点及优势。另外对处于休眠期的魔芋球茎进行分析，了解休眠解除过程中内源ABA、IAA以及糖类含量变化，旨在为魔芋休眠的生理学研究提供数据支撑，同时也为魔芋种植产业的高产栽培管理提供参考，在实际生产中提高种植产量及产品质量。

资助项目：珠芽黄魔芋优良品种培育及产业化（k20420200132101）。

张利娜（1997—），在读硕士研究生，研究方向：魔芋休眠调控。吴学尉为本文通讯作者，e-mail：wuxuewei@ynu.edu.cn。

1　材料和方法

1.1　试验材料

选取 2015 年收获的珠芽类魔芋分别编号为 ZY-1 和 ZY-2 两个栽培品种的叶面球，每个品种选取重量为 200g 的 30 个种球。生长季结束后的球茎 25℃储藏，用于休眠特性研究。

1.2　试验方法

1.2.1　换头生长和多叶连续生长现象记录

将两个品种共 60 个种球同时种植于温室，温室内设置遮光度为 80%的遮阴网，每个品种 3 次重复，田间小区随机区组设计种植，小区面积为 $10m^2$，珠芽魔芋出苗后，发一片叶追一次肥。取 3 株长势情况相似的良好植株，观察地上部分的生长情况并记录。采挖全株拍照记录，去除新球茎的须状根后拍照记录。用刀片横切开母球和新球茎并拍照记录。珠芽魔芋的高度为地上部分从地表部分到叶柄上部叶片分叉处，粗度为叶柄贴近地表部分的周长。

1.2.2　魔芋休眠解除过程中内源 ABA 及 IAA 含量的测定

选取大小一致的魔芋球茎置于 25℃裸藏。取深度休眠期前、中、后(XM-1、XM-2、XM-3)，芽萌动期前、中、后(MD-1、MD-2、MD-3)及萌芽期前、中、后(MY-1、MY-2、MY-3)共 9 个不同时期的魔芋球茎切小块于-80℃冰箱保存备用。依据郭磊等[5]的方法，采用 LC-MS 法测定魔芋球茎内源 ABA 及 IAA 含量。

1.2.3　魔芋休眠解除过程中糖类化合物的代谢

选取大小一致的魔芋球茎置于室内裸藏，从储藏之日起，每隔 10d 随机选择种球，将球茎切小块于-80℃冰箱保存备用。依据文献[6]的方法，在 MDA 测定中通过 450nm 波长下的吸光度再乘以校正系数可间接得出可溶性糖含量。采用双波长法[7-9]，通过测定支链淀粉和直链淀粉的含量来间接算出淀粉含量。采用考马斯亮蓝法，通过标准曲线求得对应蛋白浓度，经换算后得出样品中可溶性蛋白的含量。

2　结果与分析

2.1　珠芽魔芋的换头生长

播种后 1 个月内，母球第一叶出苗，伴随叶片展开第一叶开始进行光合作用积累能量，与母球一起为魔芋后续的生长提供能量。当第一叶和母球一起积累到足够的能量时，促使第二叶的发生，当叶能够通过光合作用积累足够的能量时，叶柄底部紧贴着母球开始形成球茎并逐渐膨大，新球茎形成后，新球茎开始生根，根系的发生为魔芋提供了另一条能量途径，根系吸收土壤里的水和矿物质，为魔芋球茎的膨大提供物质基础。

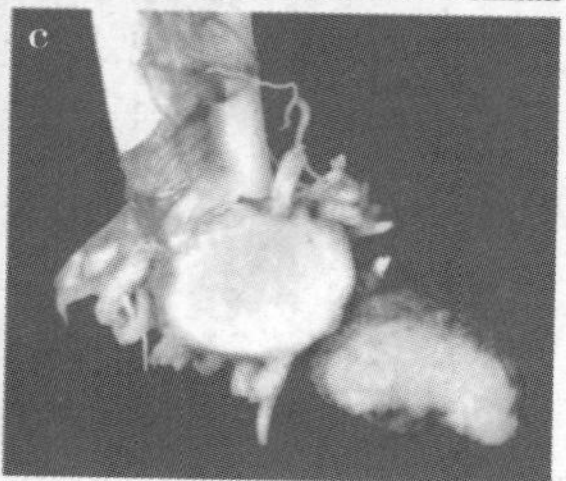

图 1　珠芽魔芋的换头生长

Fig. 1　Corm changing on *A. bulbifer*(Roxb.) B1

魔芋新球茎上长出多条不定根组成须根系，这些根的粗细近似，须根上又散发出侧根，根系均匀分布在新球茎周围。发达的须状根系扩大了根的吸收面积(图 1a)。去除新球茎的须根系，能明显观察到新球茎外表皮呈土黄色，形状饱满，为椭圆球状，与母球形态差异明显，母球本身由于生长在叶柄或叶片分叉处，长时间接受日光辐射以及外界环境的影响，所以表面较为粗糙，颜色呈灰黑色，且具有明显皱缩(图 1b)。剖开魔芋新球茎与母球可以看到新球茎与母球茎相比，含水量高，颜色较鲜艳，在已长出的两片叶的叶柄底部旁边明显看到有粉红色的新芽生成(图 1c)，球茎靠近芽的部分颜色较深，呈辐状渐变浅色。

2.2　多叶连续生长

在种植的60株里，魔芋的多叶连续生长现象明显。一个珠芽魔芋种球平均能够长出3片叶片，其中5叶和7叶生长现象普遍。编号为ZY-1魔芋品种共生长7片叶，从第1叶到第7叶，每一叶的叶柄高度和粗度呈直线增加，如图2。

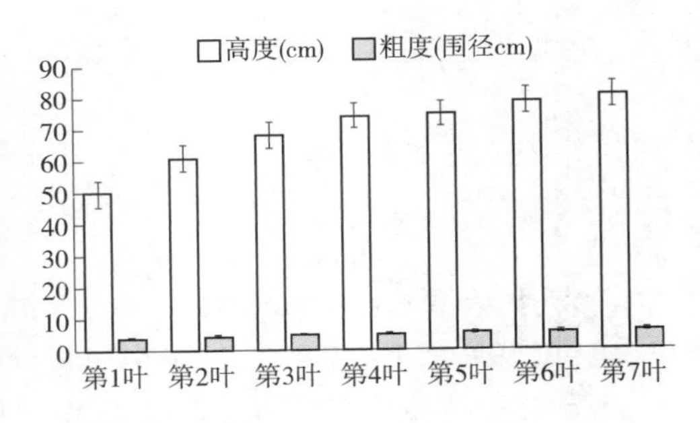

图2　珠芽魔芋ZY-1品种7叶连续生长

Fig. 2　Continuous growth of 7 leaves on ZY-1 of *A. bulbifer*(Roxb.) B1

编号为ZY-2魔芋共生长5片叶，从第1叶到第5叶，每叶的高度和叶柄的粗度同样都是呈直线增加，如图3。

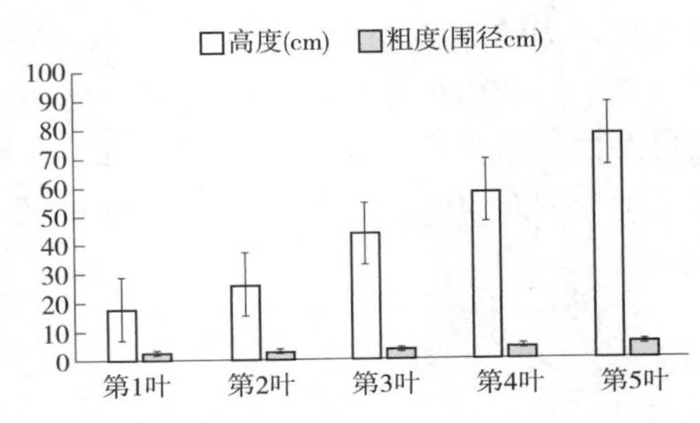

图3　珠芽魔芋ZY-2品种5叶连续生长

Fig. 3　Continuous growth of 5 leaves on ZY-2 of *A. bulbifer*(Roxb.) B1

珠芽魔芋在水肥充足，温度适宜的情况下具有独特的多叶连续生长现象，从第一叶出苗，到多叶出苗，多叶共同生长为魔芋球茎的膨大提供物质和能量基础，每一叶的生长周期不固定，大约3个月出现倒苗，每一叶的生长都是单独的，不受其他叶的影响。

2.3　珠芽魔芋内源ABA及IAA含量分析

2.3.1　珠芽魔芋从休眠到萌发过程中激素ABA的变化

进入深度休眠期的魔芋球茎中ABA的含量为70ng/g，且一直处于相对较低的水平，之后开始上升，直到开始长芽，在萌动期达到最高值213ng/g(图4)。球茎从休眠到萌芽的整个过程，休眠期ABA含量与萌动期及萌芽期ABA的含量间均有显著性差异，而萌动期与萌芽期ABA的含量之间同样差异显著。

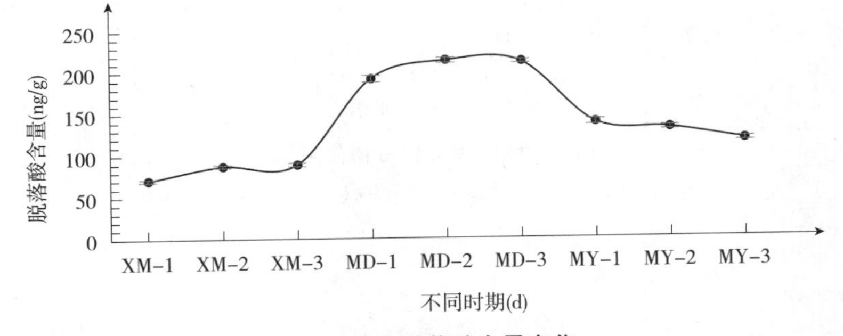

图4　球茎脱落酸含量变化

Fig. 4　Changes of abscisic acid content in corm

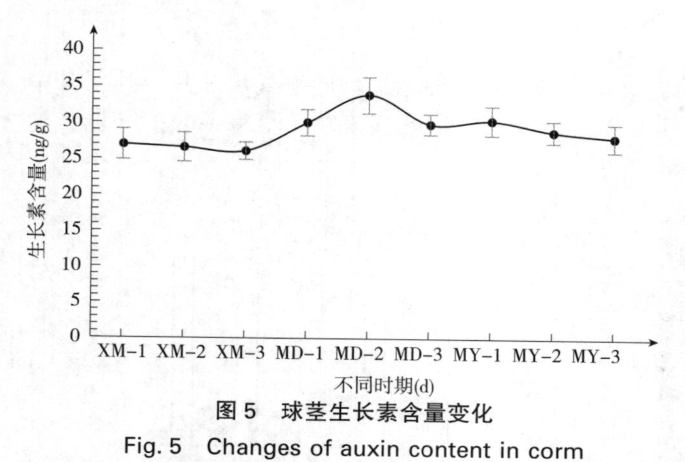

图 5　球茎生长素含量变化

Fig. 5　Changes of auxin content in corm

2.3.2　珠芽魔芋从休眠到萌发过程中激素 IAA 的变化

IAA 能够促进生根，魔芋球茎在解除休眠开始长芽的同时也伴随着根的生长，从图 5 可以看出，进入深度休眠期后，魔芋球茎中 IAA 的含量为 27ng/g，且一直小幅度下降，在进入萌动期，开始长芽后有比较大的增长，达到最大值 33.8ng/g，进入萌芽期后球茎 IAA 含量回落至 28ng/g，但仍高于休眠期。整体来看，魔芋球茎打破休眠进入萌动期时 IAA 的含量与休眠期时 IAA 含量有显著性差异。

2.3.3　珠芽魔芋从休眠期到萌芽期糖类化合物含量的变化分析

从图 6 中可以看出，从休眠到萌发过程中球茎内可溶性糖含量随着时间的加长呈先升高再下降后趋于平稳的趋势，休眠初期的可溶性糖含量为 0.41mmol/g，在芽萌动前期，开始大幅上涨，在 30d 达到最高含量(1.19mmol/g)，30d 后开始大幅下降，40d 时球茎已开始发芽，可溶性糖含量趋于稳定(图 6a)。魔芋球茎内淀粉含量总体都呈下降趋势。休眠初期球茎内的淀粉含量最高，可达 42.93%，后持续下降。淀粉在球茎内部为储藏态的碳水化合物，供物质转化提供能量，随着储藏的进行，淀粉逐渐转化，为芽的萌发提供能量，故而总体呈现下降趋势，在 50d 时淀粉含量达到最低状态，含量为 10.13%(图 6b)。储藏初期可溶性蛋白含量最低，为 9.64mg/g，在储藏期 0~30d 内，球茎内可溶性蛋白含量随着储藏时间的加长持续增加，在 30d 达到最高值，含量为 35.21mg/g，后有所回落，但仍保持在 18.69mg/g 的较高水平(图 6c)。

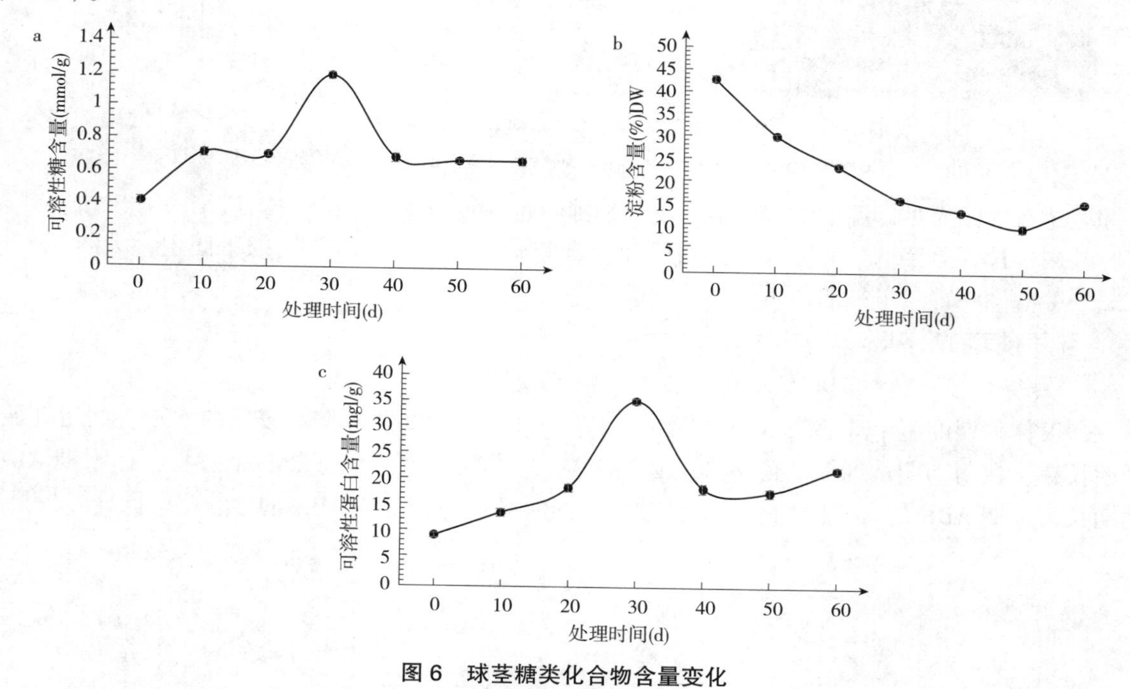

图 6　球茎糖类化合物含量变化

Fig. 6　Changes of carbohydrate content in corm

3　结论与讨论

张东华[10]最先提出珠芽魔芋独特生物学特性，其种子在一个连续生长周期可先后长出多苗植株，并提出 5 苗[11]是珠芽魔芋的珠芽在一个连续生长周期所能长出的最大数量。本试验观察表明，在珠芽魔芋生长周期内观察到有多达 7 叶连续生长的现象，由此可推断在环境适宜(水肥充足，温度适宜)的情况下，多叶现象会更显著，所以珠芽魔芋种子在一个连续生长周期最多可以长出几苗至今尚不可定论。珠芽魔芋换头现象说明母球只是起生长第一苗和第二苗的作用，新球形成并逐步长大后，还会从新球芽点连续长出多个叶片，多个叶片进行光合作用后积累的营养回流到地下球茎储藏，导致新种球逐渐膨大成熟。

脱落酸(ABA)能引起芽休眠以及叶片脱落，在种子休眠、萌发、气孔关闭、干旱、低温等非生物胁迫应答中起重要调控作用[12-14]。本研究中，魔芋球茎收获后，ABA 含量下降到最低后开始上升，这与康朵兰[15]研究马铃薯块茎休眠期间生理生化变化时的研究结果一致。在萌动期的芽中 ABA 达到最高值，推断 ABA 对新芽的生长有一定作用，具体 ABA 如何促进魔芋球茎后期芽的生长，有待进一步研究。生长素(IAA)参与植物体许多代谢动活，是一种能促进植物生长的激素，具有促进生根的作用[16-21]。在本研究中，魔芋球茎休眠期间 IAA 含量一直处于相对较低的水平，在萌动期却逐步升高，达到最高值 33. 8ng/g，应是吲哚乙酸氧化酶活性下降导致 IAA 积累。休眠解除后，球茎开始长根，IAA 含量有所回落，但仍高于休眠期，适宜浓度的 IAA 有助于根的生长。随着魔芋球茎休眠的加深，球茎的各项生命活动均有减弱的趋势，糖类化合物代谢也逐渐减弱。储藏初期可溶性糖含量处于相对较低的水平，而淀粉含量相对较高，随着储藏时间的增加，可溶性糖含量有所增长，而球茎内淀粉含量持续下降。淀粉在球茎内部为储藏态的碳水化合物，供物质转化提供能量，随着储藏时间的增加，淀粉逐渐转化，为芽的萌发提供能量，故而整体呈现下降的趋势，这与高春英等[22]的研究结果一致。本研究结果还证实了可溶性蛋白含量的增加能促进球茎的萌发。同时，可溶性蛋白是重要的储能物质，在种子萌发时，可溶性蛋白在蛋白酶的作用下水解并连续不断的降解，产生大量游离的氨基酸运送至各个生长部位，为魔芋球茎萌发提供营养物质及能量基础。

参考文献

[1] Li Heng, Wilbert L A Hetterschrid. Flora of China[M]. Beijing: Science Press, 2010: 23-33.

[2] 张盛林. 魔芋栽培与加工技术[M]. 北京: 中国农业出版社, 2005, 20: 163-164.

[3] Santosa E, Sugiyama N, Hikosaka S, et al. Cultivation of *Amorphophallus muelleri* Blume in timber forests of EastJava, Indonesia[J]. Japanese Journal of Tropical Agriculture, 2003, 47(3): 190-197.

[4] Sugiyama N, Santosa E. Edible *Amorphophallus* in Indonesia-Potential Crops in Agroforestry[M]. Yogyakarta: Gadjah Mada University Press, 2008: 125.

[5] 郭磊, KABIR MH, 童建华, 等. LC-MS 法测定拟南芥原生质体脱落酸的研究[J]. 华南师范大学学报(自然科学版), 2012(4): 115-118.

[6] 邹琦. 植物生理生化实验指导[M]. 北京: 中国农业出版社, 1995: 70-71.

[7] 崔晋, 李建军, 马艳弘, 等. 双波长法测定山药中直链和支链淀粉含量[J]. 食品研究与开发, 2017, 38(13): 150-154.

[8] 郭运玲, 孔华, 左娇, 等. 双波长法测定木薯的直链和支链淀粉含量[J]. 热带作物学报, 2016, 37(6): 1213-1217.

[9] 刘铁, 冯涛, 郈芳玲, 等. 双波长法测定马铃薯淀粉中直链淀粉含量[J]. 食品工业, 2016, 37(2): 164-166.

[10] 张东华, 汪庆平, 段志柏, 等. 东南亚珠芽魔芋多苗接力生长特性及应用前景[J]. 资源开发与市场, 2009(8): 682-684.

[11] 张东华, 汪庆平, 杨妹霞. 珠芽魔芋种子 5 苗接力生长当年形成商品芋技术[J]. 资源开发与市场, 2010, 26(4): 299-301.

[12] 杨艳华, 张亚东, 朱镇, 等. 赤霉素(GA_3)和脱落酸(ABA)对不同水稻品种生长和生理特性及 GA20ox2、GA3ox2 基因表达的影响[J]. 中国水稻科学, 2010, 24(4): 433-437.

[13] 孙远航. 白魔芋种质资源研究[D]. 重庆: 西南大学, 2006.

[14] 彭凤梅, 王晓鹏, 谢世清, 等. 温度和药剂处理对白魔芋实生种子萌发的影响[J]. 种子, 2004, 23(4): 50-51, 75.

[15] 康朵兰. 马铃薯大西洋块茎在休眠萌发和低温储藏期的生理生化变化[D]. 长沙: 湖南农业大学, 2007.

[16] 刘艺平, 黄志远, 梁露, 等. 生长素 IAA 对荷花花期调控的影响[J]. 河南农业科学, 2019, 48(11): 141-145.

[17] 宋晓隽. 植物激素脱落酸在草莓果实成熟着色上的研究[D]. 雅安: 四川农业大学, 2015.

[18] 崔凯荣, 裴新梧, 秦琳, 等. ABA 对枸杞体细胞胚发生的调节作用[J]. 分子细胞生物学报, 1998, 31(2): 195-201.

[19]马新，姜继元，董鹏，等．不同植物生长调节剂处理对文冠果种子萌发和幼苗生长的影响[J]．河南农业科学，2017，46(4)：104-107.
[20]解备涛，王庆美，张海燕，等．植物生长调节剂对甘薯产量和激素含量的影响[J]．华北农学报，2016，31(1)：155-161.
[21]任清铭，王喆，赵娟，等．对甘薯快繁体系的优化[J]．山西农业科学，2019，47(8)：1354-1358，1389.
[22]高春英，张昂，房玉林，等．单氰胺对葡萄休眠过程中冬芽水分和碳水化合物的影响[J]．西北植物学报，2009，29(6)：1200-1206.

菊花花色高温应答机制的代谢组分析

王晗璇　麦焕欣　黄臻齐　谢浩然　曾晓盈　周厚高*

（仲恺农业工程学院园艺园林学院，广州　510225）

菊花（*Chrysanthemum morifolium*（Ramat.）Tzvel.）是中国传统名花，在中国各地广泛种植，在当前的切花和盆花市场具有十分重要的位置，其花色变异丰富。花色作为菊花的重要观赏特性，对于其商业价值至关重要，而菊花的花色具有不稳定性，易受外界环境的影响，在高温环境下易出现花色褪色现象。

本研究选用高温胁迫下花色稳定的耐热品种‘紫风车’和花色易降解的热敏品种‘紫红托桂’为材料，通过比较分析两者在高温胁迫后的生理指标与代谢物质变化，对两者进行代谢组学的分析比较研究，研究菊花在高温下花色稳定和褪色的机理，为开展耐高温的菊花品种育种提供理论基础和实际应用价值。此外，亦可以为填补植物体内花色素降解的分子机制长期的理论空白提供一定的数据参考。本研究主要取得了以下结果：

1. 通过测定常温和高温胁迫下的‘紫风车’和‘紫红托桂’的总花青素含量，我们发现不同品种的花青素含量呈现一种先上升后下降的趋势，‘紫风车’和‘紫红托桂’在S8期花青素含量最高，分别为19.055OD/g(FW)和3.937OD/g(FW)，在S9期总花青素含量下降。

在高温胁迫后，在菊花花蕾时期，花青素开始发生降解，在S2期时，‘紫风车’和‘紫红托桂’花青素含量分别下降了0.242OD/g(FW)和1.183OD/g(FW)。‘紫红托桂’总花青素含量降低最多的是S7期，常温对照为2.931OD/gFW，高温处理为0.464OD/g(FW)，下降了84%；然而，在S7期的‘紫风车’，常温对照为12.262OD/g(FW)，高温处理为6.591OD/g(FW)，只下降了46%。该结果说明‘紫风车’在‘紫风车’相较于‘紫红托桂’在高温下花色显著稳定。

2. 对‘紫风车’和‘紫红托桂’进行pH值的测量，发现‘紫风车’和‘紫红托桂’的pH为5.6~6.3，偏酸性，在这个范围内的花青素呈现紫红色，品种之间没有显著性差异，初步推测‘紫风车’和‘紫红托桂’的花青素含量的下降和pH值没有必然联系。

3. 通过对两个品种的代谢组学比较分析，共检测到了172种类黄酮化合物，其中包含15种花青素，经过高温胁迫后，‘紫风车’中有66种类黄酮代谢物发生了变化，‘紫红托桂’中有52种类黄酮代谢物发生了变化，在‘紫风车’和‘紫红托桂’中首次检测到天竺葵素和飞燕草素。高温胁迫后，在‘紫风车’S2期，天竺葵素-3-O-葡萄糖苷被特异性地检测和积累，具有品种特异性，它可能与‘紫风车’花色的稳定有关。

4. 在‘紫风车’中，有8种黄酮代谢物含量呈现持续上调，选取4种不同的黄酮代谢物，5,7,4’-三羟基-8-C-β-D-葡萄糖黄酮碳苷、柚皮素、芹菜素和芹菜素6-8-C-二葡萄糖苷，进行花青素体外稳定试验，验证黄酮助色剂对花青素降解速率的影响．结果表明，在1×的柚皮素和，1×芹菜素6-8-C-二葡萄糖苷参与下，花青素的半衰期为95h和105h，相对于对照84h，减缓了花青素苷的降解；而2×和5×的没有显著性变化，表明高浓度的黄酮代谢物对于花青素的稳定无显著性效果。

关键词：菊花；花青素；高温；代谢组；颜色稳定

基金项目：“岭南特色菊花新品种选育与产业化技术研究”（编号：201903010053）以及“优质特色菊科花卉新品种培育及产业化”（编号：2020B02020009）。

通讯作者：E-mail：839939963@qq.com；Tel：13430339375。

球根花卉成花转变与花芽分化的研究进展

于　蕊　熊智颖　陈　曦　翟志扬　刘青林*

（中国农业大学园艺学院，北京　100193）

摘　要：成花转变和花芽分化是球根花卉生长发育过程中最关键的阶段，是一个高度复杂的生理生化和形态发生过程，也是球根花卉产业链的关键环节。该文综述了球根花卉的花发育过程及种间差异、成花诱导相关途径、花发端分子机理和影响花芽分化的因素，并展望了球根花卉花发育的研究方向。

关键字：花发端；成花诱导；分子调控

Research Progress on Floral Transition and Flower Bud Differentiation of Bulbous Flowers

YU Rui，XIONG Zhiying，CHEN Xi，ZHAI Zhiyang，LIU Qinglin*

（*College of Horticulture*，*China Agricultural University*，*Beijing* 100193，*China*）

Abstract：Floral transition and flower bud differentiation is a highly complex morphogenesis related with biochemical and physiological process，which is the most essential stage in the development of geophytes，and the key for bulbous flower industry. This article reviewed the flower development and specific differences，flowering pathways，molecular mechanisms of floral initiation，and the factors on flower bud differentiation. The future researches on flower development of ornamental geophytes were also prospected in this paper.

Key words：floral initiation；floral induction；molecular mechanism

球根花卉成花转变是指鳞茎形成的顶端分生组织从营养生长向生殖生长转变的过程。一般花芽分化可分为生理分化和生态分化两个阶段。芽内生长点在生理状态上向花芽转化的过程，称为生理分化；花芽生理分化完成的状态，称作花发端。此后，便开始花芽发育的形态变化过程，称为形态分化。理解球根花卉的成花过程及其影响因子，对于保证花期、花质、及花量都有重要的理论意义。本文在 Kamenetsky 等(2013)综述的基础上，跟踪了最新的研究报道，重新梳理了球根花卉花发育过程与种间差异，成花诱导的途径和分子机理，以及影响花芽分化的重要因素。

1　花发育的过程及其种间差异

大多数球根花卉的成花阶段分为成花诱导、花发端、花芽分化(花器官形成)、花器官发育与成熟、开花、衰老等 6 个阶段(Flaishman *et al.*，2006)。其中，花芽分化阶段包括花原基在花序中萌生，和花序和花器官的分化两个部分，后者包括花药、孢子、花粉和胚囊的发育(图 1)。

植物种类不同，整个花芽分化所需时间，及各阶段分化所需时间也不同。郁金香(*Tulipa gesneriana*)

通讯作者：author for correspondence(E-mail：liuql@ cau. edu. cn)。

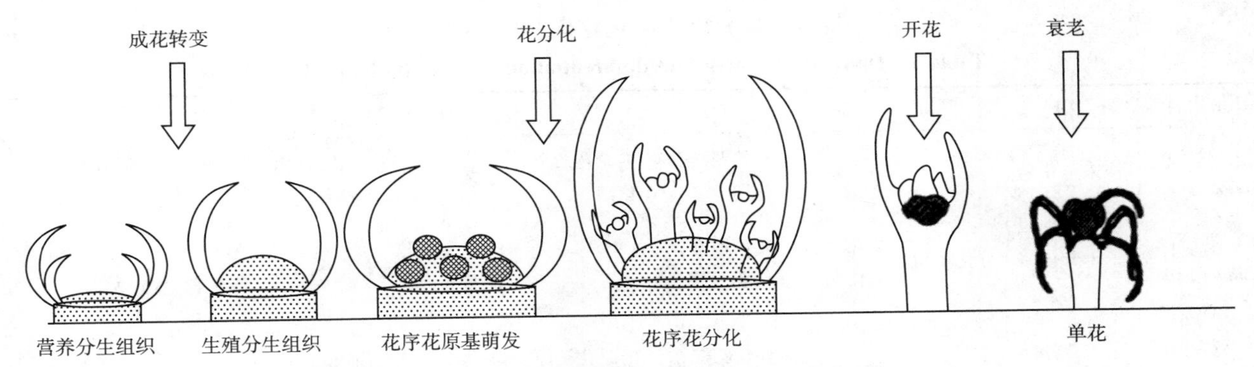

图 1　球根花卉花发育阶段的示意图(改编自 Kamenetsky *et al.*，2013)

Fig. 1　Schematic diagram of flower development stage of bulbous plants(adapted from Kamenetsky *et al.*，2013)

的花芽分化始于7月初，8月中旬结束，历时1个半月(张继娜，2006)。中国水仙'金盏银台'(*Narcissus tazetta* var. *chinensis* 'Jin ZhanYin Tai')花芽分化从7月上旬开始，到9月中旬结束，历时2个半月(张晓晴 等，2012)。由于不同球根花卉的花芽分化时间不同，过程和形态指标各异，时期划分也存在一定差异。总体上，我们将球根花卉花芽分化的过程划分为未分化期、小花原基分化期、花被原基分化期、雄蕊和雌蕊原基分化期、整个花序形成期，而细叶百合(*Lilium pumilum*)还细分出了分化初期阶段(表1)。值得注意的是，藏红花(*Crocus sativus*)的雄蕊原基分化期在内轮花被片分化期之前。此外，同种球根花卉的不同品种花芽分化进程也不相同(图2)。如百合的花芽分化可分为4种类型。第一类，初秋花芽分化，当年年底完成分化，如毛百合(*Lilium dauricum*)；第二类，晚秋花芽分化，次年春天发芽前完成分化，如日本百合(*Lilium japonicum*)、有斑百合(*Lilium concolor* var. *pulchellum*)；第三类，春季刚发芽时花芽开始分化，如大花卷丹(*Lilium leichtlinii* var. *maximowiczii*)、轮叶百合(*Lilium distichum*)、野百合(*Lilium brownii*)；第四类，春季鳞茎发芽1个月后开始花芽分化，如卷丹(*Lilium lancifolium*)、湖北百合(*Lilium henryi*)(龙雅宜 等，1999；赵祥云 等，2005)。

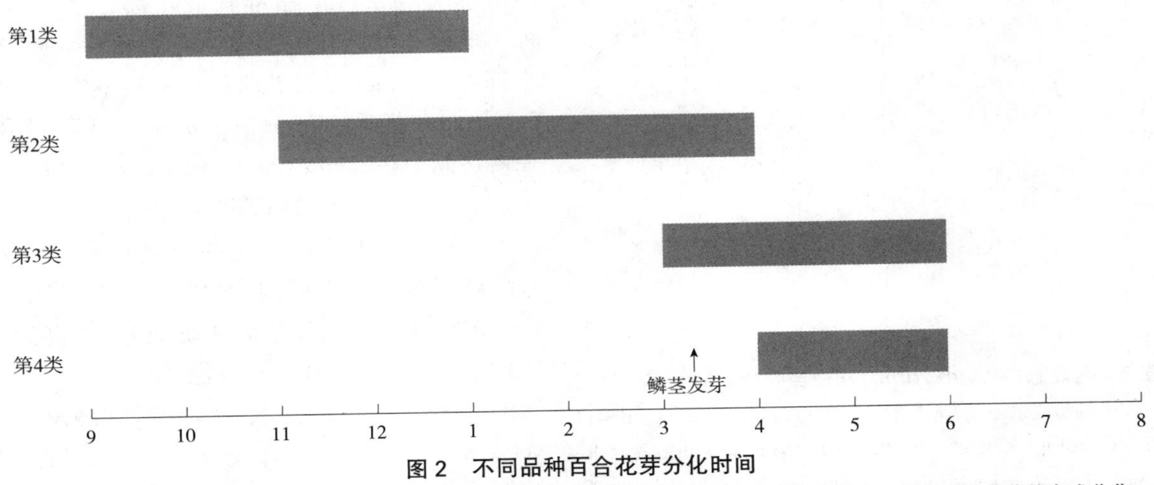

图 2　不同品种百合花芽分化时间

注：第1类，初秋花芽分化，当年年底完成分化，如红点百合、毛百合。第2类，晚秋花芽分化，次年春天发芽前完成分化，如汉森百合、日本百合、有斑百合。第3类，春季刚发芽时花芽开始分化，如大花卷丹、轮叶百合、野百合。第4类，春季鳞茎发芽1个月后开始花芽分化，如卷丹、湖北百合。

Fig. 2　Differentiation time of flower buds of different lily varieties

Note：(1) Flower bud differentiated in early autumn，finished at the end of the same year，e. g. *Lilium dauricum*. (2) Flower bud differentiated in late autumn，completed inthe next spring，e. g. *Lilium japonicum*，*Lilium concolor* var. *pulchellum*. (3) Flower buds start to differentiate in spring as long as bulb germination，e. g. *Lilium leichtlinii* var. *maximowiczii*，*Lilium distichum*，*Lilium brownii*. (4) Flower bud differentiated after bulb germinationin a month in spring，e. g. *Lilium lancifolium*，*Lilium henryi*.

表 1　部分球根花卉的花芽分化时期划分

Table 1　Division of flower bud differentiation stage of bulbous plants

植物名称	Ⅰ	Ⅱ	Ⅲ	Ⅳ	Ⅴ	Ⅵ	Ⅶ	Ⅶ	文献
郁金香 *Tulipa gesneriana*	未分化期			外轮花瓣分化期	内轮花瓣分化期	雄蕊分化期	雌蕊分化期		（汪晓谦 等，2011b）
细叶百合 *Lilium pumilum*	未分化期	分化初期	小花原基分化期	花被原基分化期		雄蕊和雌蕊原基分化期		整个花序形成期	（王家艳 等，2014）
藏红花 *Crocus sativus*	营养生长期		花序原基和小花原基分化期	外轮花被原基分化期	内轮花被原基分化期	雄蕊原基分化期(1)	雌蕊原基分化期		（张衡锋 等，2017）
藏红花 *Crocus sativus*	未分化期		早花芽分化期					晚花芽分化期	（Hu *et al.*，2020）

注：（1）藏红花的雄蕊原基分化期在内轮花被片分化期之前。

Note：（1）The differentiation stage ofstamen primordium in*Crocussativus* is before the inner perianth segment.

2　成花诱导的途径

2.1　年龄途径

从种子开始繁殖，所有球根植株需要达到一定的年龄和或处于一定的生理状态，才能具有接受外界环境诱导而开花的能力。这个过程一般要分为 3 个阶段：幼年期、成年营养期和成年生殖期。其中幼年期历经几个月（圣星百合 *Ornithogalum dubium*）到几年（郁金香属 *Tulipa*、葱属 *Allium*、水仙属 *Narcissus*）不等。如鲁提葱（*Allium rothii*）从幼苗、幼年到成年，需要 5 年的发育（图 3）。我们研究发现垂花百合（*Lilium cernuum*）从播种到成花需要 3～4 年。此外，球根花卉开花与鳞茎大小也有一定联系，如小苍兰属（*Freesia*）开花时最小的鳞茎大小需要 3～5cm，而大花葱（*Aliium giganteum*）开花时鳞茎周径需达到 20～22cm（Kamenetsky *et al.*，2002）。

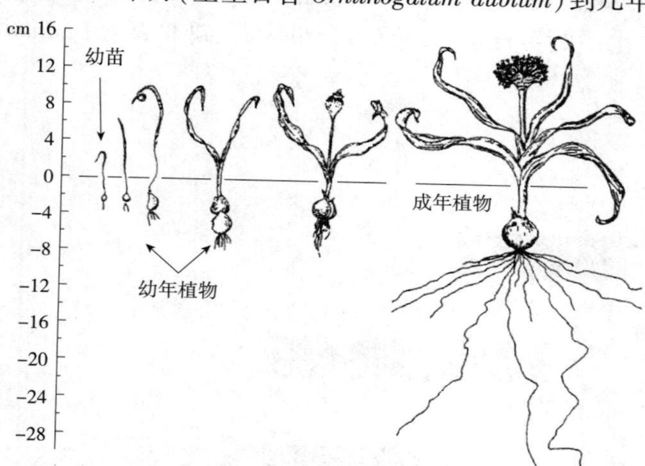

图 3　鲁提葱（*Allium rothii*）从幼苗到成年的发育过程

注：第一朵花开发生在发育阶段的第五年（改编自 Kamenetsky，1994）。

Fig. 3　Development of *Allium rothii* from seedling to adult

Note：First flowering occurs in the fifth year of the development (adapted from Kamenetsky，1994).

2.2　温度（低温和高温）途径

合适的温度是诱导花芽分化起始，确保花芽分化顺利进行的重要因素之一。根据所需温度要求，球根花卉的花芽分化主要划分为“高温型”和“春化型”两类（图 4）。“高温型”球根花卉只需适宜的温度即可花芽分化，不需要低温处理（Kamenetsk *et al.*，2013）。在冬季之后，温度回升时，藏红花开始花芽分化，并且其最适花芽分化温度为 23℃；当球茎储藏温度低于 9℃时，将不成花（Molina *et al.*，2005）。水仙的花发端和生殖生长的最适温度为 25℃，高于或低于（20℃和 30℃）将会减少花芽分化；当低于 12℃时将彻底不成花（Noy-Porat *et al.*，2009）。

“春化型”球根花卉需要春化后才能成花（图 4b）。细叶百合在低温储藏前已经开始了花芽分化，花芽分化是与低温解除休眠同步进行的，这表明细叶百合花芽分化需要适宜的低温（刘芳 等，2015）。而新铁炮百合（*Lilium formolongi*）则是在结束储藏，种植 20～30d 后才开始进行花芽分化。因此，不同种类植物的花芽分化，对温度的要求不同（宁云芬 等，2011）。

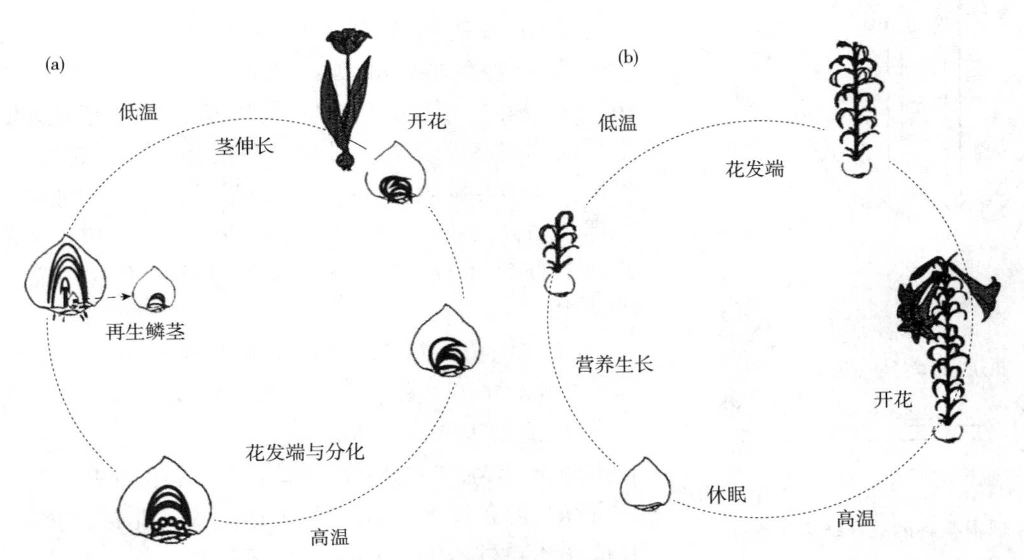

图 4 球根花卉花芽分化类型

注：(a)高温型：经过夏季高温后，进行花发端。花芽分化后，经低温处理后，茎伸长并开花。(b)春化型：花发端发生在鳞茎之外，随后叶片生长，茎伸长。低温(春化)是其花发端和开花所必需的。(改编自 Kamenetsky *et al.*，2013)

Fig. 4 Flower bud differentiation of bulbous flowers

Note：(a) High temperature type：flower initiation after high summer temperature. After flower bud differentiation，the stem elongated and bloomed after low temperature treatment. (b) vernalization type. flower initiation occurs outside the bulb，followed by leaf growth and stem elongation. Low temperature(vernalization) is necessary for flower initiation and flowering. (Adapted from Kamenetsky *et al.*，2013)

2.3 赤霉素途径

赤霉素(GAs)在植物开花过程中发挥着积极的作用(Effie and Peter，2009)。GAs 通过增加 *LFY*、*TSF*、*SOC*1、*FT*、*SPL* 等基因的表达来促进开花，而这种作用受到 DELLA 蛋白的抑制。在藏红花中，GA2ox 将有生物活性的 GAs 变为无活性的形式，其表达量在花芽分化期下调。通过 O-GlcNAc 修饰，激活 DELLA 蛋白的 *SPY* 基因也表现出类似的下调趋势。而参与赤霉素信号转导通路的 *GID*1、*GID*2 和 *TF* 基因，以及与成花诱导相关的 *SOC*1、*AP*1 和 *SPL* 基因，在花芽分化时期均上调。可见，赤霉素对藏红花的花芽分化发挥重要作用(Hu *et al.*，2020)。

2.4 光周期途径

光照时间和光照强度对球根花卉花芽分化有较大影响。在长日照时，百合小鳞茎，其成花转变与冷处理和光周期无关(Lazare *et al.*，2016)。短日照条件能够促进唐菖蒲开花，但是开花质量有所下降(黄嘉鑫 等，2003)。洋葱中 *GI* 与 *FKF*1 基因相对保守，在昼夜表达模式上与拟南芥相似，是控制光周期开花的关键基因(Taylor *et al.*，2010)。盛洁等(2018)在洋葱中克隆到 1 个光周期途径重要转录因子 CONSTANS-like 基因，*AcCOL7*，其表达量在抽薹前幼叶中最高，幼嫩花茎次之，并且其过表达植株表现为早花，具有显著的促进开花作用。义鸣放(1994)对小苍兰研究发现光强度增加，花芽数量增加。

2.5 花发端的分子机理

通过对球根花卉的开花生理的研究，已经发现几种诱导球根花卉成花的途径(图 5)。植物茎端分生组织(SAM)在植物的营养生长阶段和生殖生长阶段分别生成叶片和花序分生组织。SAM 的发育主要由两类分生组织特征基因决定。一类是茎顶端分生组织或花序分生组织特性基因，如 *TFL*1 基因，并且与 *LFY* 和 *AP*1 等基因共同调控花序的发育；另一类是花分生组织特性基因，如 *LFY*、*AP*1 和 *CAL* 等，负责花分生组织的发育。

*TFL*1 基因作为重要的抑制成花的因子，过表达后能导致植物无限花序变为有限花序，在许多球根花卉中被克隆和鉴定，在调控花序结构上具有高度的保守性。在洋葱(*Allium cepa*)中鉴定分离到两个 *CEN/TFL*1-like 基因，*AcTFL*1 和 *AcCEN*1。其中 *AcTFL*1 主要在鳞茎和花序发育过程中表达，其表达量随着伞

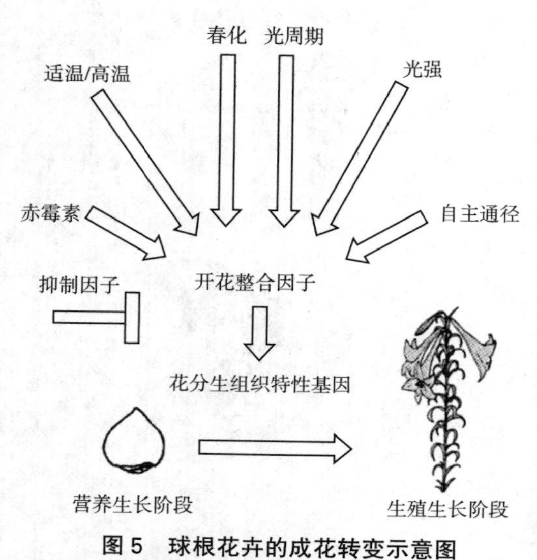

图 5　球根花卉的成花转变示意图
（改编自 Kamenetsky *et al.*，2013）
Fig. 5　Floral transition of bulbous plants
（Adapted from Kamenetsky *et al.*，2013）

形花序和鳞茎的无限生长增加（Dalvi *et al.*，2019）。Liu（2019）在萱草（*Hemerocallis fulva*）中克隆得到了 *TFL*1 同源基因 *HKTFL*1 基因，发现 *HkTFL*1 在营养生长期的表达量高于生殖生长期，在茎尖表达量最大，其次是叶片和花梗。*HkTFL*1 在拟南芥中的异源表达导致拟南芥延迟开花，增加莲座叶数目和基部花序分枝数目，抑制花序形成，无法形成正常的花序。因此，*HkTFL*1 不仅参与花期和花分生组织分化，而且还调控花序结构。

FT 作为植物开花时间调控的关键基因，是 *TFL*1 的同源基因，是重要的开花整合因子。Noy-Porat（2013）在水仙中克隆到 *FT* 的同源基因 *NtFT*，并通过实时定量 PCR 和 RNA 原位杂交技术分析了 *NtFT* 在水仙成花转变过程中的表达模式。发现在适宜和高温条件下，*NtFT* 的表达模式与花芽分化的时间相关。在成花诱导过程中，*NtFT* 在鳞茎鳞片、根和叶片中均未表达，但在鳞茎顶端分生组织和叶原基中均有表达。在黑暗和高温（25～30℃）下，*NtFT* 的表达与成花诱导同时发生，说明成花诱导受高温影响，而不受光周期或春化作用的影响。

3　影响花芽分化的因素

3.1　植物激素

植物激素是调节植物花芽分化的重要内源性物质，尤其是赤霉素（GA_3）、生长素（IAA）、脱落酸（ABA）和玉米素核苷（ZR）对植物花芽分化和花序构建发挥重要作用。内源激素既可单独发挥作用，也可能通过两种或以上的激素协调或拮抗。GA_3 和 ZR 在百子莲（*Agapanthus praecox*）小花原基分化和胚珠发育中有重要作用，而 IAA 参与各花器官的分化与发育（Zhang *et al.*，2014）。王磊（2008）在对石蒜（*Lycoris radiata*）鳞茎花芽分化过程中内源激素含量的变化进行研究后发现，高水平 IAA、ABA 可促进石蒜的花芽分化；且 ABA/GA_3 有利于花芽孕育和花芽形态的分化，高水平的 IAA/ZR 及 ABA/ZR 有利于花芽形态的分化，但不利于雌雄蕊的形成。GA_3 和 ABA 与新铁炮百合花芽分化及发育有一定的内在联系，较低浓度的 GA_3 和 ABA 有利于花原基分化，较高浓度有利于花芽的发育（陈鸿 等，2010）。番红花花芽分化与内源激素水平和相对比例密切相关。低水平的 IAA 有利于番红花从营养生长向生殖生长转换，高水平 IAA 有利于番红花花芽的形态变化，高比值的 ABA/GA_3、ABA/IAA 和 ZR/GA_3 有利于从营养生长向生殖生长转换（张衡锋 等，2018）。GA 对多数球根花卉成花有促进作用，高含量 ABA 和 ZR 也可有利于开花诱导；不同浓度梯度的 IAA 对花芽分化存在抑制和促进两种作用。可见，激素之间的相互制约、相互协调是调节球根花卉花芽分化的关键。

3.2　营养物质

营养物质的积累是植物花芽分化及花器官分化形成的基础。其中糖类具有多重作用，既是花芽分化过程中重要的能量物质，也是启动花芽分化的关键成花信号；而蛋白质则是花芽分化形态建成中的结构物质（Bolouri *et al.*，2013；范晓明 等，2017）。研究发现，朱顶红（*Hippeastrum vittatum*）花芽分化期间的鳞茎中的可溶性糖、蔗糖和淀粉含量均上升，在花瓣分化期达到峰值，后又缓慢下降（闫芳，2009）。德国鸢尾‘常春黄’（*Iris germanica* ‘Lovely again’）花芽分化过程中，可溶性糖含量减少，这与百合属植物中的研究结论相吻合，表明在花芽分化过程中需要消耗较多的可溶性糖；在成花末期又有所上升（涂淑萍等，2005；常钟阳 等，2008）。花芽分化启动后，储藏在鳞茎中的非可溶性蛋白经酶部分水解后成为水溶性蛋白，再水解为氨基酸运往植物的生长部位（汪晓谦 等，2011a）。

矿质营养元素在花芽分化中也起着重要的作用。在新铁炮百合花芽分化及发育过程中，较低水平的氮、磷、钾有利于花芽分化；而高水平的氮、钾有利于花芽的发育，高含量的钾对其花芽分化及发育均有一定的促进作用(李智辉 等，2010)。

球根花卉的成花转变和花芽分化是受遗传物质、内源激素、营养物质和环境因素等多方面的综合作用。其花芽分化的不同阶段具有不同的形态特征，利用石蜡切片、扫描电子显微镜、透射电子显微镜、荧光显微镜、激光扫描共聚焦显微镜等方式，观察花芽分化各个阶段的结构特征，分析花芽分化过程中外部形态与内部结构的关系，是花发育研究的重要基础。在鳞茎花芽分化的过程中，内源激素发生较大变化，不仅与某种单一激素含量变化有关，而且与多种激素及其相对比例存在内在联系。目前，对球根花卉花芽分化的研究主要集中在生理生化、生态学等方面，花芽分化的分子机理研究较少。事实上，在花发育的过程中，不仅有内源激素的阶段变化，还包括 DNA、RNA、蛋白质和酶，及其他营养物质的变化。应该将花芽分化的研究更多扩展到蛋白组学、基因组学等领域，系统研究从基因到表型的整个过程，从而更加清晰、完整地揭示球根花卉花芽分化的本质，为生产栽培和花期调控提供坚实的理论基础。

参考文献

常钟阳，张金政，孙国峰，等，2008. 德国鸢尾‘常春黄’花芽分化的形态观察及两种代谢产物的动态变化[J]. 植物研究，28(6)：103-107.

陈鸿，李智辉，李天来，等，2010. 新铁炮百合花芽分化及发育过程中内源多胺及激素含量变化的研究[J]. 沈阳农业大学学报，41(3)：284-288.

范晓明，袁德义，李建中，等，2017. 锥栗花序分化发育过程中的生理生化变化[J]. 植物生理学报，53(12)：2206-2214.

黄嘉鑫，车代弟，龚束芳，等，2003. 光照长度对早、中、晚熟三类唐菖蒲生长、开花的影响[J]. 北方园艺(4)：62-63.

李智辉，陈鸿，李天来，2010. 新铁炮百合花芽分化及发育过程中氮磷钾含量变化的研究[J]. 北方园艺(19)：72-74.

刘芳，田忠平，蔡英杰，等，2015. 细叶百合低温解除休眠过程中鳞茎细胞淀粉粒和花芽分化的变化[J]. 草业学报，24(9)：157-165.

龙雅宜，张金政，张兰年，1999. 百合——球根花卉之王[M]. 北京：金盾出版社：38.

宁云芬，龙明华，陶劲，等，2011. 百合低温储藏和花芽分化过程中鳞片细胞淀粉粒的显微观察[J]. 园艺学报，38(9)：1770-1774.

盛洁，杨翠翠，吴小旭，等，2018. 洋葱光周期途径转录因子基因 *AcCOL7* 的克隆及功能鉴定[J]. 园艺学报，45(3)：493-502.

涂淑萍，穆鼎，刘春，2005. 不同百合品种花芽分化期的生理生化变化[J]. 中国农学通报，21(7)：215-217.

汪晓谦，张延龙，牛立新，等，2011a. 郁金香花芽分化过程中鳞茎碳水化合物和蛋白质含量的变化[J]. 植物生理学报，47(4)：379-384.

汪晓谦，张延龙，牛立新，等，2011b. 陕西杨凌地区郁金香花芽分化的形态观察[J]. 西北农业学报，20(11)：160-163.

王家艳，刘芳，苏欣，等，2014. 细叶百合鳞茎花芽分化过程观察[J]. 草业科学，31(5)：878-883.

王磊，汤庚国，刘彤，2008. 石蒜花芽分化期内源激素和核酸含量的变化[J]. 南京林业大学学报(自然科学版)，32(4)：67-70.

闫芳，2009. 朱顶红(H*ippeastrum vittatum*)花芽分化与发育的形态学观察研究[D]. 杨凌：西北农林科技大学.

义鸣放，1994. 小苍兰生长发育与光照强度关系的研究[J]. 园艺学报，21(4)：377-380.

张衡锋，韦庆翠，汤庚国，2018. 番红花花芽分化过程中内源激素和糖含量的变化[J]. 云南农业大学学报，33(4)：684-689.

张衡锋，韦庆翠，张焕朝，2017. 番红花花芽分化期显微结构及核酸、可溶性蛋白质量分数的变化[J]. 东北林业大学学报(1)：33-36.

张继娜，2006. 郁金香花芽分化的观察与研究[J]. 甘肃农业大学学报，41(4)：41-44.

张晓晴，高健，彭镇华，2012. 中国水仙花芽分化观察及储藏条件对花芽数的影响研究[J]. 植物研究，32(5)：549-553.

赵祥云，王树栋，刘建斌，等，2005. 鲜切花百合生产原理及实用技术[M]. 北京：中国林业出版社：68-69.

Bolouri Moghaddam M R，Vanden Ende W，2013. Sugars，the clock and transition to flowering[J]. Frontiers in plant science，4(22)：1-6.

Dalvi V S，Patil Y A，Krishna B，et al，2019. Indeterminate growth of the umbel inflorescence and bulb is associated with increased expression of the *TFL*1 homologue, *AcTFL*1, in onion[J]. Plant Science, 287: 110165.

Effie M G, Peter H, 2009. Gibberellin as a factor in floral regulatory networks[J]. Journal of experimental botany: 1979-1989.

Flaishman M A, Kamenetsky R, Teixeira D, 2006. Florogenesis in flower bulbs: classical and molecular approaches[J]. Floriculture Ornamental & Plant Biotechnology: 33-43.

Hu J, Liu Y, Tang X, et al, 2020. Transcriptome profiling of the flowering transition in saffron(*Crocus sativus* L.)[J]. Scientific Reports, 10: 9680.

Kamenetsky R, 1994. Life cycle, flower initiation, and propagation of the desert geophyte *Allium rothii*[J]. International journal of plant sciences, 155: 597-605.

Kamenetsky R., Fritsch R M, Rabinowitch H D, et al, 2002. Ornamental *Alliums*. In Alium crop science: recent advances[M]. Wallingford, UK: CAB International: Currah: 459-492.

Kamenetsky R, Zaccai M, Flaishman M A. 2013. Ornamental geophytes[M]. The US: CRC press: 197-232.

Lazare S, Zaccai M, Dafni A. 2016. Flowering pathway is regulated by bulb size in *Lilium longiflorum*(Easter lily)[J]. Plant Biology, 18: 577-584.

Liu Y, Gao Y, Yuan L, et al, 2019. Functional characterization and spatial interaction of *TERMINAL FLOWER* 1 in *Hemerocallis* [J]. Scientia Horticulturae, 253: 154-162.

Molina R, Valero M, Navarro Y, et al, 2005. Temperature effects on flower formation in saffron(*Crocus sativus* L.)[J]. Scientia Horticulturae, 103: 361-379.

Noy-Porat T, Flaishman M A, Eshel A, et al, 2009. Florogenesis of the Mediterranean geophyte *Narcissus tazetta* and temperature requirements for flower initiation and differentiation[J]. Scientia Horticulturae, 120: 138-142.

Noy-Porat T, Cohen D, Mathew D, et al, 2013. Turned on by heat: differential expression of *FT* and *LFY*-like genes in *Narcissus tazetta* during floral transition[J]. Journal of Experimental Botany: 3273-3284.

Taylor A, Massiah A, Thomas B, 2010. Conservation of *Arabidopsis thaliana* photoperiodic flowering time genes in onion(*Allium cepa* L.)[J]. Plant & Cell Physiology, 51(10): 1638-1647.

Zhang D, Ren L, Yue J H, et al, 2014. GA_4 and IAA were involved in the morphogenesis and development of flowers in *Agapanthus praecox* ssp. *orientalis*[J]. Journal of Plant Physiology, 171.

· 繁殖与栽培 ·

LA 杂种系百合'印度夏日'('Indian Summerset')珠芽诱导研究

张娇花 刘冬颖 江 帆 胡 婉 闫凯丽 王嘉悦 曹 蕾 樊金萍*

(东北农业大学园艺园林学院，哈尔滨 150030)

摘 要：LA 杂种系百合自然状态下不能产生珠芽，为提高其繁殖效率，以'印度夏日'带叶腋的茎段为外植体，MS 为基础培养基，研究消毒剂不同浓度及时间、不同激素浓度配比对'印度夏日'百合离体诱导产生珠芽及珠芽增殖、生根的影响，以及百合不同部位、不同发育阶段对珠芽诱导的影响；对露地生长的'印度夏日'进行去顶与喷施多效唑或矮壮素相结合的处理，观察植株上珠芽诱导情况。结果表明：1% NaClO 处理 10min 消毒作用效果最佳；诱导珠芽最佳培养基为 MS+0. 5mg/L6-BA+0. 3mg/LNAA+90g/L 蔗糖，诱导率达 76. 67%；同一植株不同部位珠芽诱导率：上部>中部>下部；不同发育阶段珠芽诱导率：营养生长期>现蕾期>盛花期>开花后期；珠芽最佳增殖培养基为 MS+1. 0mg/L 6-BA+0. 2mg/L NAA+60g/L 蔗糖；珠芽最佳生根培养基为 1/2MS+60g/L 蔗糖+6g/L 琼脂，生根率为 90%。'印度夏日'百合创伤性诱导试验去顶处理的最佳时期为现蕾初期；最佳诱导方式为去顶同时对植株喷施多效唑。综上，百合茎段与鳞片的消毒方式相比，消毒剂浓度更低、时间更短；高浓度的蔗糖有助于产生质量较好的珠芽；百合茎段诱导率从上至下依次减弱，随植株发育茎段诱导珠芽能力逐渐降低；去除顶端花蕾和外源喷施多效唑会加快珠芽发育。

关键词：LA 杂种系百合'印度夏日'；珠芽；茎段诱导；去顶；多效唑

Study on Bulbils Induction of LA Hybrid Lilies 'Indian Summerset'

ZHANG Jiaohua, LIU Dongying, JIANG Fan, HU Wan, YAN Kaili, WANG Jiayue, CAO Lei, FAN Jinping*

(*College of Horticulture and Landscape*, *Northeast Agricultural University*, *Harbin* 150030, *China*)

Abstract: The LA hybrid lily cannot produce bulbil in its natural state. In order to improve its reproductive efficiency, the stem segments with axillary of 'Indian Summerset' were used as explants and MS as basal medium to study the effects of different concentration and time of disinfectant, different hormone concentration on *in vitro* induction of bulbils, proliferation and rooting of bulbils, as well as the effects of different parts and development stages of lily on bulbils induction. The 'Indian Summerset' growing in open field was treated with combination of topping and spraying with paclobutrazol or chlormequat to observe the induction of bulbil on the plants. The results

---

作者简介：张娇花，硕士研究生，研究方向为园林植物遗传育种，E-mail：zhang_jiaohua@ 163. com。

樊金萍*，博士，教授，硕士生导师，研究方向为园林植物遗传育种，E-mail：jinpingfan@ neau. edu. cn。

基金项目：国家自然科学基金(31770437)；国家科技部重点研发项目(2016YFC0500306-02)。

showed that: 1% NaClO treatment for 10min had the best disinfection effect; the best medium for bulbil induction was MS+0.5mg/L 6-BA+0.3mg/L NAA+90g/L sucrose, with the induction rate of 76.67%; the bulbil induction rate in different parts of the same plant: upper>middle>lower; the bulbil induction rate in different development stages was: vegetative growth stage>budding stage>full bloom stage>late flowering stage; the best proliferation medium was MS+1.0mg/L 6-BA+0.2mg/L NAA+60g/L sucrose; the best rooting medium was 1/2MS+60g/L sucrose+6g/L agar, and the rooting rate was 90%. The results showed that the best time of topping treatment was in the early stage of bud emergence, and the best induction method was to topping and spraying paclobutrazol. In conclusion, compared with the scale, the concentration of disinfectant is lower and the time is shorter. High concentration of sucrose is helpful to produce better quality bulbils. The induction rate of lily stem segments decreased from top to bottom, and the ability to induce bulbils gradually decreased with plant development. Removal of apical flower buds and application of Paclobutrazol could accelerate the development of bulbils.
Key words: LA hybrid lilies ‘Indian summerset’; bulbil; stem segment induction; topping; paclobutrazol

百合(*Lilium* spp.)是百合科、百合属多年生球根花卉的总称(汪发缵和唐进，1980)。百合花观赏价值较高，可作鲜切花、盆花及园林绿地用花。‘印度夏日’(‘Indian summerset’)是亚洲百合与铁炮百合的杂交品种，总状花序，花色为粉色，商品价值较高。无性繁殖是百合的主要繁殖方式，包括鳞茎自然繁殖、鳞片繁殖、组织培养、珠芽繁殖等(郑爱珍和张峰，2004)。其中分小鳞茎法由于品种不同产生的小鳞茎数量、大小也不同，繁殖效率较低；鳞片扦插操作简单、成本低，但繁殖周期长、易腐烂、易积累病毒；组织培养能解决百合繁殖系数低的问题，但生产成本较高。珠芽本身所带菌量较少，不易受到损伤，污染率也较低(郭海滨和雷家军，2006)。

珠芽是部分植物的特殊繁殖器官，可发育成新的完整植株，并较好保留其母体特征，因此通过茎上的珠芽能实现更经济且快速的繁殖(Yang *et al.*, 2017)。百合的珠芽属于鳞茎型珠芽，目前对百合珠芽的研究主要有以珠芽为主进行自然繁殖的卷丹(*L. lancifolium*)和淡黄花百合(*L. sulphureum*)。郭海滨和雷家军(2006)用卷丹百合的鳞片和珠芽进行组织培养，发现采取珠芽作为外植体的优势更大。还有关于百合珠芽组织培养、脱分化等方面的研究。李腾等(2012)利用形态学和解剖学对野生淡黄花百合珠芽进行了研究。也有研究利用百合茎段为外植体进行再生小鳞茎诱导的研究(Nhut，1998；6. Loretta *et al.*, 2003；Kapoora *et al.*, 2009)。目前在约115种百合中只有4种能在地上茎叶腋处自然产生珠芽，包括卷丹、淡黄花百合、通江百合(*L. sargentiae*)和珠芽百合(*L. bulbiferum*)(Yang *et al.*, 2017)。

植物激素的使用会直接影响组培中小鳞茎的诱导和发育。研究发现，在离体条件下，NAA利于百合鳞茎的形成及膨大，6-BA利于外植体分化出鳞茎和不定芽(Ascough *et al.*, 2008)。植物激素的作用由不同激素相对含量决定，6-BA和NAA适宜的浓度配比会使芽的诱导率和增殖率达到最高。Tang等人(2010)用宜昌百合研究表明，当培养基中6-BA/NAA的比值高时，形成小鳞茎的数量更多；王刚和杜捷(2002)研究发现6-BA与NAA的比例太高会使芽的诱导率变低，6-BA/NAA浓度比值在5∶1到10∶1之间，兰州百合的不定芽诱导率最高。

碳水化合物的积累是百合鳞茎膨大的物质基础，而在鳞茎的发育过程中，蔗糖是最主要的同化物运输方式(孙红梅 等，2005)。张洁等(2010)以东方百合‘索邦’为试验材料，发现添加60g/L蔗糖时新增的鳞茎数量最多，添加120g/L蔗糖时最有利于鳞茎的膨大。

去顶/摘花处理可以改变植物光合产物的分配。黄鹏(2008)在大田栽培条件下对兰州百合进行去顶处理，发现去顶处理有利于控制株高，增大茎粗、叶面积，提高干物质的累积量；选择在现蕾初期时摘顶，百合的叶面积、鳞茎鲜重和植株健壮程度增加最为显著。

有研究在培养基中添加多效唑，发现可以提高组培苗的生根数和生根率，有利于改善组培苗根系不发达、移栽成活率低的问题(袁芳亭和陈龙清，2001)。张彦妮等(2016)在对毛百合进行试管鳞茎的膨大试验中发现较低浓度的多效唑可以较好地使鳞茎膨大，并利于诱导生根及试管苗的生长，而高浓度的多效唑抑制鳞茎膨大、阻碍试管苗生长。兰金旭等(2018)对兰州百合研究发现，矮壮素可以延缓百合叶片衰老，使叶片数量增多，提高光合产物积累，从而增加了鳞茎质量。潘娟(2009)在研究湖北百合的快繁时发现，矮壮素对湖北百合球茎的膨大有一定影响。综上，多效唑和矮壮素的使用对百合鳞茎的膨大有促进作用。

‘印度夏日’百合在自然条件下茎上不生长珠芽，不能通过珠芽快速大量繁殖。因此，本研究尝试通过离体诱导培养和去顶并使用多效唑或矮壮素结合的方式，对‘印度夏日’进行珠芽诱导试验，实现‘印度夏日’的珠芽繁殖，在较短时间内获得大量百合植株，对提高百合的繁殖效率提供参考。

1　材料与方法

1.1　试验材料

LA 杂种系百合‘印度夏日’品种由东北农业大学百合研究课题组提供，选取长势一致、生长良好的百合作为研究对象。

1.2　培养条件

离体培养：培养基以 MS 培养基为基础培养基，含 7.6g/L 琼脂粉，pH 均为 5.83，并在 121℃高压灭菌 20min。培养温度 25±2℃，光照强度 3000lx，光照时间 16h/d。

去顶诱导：对生长在东北农业大学向阳基地的‘印度夏日’百合进行浇水、施肥及除草等日常管理。

1.3　试验方法

1.3.1　离体诱导‘印度夏日’百合珠芽形成的组培体系

以百合幼嫩茎段作为试验材料，去掉部分叶片，用解剖刀截成 2~3cm 带节点的茎段。在超净工作台里用 75%酒精消毒 20s，无菌水冲洗 2 次，再用 1%、2%NaClO 分别消毒 5min、10min、15min，再用无菌水冲洗 3~4 次。灭菌后用解剖刀切去茎段消毒损伤部分，留下 1.5~2cm 的茎段接种到培养基上。每个处理接种 10 瓶，每瓶接种 1 个带叶腋的外植体茎段，进行 3 组重复。接种 15d 后统计污染数量及生长状况，计算污染率和成活率，计算方法如下：

污染率(%)=(污染的外植体数/接种外植体数)×100%

成活率(%)=(成活的外植体数/接种外植体数)×100%

筛选出的最佳灭菌方式用于进行下一步珠芽的初代诱导试验。初代诱导培养基在 MS 基础培养基中添加不同浓度的 6-BA、NAA 和蔗糖，对外植体进行诱导。采用三因素三水平正交试验设计(表 1)，对 9 组处理观察并统计珠芽诱导数量及珠芽生长情况，计算珠芽诱导率，筛选出诱导珠芽的激素与蔗糖最佳配比。计算公式如下：

珠芽诱导率(%)=(诱导产生珠芽的外植体数/成活的外植体数)×100%

表 1　诱导培养基中激素与蔗糖浓度的正交设计

Table 1　Orthogonal design of hormone and sucrose concentrations in induction medium

处理编号 Number of medium	BA(mg/L)	NAA(mg/L)	蔗糖(g/L) Sucrose
1	0.5	0.1	30
2	0.5	0.2	60
3	0.5	0.3	90
4	1.0	0.1	60
5	1.0	0.2	90
6	1.0	0.3	30
7	1.5	0.1	90
8	1.5	0.2	30
9	1.5	0.3	60

为研究同一植株不同部位的茎段对珠芽诱导的影响，在'印度夏日'百合基部起第 12 茎节处(约距地面 10cm)开始切取茎段，将切取的茎段平分为 3 部分(即外植体的不同部位：上部、中部、下部)，利用筛选的诱导最适培养基进行同一植株不同部位的茎段离体诱导珠芽试验。重复次数和计算公式同上。

为研究不同发育阶段百合茎段对珠芽诱导的影响，根据郑日如(2011)的研究，将百合划分成 4 个发育阶段，即营养生长期(0~6 周)、现蕾期(7~14 周)、盛花期(15~17 周)、开花后期(18 周以后)，利用不同发育阶段的最适部位茎段进行离体诱导珠芽试验。重复次数和计算公式同上。

选取初代培养诱导出长势良好的珠芽，去掉新长的叶及褐化的外植体，将丛生珠芽分离成单苗接种到继代培养中进行增殖培养，培养基中添加筛选出的最佳蔗糖浓度，激素配比设置 4 组，S1：MS+0.2mg/L 6-BA+1.0mg/L NAA；S2：MS+0.1mg/L 6-BA+1.5mg/L NAA；S3：MS+1.0mg/L 6-BA+0.2mg/L NAA；S4：MS+1.5mg/L 6-BA+0.1mg/L NAA。每个处理接种 10 株无菌苗，进行 3 组重复。接种后观察珠芽的增殖及生长状况，并统计增殖系数。计算公式如下：

增殖系数=增殖的珠芽总数/接种前外植体数

选取继代增殖培养长势良好的珠芽，当珠芽及叶片长至高约为 2~3cm 时对其进行生根培养，选用 1/2MS 作为基础培养基，加入筛选的最佳蔗糖浓度，附加不同浓度琼脂(6.0、7.0、8.0g/L)进行配比试验。每个处理接种 10 株无菌苗，进行 3 组重复。接种后观察并统计生根条数和生根长度，计算生根率。计算公式如下：

生根率(%)=(生根的珠芽/接种的珠芽)×100%

1.3.2 对露地'印度夏日'百合去顶诱导珠芽发生

对'印度夏日'百合现蕾初期(约 50%植株花蕾长 1~2cm)、现蕾中期(约 50%花蕾长 4~5cm)、初花期(植株中有花朵刚开始绽放)3 个生长时期的植株进行去除顶端花蕾处理；并且以不去顶的百合作为对照(CK)。每阶段设置 4 组处理，分别为无任何处理的正常生长植株，只去除花蕾的植株，去除花蕾后对植株喷施多效唑，去除花蕾后对植株喷施矮壮素。

每个处理 20 株百合，进行 3 组重复。40d 后统计 3 个不同发育阶段的百合诱导珠芽情况，计算珠芽诱导率；对 4 组不同处理的百合分别随机选取 5 株，测量不同处理后百合的叶宽、叶长、茎粗和株高，计算珠芽诱导率，对比分析 4 组不同处理对百合珠芽诱导的影响。

计算公式如下：

珠芽诱导率(%)=(诱导产生珠芽的百合株数/处理的百合总株数)×100%

1.4 数据处理

采用 SPSS22.0 软件对相关试验数据进行单因素方差分析，用 GraphPad Prism7.0 进行数据图表的绘制。

2 结果与分析

2.1 离体对'印度夏日'百合珠芽的诱导

2.1.1 不同灭菌处理对百合茎段的影响

筛选出最适的次氯酸钠浓度及消毒时间，将有利于下一步的离体诱导珠芽试验。通过表 2 可以看出，用 1%的 NaClO 对外植体进行消毒时，随着消毒时间的增长，污染率逐渐下降，但当消毒时间增加到 15min 时外植体生长变得缓慢；用 2%的 NaClO 对外植体进行消毒时，虽然污染率明显较用 1%时的低，但成活率也较低，甚至出现部分外植体褐化死亡现象。通过相同消毒时间的不同 NaClO 浓度的成活率对比，也可以看出 2%的 NaClO 对外植体伤害较大。综上，用 1%的 NaClO 消毒 10min 时，外植体污染率较低且成活率高，能在后续培养正常生长。

表 2　不同消毒剂浓度及时间对‘印度夏日’茎段消毒的影响

Table 2　Effect of different disinfectant concentration and time on disinfection of stems in ‘Indian summerset’

次氯酸钠浓度(%) Concentrations of NaClO	处理时间(min) Treatment time	接种数(个) No. ofexplants	污染率(%) Contamination rate	成活率(%) Survival rate	外植体状态 Explant state
1	5	30	(53.33±6.67)a	(42.22±3.85)bc	正常生长
1	10	30	(31.11±3.85)bc	(60.00±6.67)a	正常生长
1	15	30	(26.67±6.67)c	(51.11±3.85)ab	生长缓慢
2	5	30	(40.00±6.67)b	(48.89±3.85)b	生长缓慢
2	10	30	(28.89±3.85)c	(37.78±7.70)c	少数植株死亡
2	15	30	(13.33±6.67)d	(20.00±6.67)d	部分植株死亡

注：表中数据为平均值±标准差，同列不同小写字母表示差异显著水平($P<0.05$)，下同。

Note: The data in the table are mean values±standard deviation, and the different lowercase letters in the same column indicate that the difference is significant($P<0.05$), the same as below.

2.1.2　不同诱导培养基对珠芽诱导的影响

将‘印度夏日’百合带有叶腋的茎段接种到不同诱导培养基上，诱导茎段叶腋处珠芽发生。不同诱导培养基的珠芽诱导率见图 1，可以看出细胞分裂素、生长素、蔗糖的不同组合配比对珠芽的诱导影响存在很大差异，4 号培养基对珠芽的诱导率最高，可以达到 83.33%；其次诱导较好的是 2 号、3 号培养基；诱导效果最差的为 9 号培养基，诱导率仅为 30.00%。

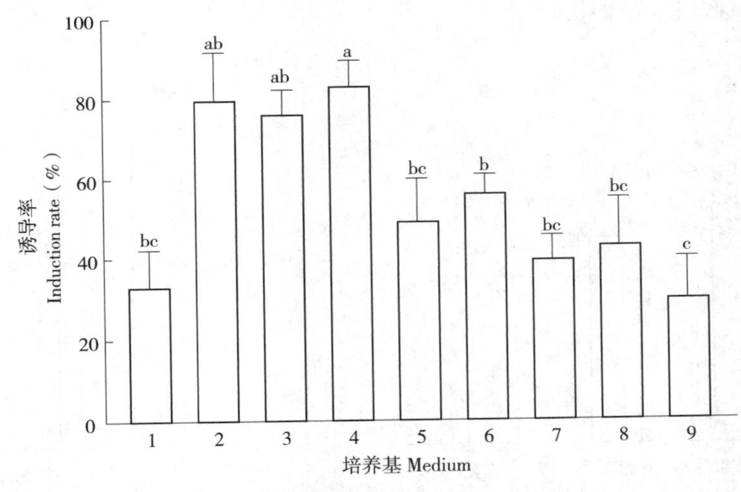

图 1　不同诱导培养基对珠芽诱导的影响

Fig. 1　Effects of different induction medium on bulbils induction

9 组不同培养基诱导珠芽形成后的组培苗形态见图 2。2 号培养基诱导的外植体普遍为多个基部膨大的丛生叶，珠芽形成数量较少；3 号培养基诱导的外植体可以直接在叶腋处产生珠芽，之后芽不断膨大至类似鳞茎的形态，再从芽中长出叶；M8 和 M9 虽然能产生较多数量的珠芽，但珠芽较小，生长较慢、不易成熟；而其它的培养基(M1、M4、M5、M6、M7)诱导形态则表现为不定芽或丛生叶，与所需要的珠芽形态明显不同。通过这 9 组所得植株状态，可以看出只有 3 号培养基诱导的珠芽最符合预期，且 3 号培养基的诱导率相对较高。因此，3 号培养基(MS+0.5mg/L 6-BA+0.3mg/L NAA+90g/L 蔗糖)是离体诱导‘印度夏日’珠芽的最佳培养基。

2.1.3　同一植株不同部位对离体诱导珠芽的影响

由 9 组不同培养基诱导珠芽试验结果可知，3 号培养基 0.5g/L 6-BA+0.3g/L NAA+90g/L 蔗糖可以达到最佳诱导效果，因此试验选用此培养基对同一植株上不同部位茎段的离体诱导情况进行比较。

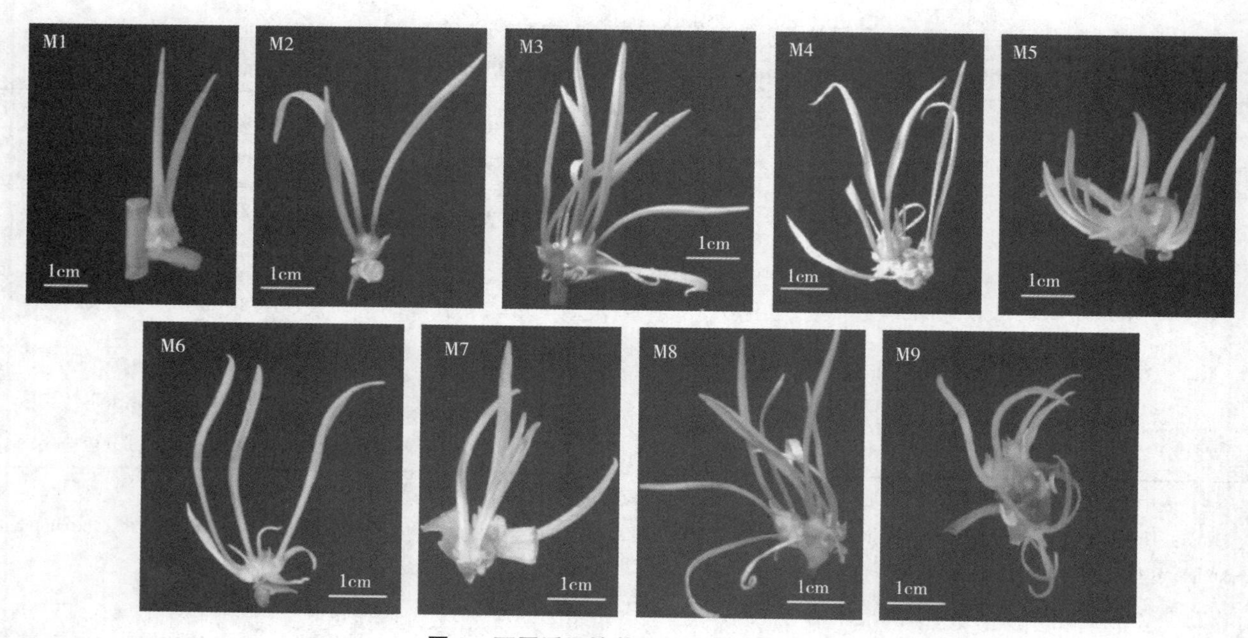

图 2　不同诱导培养基的珠芽生长情况

Fig. 2　The growth of bulbils in different induction medium

由图 3 可得，同一植株的不同部位对珠芽的诱导影响存在很大差异，3 个部位对诱导率的影响依次为：上部>中部>下部。利用上部茎段对珠芽进行诱导不仅成活率高，且诱导的珠芽数最多，因此‘印度夏日’的上部茎段最有利于诱导珠芽。

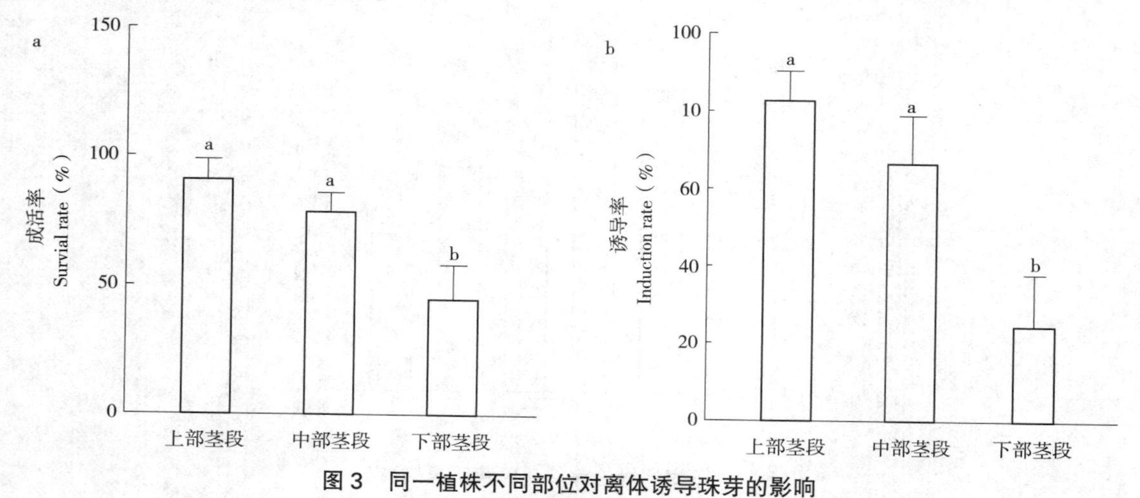

图 3　同一植株不同部位对离体诱导珠芽的影响

a 茎段成活率；b 茎段诱导率

Fig. 3　Effects of different parts of the same plant on bulbils induction *in vitro*

a Survival rate of stem segment; b Induction rate of stem segment

2.1.4　不同发育阶段对离体诱导珠芽的影响

从图 4 可以看出，取材均为‘印度夏日’的上部茎段时，不同发育时期对珠芽诱导有明显差异。从营养生长期至开花后期，成活率、诱导率明显下降，即随着植株不断生长，茎段诱导珠芽的能力不断下降。

2.1.5　不同继代培养基对珠芽增殖的影响

为了研究不同激素浓度配比对珠芽继代生长的影响，将诱导后长势良好的珠芽接种于 4 种不同的培养基中，其中 S1 和 S2 为生长素（NAA）为主导的培养基，NAA 浓度明显高于 6-BA；S3 和 S4 为细胞分裂素（6-BA）为主导的培养基，6-BA 浓度明显高于 NAA。研究发现不同的激素浓度配比对离体诱导的百合珠芽增殖系数及增殖效果影响较大。4 组培养基对百合珠芽增殖的影响如表 3 所示，可以看出增殖效果最

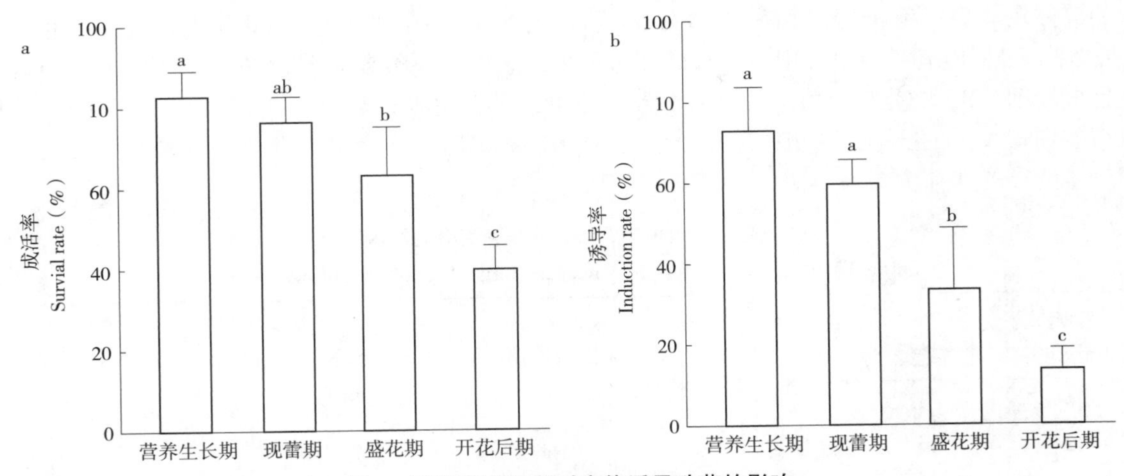

图 4 不同发育阶段对离体诱导珠芽的影响

a 茎段成活率；b 茎段诱导率

Fig. 4 Effects of different development stages on induced bulbils *in vitro*

a Survival rate of stem segment; b Induction rate of stem segment

好的为 S3，即 6-BA 和 NAA 的浓度比为 5 时，增殖系数为 3.23；增殖效果最差的为 S2，珠芽的增殖系数仅为 1.83。4 组不同培养基增殖后的珠芽形态见图 5，可以看出，用 S1 和 S2 增殖时珠芽形态较小且数量较少，叶子细长、叶色偏黄，植株长势较弱；S3 和 S4 增殖后的外植体形态为珠芽直径较大、珠芽成簇生长，叶宽且茂密、叶色呈绿色，植株较强壮、长势良好。综上，S3 培养基(MS+1.0mg/L 6-BA+0.2mg/L NAA+60g/L 蔗糖)最有利于百合珠芽的增殖。

表 3 不同激素配比对'印度夏日'珠芽增殖的影响

Table 3 Effects of different hormones on proliferation of bulbils in 'Indian summerset'

处理 Treatments	激素种类和浓度(mg/L) Categories and concentrations of hormones		接种数(个) No. of explants	珠芽数(个) No. of bulbils	增殖系数 Multiplication coefficient
	6-BA	NAA			
S1	0.2	1.0	30	63	2.10±0.10c
S2	0.1	1.5	30	55	1.83±0.25c
S3	1.0	0.2	30	97	3.23±0.25a
S4	1.5	0.1	30	82	2.73±0.15b

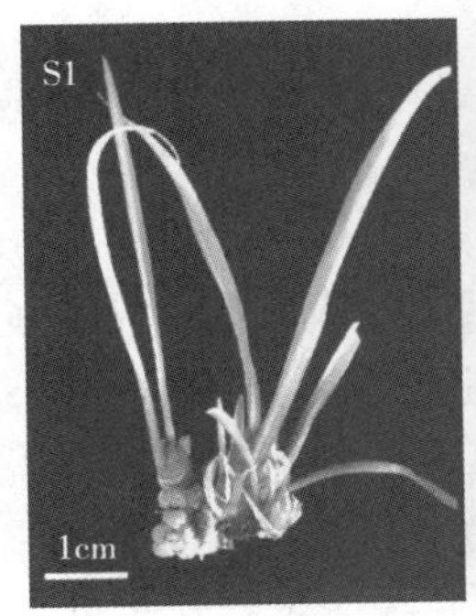

图 5 不同培养基珠芽增殖的形态

Fig. 5 Morphology of bulbils proliferation in different media

2.1.6 不同生根培养基对珠芽生根的影响

为研究软硬程度不同的生根培养基对珠芽生根的影响，在培养基中分别添加 6、7、8g/L 的琼脂，经过 20d 的离体培养后，生根情况如表 4 和图 6，可以看出 R1 中的根最长，平均 1.6cm，且生根率高达 90%，显著高于其他培养基；R2 中植株根的数量最多，平均生根条数为 10.4 条，根的长度短于 R1 培养的根，且根较细；R3 培养基中植株长出的根数量最少，平均生根条数仅为 3.9，且根严重畸形，长短不一、粗细差别较大，生根率是 3 组中最低，仅为 56.67%。综上，较软的培养基(即加入 6g/L 的琼脂)更有利于离体诱导的珠芽生根。

表 4 不同浓度琼脂对珠芽生根的影响

Table 4 Effects of different concentrations of agar on bulbils rooting

处理 Treatments	琼脂(g/L) Agar	生根条数(个) Rooting number	生根长度(cm) Rooting length	生根率(%) Rooting rate
R1	6	7.6b	1.6a	90.00a
R2	7	10.4a	1.2b	76.67b
R3	8	3.9b	0.7c	56.67c

图 6 不同硬度培养基珠芽生根的形态

Fig. 6 Morphology of bulbils rooting in different hardness media

2.2 露地对‘印度夏日’百合珠芽的诱导

2.2.1 不同生长时期去顶处理对创伤性珠芽诱导的影响

从图 7 中可以看出，3 个不同时期的‘印度夏日’通过去花(蕾)处理后的珠芽诱导情况显著不同，在花蕾初期时诱导率最高，最易产生珠芽，其次是现蕾中期，初花期诱导率最低。随着植株的生长、花器官的发育，植株对珠芽的诱导能力逐渐降低。

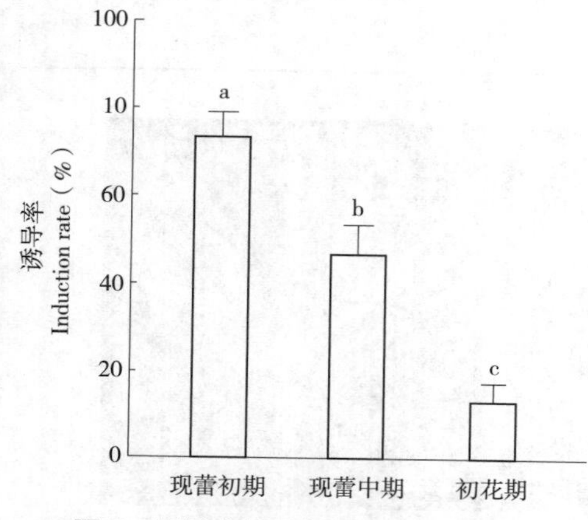

图 7 不同生长时期去顶的‘印度夏日’珠芽诱导情况

Fig. 7 Induction of ‘Indian summerset’ bulbils with decapitation in different growth stages

2.2.2 不同处理方式对创伤性珠芽诱导的影响

3 种不同处理的‘印度夏日’百合在 43d 后的珠芽诱导情况如图 8 所示，可以看出不同处理对诱导珠芽生长的速度不同。2 号(只去花蕾)处理，可诱导珠芽产生，但诱导所用时间较长，在相同时间内珠芽生长较慢；与 2 号对比发现，经 3 号(去花蕾后喷施多效唑)处理植株上，在同样时间内珠芽生长更快，说明经 3 号处理的植株诱导珠芽所用时间较短，且珠芽成熟较快；而 4 号(去花蕾后喷施矮壮素)处理后植株上珠芽生长速度介于前两者之间，且珠芽正常生长。

通过对比不做任何处理(1 号：CK)的植株和不同处理之后的植株(表 5)可以发现，3 种诱导处理，植株各项形态指标(叶宽、叶长、茎粗、株高)较不做任何处理的植株都有明显差异。

图 8　‘印度夏日’经过不同处理后诱导产生的珠芽

注：a-c 为去除花蕾后 1d；d-f 为去除花蕾后 43d；a/d：T2 处理（只去花蕾）；b/e：T3 处理（去花蕾后喷施多效唑）；c/f：T4 处理（去花蕾后喷施矮壮素）

Fig. 8　Bulbils induced of ‘Indian summerset’ after different treatments

Note：a-c：1d after defloration；d-f：43d after defloration

a/d：No. 2 treatment（Only remove the flower buds）；b/e：No. 3 treatment（Spray the PP333 after removing the flower buds）；

c/f：No. 4 treatment（Spray the CCC after removing the flower buds）

经过处理后的植株普遍叶面变大、茎秆变粗，植株生长较慢且较矮，4 号经去花蕾后喷施矮壮素的植株变化最为明显。综上，珠芽诱导率由高到低处理方式为：3 号>4 号>2 号>1 号。

表 5　不同处理对‘印度夏日’百合形态和珠芽诱导的影响

Table 5　Effect of different treatments on the morphology and bulbil induction of ‘Indian summerset’ lily

处理 Treatment	叶宽（cm） Leaf width	叶长（cm） Leaf length	茎粗（cm） Stem diameter	株高（cm） Plant height	珠芽诱导率（%） Bulbils induction rate
T1	2. 57±0. 27b	8. 97±1. 62c	1. 02±0. 07a	97. 74±8. 09a	0
T2	2. 79±0. 13ab	9. 70±0. 27b	1. 18±0. 16a	89. 56+5. 04a	36. 67±5. 77b
T3	3. 02±0. 18ab	10. 94±0. 09ab	1. 24±0. 25a	66. 78±2. 34b	62. 50±11. 54a
T4	3. 44±0. 64a	11. 51±0. 90a	1. 34±1. 29a	68. 79±2. 01b	53. 33±7. 21a

3　讨论

珠芽是植物露地生长或者离体培养进行繁殖再生的重要器官（Yang *et al.*，2017）。目前，关于珠芽的研究主要集中在珠芽的形成机制、分子机制、细胞遗传学研究，植物激素等因素对珠芽发育的影响（姜福星 等，2017）。研究的植物主要有龙舌兰（*Agave macroacantha*）、半夏（*Pinellia ternata*）、薯蓣（*Dioscorea opposita*）、台闽苣苔（*Titanotrichum oldhamii*）、珠芽蓼（*Polygoum viviparum*）和珠芽魔芋（*Amorphophallus bulbifer*）等（姜福星 等，2017）。

关于百合珠芽的研究集中在利用野生卷丹（郭海滨和雷家军，2006）、龙牙百合（*L. brownii* var. *viridulum*）（付娜 等，2010）和淡黄花百合（李腾 等，2012）等百合的珠芽诱导不定芽和愈伤组织，以及利用茎段为外植体进行再生小鳞茎研究（Nhut，1998；Loretta *et al.*，2003；Kapoora *et al.*，2009）。利用露地生长状态下不产生珠芽的百合作为研究对象，进行离体诱导珠芽，施用生长调节剂诱导珠芽的研究较少，因此本试验通过不同方式对 LA 杂种系百合'印度夏日'进行珠芽的诱导研究。李腾等（2012）研究了野生淡黄花百合的解剖结构，发现淡黄花百合的珠芽形成于地上茎叶腋处叶柄的近基部位置，由叶柄表皮以内数层薄壁细胞不断分裂和分化形成。因此选用'印度夏日'的单茎节带叶腋的茎段作为离体诱导珠芽的外植体。

基于前人报道过的研究结果，不同品种的外植体、同一品种外植体的不同部位的最佳消毒方式存在差异（付娜 等，2010），因此对'印度夏日'茎段进行有效的消毒方式筛选必不可少。试验表明外植体消毒时次氯酸钠的浓度过高或消毒时间过长都会影响外植体的活性，这与郭海滨等人对卷丹进行研究的结果相似（郭海滨和雷家军，2006）。该试验筛选出'印度夏日'茎段作为外植体的最佳消毒方式为在 75%酒精消毒后用 1% NaClO 浸泡 10min，既可以最大限度杀死茎段上的微生物又对其损伤最小。这与百合鳞片的消毒方式相比，消毒剂浓度更低、时间更短，可能的原因是茎段暴露在空气中，带菌较少，灭菌较容易，且茎段是一年生组织，相对鳞茎更幼嫩，若消毒时间过长，茎段死亡率高。

Han 等人（1999）研究发现 MS 培养基诱导出的小鳞茎最多，且再生植株的叶绿体含量较高。离体培养常用的激素分为两大类：生长素（NAA、2,4-D、IAA）和细胞分裂素（6-BA、KT），一般认为 6-BA 更有利于外植体不定芽的分化，并且能够提高分化系数，大量研究还表明含有 NAA 或以 NAA 为主导的培养基更有利于百合成球及其生长（李筱帆和张启翔，2009）。因此试验选用在百合离体培养中使用最为广泛的 MS 培养基，在其中加入 6-BA 和 NAA 两种激素。通过不同浓度激素与蔗糖配比诱导的试验，观察比较 9 组培养基诱导所得植株形态，可以看出 MS+0.5mg/L 6-BA+0.3mg/L NAA+90g/L 蔗糖的培养基诱导出的小鳞茎不仅直径较大、叶厚实且诱导时间较短、成活率高。试验发现 0.3mg/L 的 NAA 比 0.1mg/L 和 0.2mg/L 的更容易产生珠芽，这与前人研究结果一致。此外。蔗糖是培养基的能源物质和渗透调节剂，蔡国红等（2010）发现较高浓度的蔗糖（90g/L）有利于淮山薯试管珠芽的诱导，这与本试验研究结果相似。在 MS 培养基中加入 90g/L 的蔗糖诱导出的珠芽最大，说明高浓度的蔗糖更有助于产生重量、体积较大的珠芽。

利用不同部位茎段进行离体培养试验，得到上部、中部、下部茎段诱导率分别为 83.33%、66.67%、25.00%，即茎段诱导率从上至下依次减弱，与陈杰等（2016）研究结论相似。这可能是与植株茎尖端分化程度有关，离体去掉顶端优势的同一植株上部茎段最为幼嫩，分裂分化能力强，因此可能更容易诱导出珠芽。

对'印度夏日'百合的 4 个发育时期进行取材研究，营养生长期珠芽诱导率最高，随着植株发育，茎段诱导珠芽能力逐渐降低，即营养生长期的茎段作为外植体是诱导效果最好，说明外植体取材时间对百合珠芽的形成也有一定影响。Niimi 和 Onozawa（1979）曾报导过取乙女百合（*L. rubellum*）开花前的叶片可以诱导出鳞茎，而开花后的植株上叶片不能形成小鳞茎。

有研究表明，顶端优势对腋生器官有明显的抑制作用（Wang *et al.*，2014）。Abraham 等人（2015）研究发现去除龙舌兰的顶端花蕾后加快了新生分生组织和植物珠芽发育；Kim 等人（2010）发现外源喷施植物生长抑制剂壮棉素会诱导薯蓣珠芽的发生；蔡国红等（2010）证明在高浓度的多效唑作用下，试管苗叶腋产生不定根，进而膨大形成珠芽；多效唑处理会显著增加山药珠芽的厚度，极显著增加单株零余子产量（张慧，2019）。孙莹莹等（2015）发现矮壮素的施用显著促进半夏增产，且产生数量较多的珠芽。本试验证实了去顶后对百合进行多效唑及矮壮素处理会增加百合珠芽的诱导率，且喷施多效唑比矮壮素效果更明显。

综上，本研究筛选出LA杂种系百合‘印度夏日’离体诱导外植体最佳灭菌条件；茎段诱导珠芽、珠芽增殖及珠芽生根最佳培养基；上部茎段及营养生长期的茎段作为外植体诱导珠芽效果最好。露地生长的‘印度夏日’百合进行创伤性诱导珠芽在现蕾初期去顶最佳；去除花蕾并喷施多效唑最佳。本研究结果对‘印度夏日’百合进行离体珠芽诱导及露地创伤性珠芽诱导，以期能够通过珠芽繁殖缩短繁育周期，对后续提高百合珠芽的繁殖效率具有实际应用价值。

参考文献

蔡国红，杨泉，李洪波，等，2010. 蔗糖，多效唑，ABA，KT对淮山薯试管珠芽诱导的影响[J]. 热带作物学报，31(9)：1458-1463.

陈杰，张翔宇，查钦，等，2016. 金铁锁带腋叶嫩茎的组织培养研究[J]. 云南农业大学学报：自然科学版，31(5)，844-849.

付娜，白志川，刘世尧，等，2010. 龙牙百合珠芽组织培养研究[J]. 安徽农业科学，38(34)：19258-19259.

郭海滨，雷家军，2006. 卷丹百合鳞片及珠芽组织培养研究[J]. 中国农学通报，22(2)：72-74.

黄鹏，2008. 摘顶对兰州百合光合物质分配和鳞茎品质的影响[J]. 甘肃农业大学学报，43(1)：110-113.

姜福星，黄远祥，王丽娜，等，2017. 探析植物珠芽的奥秘[J]. 分子植物育种(1)：346-352.

兰金旭，李武高，龚攀，2018. 珠芽期不同措施对兰州百合生长的影响[J]. 蔬菜(3)：8-11.

李腾，李少群，罗睿，2012. 淡黄花百合珠芽发育过程的形态学与解剖学研究[J]. 西北植物学报(1)：85-89.

李筱帆，张启翔，2009. 百合组织培养和植株再生的研究进展[J]. 安徽农业科学，37(4)：1479-1479.

潘娟，2009. 湖北百合组织培养与快繁技术研究[D]. 重庆：西南大学.

孙红梅，李天来，李云飞，2005. 百合鳞茎发育过程中碳水化合物含量及淀粉酶活性变化[J]. 植物研究，25(1)：59-63.

孙莹莹，杜禹珊，罗睿，等，2015. 不同植物生长调节剂对半夏珠芽产量及发育的影响[J]. 贵州农业科学，43(8)：217-219.

汪发缵，唐进，1980. 中国植物志：第14卷　百合科[M]. 北京：科学出版社：131-133.

王刚，杜捷，2002. 兰州百合和野百合组织培养及快速繁殖研究[J]. 西北师范大学学报：自然科学版，38(1)：69-71.

袁芳亭，陈龙清，2001. 麝香百合的叶片离体培养及植株再生[J]. 湖北农业科学(3)：50-51

张慧，2019. 外源激素对卷丹及其珠芽生长的影响研究[D]. 晋中：山西农业大学.

张洁，蔡宣梅，林真，等，2010. 百合试管鳞茎诱导及膨大技术的研究[J]. 福建农业学报(3)：328-331.

张彦妮，李兆婷，张艳波，等，2016. 毛百合试管鳞茎形成和膨大的培养优化[J]. 江苏农业科学，44(4)：74-78.

郑爱珍，张峰，2004. 百合的繁殖方法[J]. 北方园艺(4)：43.

郑日如，2011. 生长延缓剂对东方百合植株生长和鳞茎养分代谢的影响研究[D]. 杭州：浙江大学.

Abraham J M J，Hernńndez C R，Santoyo V J N，et al，2015. Functionally different PIN proteins control auxin flux during bulbil development in *Agave tequilana*[J]. Journal of Experimental Botany，66(13)：3893-3905.

Ascough G D，Staden J V，Erwin J E，2008. In Vitro Storage Organ Formation of Ornamental Geophytes[J]. Horticultural Reviews，34：417-445.

Han B H，Yae B W，Goo D H，et al，1999. The formation and growth of bulblets from bulblet sections with swollen basal plate in lilium oriental hybrid ‘casa blanca’[J]. HORTICULTURE ENVIRONMENT and BIOTECHNOLOGY，40(6)：747-750.

Kapoora R，Kumara S，Kanwara J K，2009. Bulblet production from node explant grown *in vitro* in hybrid lilies[J]. International Journal of Plant Production，3(4)：1-6.

Kim S K，Lee S C，Lee B H，et al，2010. Bulbil formation and yield responses of chinese yam to application of gibberellic acid，mepiquat chloride and trinexapac-ethyl[J]. Journal of Agronomy & Crop Science，189(4)：255-260.

Loretta B，Patrizio C，Remotti C R，et al，2003. Adventitious shoot regeneration from leaf explants and stem nodes of lilium[J]. Plant Cell Tissue & Organ Culture，74：37-44.

Nhut D T，1998. Micropropagation of lily(*Lilium longiflorum*) via in vitro stem node and pseudo-bulblet culture[J]. Plant Cell Reports，17(12)：913-916.

Niimi Y，Onozawa T，1979. In vitro bulblet formation from leaf segments of lilies，especially *Lilium rubellum* Baker[J]. entia Horticulturae，11(4)：379-389.

Tang YP，Liu XQ，Gituru RW，et al，2010. Callus induction and plant regeneration from *in vitro* cultured leaves，petioles and scales of *Lilium leucanthum*(baker)baker[J]. BIOTECHNOL BIOTEC EQ, 24(4): 2071–2076.

Wang Q, Kohlen W, Rossmann S, et al, 2014. Auxin depletion from the leaf axil conditions competence for axillary meristem formation in arabidopsis and tomato[J]. The Plant Cell, 26(5): 2068–2079.

Yang P, Xu L, Hua X, et al, 2017. Histological and transcriptomic analysis during bulbil formation in *Lilium lancifolium*[J]. Frontiers in Plant Science, 8: 1508.

几种百合组培快繁和瓶内结球研究

李莲莲　平　娜　张　达　李　缘　王威振　莫江玲　吴学尉*

（云南大学农学院，昆明　650091）

摘　要：分别选取宜昌百合、重瓣百合‘双重惊喜’以及麝香百合‘萨莉’不同的部位为外植体，采用组织培养的方法，研究不同激素配比对不同材料分化的影响，获取无菌苗，优化几种百合的组培快繁体系；利用 NAA 促使无菌苗结球快繁。结果表明：宜昌百合种子的愈伤诱导培养基为 MS+2,4-D 2mg/L+6-BA1.5mg/L；由于品种差异，“双重惊喜”不定芽的最佳分化培养基为 MS+6-BA1.0mg/L+NAA0.1mg/L，6-BA1.5mg/L 和 NAA0.5mg/L 更有利于“萨莉”茎段的分化。三种百合的继代扩繁培养基为 MS+6-BA1.0mg/L+NAA0.2mg/L，小鳞茎诱导培养基为 MS+NAA0.2mg/L。

关键词：百合；快速繁殖；种球

Studies on Tissue Culture, Rapid Propagation and Pellet-forming in Bottles of Several Lilium Lilies

LI Lianlian, PING Na, ZHANG Da, LI Yuan, WANG Weizhen, MO Jiangling, WU Xuewei*

(*College of Agriculture*, *Yunnan University*, *Kunming* 650091, *China*)

Abstract: The explants were selected from different parts of *Lilium leucanthum* ‘Double Surprise’ and *Lilium longiflorum* ‘Sally’. The effect of different hormone ratio on the differentiation of different materials was studied by tissue culture method, and the antimicrobial vaccine was obtained to optimize the tissue culture and rapid propagation system of lily. Application of NAA to promote rapid propagation of sterile seedlings. The results showed that the best medium for seed callus induction was MS+2,4-D 2.0mg/L+6-BA 1.5mg/L. Because of the variety difference, the best differentiation medium of ‘Double Surprise’ adventitious bud is MS 6-BA 1.0mg/L+NAA 0.1mg/L. 6-BA 1.5mg/L and NAA 0.5mg/L are more beneficial to the differentiation of stem segments of ‘Sally’. The subculture propagation medium of the three kinds of lily was MS+6-BA 1.0mg/L+NAA 0.2mg/L, and the medium for bulblet induction was MS+NAA 0.2mg/L.

Key words: *Lilium*; mass propagation; bulbs

百合(*Lilium* spp.)是百合科百合属多年生植物，是世界著名的观赏花卉，拥有“球根花卉之王”的美誉，其鲜切花在国际花卉市场上占有极为重要的地位。20 世纪 50 年代，Dobreaux 等通过组织培养技术利用百合花蕾成功诱导出小鳞茎，此后关于百合的组织培养研究迅速展开[1]。相关研究发现，不同外植体诱导效果不同，种子分化的能力较强，其次是鳞片和花瓣，叶片则是在分化能力上表现较弱[2]。同样，百合种间之间存在差异，因此不同种百合诱导分化阶段的差异仍需要探索。在百合组培扩繁试验的研究中发现，百合继代增殖广泛适用于不同浓度的6-BA 和 NAA 的激素配比[3]。因此，本试验在前人研究的

资助项目：珠芽黄魔芋优良品种培育及产业化(k20420200132101)。

李莲莲(1996—)，在读硕士研究生，研究方向：百合繁育。吴学尉为本文通讯作者，E-mail：wuxuewei@ynu.edu.cn。

基础上，进一步优化几种百合的离体快繁体系，在无菌条件下，结合不同品种外植体的选取，使其在瓶内快速生成小籽球，为百合试管小鳞茎在生产上的应用提供科学依据，使百合种球的快速生产形成规模化产业，实现百合种球国产化。

1 材料与方法

1.1 试验材料

外植体材料选取宜昌百合饱满有胚的种子、重瓣百合‘双重惊喜’和麝香百合‘萨莉’的茎段。

1.2 试验方法

以 MS 为基本培养基，附加不同浓度配比的 6-BA、NAA 和 2,4-D，接种后连续观察并记录生长情况，每 10d 观察污染情况，40d 统计愈伤诱导率、分化率。

培养条件：①宜昌百合种子诱导：选取饱满有胚的种子为材料接种在培养基中，每 10d 观察种子萌发情况，40d 统计愈伤诱导情况；②茎段诱导：选取生长旺盛的植株作为外植体，剪切成 1~2cm 的带腋芽的小段接种在培养基中，观察其生长状况；③培养温度 25±2℃，暗处理 3 天后，调整为光照周期 13h/d，光照强度 15 000lx。

2 结果及分析

2.1 宜昌百合愈伤组织诱导

将宜昌百合的种子接种在 MS+NAA 0.1mg/L 的培养基上，培养 20d 后，如图 1a 所示，种子开始萌发；种子萌发后更换愈伤组织诱导培养基，40d 后，愈伤组织长出，并分化出苗(图 1b、1c)。由表 1 可得，2,4-D 与 NAA 都有利于愈伤组织的诱导，2,4-D 2mg/L 和 6-BA 1.5mg/L 的配比成愈率最高，诱导率可达 67.5%，且愈伤组织紧密。20 天后，愈伤组织诱导成苗，2,4-D 分化出的无菌苗细弱，叶片颜色略白，植株长势弱。因此，2,4-D 在本试验中仅用于愈伤组织的诱导分化。由此可得，在宜昌百合愈伤的诱导中，2,4-D 更有利于愈伤组组织的分化，所得到的愈伤组织紧密，成愈率高，2,4-D 是诱导种子愈伤组织形成的重要因素。

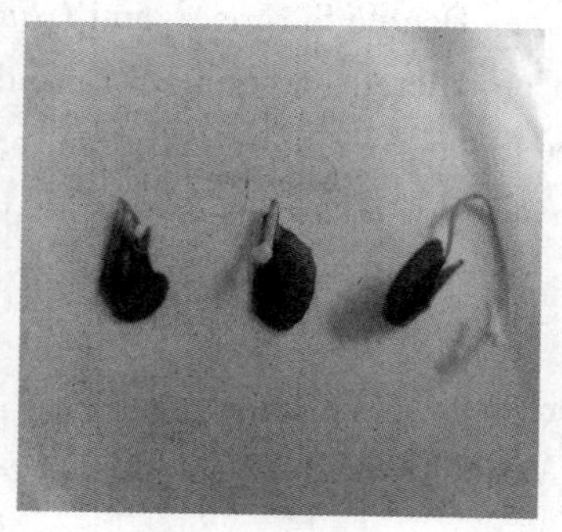

a 20d

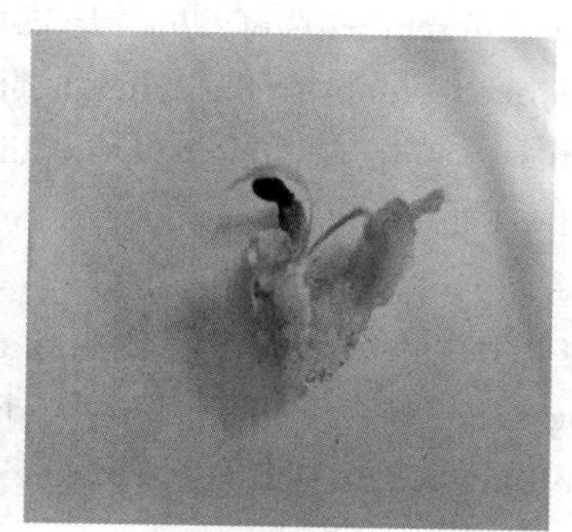

b 40d

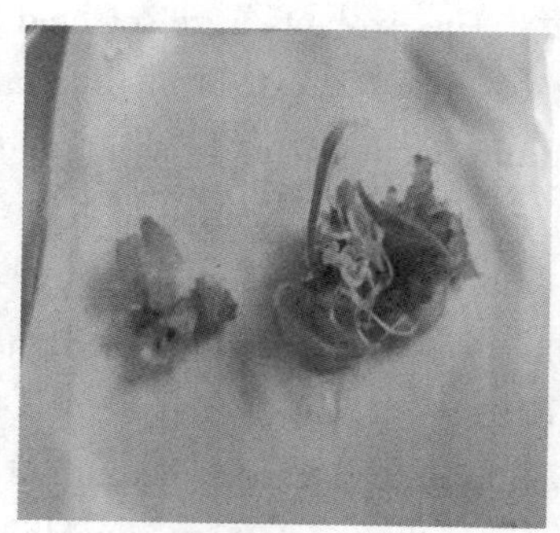

c 60d

图 1 宜昌百合愈伤组织诱导

表 1 不同激素浓度组合对种子愈伤组织影响

编号	6-BA	2,4-D	NAA	愈伤颗粒数	成愈率(%)
1	0.5	0	0.1	4.58±1.45a	31.5±11.438a
2	0.5	0	0.5	5.06±1.6ab	36.5±12.649ab
3	0.5	2	0	5.46±1.73bc	46.25±13.655bc
4	1.0	0	0.1	4.33±1.37ab	37.75±10.83ab
5	1.0	0	0.5	3.93±1.24a	32.75±9.821a
6	1.0	2	0	4.88±1.54c	53.25±12.193c

（续）

编号	6-BA	2,4-D	NAA	愈伤颗粒数	成愈率(%)
7	1.5	0	0.1	4.74±1.5ab	41±11.856ab
8	1.5	0	0.5	5.72±1.81a	32.75±14.311a
9	1.5	2	0	4.58±1.45d	67.5±12.964d

注：表中同一列数字后面的不同字母表示多重比较差异显著（$P<0.05$），下表同。

2.2　不同配比 NAA 及 6-BA 对重瓣百合‘双重惊喜’、麝香百合‘萨莉’茎段分化的影响

百合茎段诱导时，首先分化出非胚性愈伤小颗粒，随后愈伤分化出芽。由表 2 可知，6-BA、NAA 合适的配比可以促进不定芽的分化，在 NAA 浓度一致的情况下，不定芽的分化率随 6-BA 浓度的提高而增加，但是当 6-BA 浓度达到一定高度时，所分化的不定芽生长形态逐渐向细弱方向发展，不利于后期不定芽的增殖及鳞茎的诱导，6-BA、NAA 的组合浓度过高、过低均不利于不定芽的诱导。通过表 2 可以看出，适宜‘双重惊喜’与‘萨莉’茎段诱导分化的激素配比总体趋势一致，但是因为品种差异，‘双重惊喜’不定芽的最佳分化培养基为 MS+6-BA 1.0mg/L+NAA 0.1mg/L。6-BA 1.5mg/L 和 NAA 0.5mg/L 更有利于‘萨莉’茎段的分化。

表 2　不同浓度 NAA 和 6-BA 对百合茎段分化的影响

编号	浓度		芽分化数		芽分化率(%)	
	6-BA	NAA	‘萨莉’	‘双重惊喜’	‘萨莉’	‘双重惊喜’
1	0.5	0.2	14.2±4.29ab	14±4.08a	35.5±10.73ab	35±10.21a
2	0.5	0.1	20.4±4.27c	19.9±5.55bc	51±10.69c	49.75±13.87bc
3	0.5	0.5	13.6±5.8ab	17.7±3.23a	34±14.50ab	44.25±8.09a
4	1.0	0.2	14.9±4.51ab	16.2±5.39ab	37.25±11.27ab	40.5±13.48ab
5	1.0	0.1	14.8±4.89ab	23.3±6.65c	37±12.24ab	58.25±16.63c
6	1.0	0.5	14.7±3.86ab	18.4±5.72ab	36.75±9.65ab	46±14.30ab
7	1.5	0.2	18.1±5.8bc	17.7±5.52ab	45.25±14.50bc	44.25±13.80ab
8	1.5	0.1	12.7±4.76a	16.2±5.14ab	31.75±11.91a	40.5±12.85ab
9	1.5	0.5	21.6±6.74c	15.9±3.57a	54±16.84c	39.75±8.93a

2.3　不同激素配比对 3 种百合继代增殖的影响

3 种百合继代扩繁时，6-BA 与 NAA 对组培苗的增殖有明显效果，组培苗的增殖系数随 6-BA 与 NAA 浓度改变而改变。宜昌百合、‘双重惊喜’和‘萨莉’分别由种子、茎段诱导分化，3 种百合组培苗继代扩繁所需的激素浓度差异性不大，因此，综合 3 种百合进行筛选，6-BA 为 1.0mg/L 及 NAA 为 0.2mg/L 时，其增殖系数最佳，分别可达 1.76、1.86、1.89。

表 3　不同激素配比对百合继代增殖的影响

激素配比	编号	组培苗增殖数			增殖系数		
		‘双重惊喜’	‘萨莉’	宜昌百合	‘双重惊喜’	‘萨莉’	宜昌百合
NAA0.1mg/L+6-BA 0.5mg/L	1	55.4±8.0a	52±4.90a	68.3±7.78c	1.39±0.20a	1.3±0.12a	1.71±0.19c
NAA0.2mg/L+6-BA 0.5mg/L	2	57±5.12b	51.6±10.65a	55.4±9.06ab	1.43±0.13b	1.29±0.27a	1.39±0.23ab
NAA0.5mg/L+6-BA 0.5mg/L	3	48.2±3.86a	51.5±7.23a	51.1±6.39a	1.21±0.10a	1.29±0.18a	1.28±0.16a
NAA0.1mg/L+6-BA 1.0mg/L	4	64.6±6.24c	58.3±7.60a	60.1±7.37b	1.62±0.16c	1.46±0.20a	1.51±0.19b
NAA0.2mg/L+6-BA 1.0mg/L	5	70.5±5.93d	74.2±8.20b	75.3±4.77c	1.76±0.15d	1.86±0.21b	1.89±0.12c
NAA0.5mg/L+6-BA 1.0mg/L	6	57.5±8.54b	57.9±10.04a	57.1±11.85ab	1.44±0.21b	1.45±0.25a	1.43±0.30ab

2.4　百合不同部位及 NAA 浓度对百合结球的影响

宜昌百合愈伤组织诱导芽分化成苗后，在 NAA 的作用下分化的小鳞茎数量较多，小鳞茎长势较好，但是植株整体发育较弱；‘双重惊喜’和‘萨莉’由茎段诱导分化，分化后叶片茂盛，小鳞茎直径较小。当鳞茎进入发育阶段后，叶片会出现部分枯死的现象，可能是鳞茎与植株争夺养分造成的；MS 与 1/2MS 培养基对百合小鳞茎的诱导都有较为明显的效果，当 NAA 的浓度为 0.2mg/L 时，3 种百合结球趋势较为一致，且鳞茎底部出现根系，小鳞茎包裹紧密。使其在培养基中继续生长，可发育成完整植株，移栽后可成活。

表 4　不同浓度 NAA 及不同品种百合结球的影响

培养基	编号	鳞茎直径(cm)			结球数		
		‘双重惊喜’	‘萨莉’	宜昌百合	‘双重惊喜’	‘萨莉’	宜昌百合
MS	1	0.11±0.11a	0.07±0.09a	0.09±0.1a	49.7±4.5a	60.8±5.14a	52.8±11.45a
MS+NAA0.1mg/L	2	0.38±0.24ab	0.47±0.35b	0.61±0.4b	52±10.58ab	59.22±7b	65.22±14.04ab
MS+NAA0.2mg/L	3	0.87±0.63c	1.21±0.67c	1.25±0.45c	58.45±13.12b	77.27±13.32b	85.64±15.42c
1/2MS	4	0.16±0.18a	0.42±0.24ab	0.29±0.26ab	45.6±11.85a	57.2±11.52a	58±12.75ab
1/2MS+NAA0.1mg/L	5	0.27±0.21ab	0.51±0.26b	0.53±0.37b	58.6±6.79b	56.3±6.02a	70.2±11.26b
1/2MS+NAA0.2mg/L	6	0.51±0.37b	0.52±0.45b	0.61±0.31b	54.2±9.95ab	59.2±15.33a	65.3±14.43ab

3　讨论

在百合组织培养的相关研究中，大部分以鳞茎、叶片及花器官为外植体，诱导分化，获得组培苗。但是以鳞茎为外植体易损伤母球，且鳞茎消毒处理较为复杂[3]；叶片愈伤诱导率较低，且褐化现象较为严重[4]；百合花器官的取材可能会影响到百合杂交育种工作。百合种子数量较多，但种子播种生长十分缓慢。

本试验以宜昌百合种子为外植体诱导愈伤组织时发现，2,4-D 相较于 NAA 更有利于愈伤的诱导，易形成紧密、淡黄色的胚性愈伤，但是再生时间较为缓慢。愈伤分化出芽后，在 NAA 的作用下发育产生小鳞茎，小鳞茎生长旺盛。在重瓣百合及麝香百合茎段的培养中发现，只有少量产生了愈伤组织，随后在愈伤颗粒上出现芽点。茎段在 NAA 及 6-BA 配比的条件下大多分化成芽，后期伴随着小鳞茎的分化。在 NAA 浓度不同的 MS 及 1/2MS 培养基中，当 NAA 的浓度为 0.2mg/L 时，小鳞茎生长状态最佳，结球数最多。

植物激素浓度及种类是百合组织培养中细胞分化的重要影响因素，采用适宜百合茎段及种子的培养基，可快速分化出不定芽，获得组培苗。研究表明 2,4-D 在种子的愈伤分化中起着十分重要的作用，这一结果与高洁等在绿花百合的愈伤组织诱导结果一致[5]，NAA 更适宜于诱导不定芽的分化。

参考文献

[1]夏宜平，黄春辉，郑慧俊，等．百合鳞茎形成与发育生理研究进展[J]．园艺学报，2005，32(5)：947-953.
[2]蒋细旺，司怀军．百合的组织培养技术综述[J]．湖北农业科学，2004，1：78-82.
[3]周欢，罗凤霞，谢磊，等．百合科植物组织培养的研究进展[J]．湖北农业科学，2010，49(5)：1232-1237.
[4]刘芳，王晓丽，张彦妮，等．垂花百合花器官离体培养[J]．草业科学，2012(12)：1894-1898.
[5]高洁，王元忠，黄衡宇．绿花百合胚性愈伤组织诱导与植株再生研究[J]．植物研究，2016，36(1)：52-57.
[6]张艺萍，屈云慧，吴学尉，等．大理百合的组织培养和快速繁殖[J]．北方园艺，2007(8)：189-190.
[7]刘菊华，金志强，徐碧玉，等．龙牙百合的植株再生与遗传转化[J]．分子植物育种，2003，4(1)：465-474.

兰州百合脱毒与种球繁殖技术研究

吴慧君[1,2]　吴　泽[1,2]　张德花[1,2]　蓝　令[1,2]　滕年军[1,2,*]

（1. 南京农业大学园艺学院/农业农村部景观农业重点实验，南京　210095；2. 南京农业大学-南京鹂岛现代农业发展有限公司江苏省研究生工作站/南京农业大学八卦洲现代园艺产业科技创新中心，南京　210043）

摘　要：兰州百合是我国重要食用百合种类之一，长期连作致使种球被病毒感染而引起退化，严重制约了我国食用百合产业发展。在本研究中，首先利用 PCR 技术对兰州百合病毒进行了分子检测；在此基础上，采用愈伤诱导处理、病毒唑处理、热处理、热处理结合病毒唑、以及茎尖结合病毒唑处理 5 种方法对兰州百合进行了脱毒研究；最后，以完全脱毒的苗为材料，进行了组培快繁、组培苗驯化等研究。通过研究，在兰州百合种球种发现了 3 种病毒，分别是黄瓜花叶病毒(Cucumber mosaic virus，CMV)、百合无症病毒(Lily symptomless virus，LSV)和百合斑驳病毒(Lily mottle virus，LMoV)。以一代无菌苗小鳞片诱导愈伤的脱毒方法效果最好，CMV 的脱毒率达到 70%，LSV 的脱毒率达到 90%，LMoV 的脱毒率达到 100%，并且 10 周可获得脱毒苗。通过本研究，建立了兰州百合脱毒与种球繁殖技术体系，将为兰州百合脱毒苗规模化生产奠定基础。

关键词：兰州百合；种球脱毒；脱毒率；种球繁育

Study on Detoxification and Bulb Propagation Technology of *Lilium davidii* var. *unicolor*

WU Huijun[1,2], WU Ze[1,2], ZHANG Dehua[1,2], LAN Ling[1,2], TENG Nianjun[1,2,*]

(1. *College of Horticulture/Key Laboratory of Landscaping Agriculture, Ministry of Agriculture and Rural Affairs, Nanjing Agricultural University, Nanjing* 210095, *China*; 2. *Nanjing Agricultural University-Nanjing Oriole Island Modern Agricultural Development Co., Ltd. Jiangsu Graduate Workstation/Nanjing Agricultural University Baguazhou Modern Horticultural Industry Science and Technology Innovation Center, Nanjing* 210043, *China*)

Abstract: *Lilium davidii* var. *unicolor* is one of the most important edible lily species in China. Long-term continuous cropping has led to the degeneration of the bulb due to virus infection, which has seriously restricted the development of edible lily industry in China. In this study, PCR technique was used to detect virus of *L. davidii* var. *unicolor*. Then, bulb detoxification effects were investigated with five detoxification methods including callus induction treatment, ribavirin treatment, heat treatment, heat treatment combined with ribavirin, and stem-tip combined with ribavirin treatment. Finally, bulb propagation was studied with virus-free plantlets as materials. It was found there were three kinds of viruses, cucumber mosaic virus(CMV), lily symptomless virus(LSV), and lily mottle virus(LMoV). The detoxification method of inducing callus induced by the first generation of seedlings had the best effect, and the detoxification rate of CMV, LSV, and LMoV, were 70%, 90% and 100%, respec-

---

基金项目：国家重点研发计划(2020YFD1000402)；江苏省现代农业产业技术体系(JATS[2020]007)；南京农业大学种质资源专项(KYZZ201920)。

通讯作者：Author for correspondence(E-mail：njteng@ njau. edu. cn)。

tively. The virus-free seedlings were obtained at 10 weeks. Taken together, the detoxification and propagation technology system of *L. davidii* var. *unicolor* was established, which will lay a foundation for large-scale production and industrialized development of virus-free lily seedlings.

Key words: *Lilium davidii* var. *unicolor*; bulb detoxification; virus elimination rate; bulb propagation

百合耐热性评价及越夏栽培技术研究

蓝　令[1,2]　吴　泽[1,2]　张德花[1,2]　滕年军[1,2,*]

（1. 南京农业大学园艺学院/农业农村部景观农业重点实验，南京　210095；2. 南京农业大学-南京鹂岛现代农业发展有限公司江苏省研究生工作站/南京农业大学八卦洲现代园艺产业科技创新中心，南京　210043）

摘　要：本研究通过在夏季对引进的切花百合品种进行低温生根处理，将其生长适应性和观赏特性与未经处理的百合进行对比，旨在探究出夏季进行百合栽培时低温生根处理对百合性状的影响，并筛选出较耐热型百合品种。利用对5个品系共26种切花百合品种进行直接种植、低温处理至有芽点出现后种植和低温处理至有新生根长出后种植，并其进行物候期观测统计和耐热性调查后进行综合比较打分的方法，得到如下结果：①在供试的5个品系的切花百合中，平均得分最高的是'LO'系列百合，其次是'OT'系列百合，平均分最低的为东方系列百合。②在低温处理对比试验中，26个供试品种中，25个品种经过低温处理后得分有所增加。低温处理对亚洲百合和'LA'系列百合生育期缩短的效果较明显。同时低温处理能够一定程度上改善因高温所产生的叶烧和花蕾败育现象，但改善程度因品种而异，而对植株倒伏现象没有明显改善。因此，在夏季高温情况下可选择种植'LO'系列百合和'OT'系列百合；亚洲百合和'LA'系列百合虽生育期较短，但品质无法保证，应慎重选择；东方系列百合在高温条件下大多表现欠佳，不建议在夏季种植。同时在夏季可以采用低温生根处理的方式对所栽培百合的观赏性状进行改良。

关键词：切花百合；低温生根处理；观赏性；耐热性；品种筛选

Study on Heat Resistance Evaluation and Summer Cultivation Techniques of Lily

LAN Ling[1,2], WU Ze[1,2], ZHANG Dehua[1,2], TENG Nianjun[1,2,*]

(1. *College of Horticulture/Key Laboratory of Landscaping Agriculture, Ministry of Agriculture and Rural Affairs, Nanjing Agricultural University, Nanjing* 210095, *China*; 2. *Nanjing Agricultural University-Nanjing Oriole Island Modern Agricultural Development Co., Ltd. Jiangsu Graduate Workstation/Nanjing Agricultural University Baguazhou Modern Horticultural Industry Science and Technology Innovation Center, Nanjing* 210043, *China*)

Abstract: In this study, the introduced cut lily varieties were rooted at low temperature in summer, and their growth adaptability and ornamental characteristics were compared with those of untreated lilies. The purpose was to explore the influence of low temperature rooting treatment on lily traits in summer lily cultivation, and to screen out heats-resistant lily varieties suitable for summer cultivation in Nanjing. A total of 26 cut lily varieties from 5 strains were planted directly, treated at low temperature until buds appeared, and treated at low temperature until new roots grew. The phenological observation statistics, botanical characteristics and resistance were comprehensively compared and scored. The following results are obtained: First, among the five cut lily strains tested, the

---

基金项目：国家重点研发计划（2020YFD1000402）；江苏省现代农业产业技术体系（JATS［2020］007）；南京农业大学种质资源专项（KYZZ201920）。

通讯作者：Author for correspondence（E-mail：njteng@ njau. edu. cn）。

lily with the highest average score is 'LO' Hybrid lily, followed by 'OT' Hybrid lily, and the lily with the lowest average score is Oriental lily. Secondly in the contrast experiment of low temperature treatment, the scores of 25 tested varieties increased after low temperature treatment. Low temperature treatment has obvious effect on shortening the growth period of Asian lily and 'LA' Hybrid lily, and has certain effect on prolonging the flowering period of Asian lily population. At the same time, low temperature treatment can improve the leaf burning and bud abortion caused by high temperature to a certain extent, but the improvement degree varies with varieties, but the lodging phenomenon of plants is not significantly improved. Therefore, 'LO' Hybrid lily and 'OT' Hybrid lily can be planted under high temperature in summer. Although the growth period of Asian lily and 'LA' Hybrid lily is short, the quality can not be guaranteed and should be carefully selected; Oriental lilies do not perform well at high temperature, so it is not recommended to plant them in summer. At the same time, the ornamental characters of cultivated lily can be improved by low temperature rooting treatment in summer.

Key words: cut flower of lily; low temperature treatment; ornamental characteristics; heat resistance; cultivar screening

上海崇明地区百合适生性栽培研究

陈敏敏[1]　蔡友铭[1]　杨柳燕[1]　朱　娇[1]　聂功平[2]　毛聪明[2]　张永春[1*]

（1. 上海市农业科学院林木果树研究所，上海市设施园艺技术重点实验室，上海　201403；
2. 长江大学园艺园林学院，荆州　434025）

摘　要：为优化百合栽培技术并筛适合上海崇明地区栽培的百合（*Lilium* spp.）品种，本研究开展土壤改良对‘小黄龙’‘橙色珍珠’‘红色珍珠’‘小火箭’‘粉星’‘小珍珠’等6个品种株高、茎粗、花葶长、最大叶长、最大叶宽指标的影响研究，并对19个品种在盛花期观赏性状开展统计分析。结果表明，上海崇明地区土壤略偏碱性，添加草炭进行土壤改良能显著促进百合植株株高、茎粗、花葶长、叶长及叶宽。10个品种在上海崇明地区生长状况良好，病虫害少，适宜推广种植。本研究为上海崇明百合推广种植提供参考，为百合商品化种植过程中的栽培管理提供理论依据。

关键词：上海崇明；百合；土壤改良；适生性

Study on the Suitability and Cultivation of Different *Lilium* spp. Varieties in Chongming District of Shanghai

CHEN Minmin[1], CAI Youming[1], YANG Liuyan[1], ZHU Jiao[1],
NIE Gongping[2], MAO Congming[2], ZHANG Yongchun[1*]

（1. *Forestry and Pomology Research Institute*, *Shanghai Academy of Agricultural Sciences*, *Shanghai Key Laboratory of Protected Horticultural Technology*, *Shanghai* 201403；2. *College of Horticulture and Gardening*, *Yangtze University*, *Jingzhou* 434025, *China*）

Abstract: In order to optimize lily cultivation techniques and screen lily(*Lilium* spp.) varieties suitable for cultivation in the Chongming district of Shanghai, this research carried out soil improvement to improve the plant height, stem thickness, scape length, maximum leaf length, and maximum leaf width of ‘Tiny bee’ ‘Tiny pearl’ ‘Tiny rocket’ ‘Matrix’ ‘Trendy savannah’ and ‘Orange matrix’ and also conducted statistical analysis of the ornamental traits of the 19 varieties in the flowering period. Results showed that the soil in the Chongming district of Shanghai was slightly alkaline. Adding peat for soil improvement could significantly improve the plant height, stem thickness, scape length, leaf length and leaf width of lily. Ten varieties grew well in the Chongming district of Shanghai with fewer pests and diseases, and were suitable for planting in the future. This study provided reference for the promotion and planting of lilies in Chongming district of Shanghai, and provided a theoretical basis for the cultivation and management of lily in the commercial planting process.

Key words: Chongming district of Shanghai; *Lilium* spp.; soil improvement; suitability

通讯作者：Author for correspondence（E-mail：saasflower@163.com）。

百合(*Lilium* spp.)，百合科百合属多年生草本鳞茎植物，在北纬10°~60°和东经8°~160°的亚洲、北美洲和欧洲均有分布。百合原生种120多种，中国分布约55种，是原生百合分布中心。百合兼具观赏、食用和药用价值，其花姿雅致，可用于切花、庭院种植、盆栽等家庭园艺及城市绿化；鳞片富含钙、磷等营养成分，可用来制作百合干、百合粉、饮料等膳食滋补品；中医认为鳞片具养阴润肺、止咳平喘等功效，现代研究也发现百合鳞片中含有甾体皂苷(Munafo Jr & Gianfagna，2015)、生物碱(李红娟，2007；焦灏琳，2014)、酚类物质(童晓翠，2008)、黄酮(Francis *et al.*，2004)等物质，具抗氧化、抗癌、滋阴润肺等药效。

百合喜微酸性土壤，以富含腐殖质、深厚疏松的砂壤土为最好，亚洲和麝香百合最适土壤pH为6~7，东方百合最适土壤pH为5.5~6.5。施凯峰和钟军珺(2019)报道上海崇明区绿地土壤pH以碱性和弱碱性为主，EC值较低，有机质含量平均值为13.87g/kg，属中等偏低水平；全氮、有效磷、速效钾以中等到低水平为主，表明上海崇明区绿地土壤肥力指数较低，因此，对种植地开展土壤改良技术研究显得十分关键。土壤改良能有效改善土壤的物理和化学性质，使其更适宜植物生长(谷雨 等，2015；鲁艳红 等，2016)，目前关于盐碱土壤改良的对植株生长发育的研究在水稻(袁晓明 等，2020)、绿橙(吴宇佳 等，2020)、葡萄(申海林 等，2020)、玉米(赵军和杨珍，2020)等植物中，而关于崇明区盐碱土壤改良对百合生长发育影响及百合适生性方面的研究却鲜有报道。

本研究以上海市农业科学院收集的19份百合种质资源为实验材料，在上海崇明地区开展评价，研究土壤改良对百合植株株高、茎粗、花蕾数、花葶长、最大叶长、最大叶宽、花径大小等性状的影响，并对20个品种在崇明地区的适生性开展评价，为第十届中国花卉博览会百合适生品种的选择提供参考，也为指导上海崇明地区百合品种选择、栽培管理和产业发展决策提供参考。

1 材料与方法

1.1 种植地土壤检测

针对种植地块土壤中的全氮(NY/T 53-1987)、全钾(NY/T 87-1988)、全磷(NY/T 88-1988)、水解性氮(LY/T 1228-2015)、有效磷(NY/T 1121.7-2014)、速效钾(NY/T 889-2004)、pH(NY/T 1377-2007)和阳离子交换量(NY/T 295-1995)进行检测。

1.2 试验材料与方法

1.2.1 试验材料

本实验所用材料由上海市农业科学院收集保存，共计19份，包括8份亚洲百合(Asiatic lilies，A)、5份亚洲百合与麝香百合杂交系(LA)，6份东方百合(O)，品种名称见表1。

表1 百合品种及特性

Table 1 Lily varieties and characteristics

品种名	英文名	种球规格	种系	瓣型	花色
‘红色珍珠’	‘Matrix’	14/16	A	单瓣	红色
‘粉星’	‘Trendy savannah’	14/16	A	单瓣	粉色
‘莫妮卡’	‘Roselily monica’	18/20	O	重瓣	白色
‘小黄龙’	‘Tiny bee’	14/16	A	单瓣	黄色
‘小珍珠’	‘Tiny pearl’	14/16	A	单瓣	粉红色
‘小火箭’	‘Tiny rocket’	14/16	A	单瓣	深红色
‘娜塔莉亚’	‘Roselily Natalia’	14/16	O	重瓣	粉色
‘巴赫’	‘Bach’	14/16	LA	单瓣	白色
‘红妆’	‘Armandale’	14/16	LA	单瓣	深红色
‘布林迪西’	‘Brindisi’	14/16	LA	单瓣	粉色

（续）

品种名	英文名	种球规格	种系	瓣型	花色
‘眼线’	‘Eyeliner’	14/16	LA	单瓣	白色
‘穿梭’	‘Tresor’	14/16	A	单瓣	橘黄色
‘橙色珍珠’	‘Orange matrix’	14/16	A	单瓣	橙色
‘黑石’	‘Blackstone’	14/16	A	单瓣	深紫色
‘财富红’	‘Fortuneto’	16/18	O	单瓣	红/白色
‘粉瑞拉’	‘Zanella’	16/18	LA	单瓣	粉色
‘米拉’	‘Mila’	13/15	O	重瓣	粉色
‘莎拉’	‘Roselily sara’	13/15	O	重瓣	粉色
‘茜塔’	‘Sita’	15/17	O	重瓣	白色

1.2.2　试验方法

种植前，对部分种植地进行土壤改良，每亩地施加国产草炭100kg，开展土壤改良与未改良对6种百合(‘小黄龙’‘橙色珍珠’‘红色珍珠’‘小火箭’‘粉星’‘小珍珠’)植株生长发育的影响研究，于2020年5~6月统计不同品种百合蕾期、初花期、盛花期、末花期、收球期等物候期，并在每个品种盛花期时统计株高、茎粗、花蕾数、花葶长、最大叶长、最大叶宽、花径大小等性状，每个品种重复测定5次以上，种球收获期统计鲜重、周径、籽球数等性状指标。

针对百合A系品种8个，O系品种6个，LA品种5个开展适生性研究，将其种植于草炭每亩地添加100kg国产草炭土壤改良后的地块，于2020年5~6月统计不同品种百合盛花期时统计株高、茎粗、花蕾数、花葶长、最大叶长、最大叶宽、花径大小等性状，每个品种重复测定5次以上，分析不同百合品种在崇明地区的适应性。

1.3　数据分析

所有的试验数据通过Microsoft Excel 2010进行记录和整理。差异显著性分析采用SPSS17.0软件，处理组和对照组之间的显著性分析采用LSD法，显著性检验水平为$P \leqslant 0.05$。

2　结果与分析

2.1　现状土壤分析

种植地土壤以农田为主，土壤质地贫瘠，透气透水性差，养分含量低。土壤养分含量检测指标结果：全氮含量0.072%，全钾含量1.24%，全磷含量0.064%，水解性氮含量65mg/kg，有效磷含量23.3mg/kg，速效钾含量121mg/kg，土壤pH 8.1，阳离子交换量7.01cmol/kg。

2.2　土壤改良对百合植株生长发育的影响

具体结果表明，土壤改良后植株生长发育情况明显优于未改良土壤(表2)，在测试比较的6个品种中，改良后土壤中种植的‘红色珍珠’‘小黄龙’‘小珍珠’‘小火箭’‘橙色珍珠’的株高、茎粗、花葶长、最大叶长、最大叶宽这5个指标均高于未改良土壤中植株，‘红色珍珠’‘小黄龙’‘小珍珠’‘小火箭’这4个品种花径大小比较的结果也是改良后土壤中植株优于未改良土壤中种植的植株。‘粉星’的株高和花葶长结果均为未改良土壤高于改良土壤，但茎粗、最大叶长、最大叶宽的测定结果为改良土壤高于未改良土壤，表明土壤是否改良对‘粉星’植株高度的影响不大，但改良后土壤中种植的‘粉星’较未改良土壤更健壮，茎粗、最大叶长和最大叶宽均增加。从田间表型也可以看出，土壤改良后，‘小黄龙’‘橙色珍珠’‘红色珍珠’等品种植株更健壮，叶片多，花量大，整齐度高，整体观赏效果好，而未改良土壤种植的植株矮小、花朵小，整体植株观赏效果差(图1)。

表2 土壤改良对百合植株生长发育的影响

Table 2 Effects of soil improvement on the growth and development of lily plants

指标	品种	未改良	改良后	指标	品种	未改良	改良后
株高（cm）	‘红色珍珠’	20. 16±2. 23bc	21. 42±1. 40bc	最大叶长（cm）	‘红色珍珠’	5. 00±0. 51b	5. 34±0. 47bc
	‘粉星’	26. 60±3. 31a	25. 12±1. 64a		‘粉星’	3. 92±0. 75c	4. 96±0. 57c
	‘小黄龙’	15. 30±4. 32d	21. 34±2. 07bc		‘小黄龙’	4. 56±1. 56bc	5. 88±0. 83bc
	‘小珍珠’	16. 00±1. 70d	18. 92±1. 47c		‘小珍珠’	5. 50±0. 39ab	7. 02±0. 89a
	‘小火箭’	20. 70±1. 10bc	21. 70±1. 89bc		‘小火箭’	3. 96±0. 57c	5. 12±0. 87bc
	‘橙色珍珠’	19. 60±1. 70bc	22. 26±1. 47b		‘橙色珍珠’	5. 30±0. 57ab	6. 02±0. 29b
茎粗（mm）	‘红色珍珠’	7. 02±0. 79b	10. 41±0. 59ab	最大叶宽（cm）	‘红色珍珠’	1. 28±0. 13bc	2. 58±0. 12a
	‘粉星’	4. 99±1. 09c	6. 83±0. 88d		‘粉星’	0. 84±0. 18d	1. 04±0. 17e
	‘小黄龙’	8. 28±0. 61a	9. 72±1. 46b		‘小黄龙’	0. 80±0. 40d	2. 42±0. 18a
	‘小珍珠’	7. 02±0. 57b	7. 90±0. 62cd		‘小珍珠’	1. 62±0. 13ab	2. 06±0. 05b
	‘小火箭’	5. 91±1. 00bc	6. 81±0. 34d		‘小火箭’	1. 12±0. 39c	1. 70±0. 10c
	‘橙色珍珠’	8. 27±0. 77a	11. 42±1. 38a		‘橙色珍珠’	1. 28±0. 13bc	1. 44±0. 05d
花蕾数（个）	‘红色珍珠’	7. 0±0. 71b	7. 0±0. 71b	花径（cm）	‘红色珍珠’	13. 30±0. 00a	13. 38±0. 92ab
	‘粉星’	9. 4±2. 07a	9. 4±2. 07a		‘粉星’	/	/
	‘小黄龙’	6. 2±0. 45b	6. 2±0. 45b		‘小黄龙’	12. 25±1. 77ab	13. 18±1. 12ab
	‘小珍珠’	6. 8±1. 92ab	6. 8±1. 92b		‘小珍珠’	10. 50±1. 3bc	12. 73±0. 58b
	‘小火箭’	8. 8±1. 1ab	8. 8±1. 1ab		‘小火箭’	5. 21±2. 35d	7. 67±1. 77c
	‘橙色珍珠’	9. 8±1. 48a	9. 8±1. 48a		‘橙色珍珠’	/	15. 00±0. 00a
花葶长（cm）	‘红色珍珠’	10. 06±1. 35bc	11. 00±1. 00ab	花葶长（cm）	‘小珍珠’	7. 18±1. 58c	8. 52±0. 75c
	‘粉星’	11. 60±1. 14ab	10. 96±1. 85ab		‘小火箭’	8. 10±1. 75c	11. 38±1. 24ab
	‘小黄龙’	7. 54±2. 41c	12. 42±0. 63a		‘橙色珍珠’	8. 70±1. 10bc	10. 40±1. 29b

注：差异显著性采用LSD方法分析，不同小写字母表示 $P \leqslant 0.05$ 水平差异显著。

Note：The significance of the difference was analyzed by the LSD method，and different lowercase letters indicated significant differences at the level of $P \leqslant 0.05$.

2.3 土壤改良对百合种球生长发育的影响

种球收获期测定结果表明，在改良后土壤中种植的‘红色珍珠’‘粉星’‘小黄龙’‘小珍珠’‘小火箭’‘橙色珍珠’等6个品种的种球鲜重和周径明显高于未改良土壤中种植的种球(表3)；‘粉星’‘小珍珠’‘橙色珍珠’产生籽球的数量叶高于未改良的土壤，表明土壤改良有利于百合植株生长发育和种球膨大。

表3 土壤改良对百合种球生长发育的影响

Table 3 Effects of soil improvement on the growth and development of lily bulbs

指标	品种	未改良	改良后	指标	品种	未改良	改良后
鲜重（g）	‘粉星’	15. 95±4. 09bc	30. 03±5. 15c	籽球数（个）	‘粉星’	0b	1. 66±0. 81b
	‘小珍珠’	10±0. 70c	35. 92±5. 40b		‘小珍珠’	0b	0. 33±0. 81c
	‘红色珍珠’	17. 87±4. 65b	42. 23±2. 50a		‘红色珍珠’	2±0a	2±0ab
	‘小黄龙’	12. 48±2. 86bc	29. 51±3. 27bc		‘小黄龙’	0b	0c
	‘橙色珍珠’	25. 41±12. 04a	43. 11±6. 89a		‘橙色珍珠’	2. 16±0. 4a	2. 33±0. 51a
	‘小火箭’	20. 07±4. 77ab	30. 6±4. 26bc		‘小火箭’	0b	0c

（续）

指标	品种	未改良	改良后	指标	品种	未改良	改良后
周径（cm）	‘粉星’	14. 26±5. 06a	17. 00±1. 11a	周径（cm）	‘小黄龙’	10. 65±0. 93bc	14. 8±0. 56bc
	‘小珍珠’	9. 62±2. 46c	15. 28±0. 72b		‘橙色珍珠’	13. 83±2. 05ab	17. 43±0. 73a
	‘红色珍珠’	12. 38±1. 22bc	16. 83±0. 38a		‘小火箭’	12. 35±1. 25bc	14. 38±0. 70c

注：差异显著性采用 LSD 方法分析，不同小写字母表示 $P\leq0.05$ 水平差异显著。

Note: The significance of the difference was analyzed by the LSD method, and different lowercase letters indicated significant differences at the level of $P\leq0.05$.

图 1　土壤改良对百合植株生长发育的影响

图注：A‘小黄龙’ B‘橙色珍珠’ C‘红色珍珠’ D‘粉星’ E‘小火箭’ F‘小珍珠’

Fig. 1　The effect of soil improvement on the growth and development of lily plants

Note: A ‘Tiny bee’ B ‘Orange matrix’ C ‘Matrix’ D ‘Trendy savannah’ E ‘Tiny rocket’ F ‘Tiny pearl’

2.4 百合品种的适生性评价

亚洲百合中，‘穿梭’植株高度最高，为 71.67cm，茎粗为 8.95mm，花葶长 26.33cm，花径 16.04cm；东方百合中，‘莫妮卡’植株高度最高，为 64.17cm，茎粗 8.13mm，花蕾数 6.33，花葶长 16.83cm；LA 系百合中，‘粉瑞拉’植株高度最高，为 81.33cm，茎粗为 9.87mm，花葶长 24.33cm，花径 12.40cm(表 4，图 2)。综合考虑不同品种百合在崇明的生长发育状况，根据观赏性状、整齐度等指标将 20 个品种分为 3 个等级，优等级植株生长健壮，整齐度高，开花数量多，花朵大，花色鲜艳，花朵无畸形，病虫害少；中等级植株生长健壮，开花整齐度、花朵数量等指标略差于优等级；差等级植株生长势弱，开花整齐度差、花朵小、畸形率高，病虫害多，具体评价结果见表 5，根据观赏性状的综合表现，‘红色珍珠’‘小黄龙’‘橙色珍珠’‘粉瑞拉’‘红妆’‘莫妮卡’‘布林迪西’‘穿梭’‘黑石’‘茜塔’等 11 个品种被评为优，其适应性强，花量大；‘小珍珠’‘小火箭’‘娜塔莉亚’‘巴赫’‘眼线’‘财富红’‘米拉’‘莎拉’等 8 个品种被评为中，可少量推广应用；‘粉星’较差，不适宜在崇明地区推广种植。

表 4 部分种系百合在崇明地区的观赏性状

Table 4 Ornamental characteristics of some lilies in Chongming district

品种名称	株高(cm)	茎粗(mm)	花蕾数(个)	花葶长(cm)	最大叶长(cm)	最大叶宽(cm)	花径(cm)
‘莫妮卡’	64.17±3.82c	8.13±0.92b	6.33±0.58ab	16.83±3.51cd	10.90±0.36a	2.60±0.10c	/
‘娜塔莉亚’	49.17±1.61e	7.18±1.91bc	3.33±0.58cd	12.73±2.00d	9.80±0.70b	2.97±0.31bc	13.40±1.57b
‘巴赫’	56.67±2.08d	9.83±0.36a	5.33±0.58bc	23.17±0.29ab	7.90±0.26d	2.53±0.06c	13.89±1.22b
‘红妆’	75.82±5.62ab	9.67±1.91ab	5.67±2.08bc	21.83±2.84b	8.37±0.40cd	2.33±0.06cd	16.93±1.90a
‘布林迪西’	48.73±2.53e	7.05±0.94bc	4.33±0.58c	20.83±1.14bc	8.40±0.10cd	2.63±0.32c	17.07±1.29a
‘眼线’	68.17±7.65bc	5.47±0.86c	3.67±0.58c	22.00±2.00b	7.40±0.53d	2.10±0.10d	15.70±1.48ab
‘穿梭’	71.67±3.21b	8.95±0.57ab	6.00±0.00b	26.33±2.52a	10.27±1.14ab	1.97±0.29d	16.04±1.49ab
‘黑石’	59.73±1.55cd	7.42±0.51bc	6.33±1.15b	17.47±1.46c	8.87±0.55c	2.18±0.08d	15.27±2.41ab
‘财富红’	34.67±1.53fg	9.31±1.15ab	5.00±1.00bc	13.67±2.08d	9.83±0.65b	3.00±0.20b	12.54±1.03b
‘粉瑞拉’	81.33±2.52a	9.87±0.36a	7.67±1.53a	24.33±0.58ab	8.53±0.12cd	2.07±0.06d	12.40±1.00b
‘米拉’	30.50±0.87g	6.80±0.76bc	2.00±0.00d	8.30±2.07e	11.10±0.17a	4.40±0.30a	/
‘莎拉’	39.67±2.31f	6.23±0.52c	3.33±0.58cd	10.60±0.53de	11.00±0.00a	2.87±0.15bc	/
‘茜塔’	47.17±5.84e	8.91±0.47ab	4.33±1.15c	14.33±2.08cd	10.63±0.15ab	2.73±0.31bc	13.11±0.67b

注：差异显著性采用 LSD 方法分析，不同小写字母表示 $P≤0.05$ 水平差异显著。

Note: The significance of the difference was analyzed by the LSD method, and different lowercase letters indicated significant differences at the level of $P≤0.05$.

表 5 百合生长状况等级

Table 5 Growth and development status of lily

生长状况	品种
优	‘红色珍珠’‘小黄龙’‘橙色珍珠’‘粉瑞拉’‘红妆’‘莫妮卡’‘布林迪西’‘穿梭’‘黑石’‘茜塔’
中	‘小珍珠’‘小火箭’‘娜塔莉亚’‘巴赫’‘眼线’‘财富红’‘米拉’‘莎拉’
差	‘粉星’

3 结论

土壤成分分析表明上海崇明地区土壤偏碱性，不利于百合生长发育。通过添加草炭进行土壤改良能显著促进百合植株株高、茎粗、花葶长、叶长及叶宽，植株健壮、整齐度高。通过分析 19 个品种花期观

图 2 不同种系百合在崇明地区的试种表现

A：‘巴赫’；B：‘粉瑞拉’；C：‘红妆’；D：‘茜塔’；E：‘娜塔莉亚’；F：‘布林迪西’；G：‘财富红’；H：‘穿梭’；I：‘黑石’；J：‘莫妮卡’

Fig. 2 Ornamental characteristics of some lilies in Chongming district

A ‘Bach’; B ‘Zanella’; C ‘Armandale’; D ‘Sita’; E ‘Roselily Natalia’; F ‘Brindisi’; G ‘Fortuneto’; H ‘Tresor’; I ‘Blackstone’; J ‘Roselily monica’

赏性状，并结合田间表现，筛选出 10 个在上海崇明地区生长状况良好，病虫害少，适宜推广种植的百合品种。本研究为上海崇明地区百合推广种植提供参考，为百合商品化种植过程中的栽培管理提供理论依据。

参考文献

谷雨，蒋平，李志明，等，2015. 不同土壤调理剂对酸性土壤的改良效果[J]. 湖南农业科学，3：61-64.

焦灏琳，2014. 几种野生百合酚类物质与抗氧化活性研究[D]. 杨凌：西北农林科技大学 .

李红娟，2007. 卷丹百合营养成分、活性物质及栽培特性的研究[D]. 杨凌：西北农林科技大学 .

鲁艳红，廖育林，聂军，等，2016. 长期施用氮磷钾肥和石灰对红壤性水稻土酸性特征的影响[J]. 土壤学报，53(1)：202-212.

施凯峰，钟军珺，2019. 上海崇明区绿地土壤特征分析[J]. 上海建设科技，5：77-80.

童晓翠，2008. 卷丹化学成分及其化感作用的研究[D]. 杨凌：西北农林科技大学 .

吴宇佳，吉清妹，雷菲，等，2020. 不同改良剂对绿橙园土壤改良效果及绿橙苗生长的影响[J]. 湖北农业科学，59(16)：38-41.

袁晓明，张国江，蔡明清，等 . 2020. 基施微生物有机肥对土壤改良效果及水稻产量的影响[J]. 上海农业科技，5：101-105.

申海林，闫可，邹利人，等，2020. 土壤改良对‘着色香’葡萄生长发育的影响[J]. 中外葡萄与葡萄酒，5：22-24.

赵军，杨珍，2020. 不同盐碱地土壤改良剂对玉米生长及产量的影响[J]. 农业科技通讯，10.

Francis J A，Rumbeiha W，Nair M G，2004. Constituents in Easter lily flowers with medicinal activity[J]. Life Sciences，76(6)：0-683.

Munafo Jr J P，Gianfagna T J，2015. Chemistry and biological activity of steroidal glycosides from the *Lilium* genus[J]. Nat. Prod. Rep.，32(3)：454-477.

观赏百合苗后除草剂筛选及安全性评价

王伟东　李雪艳　胡新颖　白一光　周俐宏　杨迎东*

（辽宁省农业科学院花卉研究所，沈阳　110161）

摘　要：田间杂草严重影响百合种球产量和品质，人工除草费用高，且效果不好。为了降低种球繁育成本，有效清除百合生长期田间杂草，以东方百合‘西伯利亚’(Siberia)为试验材料，开展化学除草药效试验并评价了不同除草剂对百合的安全性，以期筛选出防效好、安全性高的药剂。结果表明：三木马(56%灭草松+5%精喹禾灵+乙烯基三甲氧基硅烷)对荠菜、藜、稗草、狗尾草、马唐防除效果较好，低浓度处理种球平均重量与对照差异不显著。高效氟吡甲禾灵对稗草、狗尾草、马唐3种禾本科草防除效果好，对百合安全性高。

关键词：观赏百合；种球繁育；除草剂；安全性

Screening and Safety Evaluation of Herbicides after Seedling of Ornamental Lily

WANG Weidong, LI Xueyan, HU Xinying, BAI Yiguang, ZHOU Lihong, YANG Yingdong*

(*The Institute of Flowers Research Liaoning Academy of Agricultural Sciences*, *Shenyang* 110161, *China*)

Abstract: Field weeds seriously affect the yield and quality of lily bulbs. In view of this situation that artificial weeding needs a higher cost and unsatisfactory results, a comprehensive study on weeding method by chemical control was conducted. In order to reduce the bulb production costs, and effectively eliminate weeds in lily growing period, the chemical weeding efficacy test was carried out with ‘Siberia’ as the experimental material, and the safety of different herbicides on lily was evaluated, so as to screen out the pesticides with good control effect and high safety. The results showed that the three Trojan horses(56% fenazone+5% quizalofop ethyl+vinyltrimethoxysilane) benefit to weed control on Shepherd's purse, Chenopodium album, Barnyard grass, Green bristlegrass and Crabgrass. There was no significant difference in average weight of seed balls between low concentration treatment and control. Flupirofop-p-ethyl exhibit good control effect on Barnyard grass, Green bristlegrass and Crabgrass, and had high safety to lily.

Key words: ornamental lily; bulb breeding; herbicide; safety

基金项目：辽宁省自然科学基金项目(2019-MS-193)，辽宁省科技特派计划项目(2020020015-JH5/101)，沈阳市中青年科技创新人才项目(RC 200351)。

作者简介：王伟东(1980-)，男，辽宁朝阳建平人，硕士，副研究员，现主要从事花卉栽培与种球繁育技术研究工作。Tel：18104029486，E-mail：wangweidong1108@163.com。

通讯作者：杨迎东(1973-)，男，山东烟台人，硕士，研究员，现主要从事花卉栽培、育种及种球繁育技术研究与推广工作。Tel：15904968001，E-mail：yangyingdong2011@163.com。

朱顶红盆栽催花技术初探

李金蓉　陈　熙　潘天琪　于悦聪　孙红梅*

（沈阳农业大学园艺学院，沈阳 110866）

摘　要：以朱顶红'Merry Christmas''Magic Green''Blushing Bride'和'Pink Glory'4个品种为材料，探讨了室外低温处理，剪除叶片和干旱处理对朱顶红盆花花期的影响，并比较了品种间的差异。研究结果表明，休眠期0~10℃低温处理24d、留叶处理利于朱顶红提前开花。在栽培应用中'Magic Green'和'Blushing Bride'适宜采取休眠期留叶处理，同期花葶生长量显著提高；'Merry Christmas'适宜采用0~10℃低温处理24d，再进行温室内常规管理；'Pink Glory'适宜采用在生长期距离种球基部3~4cm进行剪除叶片处理。研究结果为实现盆栽朱顶红促成栽培、提高经济效益提供了参考。

关键词：朱顶红；花期；催花技术

Preliminary Study on Potted Flowering Technology of *Hippeastrum vittatum*

LI Jinrong，CHEN Xi，PAN Tianqi，YU Yuecong，SUN Hongmei*

（*College of Horticulture*，*Shenyang Agricultural University*，*Shenyang* 110866，*China*）

Abstract：Four cultivars of *Hippeastrum* such as 'Merry Christmas''Magic Green''Blushing Bride' and 'Pink Glory' were used as test materials，the effects of outdoor low-temperature treatment，clipping out leaves and drought treatment on the flowering period of *Hippeastrum* potted flowering were discussed，and the differences between the varieties were compared. The results of the study showed that the outdoor low temperature treatment at 0~10℃ for 24 days and the retain leaves in dormant were beneficial to the early flowering of *Hippeastrum*. In cultivate application，'Magic Green' and 'Blushing Bride' are adapted to retain leaves in dormant，which showed significantly increased in flower stalk growth. 'Merry Christmas' is suitable to be treated with 0~10℃ low temperature for 24 days，and then routinely managed in the greenhouse；'Pink Glory' is adapted to cutting off the leaves at a distance of 3 to 4cm from the base of the bulb during the growing period. The research results provided a reference for realizing forcing culture of potted *Hippeastrum* and improved economic benefits.

Key words：*Hippeastrum*；florescence；forcing culture

朱顶红（*Hippeastrum*）属于石蒜科朱顶红属多年生球根花卉，原产于中南美洲[1]热带地区，喜温暖湿润气候，于我国大部分地区不能露地越冬，常盆栽于室内观赏，花期5~6月。因其花朵硕大，花色丰富，品种繁多，观赏价值极高，成为国庆、春节等节日的新宠[2]，市场需求空间较大。因其肥大鳞茎储存养分，可以在预期开放前对种球进行催花技术处理，使其可以整齐批量开放，实现朱顶红周年

通讯作者：E-mail：hmbh@ . com。

生产，提高经济效益。国外促成栽培技术起步早，杂交新品种更新迭代、栽培技术等方面成果丰富[3]。我国对于朱顶红温控技术方面研究主要集中在通过种球温控处理、种球预处理等方面取得一定进展[4]。相比于国外，我国在该领域研究进展处于起步阶段。本文选择不同管理方式对盆栽种球进行处理，对试验产生的结果进行分析，寻求适宜的催花处理手段，以期为朱顶红促成栽培提供技术支持。

1 材料与方法

1.1 材料

试验材料为大花朱顶红'Merry Christmas''Magic Green''Blushing Bride''Pink Glory'(图1)。

'Merry Christmas' 'Magic Green' 'Blushing Bride' 'Pink Glory'

图1 供试朱顶红品种

Fig. 1 *Hippeastrum vittatum* varieties

1.2 方法

采用直径20cm口径软质塑料盆作为容器，疏松透气的砂性壤土作为栽培基质，定植于沈阳农业大学23号温室。

1.2.1 室外低温处理

选取上述4个品种处于生长期的盆栽各9株，于2020年10月10日2020年11月2日进行室外低温处理，温度2~10℃，共处理24天。移入温室内后距离种球基部3~4cm剪除叶片，进行温室常规管理。对照组选取同品种植株，于2020年10月10日距离种球基部3~4cm进行剪除叶片处理，温度10~20℃，进行温室常规管理。于2021年4月4日统计开花情况。

1.2.2 植株管理方式比较

(1)剪除叶片处理

选取上述4个品种植株各10株，于2020年10月11日距离种球基部3~4cm进行剪除叶片处理，温度10~20℃，进行温室常规管理，于2021年4月4日统计开花情况。

(2)干旱处理

选取'Blushing Bride''Pink Glory'各10株，于2020年10月11日距离种球基部3~4cm剪除叶片，从2020年10月19日起，分别停止浇水30d和60d，于2021年4月4日统计开花情况。

2 结果与分析

2.1 室外低温处理对盆栽朱顶红催花的影响

由表1可以看出，经室外低温处理，'Merry Christmas'和'Magic Green'的花葶抽生率分别比对照组提高57.1%和9.6%，叶芽抽生率分别低于对照组31%和46.8%；'Pink Glory'和'Blushing Bride'花葶抽生率分别低于对照组11.1%和5.6%，叶芽抽生率分别比对照组提高5.1%和25%。

由此可见，不同品种对于低温处理的反应有所差异。低温促进'Magic Green'和'Merry Christmas'花葶的抽生，同时抑制二者叶芽抽生；与其相反，低温处理抑制‘Pink Glory’和‘Blushing Bride’花葶的抽出，促进两者叶芽的抽出。低温处理明显抑制花葶生长，平均花葶高度均低于室内常温处理。

表 1 室外低温处理对花期的影响

Table 1 Effect of outdoor low temperature on flowering period

品种 Varieties	处理 Treatment	花芽萌发率(%) Flower bud germination rate	叶芽萌发率(%) Foliage bud germination rate	花葶高度(cm) Flower stalk length
‘Pink Glory’	低温处理	88.9	77.8	11.3
	对照	100.0	72.7	14.6
‘Magic Green’	低温处理	88.9	22.2	28.8
	对照	79.3	69.0	36.1
‘Blushing Bride’	低温处理	44.4	100.0	8.0
	对照	50.0	75.0	3.6
‘Merry Christmas’	低温处理	77.8	0.0	4.5
	对照	20.7	31.0	5.4

2.2 植株管理方式对盆栽朱顶红催花的影响

2.2.1 剪除叶片处理对盆栽朱顶红催花的影响

由表 2 可知，‘Pink Glory’在剪除叶片和对照组中花芽萌发率均达 100%；剪除叶片处理下，‘Magic Green’‘Merry Christmas’和‘Blushing Bride’花芽萌发率比对照组降低 20.7%、59.9%和 55.6%。而在叶芽抽出情况中，剪除叶片的叶芽抽出率均相比于对照组分别提高 72.7%、29%、15%和 31%。剪除叶片处理抑制‘Magic Green’的花葶生长，促进‘Pink Glory’花葶生长，对‘Merry Christmas’和‘Blushing Bride’影响程度不大。

由此可见，剪叶处理促进叶芽的抽生，抑制花芽的抽生。带盆留叶促进花葶提前抽生，为朱顶红促成栽培技术提供一定参考。

表 2 剪除叶片处理对花期的影响

Table 2 Effects of clipping out leaves on flowering period

品种 Varieties	处理 Treatment	花芽萌发率(%) Flower bud germination rate	叶芽萌发率(%) Foliage bud germination rate	花葶高度(cm) Flower stalk length
‘Pink Glory’	剪叶处理	100.0	72.7	14.6
	对照	100.0	0.0	5.5
‘Magic Green’	剪叶处理	79.3	69.0	36.1
	对照	100.0	40.0	47.3
‘Blushing Bride’	剪叶处理	44.4	75.0	3.6
	对照	100.0	60.0	2.2
‘Merry Christmas’	剪叶处理	20.7	31.0	5.4
	对照	80.0	0.0	3.5

2.2.2 干旱处理对盆栽朱顶红催花的影响

由表 3 可知，‘Pink Glory’与‘Blushing Bride’在干旱处理 30d 和 60d 的花芽萌发率一致，叶芽萌发率相差不大。‘Pink Glory’在干旱处理 30d 花葶生长量大于干旱处理 60d，但在‘Blushing Bride’中花葶生长量表现差异不大。由此可见干旱处理时间长短对朱顶红催花的影响因品种而异。

表 3 干旱处理对花期的影响

Table 3 Effect of drought treatment on flowering period

品种 Varieties	处理 Treatment	花芽萌发率(%) Flower bud germination rate	叶芽萌发率(%) Foliage bud germination rate	花葶高度(cm) Flower stalk length
'Pink Glory'	干旱处理 30d	100.0	70.0	12.1
	干旱处理 60d	100.0	70.0	7.3
'Blushing Bride'	干旱处理 30d	50.0	70.0	3.0
	干旱处理 60d	50.0	80.0	3.8

2.3 不同品种盆栽朱顶红催花技术比较

综合来看，对于'Magic Green'和'Blushing Bride'的催花技术，室内留叶处理组花葶抽出数量上有明显优势，花芽萌发率达 100%，其中'Blushing Bride'高于其他试验组 50%以上，'Magic Green'后期花葶生长高度显著高于其他试验组，最早开花，提前进入盛花期；'Merry Christmas'在 0~10℃低温处理 21d 和带盆留叶处理花芽萌发率均在 80%左右，但低温处理组花葶生长量高于其他试验组，所以适宜采用0~10℃低温处理 24d；'Pink Glory'适宜温室常规处理，其花葶生长量显著高于其他试验组。

表 4 不同品种朱顶红花期比较

Table 4 Comparison on florescence among different *Hippeastrum* cultivars

品种 Varieties	室外低温处理 Outdoor low temperature treatment		室内剪叶处理 Indoor cutting leaves treatment		室内留叶处理 Indoor reserved leaves treatment	
	花芽萌发率(%) Flower bud germination rate	花葶高度(cm) Flower stalk height	花芽萌发率(%) Flower bud germination rate	花葶高度(cm) Flower stalk height	花芽萌发率(%) Flower bud germination rate	花葶高度(cm) Flower stalk height
'Pink Glory'	88.9	11.3	100.0	14.6	100.0	5.5
'Magic Green'	88.9	28.8	79.3	36.1	100.0	47.3
'Blushing Bride'	44.4	8.0	50.0	3.6	100.0	2.2
'Merry Christmas'	77.8	4.5	21.7	5.4	80.0	3.5

3 讨论

田松青[4]等研究认为，种球低温春化处理 40d 等促成栽培技术有利于杂种朱顶红根系生长和花叶同放。吕文涛[8]等研究表明朱顶红促成栽培时种球需要 4~7℃低温冷藏 45~60d，并指出促成栽培不仅与积温有关，还与品种和种球规格有关。吕英民[5]等认为，3~5℃适宜朱顶红低温处理，利于促成栽培，提早开花，王凤祥[6]等认为 1~2℃适宜，原雅玲[7]等认为 4~9℃为储藏朱顶红最佳温度。本试验室外自然低温处理条件下，温度在 2~10℃之间，试验表明低温条件下花葶和叶芽的抽出彼此抑制，花葶生长量低于对照组，也可能因为低温处理的时间积累量不够，造成不同品种间的结果有差异，还需进一步研究。

田松青[4]等研究指出红孔雀该品种在带盆留叶条件下，提前开花 11d，植株花叶发育健壮。本试验得出结论带盆留叶的'Magic Green'植株种球直径大于其他处理，且提早开花 5~10d，叶片在生长期起到积累养分，将其运输到种球的作用。

鲁娇娇[9]等研究表明，北方地区引种不同朱顶红的花期表现存在差异。田松青[4]等表明不同品种朱顶红的促成栽培存在差异。促成栽培宜选用早中花品系。本试验表明，相同试验方法产生的结果在不同朱顶红品种中存在显著差异，干旱处理最适时长、低温最适时长及品种特性有待进一步研究。

参考文献

[1]张林，成海钟，周玉珍，等．朱顶红的研究进展[J]．江苏农业科学，2011，39(5)：225-228.
[2]金晨莺，张海珍，沈笑，等．朱顶红促成栽培技术研究进展与园林应用[J]．浙江农业科学，2020，61(1)：72-75.
[3]马慧，王琪，袁燕波，于晓南，等．朱顶红属植物种质资源及园林应用[J]．世界林业研究，2012，25(4)：29-32.
[4]田松青，朱旭东，成海钟，等．杂种朱顶红引进品种的促成栽培技术研究[J]．江苏业科学，2008，36(4)：151-153.
[5]吕英民，王有江．朱顶红[M]．北京：中国林业出版社，2004.
[6]王凤祥．朱顶红[M]．北京：中国林业出版社，2002.
[7]原雅玲，李淑娟，赵锦丽，等．朱顶红节日供花种球处理技术研究[J]．西北林学院学报，2009，24(6)：80-82.
[8]吕文涛，周玉珍，成海钟，等．朱顶红盆花花期调控技术研究[J]．北方园艺，2010(20)：110-112.
[9]鲁娇娇，裴新辉，关柏丽，等．北方地区朱顶红引种栽培及评价[J]．辽宁农业科学，2019(2)：24-28.

西红花露地和设施栽培地土壤理化性质、酶活性及微生物多样性分析

周　琳[1]　杨柳燕[1]　茅人飞[2]　朱　娇[1]　张永春[1,*]

（1. 上海市农业科学院林木果树研究所，上海市设施园艺技术重点实验室，上海　201403；
2. 上海瀛洲西红花种植专业合作社，上海　202155）

摘　要：为对比露地栽培和设施栽培对西红花栽培地土壤的影响，本研究检测了土壤的理化性质和酶活性，并采用 Illumina Miseq 高通量测序技术对其微生物群落组成进行了比对分析。结果表明，西红花设施栽培土壤中的有机质、全氮、全磷、碱解氮和有效磷的含量以及碱性磷酸酶和脲酶的活性均显著高于露地栽培土壤，但多酚氧化酶和过氧化氢酶活性显著低于露地栽培土壤。设施栽培和露地栽培土壤中细菌主要由变形菌门、放线菌门、绿弯菌门和酸杆菌门组成，真菌由子囊菌门、担子菌门和接合菌门组成。在属水平上，露地栽培和设施栽培土壤中类诺卡氏菌属、青枯菌属、芽单胞菌属、芽孢杆菌属、链霉菌属、浮霉菌属、芽球菌属、硝化螺旋菌属、地杆菌属等细菌的相对丰度存在显著差异；毛壳菌属、链格孢菌属、曲霉属、被孢霉属、隐球菌属、裂壳属、柄孢壳属、篮状菌属、黑孢壳属等真菌相对丰度存在显著差异。在露地栽培土壤中相对丰度较高的细菌和真菌，与土壤碱性磷酸酶和脲酶活性负相关，与多酚氧化酶和过氧化氢酶活性正相关；在设施栽培土壤中相对丰度较高的细菌和真菌，与土壤碱性磷酸酶和脲酶活性正相关，与多酚氧化酶和过氧化氢酶活性负相关。

关键词：西红花；栽培方式；理化性质；酶活性；微生物多样性

Analysis of Soil Physicochemical Properties, Enzyme Activity and Microbial Community Structures in Open Field and Protected Cultivation Soil of Saffron (*Crocus sativus* L.)

ZHOU Lin[1], YANG Liuyan[1*],
MAO Renfei[2], ZHU Jiao[1], ZHANG Yongchun[1]

(1. *Forestry and Pomology Research Institute*, *Shanghai Academy of Agricultural Sciences*, *Shanghai Key Laboratory of Protected Horticultural Technology*, *Shanghai* 201403, *China*;
2. *Shanghai Yingzhou Saffron Planting Professional Cooperative*, *Shanghai* 202155, *China*)

Abstract: In order to compare the effects of open field cultivation and facility cultivation on the soil of *Crocus sativus*, the physicochemical properties and enzyme activities of the soil were detected, and the microbial community composition was analyzed by Illumina miseq high-throughput sequencing technology. The results showed that the contents of organic matter, total nitrogen, total phosphorus, alkali-decomposed nitrogen and available phosphorus, as well as the activities of alkaline phosphatase and urease in the protected cultivation soil were significantly higher than

通讯作者：Author for correspondence (E-mail: saasflower@163.com)。

those in open cultivation soil. However, the activities of polyphenol oxidase and catalase were significantly lower than those in open field cultivation soil. The bacteria in open field cultivation and protected cultivation soils mainly consist of Proteobacteria, Actinobacteria, Chloroflexi and Acidobacteria, and the fungi are composed of Ascomycota, Basidiomycota and Zygomycota. At the genus level, the relative abundance of bacteria such as *Nocardioides*, *Ralstonia*, *Gemmatimonas*, *Bacillus*, *Streptomyces*, *Planctomyces*, *Blastococcus*, *Nitrospira* and *Geobacter* in open field cultivation and protected cultivation soils are significantly different, and the relative abundances of fungi such as *Chaetomium*, *Alternaria*, *Aspergillus*, *Mortierella*, *Cryptococcus*, *Schizothecium*, *Zopfiella*, *Talaromyces*, and *Melanospora*are significantly different. Bacteria and fungi with relatively high abundance in open field cultivation are negatively correlated with soil alkaline phosphatase and urease activities, and positively correlated with polyphenol oxidase and catalase activities. However, the relatively high abundance of bacteria and fungi in the cultivated soil is positively correlated with soil alkaline phosphatase and urease activities, and negatively correlated with polyphenol oxidase and catalase activities.

Key words: saffron; cultivation method; physical and chemical properties; enzyme activity; microorganism diversity

西红花(*Crocus sativus* L.)，又名番红花、藏红花，为鸢尾科番红花属多年生球茎花卉(林东昊 等，2019；姚冲 等，2017)。西红花既是传统名贵药材，又是重要的化工原料，在医药、保健、化工、高级美容化妆品及食品、染料工业等行业有着广泛的用途，社会需求量呈逐年上升趋势(林东昊 等，2019；姚冲 等，2017；周琳 等，2020)。西红花原产于地中海沿岸，主产区为伊朗，较适应亚热带地中海气候(姚冲 等，2017)。上海崇明于20世纪70年代先后从德国、日本引进西红花球茎进行栽培研究试验，是我国西红花最早试种栽培成功且种植农户较多的地区之一，并针对江浙沪亚热带季风气候夏季降雨量大且温度湿度高的特征，与水稻生产形成了良好的“二段式”水旱轮作栽培模式，即5~11月室内培育采花、11月至翌年4月田间种球繁育两个阶段，既提高了土地利用效率，又改善了农业生态条件和生态环境(姚冲 等，2017；周琳 等，2020；饶君凤 等，2012)。现今，国产西红花的质量(色度、芳香度、香气和西红花苷含量)明显优于进口西红花(林东昊 等，2019)，但我国西红花产量仍处于供不应求状态，每年仍需花费大量外汇从伊朗等主产国引进西红花(周琳 等，2020)。随着西红花应用范围的不断扩大以及市场需求的增长，我国已在组织培养体系建立、球茎腐烂病防治、加工和储藏方式的优化，以及种植密度和深度的优化等方面开展大量研究工作，以提升西红花产量和品质(姚冲 等，2017)。目前，西红花栽培主要以露地栽培为主，其生长环境(光照、温度、水分和空气)不稳定且不可控，严重影响西红花种球生长和繁育。此外，近年来长三角地区西红花栽培面积较大，而该区域地下水位高且降水量大，种球生长期如遇持续降雨，降低了种球繁殖效率，且病害发生严重。

随着设施成本降低，配套栽培技术的成熟，设施栽培因具有环境可控、高效、高收益等优势，已广泛应用于蔬菜、果树、花卉和中药等的栽培中。西红花经济价值较高，江浙沪作为我国西红花重要产区，已尝试采用设施栽培，以期延长西红花绿叶期，提高子代球茎产量，降低球茎腐烂率，提升西红花品质。郭勇等(2009)和钱晓东等(2017)的研究结果也证实了设施栽培具有保温保湿作用，可促进叶片生长，增强光合作用，从而对西红花小球茎繁育有较大促进作用；但是设施栽培时，温湿度较高会加重西红花腐烂病的发生，即使经过防治，其腐烂率仍高于露地栽培(郭勇 等，2009)。此外，植物设施栽培过程中，农药化肥使用量大或者积累，易导致栽培土壤障碍因素突出，病害发生率增加，降低产量和品质，影响生产的可持续发展(何文寿，2004)。目前，西红花种植前使用大量有机肥，在12月至翌年5月间又需多次追肥，长期的设施栽培对其土壤理化性状和微生物多样性的影响，鲜有相关研究报道。

本文比较了露地和设施栽培条件下，西红花种植土壤的理化性质、酶活性和微生物多样性，以期初步比较两种栽培方式对土壤的影响，为指导西红花设施栽培提供参考。

1　材料与方法

1.1　西红花栽培地概况及栽培方式

试验于上海瀛洲西红花种植专业合作社开展，合作社位于上海市崇明区建设镇(北纬 N31°39′37.74″，东经 E121°28′1.29″)。合作社 2016—2019 年期间，露地和设施栽培均采用“水稻-西红花”轮作模式，且种植期间的施肥管理保持一致。具体为：每年 10 月中旬，将三元复合肥(30kg/亩)和腐熟有机肥(2000kg/亩)与土壤混合翻耕均匀作为基肥；于 12 月初种植西红花，种球种植后立即覆盖腐熟有机肥(2000kg/亩)作为面肥；定植 20d 时，每亩施加尿素 5kg；定植 45d 后，每亩施加尿素 9kg；随后每隔 20d 每亩施加三元复合肥 4kg；3 月底后不施肥，并于 5 月中旬前完成种球采收。西红花栽培期间，2 月中下旬至 4 月下旬，至少进 3 次人工除草，除草时应尽量避免伤及西红花球茎及地上叶片；同时，将病害球茎及时挖出和销毁。

1.2　土壤样品采集与处理

待 5 月西红花球茎采收时，采用 5 点 S 形法挖取 15cm 左右深度的土壤，除去西红花根系等杂质；露地栽培和设施栽培的土壤各取 3 次重复，使用保鲜冰盒带回实验室备用。

1.3　土壤理化性质和酶活性测定

参照鲁如坤(1999)的方法，通过电位法测定土壤 pH 值，高温外热重铬酸钾氧化-容量法测定有机质，开氏消煮法测定全氮，酸溶-钼锑抗比色法测定全磷，火焰光度法测定全钾，碱解扩散法测定碱解氮，碳酸氢钠法测定有效磷，乙酸铵提取法测定速效钾。土壤碱性磷酸酶(S-AKP/ALP)、土壤过氧化氢酶(S-CAT)、土壤多酚氧化酶(S-PPO)、土壤蔗糖酶(S-SC)和土壤脲酶(S-UE)的活性测定使用索莱宝(Solarbio)公司相应检测试剂盒，具体检测步骤参照其说明书进行。每个测试指标均重复 3 次。

1.4　微生物多样性分析

土壤细菌 16S rRNA 和真菌 ITS 的测序工作委托上海美吉生物医药科技有限公司完成。使用 E. Z. N. A Soil DNA 试剂盒(OMEGA 公司)提取露地和设施栽培土壤 DNA，通过 1.0%琼脂糖凝胶电泳检测微生物总 DNA 的完整性，并利用 Nanodrop 2000(Thermo)检测 DNA 浓度和纯度，保存 A_{260}/A_{280} 比值范围为 1.8~2.0 的样品于-80℃冰箱。土壤细菌和真菌的 PCR 扩增引物、反应体系和反应程序参照蔡艳等(2015)的方法。PCR 扩增产物经 2%琼脂糖凝胶电泳检测，切取目的片段用 AxyPrepDNA 凝胶回收试剂盒(AXYGEN 公司)对其进行回收。通过 Tris-HCl 洗脱纯化 PCR 产物，用 QuantiFluor™-ST 蓝色荧光定量系统(Promega 公司)检测定量后，由上海美吉生物医药科技有限公司利用 Miseq2×300bp 平台测序。

1.5　数据分析

土壤理化性质和酶活性测定数据使用 Excel2010 软件进行统计，通过 SPSS20.0 软件对试验数据进行单因素方差分析和相关性分析。微生物多样性测序结果使用上海美吉生物医药科技有限公司平台软件分析；热图使用广州基迪奥生物科技有限公司 OmicShare 平台工具绘制。

2　结果与分析

2.1　露地和设施栽培土壤理化性状及酶活性

西红花露地和设施栽培根际土壤理化性质和酶活性如表 1 所示。由表 1 可见，露地与设施栽培根际土壤 pH 值、全钾(TK)含量、速效钾(AK)含量和蔗糖酶(SC)活性较为接近，但其余理化性质和酶活性存在显著差异。设施栽培土壤中，有机质(OM)、全氮(TN)和碱解氮(AN)的含量以及碱性磷酸酶(ALP)活性极显著高于露地栽培土壤($P<0.01$)，且全磷(TP)和有效磷(AP)的含量以及脲酶(UE)的活性均显著高于露地栽培土壤($P<0.05$)。露地栽培土壤中，多酚氧化酶(PPO)活性极显著高于设施栽培土壤($P<0.01$)，过氧化氢酶(CAT)活性显著高于设施栽培土壤($P<0.05$)。

为探讨土壤理化性质与土壤酶活性间的关系，通过 SPSS 软件计算 Pearson 相关系数，进行相关性分析。结果表明(表 2)，TN、TP 与 AN、AP 呈显著正相关关系，其中 TN 和 AN 呈极显著正相关；此外，TN、TP

和 AP 均与土壤 ALP 极显著正相关，而与 PPO 和 CAT 均极显著负相关；此外，TN 和 AP 与 UE 显著正相关，TP 与 UE 极显著正相关。土壤中 AK 与 OM、TN、TP、TK、AN 和 AP 均正相关，但并未达显著水平。

表 1　露地和设施栽培土壤理化性质和酶活性

Table1　Physicochemical properties and enzyme activities of soil in open field and protected cultivation fields

类别 Category	相关指标 Related indicators	露地栽培 Open-field cultivation	设施栽培 Protectedcultivation
理化性质 Physicochemical properties	pH 值 pH value	7. 82±0. 11	7. 96±0. 11
	有机质 Organic matter content/(g/kg)	19. 86±1. 14	32. 58±1. 85 **
	全氮 Total nitrogen/(g/kg)	1. 90±0. 03	2. 89±0. 10 **
	全磷 Total phosphorus/(g/kg)	1. 50±0. 24	1. 84±0. 19 *
	全钾 Total potassium/(g/kg)	1. 28±0. 14	1. 41±0. 12
	碱解氮 Available nitrogen/(mg/kg)	84. 77±2. 74	127. 36±7. 30 **
	有效磷 Effective phosphorus/(mg/kg)	91. 57±9. 55	114. 57±17. 75 *
	速效钾 Quick-acting potassium/(mg/kg)	249. 75±25. 10	277. 86±20. 14
酶活性 Enzyme activity	碱性磷酸酶 Alkaline phosphatase[(mmol/(kg · h)]	0. 79±0. 07	1. 31±0. 13 **
	多酚氧化酶 Polyphenol oxidase[mg/(g · h)]	1. 45±0. 15 **	0. 58±0. 10
	过氧化氢酶 Catalase/(m $KMnO_4$/g)	11. 76±1. 46 *	8. 78±0. 66
	蔗糖酶 Sucrase/[mg glucose/(g · d)]	26. 80±3. 62	24. 25±6. 58
	脲酶 Urease/[μg NH_3-N/(g · d)]	411. 08±25. 53	484. 57±30. 48 *

注：* 表示差异达 0. 05 显著水平，** 表示差异达 0. 01 极显著水平，下同。

Note：Different markers(* and **) indicate significant differences at 0. 05 or 0. 01 leavel，respectively. The same below.

表 2　根际土壤理化性质与酶活性的相关性分析(Pearson 相关系数)

Table 2　Correlationship between soil physicochemical properties and soil enzyme activities in rhizosphere soil(Pearson correlation coefficient)

	pH	OM	TN	TP	TK	AN	AP	AK	ALP	PPO	CAT	SC	UE
pH	1	0. 568	0. 632	0. 500	0. 296	0. 680 *	0. 678 *	0. 004	0. 492	-0. 534	-0. 574	0. 147	0. 203
OM		1	0. 978 **	0. 583	0. 381	0. 983 **	0. 695 *	0. 531	0. 967 **	-0. 973 **	-0. 825 **	-0. 120	0. 738 *
TN			1	0. 663 *	0. 461	0. 991 *	0. 737 *	0. 494	0. 937 **	-0. 977 **	-0. 839 **	-0. 191	0. 772 **
TP				1	0. 788 **	0. 621	0. 195	0. 091	0. 427	-0. 688 *	-0. 499	-0. 640 *	0. 576
TK					1	0. 397	-0. 066	0. 330	0. 268	-0. 475	-0. 098	-0. 559	0. 440
AN						1	0. 760 *	0. 462	0. 935 **	-0. 971 **	-0858 **	-0. 105	0. 722 *
AP							1	0. 132	0. 728 *	-0. 656 *	-0. 703 *	0. 306	0. 329
AK								1	0. 559	-0. 459	-0. 241	-0. 289	0. 693 *
ALP									1	-0. 911 **	-0. 820 **	0. 011	0. 716 *
PPO										1	0. 816 **	0. 228	-0. 761 *
CAT											1	0. 044	-0. 728 *
SC												1	-0. 555
UE													1

2. 2　露地和设施栽培土壤细菌和真菌的多样性分析

露地栽培和设施栽培土壤中细菌有效 OTU 数分别为 8203 和 8039 个，其中共有 OTU 有 1300 个；真菌有效 OTU 则分别为 896 和 1294 个，共有 OTU 为 295 个(表 3)。ACE 丰富度指数和 Chao1 丰富度指数的数值越高，则其微生物越丰富。由表 3 可见，设施栽培土壤中细菌的 ACE 和 Chao1 指数的均值均显著高于露地栽培土壤，而且表明设施栽培土壤中细菌和真菌群落丰富度高于露地栽培土壤。Shannon 多样性指数和 Simpson 多样性指数微生物多样性指标，Shannon 指数值越大或 Simpson 指数值越低，则样本的微生物群落多样性越大。露地栽培土壤细菌的 Shannon 指数高于设施栽培土壤，且露地栽培土壤细菌的 Simpson 指数低于设施栽培土壤，说明露地栽培土壤细菌群落多样性高于设施栽培。设施栽培土壤真菌的 Shannon 指数高于露地栽培土壤，且设施栽培土壤真菌的 Simpson 指数低于露地栽培土壤，说明设施栽培土壤真菌群落多样性高于露地栽培。Coverage 指数数值越高，表明样本文库覆盖率高，即样本中序列被检测出的概率高。由表 2 可见，露地栽培和设施栽培土壤中真菌的 Coverage 指数均高于 0.99，可见测序深度已经基本覆盖到样品中真菌所有的物种；然而，露地栽培和设施栽培土壤中细菌的 Coverage 指数在 0.66~0.68 间，可见样本中较多低丰度细菌可能尚未被测序到。综上表明，群落丰富度方面，设施栽培土壤中细菌和真菌群落均高于露地栽培土壤；在多样性方面，露地栽培土壤细菌群落多样性高于设施栽培，但真菌群落多样性低于设施栽培土壤。

表 3 露地和设施栽培土壤中细菌和真菌的多样性指数

Table 3 Diversity index of bacteria and fungi in open field and protected cultivation soil

多样性指数 Diversity index	细菌 Bacteria		真菌 Fungi	
	露地栽培	设施栽培	露地栽培	设施栽培
有效 OTU 数 Number of total effective OTUs	8203	8039	896	1294
ACE 丰富度指数 ACE estimator index	18271±7722	32427±2801 *	448.36±50.92	725.28±56.85 *
Chao1 丰富度指数/Chao1 estimator index	8912±304	13592±1087 *	451.49±42.03	703.21±55.48 *
Shannon 多样性指数 Shannon diversity index	7.000±0.159	6.739±0.602	3.134±0.434	3.553±0.141
Simpson 多样性指数 Simpson index	0.0023±0.0002	0.0049±0.0003	0.147±0.096	0.078±0.016
Coverage 指数 Coverage index	0.6645±0.0630	0.6715±0.2041	0.9969±0.0003	0.9944±0.0009

2.3 露地和设施栽培细菌和真菌群落结构组成分析

由表 4 可知，西红花露地和设施栽培地土壤中均有 10 个门类细菌菌群，两者细菌菌群相对丰度较高的为变形菌门、放线菌门、绿弯菌门和酸杆菌门。其中，变形菌门在露地和设施栽培土壤中相对丰度均最高，分别为 31.51%和 39.88%；露地栽培土壤中放线菌门（16.80%）>酸杆菌门（11.64%）>绿弯菌门（8.79%），而设施栽培土壤中则为绿弯菌门（13.45%）>酸杆菌门（9.62%）>放线菌门（7.36%）。露地和设施栽培的土壤中，拟杆菌门、芽单胞菌门和浮霉菌门的相对丰度均低于 6%，且硝化螺旋菌门、厚壁菌门和 Latescibacteria 的相对丰度均低于 3%。露地和设施栽培土壤中，真菌均主要由子囊菌门、担子菌门和接合菌门组成，且子囊菌门相对丰富均最高，分别达 84.67%和 86.13%；担子菌门相对丰度较为接近分别为 3.21%和 2.16%，但露地栽培土壤中接合菌门相对丰度为 2.20%，高于设施栽培土壤（0.03%）。真菌在纲水平上，露地和设施栽培土壤中均为粪壳菌纲的相对丰度较高，分别达到 55.49%和 66.38%，其次为座囊菌纲，分别为 11.34%和 10.12%；随后为散囊菌纲，分别为 8.38%和 4.59%，而银耳纲、伞菌纲、盘丝纲和锤舌菌纲的相对丰度均低于 2%。

表 4 细菌门类水平及真菌门类、纲类水平上的组成及相对丰度

Table 4 Relative abundances and composition of bacterial taxa at the phylum level & fungi taxa at the phylum and class level（%）

门 Phylum	细菌 Bacteria		门 Phylum & 纲 Class	真菌 Fungi	
	露地栽培	设施栽培		露地栽培	设施栽培
变形菌门 Proteobacteria	31.51	39.88	子囊菌门 Ascomycota	84.67	86.13
放线菌门 Actinobacteria	16.80	7.36	担子菌门 Basidiomycota	3.21	2.16
绿弯菌门 Chloroflexi	8.79	13.45	接合菌门 Zygomycota	2.20	0.03
酸杆菌门 Acidobacteria	11.64	9.62	未分类 Unclassified & 其他 Others	9.92	11.68
拟杆菌门 Bacteroidetes	5.58	4.98	粪壳菌纲 Sordariomycetes	55.49	66.38

（续）

门 Phylum	细菌 Bacteria		门 Phylum & 纲 Class	真菌 Fungi	
	露地栽培	设施栽培		露地栽培	设施栽培
芽单胞菌门 Gemmatimonadetes	5. 24	3. 49	座囊菌纲 Dothideomycetes	11. 34	10. 12
浮霉菌门 Planctomycetes	4. 59	3. 51	散囊菌纲 Eurotiomycetes	8. 38	4. 59
硝化螺旋菌门 Nitrospirae	0. 69	2. 81	银耳纲 Tremellomycetes	1. 98	0. 62
厚壁菌门 Firmicutes	2. 69	0. 57	伞菌纲 Agaricomycetes	0. 89	1. 41
Latescibacteria	0. 30	1. 65	盘菌纲 Pezizomycetes	1. 82	0. 04
未分类 Unclassified	9. 13	8. 87	锤舌菌纲 Leotiomycetes	1. 16	0. 58
其他 Others	3. 03	3. 81	未分类 Unclassified & 其他 Others	18. 94	16. 26

2.4　露地和设施栽培细菌和真菌组成及差异菌属

由图 1 可知，西红花露地栽培和设施栽培土壤中细菌和真菌在属水平的群落组成和相对丰度存在明显差

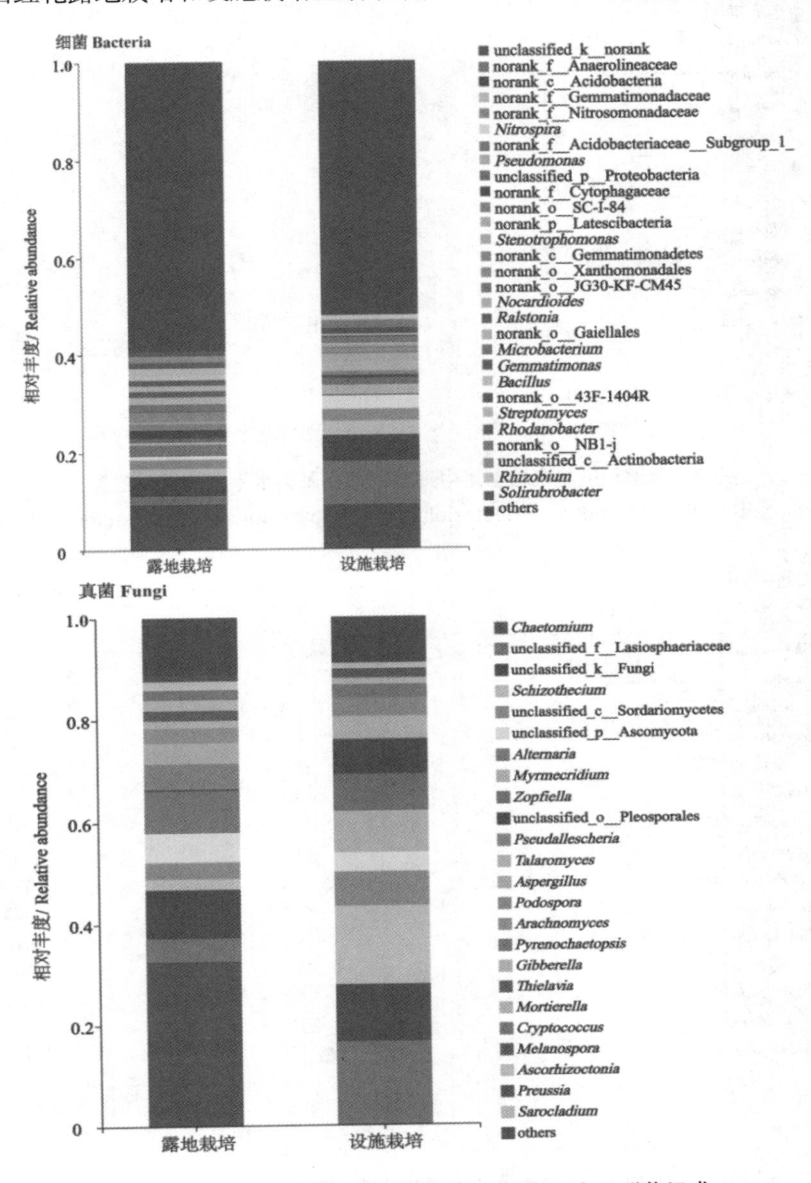

图 1　露地和设施栽培土壤细菌与真菌在属水平群落组成

Fig. 1　Composition of bacterial and fungi in open field and protected cultivation soil at genus level

异。露地栽培和设施栽培土壤中细菌群落主要为酸杆菌纲中未鉴定出的菌属(norank_c_Acidobacteria)、厌氧绳菌科中未鉴定出的菌属(norank_f_Anaerolineaceae)、亚硝化单胞菌科中未鉴定出的菌属(norank_f_Nitrosomonadaceae)等。露地栽培土壤中真菌主要为毛壳菌属(*Chaetomium*，32.43%)、链格孢菌属(*Alternaria*，8.23%)、假霉样真菌属(*Pseudallescheria*，5.05%)、曲霉属(*Aspergillus*，3.94%)等属组成；设施栽培土壤中真菌主要为裂壳菌属(*Schizothecium*，15.56%)、*Myrmecridium* 属(8.04%)、柄孢壳属(*Zopfiella*，7.21%)等属组成。通过 I-Sanger 生信云平台，比较了露地栽培和设施栽培土壤中细菌和真菌在属水平上的差异表达(图 2、3)。去除在纲、目和科水平中未鉴定出的菌属，露地栽培土壤中类诺卡氏菌属(*Nocardioides*)、青枯

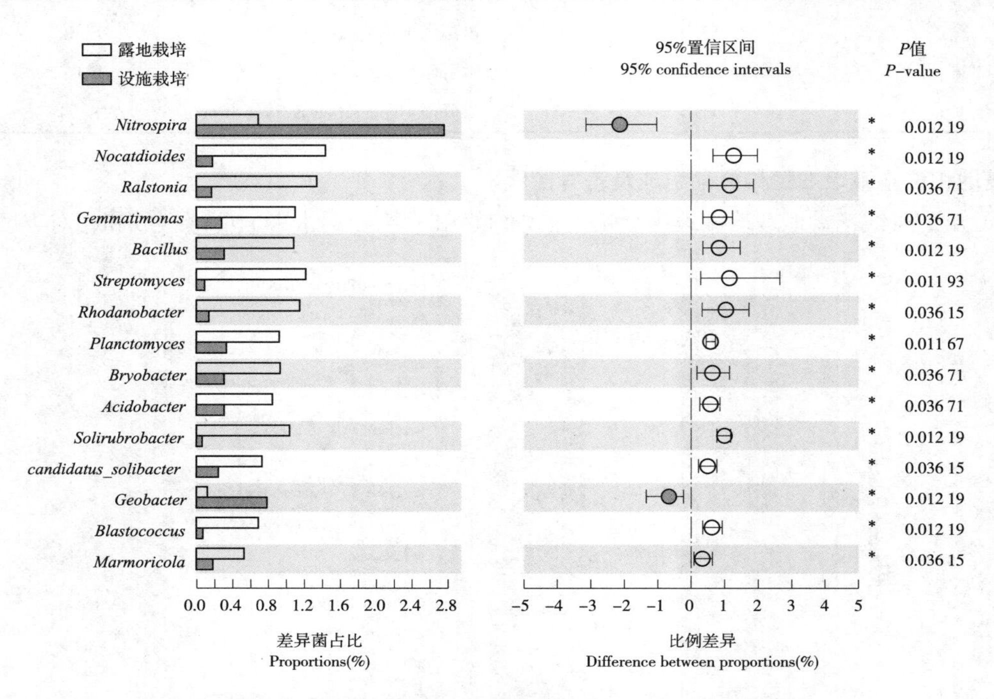

图 2　露地和设施栽培土壤中细菌群落在属类水平上的组成差异

Fig. 2　Compositional differences of bacterial taxa in open field and protected cultivation soil

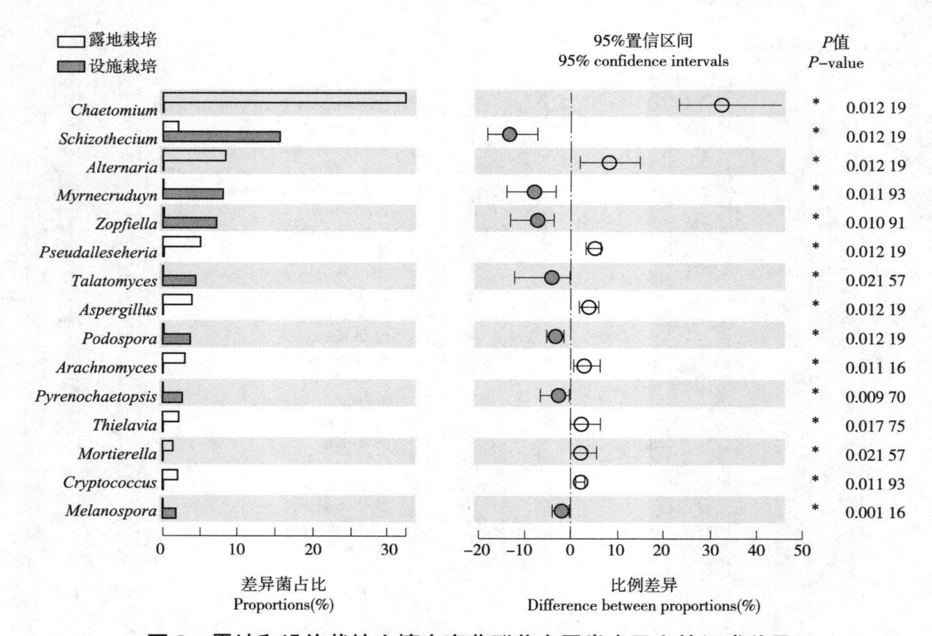

图 3　露地和设施栽培土壤中真菌群落在属类水平上的组成差异

Fig. 3　Compositional differences of fungal taxa in open field and protected cultivation soil

菌属(*Ralstonia*)、芽单胞菌属(*Gemmatimonas*)、芽孢杆菌属(*Bacillus*)、链霉菌属(*Streptomyces*)、浮霉菌属(*Planctomyces*)、芽球菌属(*Blastococcus*)等细菌相对丰度显著高于设施栽培土壤，但硝化螺旋菌属(*Nitrospira*)和地杆菌属(*Geobacter*)的相对丰度显著低于设施栽培土壤(图 2)。真菌属水平组成方面(图 3)，露地栽培土壤中毛壳菌属(*Chaetomium*)、链格孢菌属(*Alternaria*)、曲霉属(*Aspergillus*)、被孢霉属(*Mortierella*)、隐球菌属(*Cryptococcus*)等真菌相对丰度显著高于设施栽培土壤，但裂壳属(*Schizothecium*)、柄孢壳属(*Zopfiella*)、篮状菌属(*Talaromyces*)、黑孢壳属(*Melanospora*)等真菌相对丰度显著低于设施栽培土壤。

2.5　根际土壤微生物差异物种与理化性质、酶活性之间的相关性

为分析影响西红花露地与设施栽培根际土壤微生物群落组成差异的因素，将属水平存在显著差异的细菌和真菌与土壤理化性质和酶活性进行 Spearman 相关性分析(图 4 和图 5)。由图 4 可知，西红花栽培地土壤的理化性质与差异细菌和真菌的相对丰度密切相关；聚类结果表明 *Nitrospira* 属和 *Geobacter* 属均与

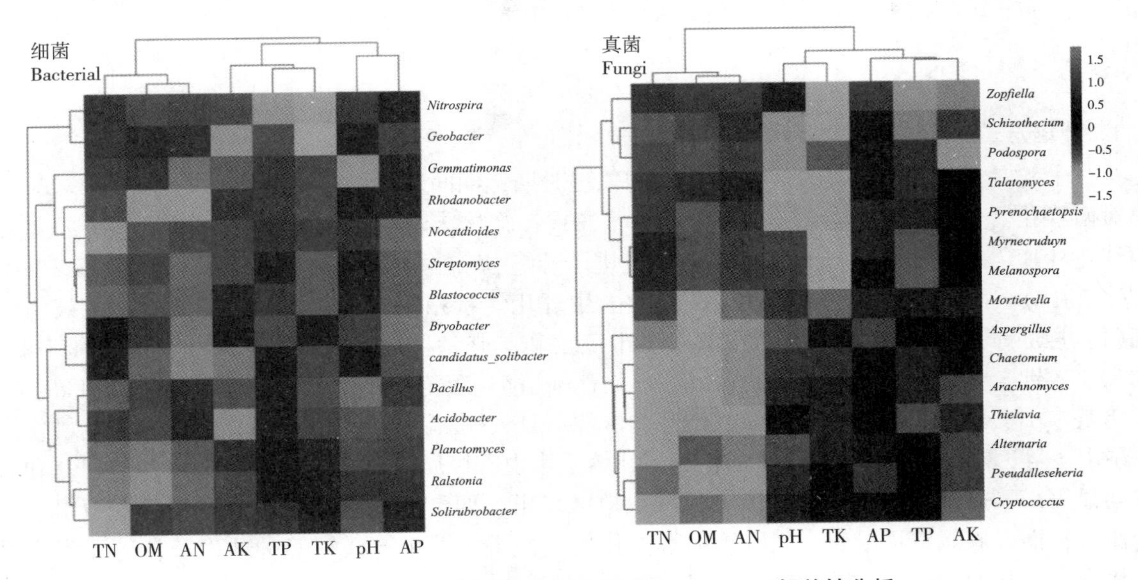

图 4　根际土壤差异菌属与理化性质的 Spearman 相关性分析

Fig. 4　Spearman correlation analysis between differentiated genus and physicochemical properties in rhizosphere soil

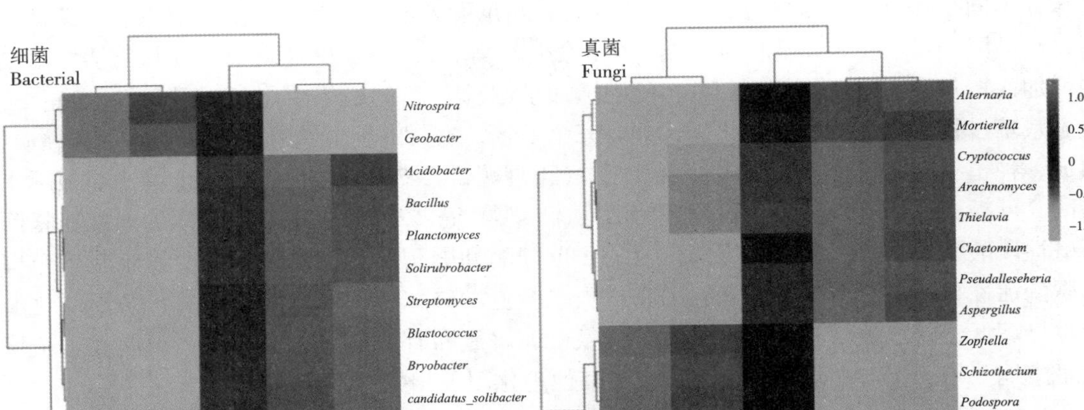

图 5　根际土壤差异菌属与酶活性的 Spearman 相关性分析

Fig. 5　Spearman correlation analysis between differentiated genus and enzyme activities in rhizosphere soil

全钾显著负相关；*Bryobacter* 属与有效磷显著正相关；*Bacillus* 属与 pH 值显著正相关；*Gemmatimonas* 属、*Rhodanobacter* 属、*Nocardioides* 属、*Streptomyces* 属和 *Blastococcus* 属与土壤各项理化性质的相关性较为相似。在真菌方面，*Zopfiella* 属、*Schizothecium* 属、*Podospora* 属、*Talaromyces* 属、*Pyrenochaetopsis* 属、*Myrmecridium* 属和 *Melanospora* 属均与全氮、有机质和碱解氮正相关，与全钾呈负相关；而 *Mortierella* 属、*Aspergillus* 属、*Chaetomium* 属、*Arachnomyces* 属、*Thielavia* 属、*Alternaria* 属、*Pseudallescheria* 属和 *Cryptococcus* 属均与全氮、有机质和碱解氮负相关，其中 *Mortierella* 属与全钾显著正相关，*Cryptococcus* 属与速效钾显著正相关。由图 5 可见，西红花露地和设施栽培土壤中属水平显著差异的细菌和真菌与蔗糖酶活性相关性均不显著，与碱性磷酸酶(ALP)、脲酶(UE)、多酚氧化酶(PPO)和过氧化氢酶(CAT)活性有明显相关性；而且基本表现为与 ALP、UE 正相关，则与 PPO、CAT 负相关；与 ALP、UE 负相关，则与 PPO、CAT 正相关。例如，细菌 *Nitrospira* 属、*Geobacter* 属与 ALP、UE 正相关，但与 PPO、CAT 负相关；*Alternaria* 属、*Mortierella* 属与 ALP、UE 负相关，但与 PPO、CAT 正相关。

3 讨论

3.1 栽培方式对土壤理化性状和酶活性的影响

1~4 月上旬是西红花子球茎营养物质积累的关键时期，期间球茎重量持续增加(王祯 等，2019)，期间肥料对西红花营养生长起到关键作用(姚冲 等，2017；施林妹 等，2013)。以往研究已发现设施栽培有利于西红花叶片生长，促进其光合作用，从而促进子球茎营养物质积累和重量增长(郭勇 等，2009；钱晓东 等，2017)。宁夏蔬菜栽培地，设施与露地土壤理化性状相比，其碱解氮、速效磷、速效钾含量显著提高(何进勤 等，2012)；云南昆明市和玉溪市蔬菜和花卉种植地，设施栽培下土壤有机质、碱解氮、速效磷和速效钾含量随种植年限的增加(6 年内)而逐渐增加(董艳 等，2009)；这些物质的积累主要由于设施栽培基本不受雨水影响，而受滴灌或浇灌的影响，且大棚/温室内温度较高，使得养分在耕作层大量富集(杨绍聪 等，2005)。本研究中西红花设施栽培土壤中有机质、全氮、全钾、全磷、碱解氮和有效磷的含量均显著高于露地栽培土壤，这由于长三角地区多雨，西红花露地栽培时，土壤易受雨水淋洗，导致养分流失；而设施栽培可减轻自然降雨的淋溶作用，使得土壤中氮磷钾等种球生长营养元素含量高于露地栽培土壤，从而促进西红花种球生长。

西红柿设施栽培土壤中磷酸酶、过氧化氢酶、蔗糖酶和脲酶的活性均高于露地土壤(袁亮 ，2007)；设施菜地和露天菜地土壤酶活性，设施菜地土壤中碱性磷酸酶活性显著高于露天菜地，但过氧化氢酶活性变化规律在不同采样点存在差异(梁琼 等，2018)；甜瓜设施连作栽培时，土壤中脲酶、蔗糖酶的活性先升后降，磷酸酶和过氧化氢酶活性则持续下降(徐小军 等，2016)；碱性磷酸酶和脲酶活性随设施栽培种植年限增加而增强，而过氧化氢酶随种植年限增加呈增-减-增的趋势变化(苗钰婷，2019)；可见，不同物种设施栽培过程中土壤酶活性变化规律并非完全一致，主要由于土壤酶活性与土壤理化性质、施肥、微生物组成、种植年限、耕作方式等多种因素相关(王理德 等，2016)。由于根际土壤比非根际土壤更能增加磷酸酶、蔗糖酶、脲酶、过氧化氢酶等的活性(王理德 等，2016)，本研究采集的西红花根际土壤主要检测了碱性磷酸酶、多酚氧化酶、过氧化氢酶、蔗糖酶和脲酶的活性，结果表明设施栽培土壤中碱性磷酸酶和脲酶活性显著高于露地栽培，且与有机质、全氮、碱解氮含量显著正相关；多酚氧化酶和过氧化氢酶活性显著低于露地栽培，且与有机质、全氮、碱解氮和有效磷显著负相关；设施栽培土壤蔗糖酶活性略低于露地栽培，仅与全磷显著负相关，与其他理化因子相关性不显著。

3.2 栽培方式对土壤微生物组成和相对丰度的影响

设施栽培会导致真菌数量的持续增加，以及微生物多样性和均匀度的持续降低(董艳 等，2009)；但轮间作处理可显著提高潜在有益菌相对丰度且降低潜在病原菌的相对丰度，提高土壤酶活性(董宇飞 等，2019)，且可提高土壤细菌群落丰富度和真菌群落的多样性，利于保持微生物群落结构的稳定(倪苗 等，2019)。近年来，虽然西红花栽培土壤微生物组成分析已受重视，但主要关注于土壤和种球中微生物组成与西红花腐烂病发生率的关系(El Aymani *et al.*，2019；Wani Z *et al.*，2016；周琳 等，2020)，西红花设施栽培对土壤微生物组成的影响尚未得到充分关注。本研究中，连续3年设施栽培的土壤仅细菌群落多样性低于露地栽培土壤；细菌和真菌群落丰富度以及真菌群落的多样性均高于露地栽培土壤，这可能与长三角地区采用“水稻-西红花”轮作栽培模式相关。露地栽培和设施栽培土壤中细菌和真菌在门水平优势菌组成基本相似。优势细菌为变形菌门、放线菌门、绿弯菌门和酸杆菌门，优势真菌为子囊菌门，这与前期测定的崇明多个西红花栽培地土壤中优势菌一致(周琳 等，2020)。在细菌群落属水平，露地栽培和设施栽培土壤中细菌组成较为相近，主要为青枯菌属、芽单胞菌属、链霉菌属、浮霉菌属、硝化螺旋菌属等的相对丰度存在显著差异，露地栽培土壤相对丰度显著高于设施栽培土壤的细菌属(如 *Nocardioides*、*Ralstonia*、*Gemmatimonas*、*Bacillus*、*Streptomyces*、*Planctomyces*、*Blastococcus* 等)均与碱性磷酸酶和脲酶活性负相关，与多酚氧化酶和过氧化氢酶正相关；而相对丰度显著低于设施栽培土壤的细菌属(如 *Nitrospira* 和 *Geobacter*)则均与碱性磷酸酶和脲酶活性正相关，与多酚氧化酶和过氧化氢酶负相关。真菌差异菌属与酶活性的相关性，与细菌相似，即露地栽培土壤相对丰度显著高于设施栽培土壤的真菌属(如 *Chaetomium*、*Alternaria*、*Aspergillus*、*Mortierella*、*Cryptococcus* 等)均与碱性磷酸酶和脲酶活性负相关，与多酚氧化酶和过氧化氢酶正相关；而相对丰度显著低于设施栽培土壤的真菌属(如 *Schizothecium*、*Zopfiella*、*Talaromyces*、*Melanospora* 等)则均与碱性磷酸酶和脲酶活性正相关，与多酚氧化酶和过氧化氢酶负相关。虽然，西红花露地栽培和设施栽培土壤中细菌和真菌差异物种(属水平)与土壤理化性质相关性无明显规律，但基于 Pearson 相关系数的相关性分析结果表明，ALP、PPO、CAT、UE 酶活性与 OM、TN、TP、AN、AP 的含量密切相关。由此可见，3年连续栽培后，露地栽培和设施栽培土壤理化性质存在一定的差异，其中 OM、TN、TP 等多个物质的含量影响了土壤中 ALP、PPO、CAT、UE 酶活性，最终影响了土壤中细菌和真菌在属水平的相对丰度。

4 结论

(1)西红花设施栽培土壤中，有机质、全氮、全磷、碱解氮和有效磷的含量以及碱性磷酸酶和脲酶的活性均显著高于露地栽培土壤；多酚氧化酶和过氧化氢酶活性显著低于露地栽培土壤；pH 值、全钾和速效钾含量以及蔗糖酶活性与露地栽培土壤较为接近。

(2)西红花栽培土壤理化性质与土壤酶活性间存在一定相关性，其中 TN、TP 和 AN、AP 显著正相关，且 TN、TP 和 AP 均与土壤 ALP 极显著正相关。

(3)西红花设施栽培土壤中细菌群落丰富度高于露地栽培土壤，但多样性低于露地栽培土壤；真菌群落丰富度和多样性均高于露地栽培土壤。在门类水平，设施栽培和露地栽培土壤细菌和真菌的组成较为相近，细菌主要为变形菌门、放线菌门、绿弯菌门和酸杆菌门，真菌主要为子囊菌门、担子菌门和接合菌门组成，其中子囊菌门相对丰富均最高。在属水平，露地栽培和设施栽培土壤中细菌组成较为相近，其中青枯菌属、芽单胞菌属、链霉菌属、浮霉菌属、硝化螺旋菌属等相对丰度存在显著差异；露地栽培和设施栽培土壤中真菌组成差异较为显著，露地栽培土壤中毛壳菌属、链格孢菌属、曲霉属、被孢霉属、隐球菌属等真菌相对丰度显著高于设施栽培土壤，设施栽培土壤中裂壳属、柄孢壳属、篮状菌属、黑孢壳属等真菌相对丰度显著高于露地栽培土壤。

(4)西红花栽培土壤中，在属水平相对丰度显著差异的细菌和真菌，与土壤碱性磷酸酶、脲酶、多酚氧化酶和过氧化氢酶具有相关性。基本表现为露地栽培土壤中相对丰度显著高于设施栽培土壤的细菌和真菌与碱性磷酸酶和脲酶活性负相关，与多酚氧化酶和过氧化氢酶正相关；而相对丰度显著低于设施栽培土壤的细菌和真菌，则与碱性磷酸酶和脲酶活性正相关，与多酚氧化酶和过氧化氢酶负相关。

参考文献

蔡艳，郝明德，臧逸飞，等，2015. 不同轮作制下长期施肥旱地土壤微生物多样性特征[J]. 核农学报，29(2)：344-350.

董艳，董坤，鲁耀，等，2009. 设施栽培对土壤化学性质及微生物区系的影响[J]. 云南农业大学学报，24(3)：418-424.

董宇飞，吕相漳，张自坤，等，2019. 不同栽培模式对辣椒根际连作土壤微生物区系和酶活性的影响[J]. 浙江农业学报，

31(9)：1485-1492.
郭勇，楼肖成，石丽敏，2009. 塑料大棚对西红花生长的影响[J]. 现代中药研究与实践，23(1)：14-15.
何进勤，桂林国，何文寿，2012. 宁夏设施与露地土壤理化性状对比[J]. 西北农业学报，21(10)：202-206.
何文寿，2004. 设施农业中存在的土壤障碍及其对策研究进展. 土壤，36(3)：235-242.
梁琼，王婵，刘杰，等，2018. 设施菜地土壤有机碳及酶活性特征[J]. 北京农学院学报，33(1)：43-48.
林东昊，茅人飞，2019. 国内外不同来源藏红花的品质评价[J]. 食品研究与开发，40(13)：178-182.
鲁如坤，1999. 土壤农业化学分析方[M]. 北京：中国农业科技出版社.
倪苗，成善汉，韩旭，等，2019. 轮作不同叶菜对连作豇豆土壤养分及微生物特性的影响[J]. 中国蔬菜(5)：64-69.
饶君凤，王根法，吕伟德，2012. 浙江省西红花“二段法”优质高产栽培技术研究[J]. 安徽农业科学，40(9)：5214-5215，5258.
钱晓东，姚冲，周桂芬，等，2017. 温室连续栽培对藏红花小球茎繁育的促进作用及对藏红花质量的影响[J]. 中药材，40(2)：264-268.
施林妹，徐象华，朱波，2013. 不同施肥方式对西红花生长发育的影响[J]. 浙江农业科学(5)：522-523.
苗钰婷，2019. 天津市武清区设施(蔬菜)土壤微生物量和酶活性的变化规律及其与土壤肥力的关系[D]. 天津：天津师范大学.
王理德，王方琳，郭春秀，等，2016. 土壤酶学研究进展[J]. 土壤，48(1)：12-21.
王桢，周琳，杨贞，等，2019. 番红花子球茎膨大过程中主要营养物质和植物激素的动态变化[J]. 植物生理学报，55(9)：1306-1314.
徐小军，张桂兰，周亚峰，等，2016. 甜瓜设施栽培连作土壤的理化性质及生物活性[J]. 果树学报，33(9)：1131-1138.
杨绍聪，吕艳玲，段永华，等，2005. 玉溪市设施栽培与露地栽培的土壤化学性状对比分析[J]. 土壤，37(4)：433-438.
姚冲，刘兵兵，周桂芬，等，2017. 影响西红花产量和品质的诸因素研究进展[J]. 中药材，40(3)：738-743.
袁亮，2007. 设施栽培土壤微生物量和酶活性的变化规律及其与土壤费力的关系[D]. 泰安：山东农业大学.
周琳，杨柳燕，蔡友铭，等，2020. 崇明西红花根际土壤和球茎微生物多样性分析[J]. 核农学报，34(11)：2184-2191.
周琳，杨柳燕，李青竹，等，2020. 西红花栽培、繁育和采后管理研究进展[J]. 中国农学通报，36(13)：82-88.
El Aymani I，El Gabardi S，Artib M，et al，2019. Effect of the number of years of soil exploitation by saffron cultivation in Morocco on the diversity of endomycorrhizal fungi. Acta Phytopathologica et Entomologica Hungarica，54(1)：9-24.
Wani Z A，Mirza D N，Arora P，et al，2016. Molecular phylogeny，diversity，community structure，and plant growth promoting properties of fungal endophytes associated with the corms of saffron plant：An insight into the microbiome of *Crocus sativus* Linn[J]. Fungal biology，120(12)：1509-1524.

桑蓓斯凤仙茎尖脱毒稳定增殖与瓶外生根技术优化

宋嘉玮　刘　辉　张　黎*

（宁夏大学农学院，银川 750021）

摘　要：以桑蓓斯凤仙 2 个品种的腋芽为外植体，开展茎尖脱毒与增殖诱导试验，探讨外植体选择、灭菌、腋芽诱导、增殖培养的最优条件，建立稳定的增殖体系。结果表明：采集 1～2cm 大小的侧芽叶芽率最高；消毒 9min 后剥离成 0.3～0.4mm 大小茎尖，接种在 MS+6-BA0.5/mg/L+NAA0.1mg/L 的培养基中生长最佳；桑蓓斯凤仙组培苗瓶外生根，生根率达 100%。

关键词：桑蓓斯凤仙；茎尖脱毒；增殖；瓶外生根

Optimum Technology on Detoxification and Stable Proliferation of Stem Tip and Rooting Outside the Bottle about Impatiens Sangbei

SONG Jiawei, LIU Hui, ZHANG Li*

(*College of Agriculture*, *Ningxia University*, *Yinchuan* 750021, *China*)

Abstract: With the axillary buds of two species of Impatiens Sangbei taken as explants, a shoot tip detoxification and proliferation induction experiment were carried out, in order to explore the optimal conditions for explant selection, sterilization, axillary bud induction, and proliferation culture, to establish a stable Multiplication system. The results showed that the bud rate of lateral buds with a size of 1～2cm was the highest; after 9 minutes of sterilization, they were stripped into 0.3～0.4mm apex, and they grew best inoculated in MS+6-BA0.5/mg/L+NAA0.1mg/L medium; Impatiens Sangbei tissue culture seedlings took root outside the bottle, and the rooting rate reaches 100%.

Key words: Impatiens Sangbei; detoxification of stem tip; proliferation; rooting outside the bottle

桑蓓斯（*Impatiens hybrids* Sangbei）凤仙花科、凤仙花属草本花卉，是凤仙杂交新品种，花大色艳，颜色多，株型紧凑，长势旺盛，可爆花成球。耐雨，耐 35℃以上高温，生命力强，花瓣厚[1,2]。桑蓓斯凤仙以扦插繁殖为主，由于其生长极易形成花芽，导致插穗采取困难。采用组培技术可以获得高品质的组培苗，缩短繁殖周期[3]。建立成熟的组培繁育体系可获得生长健壮的组培壮苗。本试验建立了桑蓓斯凤仙组培苗稳定增殖体系，为桑蓓斯凤仙工厂化育苗及其相关研究奠定一定基础。

基金项目：2019 宁夏回族自治区重点研发计划项目（现代农业科技创新示范区专项 2019BBF02011）“新优特异花卉引进筛选与配套栽培技术集成示范”。

作者简介：宋嘉玮（1997—），男，硕士研究生，主要从事观赏植物研究。

*通讯作者：张黎，教授，硕士生导师，主要从事观赏园艺研究，E-mail：zhang_li9988@163.com。

1 材料与方法

1.1 试验材料

以银川市花木公司种植的桑蓓斯凤仙橘红、粉红 2 个品种为试验材料。

1.2 试验方法

1.2.1 外植体采集部位选择

采取桑蓓斯凤仙橘红、粉红两个品种顶芽与侧芽(取≥1cm、1~2cm、2~3cm、3~4cm)各 50 个。在解剖镜下剥离茎尖，比较不同品种、不同部位芽的叶芽率。

1.2.2 茎尖剥离大小对成活率的影响

试验以橘红、粉红 2 个桑蓓斯凤仙品种的茎尖为外植体，设茎尖剥离大小为 0.1~0.2mm、0.2~0.3mm、0.3~0.4mm、0.4~0.5mm 共 4 个处理，每个处理接种 15 瓶，每瓶接种 1 个外植体，重复 3 次。每 15d 观察成活率及生长情况，比较茎尖剥离大小与成活率的相关性，确定适宜用微茎尖剥离的大小。

1.2.3 桑蓓斯凤仙茎尖脱毒灭菌时间筛选

试验以橘红、粉红 2 个桑蓓斯凤仙品种的叶芽为材料，选取桑蓓斯凤仙嫩芽 2cm 左右，去掉外边叶片后，在自来水下冲洗 3~4 次，无菌水冲洗 1~2 次。用滤纸吸干后，在超净工作台上用 75%酒精处理 30s，用无菌水冲洗 2~3 次后，用 0.1%升汞溶液灭菌 8、9、10、11min，无菌水冲洗 5~6 次，置于消毒烧杯中备用。无菌操作将茎尖接种于 MS 培养基上，每个处理接种 15 瓶，每瓶 1 个外植体，重复 3 次。15d 后记录一次外植体的启动率、污染率与死亡率。

1.2.4 桑蓓斯凤仙微茎尖培养

试验以橘红、粉红两个桑蓓斯凤仙品种剥离的茎尖生长点为材料，接种在 MS+6-BA0.5mg/L 的培养基中，每 15d 记录一次生长情况。

1.2.5 桑蓓斯凤仙继代增殖及培养基筛选

试验以 MS 为基本培养基，以无菌苗为试验材料，剪取 1cm 左右的带芽茎段，接种于添加不同质量浓度 6-BA 和 NAA 的培养基上(表 1)，共 9 个处理，培养 30d，统计不定芽增殖情况及生根情况，筛选出适宜的激素质量浓度。

表 1 不同激素处理组合设计

编号	6-BA(mg/L)	NAA(mg/L)	编号	6-BA(mg/L)	NAA(mg/L)	编号	6-BA(mg/L)	NAA(mg/L)
1	0	0	4	0.3	0.1	7	0.5	0.2
2	0.1	0.1	5	0.3	0.2	8	0.7	0.1
3	0.1	0.2	6	0.5	0.1	9	0.7	0.2

1.2.6 桑蓓斯凤仙瓶苗扦插生根

将 2 个桑蓓斯凤仙组培脱毒继代苗洗去根部培养基，剪成 1~3cm 带芽的茎段，移栽至草炭基质中，加盖薄膜、无纺布保湿并遮阴，15d 后统计生根存活情况。

1.3 试验数据处理与分析

使用 Excel 2010 和 SPSS 19.0 对数据进行处理和分析。

2 结果与分析

2.1 桑蓓斯凤仙外植体采集部位、大小与叶芽率的关系

2.1.1 桑蓓斯凤仙外植体采集部位

由表 2 可知，桑蓓斯凤仙外植体采集部位不同，叶芽率也有所不同。橘红色品种与粉红色品种桑蓓斯凤仙顶芽花芽发生率大于叶芽，而侧芽叶芽发生率大于花芽率，品种间无显著差异。

表 2　外植体采集部位与叶芽数量的关系

品种	顶芽		侧芽	
	叶芽率(%)	花芽率(%)	叶芽率(%)	花芽率(%)
橘红	16.6	83.3	70.0	30.0
粉红	16.6	83.3	73.3	26.7

2.1.2　桑蓓斯凤仙侧芽大小与叶芽率的关系

由表 3 可以得出，侧芽的叶芽率与侧芽大小呈负相关；侧芽的花芽率与侧芽大小呈正相关，2 个品种桑蓓斯凤仙间差异不显著。在采集时应选取 1~2cm 大小侧芽进行茎尖离体培养，0~1cm 侧芽叶芽率虽高于 1~2cm 侧芽，但芽体幼嫩操作时易受到损伤。

表 3　桑蓓斯侧芽大小与叶芽率

叶芽大小	橘红		粉红	
	叶芽率(%)	花芽率(%)	叶芽率(%)	花芽率(%)
0~1cm	91.0	9.00	90.0	10.0
1~2cm	78.5	21.5	79.0	21.0
2~3cm	67.0	33.0	64.0	36.0
3~4cm	38.4	61.6	40.0	60.0

2.2　茎尖剥离大小对成活率的影响

由表 4 可知，随着剥离的茎尖增大，成活率呈先增长后减弱的趋势，污染率与剥离茎尖大小无关，褐化率随茎尖增大而减小。茎尖剥离过小易发生褐化，0.1~0.2mm 大小的茎尖褐化率达 26.7%。0.3~0.4mm 大小的茎尖成活个数最多，成活率达 73%，在茎尖剥离大小中效果最好。

表 4　桑蓓斯茎尖剥离大小对成活率的影响

茎尖大小(mm)	总数量(个)	成活个数(个)	成活率(%)	污染个数(个)	污染率(%)	褐化个数(个)	褐化率(%)
0.1~0.2	15	9	60.0	2	13.3	4	26.7
0.2~0.3	15	9	60.0	3	20.0	3	20.0
0.3~0.4	15	11	73.0	1	6.6	3	20.0
0.4~0.5	15	9	60.0	3	20.0	3	20.0

2.3　桑蓓斯凤仙茎尖脱毒灭菌时间筛选

由表 5 可知，存活率随灭菌时间增长呈先上升后下降趋势；褐化率则随时间增长而增加；污染率呈先降低后上升趋势。橘红色在灭菌 8min 时成活率为 53.3%，9min 时达到最高值 73.3%，之后随灭菌时间增长而降低；粉红色品种桑蓓斯凤仙在灭菌 8min 时成活率达 50%，9min 时达 80%，之后也随灭菌时间增长而降低。桑蓓斯凤仙外植体灭菌时间最佳为 9min，小于 9min 灭菌效果欠佳，而大于 9min 随灭菌时间的增长褐化率也有所增长。

表 5　桑蓓斯凤仙茎尖脱毒灭菌时间筛选

灭菌时间(min)	橘红			粉红		
	成活率(%)	污染率(%)	褐化率(%)	成活率(%)	污染率(%)	褐化率(%)
8	53.3	33.3	13.3	50.0	40.0	10.0
9	73.3	13.3	13.3	80.0	10.0	10.0
10	53.3	20.0	26.7	55.0	20.0	25.0
11	33.3	20.0	46.7	33.0	20.0	46.7

2.4 桑蓓斯凤仙微茎尖培养及继代增殖培养基筛选

2.4.1 2 个品种桑蓓斯凤仙微茎尖培养比较

由图 1、图 2 可知，2 个品种桑蓓斯凤仙剥离成活后生长缓慢，45d 后愈伤组织形成，分化出根系。随着根系的生长，株高、叶片数也逐渐增加。45d 2 个品种桑蓓斯凤仙生长加快，其中根系生长尤为明显。橘红色品种生长略大于粉红色品种。

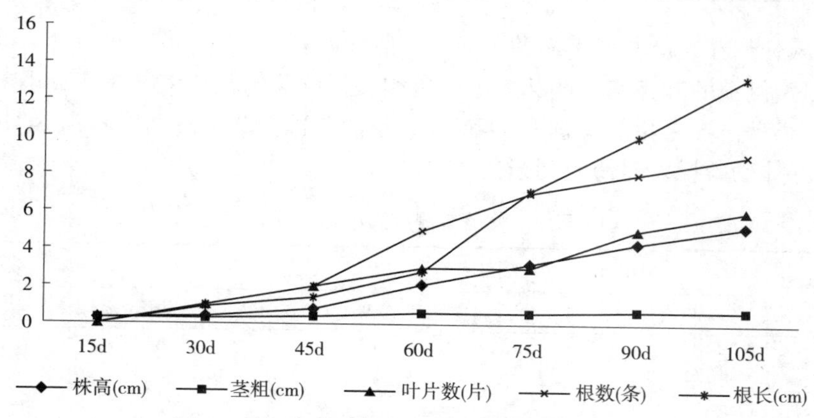

图 1 粉红色品种桑蓓斯凤仙微茎尖培养比较

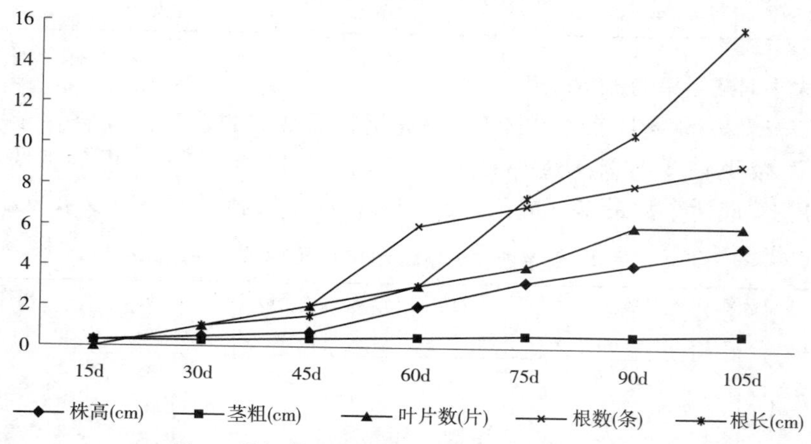

图 2 橘红色品种桑蓓斯凤仙微茎尖培养比较

由表 6 可知，粉红色品种在芽数、株高、节间长、叶片数方面优于橘红色品种，2 个品种节数相同；粉红色品种株型略大于橘红色品种。在增殖方面，粉红色增殖芽数大于橘红色，但两品种增殖系数相同。

表 6 2 个品种桑蓓斯凤仙继代增殖比较

品种	芽数(个)	株高(cm)	节数(个)	节间长(cm)	叶片数(个)	增殖芽数(个)	增殖系数(倍)
橘红	9.0	14.5	4.0	3.5	12.0	2.0	3.6
粉红	10.0	17.3	4.0	4.0	13.0	3.0	3.6

注：表中数据为 20 株的平均值。

2.4.2 2 个品种桑蓓斯凤仙继代增殖培养基筛选

由表 7 可知，当 6-BA0.5mg/L、NAA0.1mg/L 时，2 个品种桑蓓斯凤仙芽数、株高、节间长优于其他浓度达到显著水平。随着 6-BA 浓度增长，3 项指标均呈先增长后下降趋势，芽数及株高在 6-BA0.5mg/L 时与其他处理存在显著差异，达到最大值；节间长在 6-BA0.3mg/L 时达到最大值。综上，6-BA0.5mg/L 对橘红色桑蓓斯凤仙生长促进效果最明显。当 NAA 浓度从 0.1mg/L 增加至 0.2mg/L 时，对芽数，株高，节间长均有明显抑制作用。

表 7　不同处理对 2 个品种桑蓓斯凤仙继代增殖的影响

编号	橘红			粉红		
	芽数(个)	株高(cm)	节间长(cm)	芽数(个)	株高(cm)	节间长(cm)
1	3.67±0.33bc	7.10±0.15c	2.20±0.15a	3.00±0.57bcd	6.97±0.29c	2.1±0.12a
2	4.00±0.57b	7.11±0.19c	2.10±0.31a	3.67±0.33bcd	7.11±0.32c	2.43±0.17a
3	4.33±0.33b	5.77±0.24d	1.33±0.03b	4.00±1.15bc	5.83±0.18d	1.37±1.45b
4	4.00±0.57b	9.37±0.15b	2.53±0.15a	2.67±0.33cd	9.03±0.35b	2.37±0.15a
5	1.33±0.88d	6.73±0.08c	0.70±0.12c	2.33±0.67cd	6.33±0.32cd	0.97±0.18bc
6	7.33±0.33a	12.3±0.26a	2.23±0.22a	7.00±0.57a	12.17±0.23a	2.43±0.18a
7	2.33±0.33cd	4.81±0.23e	0.83±0.19c	4.66±0.88b	4.37±0.22e	0.60±0.15cd
8	2.00±0.57d	2.33±0.26g	0.53±0.06c	2.66±0.33cd	2.53±0.23f	0.47±0.08d
9	1.66±0.33d	3.70±0.21f	0.66±0.03c	2.00±0.57d	3.93±0.15e	0.70±0.12cd

注：数据采用 LSD 法进行差异显著性比较，不同小写字母之间表示差异显著（$P<0.05$），同一列中不同字母代表差异程度。

2.5　桑蓓斯凤仙组培苗瓶外生根技术优化

2.5.1　桑蓓斯凤仙组培苗瓶外生根成活率及性状比较

由表 8 可知，取生长健壮的 2 个品种桑蓓斯凤仙瓶苗各 20 瓶，橘红色插穗 140 株、粉红色插穗 160 株，洗去根部培养基剪成 1~3cm 带芽的茎段，移栽至草炭基质中保湿遮阴，15d 后全部存活，生根率达 100%，存活率达 100%。2 个品种间根系数量长度粗细相似，粉红色品种根系略优于橘红色品种。

表 8　2 个品种桑蓓斯凤仙瓶外生根成活率比较

品种	瓶苗数(瓶)	微体插穗数(个)	生根数(个)	生根率(%)	根数(个)	根长(cm)	根粗(cm)	根质量
橘红	20	140.0	140.0	100	13	11	0.23	优
粉红	20	160.0	160.0	100	14	11	0.28	优

3　讨论与结论

3.1　讨论

本试验通过桑蓓斯凤仙茎尖离体培养及继代增殖培养，筛选出适合其的茎尖剥离大小及继代增殖最适培养基。刘静[4]等以凤仙的带芽茎段、茎尖、幼叶为外植体培养研究表明，诱导芽的最适培养基为 MS+0.5mg/L BA+0.01mg/L IAA+0.01mg/L GA_3，芽的增殖培养基为 MS+1.0mg/L BA+0.01mg/L IAA+0.01mg/L GA_3；增殖系数为 6~8 倍。根诱导最佳培养基为 MS+0.1~0.5mg/L BA+0.005mg/L IAA。赵贞[5]研究表明，以无菌苗的幼嫩叶片作为愈伤组织诱导的外植体，愈伤组织诱导的最佳培养基为 MS+0.5mg/L 6-BA+1.0mg/L 2,4-D+0.2mg/L NAA，其诱导率达 100%；凤仙花愈伤组织分化出根的最佳培养基为 MS+0.2mg/L KT+0.05mg/L NAA+0.2mg/L 6-BA；分化出芽的最佳培养基为 MS+0.3mg/L 6-BA+0.2mg/L NAA。佟凤芹[6]等以凤仙茎段为外植体研究表明，在附加 BA1.0mg/L、NAA0.2mg/L、3%蔗糖的 MS 固体培养基上可诱导茎段外植体直接产生大量不定芽，在含 BA1.0mg L、NAA 0.2mgL、3%蔗糖的 MS 培养基上进行继代培养，可大量增殖。

3.2　结论

（1）桑蓓斯凤仙侧芽的叶芽率大于顶芽，1~2cm 大小的侧芽叶芽率最高；消毒 9min，茎尖剥离 0.3~0.4mm，成活率最高达 73%。

（2）继代培养最适培养基为 MS+6-BA0.5/mg/L+NAA0.1mg/L，增殖系数达 3.6。

（3）桑蓓斯凤仙组培苗瓶外生根，生根率达 100%。

参考文献

[1]周金勇，李媛媛，常孟尧．夏日新品“桑蓓斯”凉爽来袭[J]．中国花卉园艺，2013(13)．
[2]何春美．凤仙花栽培技术[J]．现代化农业，2016(10)．
[3]雪文晶，张黎．切花小菊茎尖离体培养及一次成苗培养基筛选[J]．农业科学研究，1673-0747(2020)01-0053-04.
[4]刘静，丁兰，赵庆芳，等．凤仙花的组织培养与离体快繁[J]．西北师范大学学报．1001-988X(2008)01-0080-03.
[5]赵贞．凤仙花愈伤组织诱导及其分化的研究[D]．新乡：河南师范大学，2013.
[6]佟凤芹，栾岚．凤仙花茎段培养与快速繁殖[J]．辽宁师专学报，2006.

第二部分

新品种

球宿根花卉新品种名录

（截至 2020 年 12 月 31 日）

翟志扬　刘青林

球宿根花卉即多年生草本花卉，是指具有宿存的地下越冬组织、次年能够萌蘖开花并延续多年的植物。根据地下部分形态分为宿根花卉和球根花卉两类。球宿根花卉具有一次种植、多年观赏、抗逆性强、管理粗放等特性，可以节约成本，因此用球宿根花卉营造和提升景观效果成为园林绿化的一个重要发展趋势。

部分多年生花卉虽然可以正常越冬但来年营造出的景观效果并不好，运用时仍做一、二年生花卉使用。故本次名录只整理了在实际的生产和运用中作为多年生花卉使用的种或品种，包含了除百合、兰花、荷花、非洲菊、香石竹(新品种授权)以外的，共计 43 个属或种 232 个新品种。这些品种主要有三个来源：一是《园艺学报》等学术期刊发表的新品种，二是中国农业农村科技发展中心新品种授权公告中的新品种，三是进行了国际登录并报道出来的品种。本次收录中【时间】为国际登录或良种审定的时间。所有资料如有不确切或不全之处，恳请批评指正与补充。

【学名】 *Aechmea*

【属名】 光萼荷属

【品种名】 ‘凤粉 1 号’‘Fengfen 1’

【亲本】 合萼光萼荷(*A. gamosepala*) A050 × 曲叶光萼荷(*A. recurvata* var. *recurvata*) A064

【时间】 2012 年

【育种者】 王炜勇，俞信英，沈晓岚，张飞，郁永明，俞少华，赵张建(浙江省农业科学院花卉研究开发中心)

【发表期刊】 园艺学报，Acta Horticulture Sinica，2013，40(9)：1861-1862

【品种特征特性】 小型植株，株形紧凑，单株总叶数平均 21.5，叶深绿色，平均叶长 24.3cm，叶宽 2.6cm，叶缘有稀疏小刺；花茎粗壮直立，高 18.7cm，比父本长，比母本短，着花紧密；穗状花序，无分叉，小花无柄，横向稍斜上生于花轴上，单个花序平均有小花 43.9 朵；花瓣 6 个，蓝色，雄蕊 6 个，蓝色，柱头白色；单朵小花只开放 1d，整个花序开花期秋季平均 16.5d，冬季平均 29.3d；开花前后花序轴及花萼为粉红色，约半个月后转为红色至橙红色，并可保持 2 个月左右。总叶数比母本多，叶色较深，花茎短而粗壮，直立不弯，花朵略大，小花着生紧密；株形比父本紧凑，叶宽，叶缘刺短而少，小花多。生长快，苗高 10~15cm、有 5~6 叶的分株苗，生长 6~8 个月即可催花，催花容易，催成率达 100%。成熟的植株如不催花，在秋冬季或春季会自然开花。耐低温性强，鉴定结果显示：在连续处于 0℃下，不超过 6d 不会产生明显的冷害症状，超过 6d 出现轻微冷害症状时，在温度回升后也能很快恢复生长(彩插 P257)。

【学名】 *Alpinia*

【属名】 山姜属

【品种名】 ‘红丰收’‘Hongfengshou’

【亲本】 艳山姜(*Alpinia zerumbet*) × 红苞小草蔻(*A. henryi*)

【时间】 2018 年

【育种者】 王永淇，赵阳阳，谭广文，黄邦海，胡振阳，刘锐敏，刘晓洲，罗帅，刘念(广州普邦

园林股份有限公司、仲恺农业工程学院园艺园林学院、广州市农业技术推广中心）

【发表期刊】 园艺学报，Acta Horticulture Sinica，2020，47(2)：399-400

【品种特征特性】 假茎直立，株高 1.1～1.7m。叶片革质，披针形，深绿色或亮绿色具不规则放射状深色斑纹，平均长 38.0cm，宽 7.4cm。总状花序生于假茎顶端，半下垂至下垂，平均花序长 17.4cm，宽 4.7cm，花序轴红紫色；小苞片粉红色，每苞片有 1 朵白色小花，花冠裂片长圆形，乳白色，顶端粉红色；唇瓣宽卵形，亮黄色有红橙色纹彩。蒴果卵圆形，平均直径 1.6cm，果皮无棱，被黄色刚毛，成熟时橙红色。在广东地区 3 月下旬始花，花期 5 月上旬至 10 月下旬。

【学名】 *Anthurium andraeanum*

【种名】 红掌

【品种名】 ‘双冠’‘Shuangguan’

【亲本】 ‘粉冠军’×‘橙冠军’

【时间】 2013 年

【育种者】 易懋升，曾瑞珍，杜宝贵，张志胜，刘镇南，夏晴，黎扬辉（广州花卉研究中心、华南农业大学广东省植物分子育种重点实验室）

【发表期刊】 园艺学报，Acta Horticulture Sinica，2015，42(9)：1859-1860

【品种特征特性】 株形较紧凑，生长势较强，平均株高 45.5cm，冠幅 60.5cm。叶柄平均长 25.3cm，直径 0.4cm。叶片平均长 20.4cm，宽 11.3cm，卵形，革质，有光泽，凹陷程度弱，叶基圆裂片向上弯曲不接触。佛焰苞略高于叶。花梗直立，褐色，平均长 37.3cm，直径 0.4cm。佛焰苞平均长 10.8cm，宽 7.2cm，红色，与花梗的角度为近直角，富有光泽，凹陷程度中等，卵形，基部圆裂片向上弯曲不接触。肉穗花序内弯，橙黄色，平均长 3.2cm，中部直径 0.7cm。从组培苗出瓶至成品花约 18 个月。

【学名】 *Anthurium andraeanum*

【种名】 红掌

【品种名】 ‘小娇’‘Xiaojiao’

【亲本】 ‘德克萨纳’×‘骄阳’

【时间】 2016 年

【育种者】 夏晴，宿庆连，易懋升，刘琳，吴贤彬，张志胜，黎扬辉（广州花卉研究中心、华南农业大学林学与风景园林学院、广州市果树科学研究所）

【发表期刊】 园艺学报，Acta Horticulture Sinica，2018，45(S2)：2793-2794

【品种特征特性】 生长势强，株形紧凑。栽培 17 个月的植株平均株高 25.1cm，冠幅 35.1cm。叶柄长 11.9cm，直径 0.3cm，叶片长 12.7cm，宽 6.0cm，卵形，有光泽，叶基圆裂片向上弯曲不接触。易开花，花梗直立，花序紫红色，略高于叶，平均长 20.1cm，直径 0.3cm；佛焰苞长 5.6cm，宽 5.3cm，红色，光泽度强，卵形，基部圆裂片交叠；肉穗花序稍内弯，平均长 2.8cm，中部直径 0.6cm，佛焰苞盛开时肉穗花序基部和先端的主色分别为灰紫色和深灰紫色。

【学名】 *Anthurium andraeanum*

【种名】 红掌

【品种名】 ‘白马王子’‘Baima Wangzi’

【亲本】 2009 年以‘阿拉巴马’红掌叶片为外植体诱导获得愈伤组织，在分化试管苗中发现 1 株与原种差异很大的变异株。

【时间】 2016 年

【育种者】 陈昌铭，林发壮，周辉明，尚伟，林辉锋，姚凤琴，江秋萍，邓才生，夏朝水（三明市

农业科学研究院花卉所)

【发表期刊】 园艺学报，Acta Horticulture Sinica，2016，43(S2)：2799-2800

【品种特征特性】 中型盆栽品种。温室种植株形紧凑，生长势强，从组培苗移栽种植至初花 180d 左右，形成成品 540d 左右。成品株高平均 66.0cm、冠幅 56.8cm；佛焰苞心形，长 12.1cm，宽 10.4cm，初始为白色，随着成熟逐渐变为浅黄，最后变为淡绿色，单苞寿命 60~120d，最佳观赏期 30~35d；花高于叶，与花梗成钝角，富有光泽，凹陷程度弱，基部圆裂片平展不接触；肉穗花序内弯，颜色初始为淡黄，随着成熟逐渐转为白色，最后变为浅绿色；一叶一苞，平均花苞数 5.8 个，常年开花。

【学名】 *Anthurium andraeanum*

【种名】 红掌

【品种名】 ‘丹韵’‘Danyun’

【亲本】 ‘快乐’(Happy)×‘紫旗’(Purple Flag)

【时间】 2016 年

【育种者】 田丹青，潘晓韵，葛亚英，潘刚敏，郁永明，刘建新，金亮(浙江省农业科学院花卉研究开发中心)

【发表期刊】 园艺学报，Acta Horticulture Sinica，2016，43(S2)：2801-2802

【品种特征特性】 株形中等、较紧凑，株高 33.8cm。叶片卵形，长 20.3cm，宽 10.7cm，叶基圆裂片平展不接触。佛焰苞平均高出叶面 8.7cm；花梗红色，平均长 43.3cm。佛焰苞卵形，亮红色，光泽度极强，中等大小，平均长 8.5cm、宽 7.0cm，凹陷程度高，苞片自展开到凋谢色彩稳定。肉穗花序直立，紫红色，平均长 4.9cm，花粉囊即将开裂时基部和顶端均为紫红色。单花花期 3~4 个月，观赏期长。生长势强，从 6~10cm 高的商品小苗到成品花约 15 个月。耐寒性较强，秋冬季着花数多(彩插 P257)。

【学名】 *Anthurium andraeanum*

【种名】 红掌

【品种名】 ‘夏焰’‘Xiayan’

【亲本】 ‘亚利桑那’×‘大哥大’

【时间】 2019 年

【育种者】 冷青云，冼焯均，李贵雨，黎倩芸，黄少华，冼志恒，牛俊海(中国热带农业科学院热带作物品种资源研究所/农业部华南作物基因资源与种质创制重点开放实验室/海南省热带观赏植物种质创新利用工程技术研究中心，广州市卉通农业科技有限公司)

【发表期刊】 园艺学报，Acta Horticulture Sinica，2020，47(S2)：3035-3036

【品种权号】 CNA20184428.2

【品种特征特性】 植株大小中等，栽培 16 个月平均株高为 48.32cm。叶片深绿，卵形，叶缘波浪形，叶长 24.45cm，叶宽 13.44cm。花梗直立，平均长 33.1cm，直径 4.29mm；佛焰苞红色，略高于叶，中等卵圆，表面平展，泡状弱，富有光泽，长 11.61cm，与花梗角度近直角；肉穗花序直立，短粗，平均长 5.01cm，中部直径 8.01mm，肉穗花序花粉囊即将开裂时基部的主色为白至乳白色，先端为黄色。从组培苗出瓶至成品花需 16~18 个月。

【学名】 *Begonia*

【属名】 秋海棠属

【品种名】 ‘昆明鸟’‘Kunming Bird’

【亲本】 大王秋海棠×掌叶秋海棠

【时间】 1999 年

【育种者】　田代科，李景秀，管开云(中国科学院昆明植物研究所昆明植物园)

【发表期刊】　园艺学报，Acta Horticulture Sinica，2001，28(2)：186-187

【品种特征特性】　株高15~55cm，全株被毛。根状茎较短，常有多节短茎。每株叶片约10枚，斜上生长。叶心形，绿色，被白色斑纹，掌状浅裂，少数近深裂，长15~25cm，宽10~22cm，叶基稍重叠。雌雄同株，花单性。每株花序1~3枝，花序稍低于叶面，花5~11朵，粉红色，雄花早于雌花开放。雄花(花冠椭圆形)直径4.2~5.6cm×3.5~5.1cm，被片4片，外轮2枚大，卵形，长2~2.8cm，宽1.6~2.1cm；内轮2枚小，倒卵形或倒披针形，长1.7~2.5cm，宽0.8~1.2cm。花丝基部联合。雌花(花冠圆形)直径3.8~4.8cm，被片5片，外面4片近等大，最内1片稍小，倒卵形，长1.9~2.4cm，宽1~1.6cm，柱头2，子房2室。蒴果绿色，果实长1.5~1.8cm，长宽相等，具不等3翅，1翅较大，长矩形，长3.1~4cm，宽1.1~1.4cm；其余2翅短，弯月形，长0.5~0.8cm，宽1.3~1.8cm。花期5~8月，果期6~9月。该品种叶片具有白色斑纹，十分美丽，株形好，具有较高的观赏价值。植株叶数较多、排列稍紧凑、直立性较好，抗倒伏，抗白粉病能力较强。偶尔轻度感染白粉病，但容易防治。

【学名】　*Begonia*

【属名】　秋海棠属

【品种名】　‘康儿’‘Kang-er’

【亲本】　大王秋海棠×长翅秋海棠

【时间】　1999年

【育种者】　田代科，李景秀，管开云(中国科学院昆明植物研究所昆明植物园)

【发表期刊】　园艺学报，Acta Horticulture Sinica，2001，28(2)：186-187

【品种特征特性】　株高30~60cm。根状茎较短、粗壮、绿色，常分短枝。无地上茎或有1~3节花茎。每株6~30片叶，大型至特大型，掌状浅裂，心形，绿色，被淡白色斑或无斑，叶背多为紫红色。叶长15~45cm，宽13~30cm，叶基部分重叠。叶柄红色，常略长于叶片，长18~50cm，直径0.5~1.5cm。雌雄同株，花单性。花序1~6枝，略高至稍低于叶面。通常每花序11朵花，雄花先于雌花开放，花白色至浅粉红色。雄花直径4~6.5cm×3.6~5cm，被片4片，光滑，外轮2片大，卵形，长2~3.2cm，宽1.5~2.2cm；内轮2片小，倒卵形至倒披针形，长1.5~2.3cm，宽0.8~1.2cm，花柄较长，为2~5cm。雌花直径3.2~4.5cm，被片5片，外面4片近等大，最内1片稍小，被片倒卵形或倒卵状披针形，长1.5~2.4cm，宽0.8~1.4cm，柱头2，子房2室。蒴果绿色，光滑，具不等3翅，1翅大，长矩形，其余2翅短，弯月形。花期8~11月，果期9~12月。该品种集合了两个亲本的部分优点，叶片带有淡绿白色环斑或稀疏斑点，叶柄深红色；抗白粉病能力极强，不易倒伏，长势极为旺盛，冬季不落叶；重在观赏株形和叶，兼可观花。

【学名】　*Begonia*

【属名】　秋海棠属

【品种名】　‘白雪’‘White Snow’

【亲本】　变色秋海棠×掌叶秋海棠

【时间】　1999年

【育种者】　田代科，李景秀，管开云(中国科学院昆明植物研究所昆明植物园)

【发表期刊】　园艺学报，Acta Horticulture Sinica，2001，28(2)：186-187

【品种特征特性】　株高10~20cm。无地上茎或地上茎不明显，根状茎分枝。叶较密集，叶片因密被白斑而呈白色，仅叶脉为绿色。叶中型，长12~15cm，宽10~12cm，浅裂，具重锯齿，叶腹被短糙毛，背面被柔毛。叶柄长6~15cm，密被粉红色柔毛。花期5~9月，每序花6~11朵，淡红色，但通常罕见开花。雄花花冠椭圆形，直径2.5~4.2cm，被片4片，外轮背面被红色柔毛，花丝基部联合。雌花圆形，直径 2.6~3.6cm，被片 5 片。子房绿色，2 室，具不等 3 翅。该品种观赏价值很高，重在观赏叶和株形，抗白粉病能力较强，极具开发前景。叶片几乎为纯白色的种类在国内为首次发现，国外也不多见。

【学名】 *Begonia*
【属名】 秋海棠属
【品种名】 ‘白王’‘White King’
【亲本】 由大王秋海棠的白花类型选育而成。
【时间】 1999 年
【育种者】 田代科，管开云，李景秀，向建英，郭瑞贤(中国科学院昆明植物研究所)
【发表期刊】 园艺学报，Acta Horticulture Sinica，2001，28(3)：281-282
【品种特征特性】 多年生根茎类草本，高 25~45cm。根状茎极短，常分枝，无地上茎。叶 5~13 枚，中型至大型，卵心形，极不对称，长 15~37cm，宽 9~25cm，全缘，叶基常部分重叠；叶面绿色，中部有一较宽的浅白色环带，将叶片分成“绿-白-绿”二色三区；叶背紫红色或浅紫红色。叶被极稀疏的灰白色长柔毛。花序 2~6 枝，腋生，典型的二歧聚伞花序，每花序常生花 15 朵，花白色，雄花和雌花分阶段先后开放。雄花花冠椭圆形，直径 4.6~5.6cm×4.1~5.3cm；被片 4，光滑，外轮 2 片大、卵形、长 2.2~2.8cm，内轮 2 片小、近倒披叶形、长 1.9~2.6cm，宽 0.9~1.3cm；雄蕊多数，花丝基部联合。雌花花冠圆形，直径 3.5~4.3cm；被片 5，光滑，外面 4 片近等大，最内 1 片稍小，长 1.7~2.3cm，宽 0.9~1.3cm。果实绿色，光滑，具不等 3 翅，1 翅长，长矩形，2 翅极短，近弯月形。花期 6~10 月，果期 7~12 月。冬季温度较低时部分叶脱落，夏季有时轻度感染白粉病，但易防治。

【学名】 *Begonia*
【属名】 秋海棠属
【品种名】 ‘银珠’‘Silvery Pearl’
【亲本】 掌叶秋海棠的变异类型
【时间】 1999 年
【育种者】 田代科，管开云，李景秀，向建英，郭瑞贤(中国科学院昆明植物研究所)
【发表期刊】 园艺学报，Acta Horticulture Sinica，2001，28(3)：281-282
【品种特征特性】 须根类多年生常绿直立草本，高 30~70cm。地上茎不分枝或少分枝，节间明显且较长。叶大中型，掌状复叶，被短糙毛；叶面绿色、被银白色珍珠状斑点，斑点多连成短链；叶背常紫红色；小叶 7~10 片，长 4~14cm，宽 1.5~3.5cm。二歧聚伞花序，腋生；花少，常 5~7 朵，粉红色至近白色。雄花花冠椭圆形，直径 3.5~4.1cm×2.6~3.5cm，被片 4，外轮 2 片稍大，长 1.4~2.0cm，宽 1.2~1.5cm；雌花花冠圆形，直径 3~3.2cm，被片 5，长 1.4~1.7cm，宽 0.7~1.1cm。花期 8~10 月，果期 9~12 月。不感染白粉病。

【学名】 *Begonia*
【属名】 秋海棠属
【品种名】 ‘热带女’‘Tropical Girl’
【亲本】 由野生斜升秋海棠中发现的少数变异类型选育而成
【时间】 1999 年
【育种者】 田代科，管开云，李景秀，向建英，郭瑞贤(中国科学院昆明植物研究所)
【发表期刊】 园艺学报，Acta Horticulture Sinica，2001，28(3)：281-282
【品种特征特性】 多年生近匍匐草本，高 25~40cm。根状茎肉红色，不分枝或基部少分枝，斜上生长。地上茎不明显或同根茎。叶中型，偏卵心形。极不对称，长 7~23cm，宽 4~14cm；叶面绿色、疏被短糙毛和白色斑点；叶缘具大小不等浅齿，叶基稍重叠至不重叠，叶柄具全长凹沟。雌雄异株，花序顶腋生，雌株花少雄株花多，花白色或带淡红晕。雄株每花序 5~11 朵花，花冠椭圆形，直径 3.8~6.5cm×2.8~4.8cm，被片 4，外轮大、卵形或长卵形、长 1.8~3.3cm、宽 1.2~2.0cm，内轮小、倒长披针形、长 1.3~2.3cm、宽 0.5~0.8cm。雌株花 3~7 朵，花冠近椭圆形，直径 4~5.5cm×3.4~4.2cm，被片 4，外轮大、卵形、长 2.0~2.7cm、宽 1.8~2.2cm，内轮小、倒卵形、长 1.5~2.2cm、宽 0.8~1.1cm。柱头 4，子房 4 室，果实暗绿或暗红色，有 4 个短棱角或无。花期 2~3 月。花淡香。果期 3~11 月。抗白粉病能力极强。

【学名】 *Begonia*
【属名】 秋海棠属
【品种名】 ‘大白’‘Dabai’
【亲本】 大围山秋海棠×‘白王’
【时间】 2001 年
【育种者】 田代科，管开云，李景秀，向建英(中国科学院昆明植物研究所昆明植物园)
【发表期刊】 园艺学报，Acta Horticulture Sinica，2002，29(1)：90-91
【品种特征特性】 株高 25~50cm。根茎粗短，少有 1~2 节短花茎。叶 6~12 枚，大中型，偏卵形，极不对称，长 13~33cm，宽 9~21cm。叶腹暗绿色，被不规则白斑(有时间杂紫红斑)，疏被灰白柔毛，叶背紫红色。叶缘浅波状；叶基稍重叠至镊合；急尖。叶柄红褐色，长 8~40cm，粗 4~10mm，具全长浅腹沟，被柔毛。雌雄同株。花序腋生于根茎先端或短花茎，1~3 枝，常低于叶面。一至二回二歧聚伞花序，花 5~11 朵。雄花明显先开放；花柄红色；花冠椭圆形，直径 3.6~5.5cm×3.5~5.4cm；被片 4，外轮 2 片大，宽卵形，长 1.8~2.7cm，宽 1.4~2.7cm，中部红色，边缘色，腹面微凹，背被毛；内轮近白色，仅中脉粉红色，小而窄，光滑，长 1.7~2.4cm，宽 0.7~1.2cm；花丝粉红色，基部联合。雌花柄红色，长 2~3cm，疏被短柔毛；花冠圆形，直径 3.5~4.7cm，被片 5，旋转排列，长 1.7~2.4cm，宽 0.8~1.8cm。花柱、柱头 2。子房 2 室。果红色，具 3 翅，大翅长圆形，小翅半月形。花期 10~11 月，花无香味。

【学名】 *Begonia*
【属名】 秋海棠属
【品种名】 ‘健绿’‘Jianlü’
【亲本】 厚叶秋海棠×掌叶秋海棠
【时间】 2001 年
【育种者】 田代科，管开云，李景秀，向建英(中国科学院昆明植物研究所昆明植物园)
【发表期刊】 园艺学报，Acta Horticulture Sinica，2002，29(1)：90-91
【品种特征特性】 株高 30~70cm。根茎粗短；直立茎暗红色，被灰白柔毛，2~5 节，仅基部 2~5 分枝，节间 3~20cm，粗 8~15mm。叶大型，卵圆形，长 16~32cm，宽 15~30cm，掌状浅裂 1/3~1/2。叶腹深绿，疏被红色短刺毛，脉微凸；叶背灰绿或紫红褐色，被糙毛，脉凸。叶基心形。叶柄褐色，长 10~40cm，粗 5~10mm，被毛，有全长浅腹沟。雌雄同株。花序低于叶面，生于茎上部 1~4 节，每节常 1 支，长 12~20cm，二至三回二歧聚伞花序，花 5~20 朵。花序轴暗红色，长 10~18cm。花红色。雄花明显先开放，花柄红色，长 3.2~4.2cm。花冠近圆形，直径 4.2~5.4cm，被片 4。外轮 2 片，红色，卵圆形，长 2.1~2.7cm，宽 1.9~2.3cm，腹面椭圆形区较厚且凹，具纵脉和浅色点突，背被毛。内轮粉红色，较窄小，长 2~2.7cm，宽 1.1~1.3cm，光滑。花丝基部联合。雌花柄红色，长 2~2.5cm。花冠圆形，直径 4~4.8cm。被片 5，淡红色，被浅色斑点，长 1.8~2.3cm，宽 0.9~1.7cm。花柱、柱头 2，柱头发达。子房 2 室。果实暗绿色，具不等 3 翅。花期 9~11 月，花淡香。果期 10 月至翌年 2 月。直立性极好，重在观赏株形、绿叶和花。

【学名】 *Begonia*
【属名】 秋海棠属
【品种名】 ‘美女’‘Meinü’
【亲本】 掌叶秋海棠×愉悦秋海棠
【时间】 2001 年
【育种者】 田代科，管开云，李景秀，向建英（中国科学院昆明植物研究所昆明植物园）
【发表期刊】 园艺学报，Acta Horticulture Sinica，2002，29(1)：90-91
【品种特征特性】 株高 35~60cm。根状茎短，分枝。地上茎褐色，丛生，纤细，不分枝，疏被灰白柔毛，3~10 节，节间长 19cm，粗 4~8mm。叶中小型，偏卵状心形，不对称，长 8~24cm，宽 5~20cm。叶腹绿色，疏被灰白色短糙毛，主脉微凸；叶背浅绿色，脉凸，被毛。叶缘具疏短硬睫毛，掌状浅裂1/4~1/2，裂片（裂齿）3~8，中部 1~3 裂片较长，尾尖，其余裂齿锐尖或急尖；叶基平行开口至稍重叠。叶柄暗绿或暗红褐色，长 5~30cm，粗 2~5mm，被柔毛和不明显浅腹沟。雌雄同株。花序腋生于茎顶端 1~2 节，1 枝，常低于叶面。一至二回二歧聚伞花序，长 8~10cm。花约 5 朵，花蕾及花红色，多数早落。花柄红色，雄花被片 4，雌花被片 5。子房 2 室，每室胎座裂片 2。果绿色，具不等 3 翅。花期 9~11 月。

【学名】 *Begonia*
【属名】 秋海棠属
【品种名】 ‘中大’‘Zhongda’
【亲本】 中华秋海棠×大王秋海棠
【时间】 2001 年
【育种者】 田代科，管开云，李景秀，向建英（中国科学院昆明植物研究所昆明植物园）
【发表期刊】 园艺学报，Acta Horticulture Sinica，2002，29(1)：90-91
【品种特征特性】 株高 30~50cm。根状茎短、斜升。地上茎深红色，仅基部分枝，2~5 节，密被柔毛，节间长 1~10cm，粗 0.5~1cm。茎生叶 5~8 枚，大中型，偏卵形，长 15~25cm，宽 10~18cm，腹面暗绿色，被糙柔毛，中部有一圈不连续浅白色斑块。主脉 8~9 条，微凸。叶背紫红色，脉色更深，被糙柔毛。叶短锐尖；叶缘具小齿和睫毛；叶基偏心形。叶柄红色，长 10~35cm，粗 4~9mm，有浅腹沟。雌雄同株。花序略低于叶面，常二回二歧聚伞花序，腋生于茎上部 1~2 节，每节常 1 枝，长 12~20cm，花 6~15 朵。花序轴长 8~16cm，粗 2~3mm。花粉红色，雄花稍先开放，花柄粉红色，纤细，长 1.4~2.8cm，粗 1mm，被柔毛。花冠椭圆形，直径 3~4.8cm×2.5~3.9cm。被片 4，外轮 2 片大，红色，卵披针形，长 1.5~2.5cm，宽 0.9~1.4cm，背被柔毛。内轮近白色，小而窄，长 1.2~2cm，宽 0.5~0.9cm。花丝基部联合。雌花柄长 1.4~3cm，被毛。花冠圆形，直径 2.1~3.7cm；被片 5，长 0.9~2.7cm，宽 0.5~0.9cm。花柱、柱头 2。子房 2 室。果实绿色，被毛，具不等 3 翅。花期 8~11 月，花轻香。

【学名】 *Begonia*
【属名】 秋海棠属
【品种名】 ‘香皇后’‘Fragrant Queen’
【亲本】 厚壁秋海棠×大香秋海棠
【时间】 2005 年
【育种者】 管开云，李景秀，李宏哲，马宏（中国科学院昆明植物研究所）
【发表期刊】 园艺学报，Acta Horticulture Sinica，2006，33(5)：1171
【品种特征特性】 根状茎，株高 40~55cm。雌雄异株，雌花大，直径 7~8.5cm，簇生于近地面基部，着花数特别多，常20至数十朵，粉红色具有清新淡雅的香味。叶片大型，翠绿。观花观叶相结合，是雌株观赏价值较高的品种之一。开花期2~4月，果熟期5~7月。

【学名】 *Begonia*
【属名】 秋海棠属
【品种名】 ‘厚角’‘Sillegona’
【亲本】 角果秋海棠×厚壁秋海棠
【时间】 2005年
【育种者】 管开云，李景秀，李宏哲，马宏(中国科学院昆明植物研究所)
【发表期刊】 园艺学报，Acta Horticulture Sinica，2006，33(5)：1171
【品种特征特性】 直立茎，株高35~60cm。雌雄异株，花白色，具香味。雌花大，直径8~9cm，雄花直径3.5~4.0cm。茎分枝较多，叶片浓绿，较密集，株型好。开花期3~5月，果熟期6~8月。

【学名】 *Begonia*
【属名】 秋海棠属
【品种名】 ‘芳菲’‘Luxuriant’
【亲本】 厚壁秋海棠×厚叶秋海棠
【时间】 2005年
【育种者】 管开云，李景秀，李宏哲，马宏(中国科学院昆明植物研究所，云南昆明650204)
【发表期刊】 园艺学报，Acta Horticulture Sinica，2006，33(5)：1171
【品种特征特性】 根状茎，株高30~40cm。雌雄异株，花香，粉红。雌花特别大，直径9.7cm，雄花15~30朵，直径6.5~6.7cm。叶基生，大型，翠绿，具光泽，株型好，既可观花又可赏叶。开花期3~4月，果熟期6~8月。

【学名】 *Begonia*
【属名】 秋海棠属
【品种名】 ‘茯茎’‘Bushy’
【亲本】 角果秋海棠×红毛香花秋海棠
【时间】 2005年
【育种者】 管开云，李景秀，李宏哲，马宏(中国科学院昆明植物研究所，云南昆明650204)
【发表期刊】 园艺学报，Acta Horticulture Sinica，2006，33(5)：1171
【品种特征特性】 直立茎，株高30~45cm。植株分枝多，茎红色，叶浓绿色，茎叶生长茂盛，株型好。雌雄异株，着花数较多，多者可达30朵，花桃红色、深杯状，雌雄株均具香味。该品种茎、叶、花都具有很高的观赏价值。开花期4~5月，果熟期7~8月。

【学名】 *Begonia*
【属名】 秋海棠属
【品种名】 ‘紫叶’‘Purple Leaf’
【亲本】 刺毛红孩儿×变色秋海棠
【时间】 2005年
【育种者】 管开云，李景秀，李宏哲，马宏(中国科学院昆明植物研究所)
【发表期刊】 园艺学报，Acta Horticulture Sinica，2006，33(4)：933
【品种特征特性】 直立茎，株高25~40cm。叶片上面紫红色透环状间断暗绿色斑点，密被紫褐色短柔毛，下面呈深紫色，密被紫褐色长柔毛，沿脉较密。一至二回二歧聚伞花序，着花数 3~8 朵，花序梗长 12~15cm，被褐色毛。花被片通常 4 枚、稀 5 枚，桃红色、中央颜色较深，花朵大、直径 5.5~6.0cm。花期 7~8 月，果熟期 9~10 月。

【学名】 *Begonia*
【属名】 秋海棠属
【品种名】 ‘紫柄’‘Purple Petiole’
【亲本】 厚壁秋海棠×变色秋海棠
【时间】 2005 年
【育种者】 管开云，李景秀，李宏哲，马宏(中国科学院昆明植物研究所)
【发表期刊】 园艺学报，Acta Horticulture Sinica，2006，33(4)：933
【品种特征特性】 根状茎，株高 30~45cm。叶基生，具长柄，叶柄粗壮、长 30~40cm，叶柄被紫红色长柔毛。叶片正面深绿色，幼时密被紫红色长柔毛，老时散生短毛，背面浅绿色，被紫褐色短柔毛。雌雄异株，雌雄花皆具香味，雄花粉红色，开花数特别多，二至四回二歧聚伞花序，着花 15 至数十朵，花朵直径 5.0~5.2cm。花期 5~6 月，果期 9~10 月。

【学名】 *Begonia*
【属名】 秋海棠属
【品种名】 ‘大裂’‘Da lie’
【亲本】 刺毛红孩儿×‘白王’秋海棠
【时间】 2005 年
【育种者】 管开云，李景秀，李宏哲，马宏(中国科学院昆明植物研究所)
【发表期刊】 园艺学报，Acta Horticulture Sinica，2006，33(4)：933
【品种特征特性】 直立茎，株高 35~45cm。叶片大型，正面被褐绿色短硬毛，中央嵌一圈银绿色间断环形斑纹，背面紫红色，密被短柔毛。二歧聚伞花序，着花 8 至数朵，花朵直径 3.0~3.5cm。花被片白色、边缘略带浅紫色。开花期 7~8 月，果熟期 10 月。

【学名】 *Begonia*
【属名】 秋海棠属
【品种名】 ‘灿绿’‘Canlü’
【亲本】 ‘白王’秋海棠×‘光灿’秋海棠
【时间】 2011 年
【育种者】 李景秀，管开云，李爱荣，孔繁才(中国科学院昆明植物研究所)
【发表期刊】 园艺学报，Acta Horticulture Sinica，2014，41(11)：2367-2368
【品种特征特性】 根状茎，株高 25~30cm。叶片长卵形，长 18~21cm，宽 10~13cm。叶片具褐绿色掌状斑纹，边缘呈翠绿色，中央镶嵌鲜艳的银绿色环形斑纹，同一个叶片内 3 种不同的绿色交相辉映，尤为灿烂。花被片浅粉红色，花朵直径 5cm，开花期 7~8 月，果熟期 10~11 月。

【学名】 *Begonia*
【属名】 秋海棠属
【品种名】 ‘银娇’‘Yinjiao’
【亲本】 厚叶秋海棠×‘白王’秋海棠
【时间】 2011 年

【育种者】 李景秀，管开云，李爱荣，孔繁才（中国科学院昆明植物研究所）
【发表期刊】 园艺学报，Acta Horticulture Sinica，2014，41(11)：2367-2368
【品种特征特性】 根状茎，株高25~35cm。叶片大，光滑无毛，长卵状椭圆形，长20~22cm，宽15~18cm，质地较厚，呈鲜艳的银绿色。花桃红色、直径3.5~4.0cm，花期11~12月，果熟期12月至翌年2月。

【学名】 *Begonia*
【属名】 秋海棠属
【品种名】 ‘开云’‘Kaiyun’
【亲本】 ‘银珠’×歪叶秋海棠
【时间】 2011年
【育种者】 李景秀，管开云，李爱荣，孔繁才（中国科学院昆明植物研究所）
【发表期刊】 园艺学报，Acta Horticulture Sinica，2014，41(6)：1279-1280
【品种特征特性】 根状茎，株高20~25cm。叶片圆形至宽卵形，长12~13cm，宽10~12cm，幼叶紫红色里透出银白色，随叶片逐渐生长紫红色渐渐减弱，成叶的整体呈银白色略透紫红色。花桃红色，直径3.0~3.5cm。开花期7~8月，果熟期10~11月。

【学名】 *Begonia*
【属名】 秋海棠属
【品种名】 ‘星光’‘Xingguang’
【亲本】 ‘银珠’×光滑秋海棠
【时间】 2011年
【育种者】 李景秀，管开云，李爱荣，孔繁才（中国科学院昆明植物研究所）
【发表期刊】 园艺学报，Acta Horticulture Sinica，2014，41(6)：1279-1280
【品种特征特性】 根状茎，株高25~30cm。叶片轮廓心形或宽卵状心形，长10~12cm，宽8~9cm。叶面翠绿色，光滑无毛，掌状脉间具有银白色的斑纹或线条状连续性斑点。花被片深桃红色，花朵直径约4cm。开花期7~8月，果熟期10~11月。

【学名】 *Begonia*
【属名】 秋海棠属
【品种名】 ‘昴’‘Mao’
【亲本】 ‘银珠’×‘白王’
【时间】 2011年
【育种者】 李景秀，管开云，李爱荣，孔繁才（中国科学院昆明植物研究所）
【发表期刊】 园艺学报，Acta Horticulture Sinica，2014，41(6)：1279-1280
【品种特征特性】 根状茎，株高35~40cm。叶片宽卵形，长14~17cm，宽14~15cm。叶面幼时紫褐色，成叶褐绿色，成簇密布银白色的圆形斑点，背面紫红色。花桃红色，直径约3cm。开花期7~8月，果熟期10~11月。

【学名】 *Begonia*
【属名】 秋海棠属
【品种名】 ‘黎红毛’‘Lihongmao’
【亲本】 黎平秋海棠种子为材料进行航天搭载后从M1代群体中选育而成

【时间】 2011 年

【育种者】 李景秀，管开云，李爱荣，孔繁才(中国科学院昆明植物研究所)

【发表期刊】 园艺学报，Acta Horticulture Sinica，2014，41(5)：1043-1044

【品种特征特性】 根状茎，株高 13~18cm。叶片宽卵形，宽 6.5~7.0cm，长 7.0~7.5cm，叶片紫褐色被长长的紫红色刚毛。花数多，玫红色，直径 2.8~3.0cm，花期 6 月底至 7 月末，果熟期 8~10 月。

【学名】 *Begonia*

【属名】 秋海棠属

【品种名】 ‘白云秀’‘Baiyunxiu’

【亲本】 掌叶秋海棠×紫叶秋海棠

【时间】 2011 年

【育种者】 李景秀，管开云，李爱荣，孔繁才(中国科学院昆明植物研究所)

【发表期刊】 园艺学报，Acta Horticulture Sinica，2014，41(5)：1043-1044

【品种特征特性】 茎直立，株高 25~35cm。叶片轮廓椭圆形，无毛，长 18~20cm，宽 15~18cm，掌状深裂至掌状复叶，叶片背面深紫红色，正面幼时紫红色，逐渐生长后呈靓丽的银白色。花大，深桃红色，直径约 5.0cm，开花期 9~10 月，果熟期 11~12 月。

【学名】 *Begonia*

【属名】 秋海棠属

【品种名】 ‘华尔兹’‘Waltz’

【授权日】 2019 年 12 月 19 日

【品种权号】 CNA20162072.7

【公告号】 CNA014244G

【培育人】 杜文文，崔光芬，贾文杰，马璐琳，杨维

【品种权人】 云南省农业科学院花卉研究所

【品种权证书号】 第 20194244 号

【学名】 *Begonia*

【属名】 秋海棠属

【品种名】 ‘桂云’‘Guiyun’

【亲本】 卷毛秋海棠(*Begonia cirrosa*)×广西秋海棠(*B. guangxiensis*)

【时间】 2017 年

【育种者】 李景秀，李爱荣，管开云，崔卫华，隋晓琳，薛瑞娟(中国科学院昆明植物研究所)

【发表期刊】 园艺学报，Acta Horticulture Sinica，2019，46(S2)：2869-2870

【品种特征特性】 根状茎，株高 25~30cm。叶片轮廓宽卵形，近全缘，长 25~30cm，宽 18~22cm，叶片大，褐绿色被白色至浅紫色卷曲毛。开花数多(单株 100~120 朵)，花被片桃红色，花朵直径 3.5~5.0cm。开花期 12 月至翌年 3 月，果熟期 4~6 月。

【学名】 *Begonia*

【属名】 秋海棠属

【品种名】 ‘三裂’‘Sanlie’

【亲本】 卷毛秋海棠(*Begonia cirrosa*)×方氏秋海棠(*B. fangii*)

【时间】 2017 年

【育种者】 李景秀，李爱荣，管开云，崔卫华，隋晓琳，薛瑞娟(中国科学院昆明植物研究所)
【发表期刊】 园艺学报，Acta Horticulture Sinica，2019，46(S2)：2869-2870
【品种特征特性】 根状茎，有时延伸，株高 20~30cm。叶片轮廓扁圆形，掌状 3~4 浅裂或深裂，长 8~12cm，宽 10~16cm，叶片正面褐绿色，背面褐紫色，疏被粗短毛。开花数多(单株 200~250 朵)，花被片桃红色，花朵直径 2.0~3.5cm。开花期 1~4 月，果熟期 5~7 月。

【学名】 *Begonia*
【属名】 秋海棠属
【品种名】 ‘健翅’‘Jianchi’
【亲本】 掌叶秋海棠×长翅秋海棠
【时间】 2017 年
【育种者】 李景秀，李爱荣，管开云，崔卫华，隋晓琳，薛瑞娟(中国科学院昆明植物研究所)
【发表期刊】 园艺学报，Acta Horticulture Sinica，2019，46(S2)：2871-2872
【品种特征特性】 生长健壮。根状茎，株高 25~35cm。叶片轮廓扁圆形，掌状二重深裂，长 10.5~13.5cm，宽 11.5~18.5cm，叶面绿色无毛，被银白色点状斑纹。花被片深桃红色，花朵直径 3.5~5.0cm，开花期 8~10 月，果熟期 11 月至翌年 3 月。不易感病。

【学名】 *Begonia*
【属名】 秋海棠属
【品种名】 ‘银靓’‘Yinliang’
【亲本】 紫叶秋海棠×掌叶秋海棠
【时间】 2017 年
【育种者】 李景秀，李爱荣，管开云，崔卫华，隋晓琳，薛瑞娟(中国科学院昆明植物研究所)
【发表期刊】 园艺学报，Acta Horticulture Sinica，2019，46(S2)：2871-2872
【品种特征特性】 直立茎，株高 25~45cm。叶片轮廓卵圆形，长 16~18cm，宽 15~17cm，掌状复叶，小叶呈靓丽的银白色。花被片桃红色，花朵直径 3.0~5.0cm，开花期 9~10 月，果熟期 11~12 月。栽培适应性强。

【学名】 *Calceolaria herbeohybrida*
【种名】 蒲包花
【品种名】 ‘橙红荷包’‘Chenghong Hebao’
【亲本】 以‘大团圆’蒲包花为亲本，经混交、杂交选育而成。
【时间】 2013 年
【育种者】 刘科伟，胡乾军，高福洪，顾永华，潘春屏(江苏省中国科学院植物研究所，江苏省大丰市盆栽花卉研究所)
【发表期刊】 北方园艺，Northern Horticulture，2015(8)：160-161
【品种特征特性】 株型紧凑，平均株高 28.5cm，平均冠径 33.2cm。叶对生，卵形或卵状椭圆形，叶质柔软浅绿色。聚伞花序多不规整，花冠具两唇，上唇小而前伸似盖，下唇膨大形似荷包，花色橙红，无斑点，花大，花朵量多，平均单朵花径 4.7cm，平均单盆花朵数 120.8 朵，平均观花期 44.4d。蒴果，种子细小。遗传稳定性好，适应性好，栽培措施简单，繁殖能力强，抗逆性强、病害较少，在 10~20℃环境下生长良好。能耐短期 5℃低温。在双层塑料大棚中即可安全越冬，适合江苏地区保护地生产推广。

【学名】 *Curcuma*

【属名】 姜黄属

【品种名】 ‘红玉’‘Hongyu’

【亲本】 春秋姜黄×女王郁金

【时间】 2018 年

【育种者】 曾凤，谭广文，刘晓洲，王永淇，赵阳阳，罗帅，孙怀志，刘念(广州普邦园林股份有限公司，仲恺农业工程学院园艺园林学院，广州市农业技术推广中心)

【发表期刊】 园艺学报，Acta Horticulture Sinica，2020，47(3)：609-610

【品种特征特性】 植株长势旺，假茎直立，株高 80~100cm，株幅 55~65cm。叶片长圆状披针形，长 40~50cm，宽 8~11cm，两面无毛，中脉有深紫色带。穗状花序顶生，长 23~27cm，直径 6~9cm，花序梗长 25~32cm；苞片阔卵形，中下部苞片浅绿色，上部苞片紫色、从基部至顶部颜色逐渐加深。在广州气候条件下，花期为 5 下旬到 12 月初，单支花序开放时间 30d 左右。田间表现出较强的抗病性和适应性。

【学名】 *Curcuma alismatifolia*

【种名】 姜荷花

【品种名】 ‘红观音’‘Hongguanyin’

【亲本】 从自泰国引进的 10 个姜荷花种球进行组织培养规模化繁殖时的突变株选育而来

【时间】 2011 年

【育种者】 曾晓辉，曾宋君，刘文，邓美红，林文洪(珠海市现代农业发展中心，中国科学院华南植物园华南农业植物遗传育种重点实验室)

【发表期刊】 广东农业科学，Guangdong Agricultural Sciences，2014，41(12)：51-54

【品种特征特性】 株高 30~55cm，叶基生，亮绿色，革质，平行脉，中脉紫红色。长椭圆形，顶端渐尖，长 30~50cm、宽 5~8cm。地下有纺锤形至圆球形根茎。球茎上对生两排芽，芽生长偏向一侧，每年“清明”后发芽，先萌发第 1 个第 1 代芽，第 1 代芽常有 4~6 片叶，第 2 代后的芽多为 3~5 片叶。花茎通常高于叶片，为穗状花序，花梗长 45~70cm、粗 0.4~0.6cm，直立，花芽由顶芽分化而来，从卷筒状的心叶中抽出，观赏部位主要为苞叶，上部苞片阔卵形，粉红色，先端带绿色斑点，有 11~15 片，为大型的不育苞片，下部苞片绿色，7~11 片，蜂窝状排列在花序轴上。姜荷花的整个苞片数在生长后期随着气温降低而逐渐减少。姜荷花有小花 4~6 朵，着生于下部苞片腋部，每朵小花有 6 枚花瓣，花瓣紫色，内 3 枚、外 3 枚，交叉排列面唇形花冠，中央漏斗状部位为黄色。花期在夏、秋季。每个种球每年产花序 5~6 个，作切花时，单个花序观赏期约为 7d；盆栽时，单个花序观赏期约为 15d。红观音姜荷花与亲本姜荷花一样，种球萌芽的适温为 30~35℃，生长最适温为日温 25~32℃，低于 15℃时会产生休眠。

【学名】 *Curcuma kwangsiensis* var. *nanlingsis*

【种名】 南岭莪术

【品种名】 ‘香凝’‘Xiangning’

【亲本】 从南岭莪术(*Curcuma kwangsiensis* var. *nanlingensis*)野生种中经驯化选育而成的花卉新品种

【时间】 2011 年

【育种者】 盛爱武，刘念，张施君，叶向斌，尹彩霞，胡秀，范燕萍(华南农业大学园艺学院、仲恺农业工程学院园艺园林学院)

【发表期刊】 园艺学报，Acta Horticulture Sinica，2012，39(11)：2335-2336

【品种特征特性】 植株挺立，株高约 60cm。叶片长椭圆状披针形，叶色灰绿，长 35cm，宽 6cm。花序长约 30cm，冠幅约 5cm；上部苞片先端亮紫红色，基部白色，中部苞片白色，先端淡绿色，全部苞片具玉质感。周径 8cm 以上种球大田种植开花率达 85%，花序观赏期 30d，先花后叶，间隔时间 4d；低温冷藏结合高温催芽的促成栽培100d可开花，开花率高达93%，花序观赏期50d，先花后叶，间隔时间20d。平均每公顷可产周径10cm以上的种球37.5万个以上，质量达18 400kg，同时还可产块根（中药材“郁金”）24 000kg。适应性好，抗逆性强，是集药用、观赏为一体的高经济价值球根花卉。

【学名】 *Curcuma phaeocaulis*
【种名】 蓬莪术
【品种名】 ‘川蓬1号’‘Chuanpeng1’
【亲本】 2006—2007年从金马河流域收集的蓬莪术材料中系统选育出的新品种
【时间】 2013年
【育种者】 李敏，夏琴，杨昭武，夏冬梅（成都中医药大学药学院，中药材标准化教育部重点实验室，中药资源系统研究与开发利用省部共建国家重点实验室）
【发表期刊】 园艺学报，Acta Horticulture Sinica，2015，42(7)：1425-1426.
【品种特征特性】 植株挺立，长势旺，株高152cm。叶鞘下段常为褐紫色。叶4~7枚基生，长12~25cm，宽7~12cm，上表面沿中脉两侧有1~2cm宽的紫色晕斑。穗状花序圆柱状，具梗，花密集；上部苞片长椭圆形，粉红色至紫红色；中下部苞片近圆形，淡绿色至白色。蒴果卵状三角形，光滑。花期4~6月。主根茎卵圆形或纺锤形，肉质、肥大，平均单株4个，长3~8cm，直径1.8~4.0cm，侧生根茎圆柱状分枝，断面均为黄绿色。根细长，末端膨大成肉质纺锤形块根，平均单株25个，长1.6~3.8cm，直径1.0~1.4cm，断面黄绿或近白色。根茎（干品）平均产量5311.8kg/hm^2，比当地生产用种增产32.9%；块根（干品）平均产量1941.5kg/hm^2，增产22.7%；根茎浸出物15.41%，挥发油2.82%，分别比生产用种高15.58%和18.69%；块根总姜黄素含量为0.0035%，吉马酮含量为0.0386%，分别比对照品系高11.83%和16.72%。

【学名】 *Dianthus caryophyllus*
【种名】 香石竹
【品种名】 林隆2号‘Linlong2’
【亲本】 ‘大理石’×‘红卡飑’
【时间】 2003年
【育种者】 孙强，林大为（上海市林木花卉育种中心，南京林业大学风景园林学院）
【发表期刊】 园艺学报，Acta Horticulture Sinica，2007，34(5)：1339
【品种权号】 CNA2002182.4
【品种特征特性】 大花型切花，花为超重瓣类型，有香味。生长势较强，苗期比较突出的特点是叶片宽大肥厚，对叶斑病的抗性较强。花茎粗壮，株高68~86cm。叶片绿色，蜡质层薄。花为桃红色，花朵整齐美观，盛开时花朵直径8~10cm。花瓣数50~60片，花瓣边缘呈尖锯齿形。花蕾卵形，开放前裂口呈五星形，花柱仅2个。

【学名】 *Dianthus caryophyllus*
【种名】 香石竹
【品种名】 林隆3号‘Linlong3’
【亲本】 ‘闪电’×‘塔克斯’
【时间】 2003年
【育种者】 孙强，林大为（上海市林木花卉育种中心，南京林业大学风景园林学院）
【发表期刊】 园艺学报，Acta Horticulture Sinica，2007，34(5)：1339
【品种权号】 CNA2002183.2

【品种特征特性】 大花型切花，花为超重瓣类型，有香味。抗逆性强，花茎粗壮、挺直，株高 100~120cm。叶片斜伸，叶色深绿，表面有明显的蜡质层。花朵直径 10~11cm，花为墨红色，并有丝般光泽。花瓣数 75~80 片，花瓣边缘锯齿状，缺刻深。花蕾倒卵形，花柱 2~3 个。

【学名】 *Dianthus caryophyllus*
【种名】 香石竹
【品种名】 ‘四季红’‘Sijihong’
【时间】 2008 年
【育种者】 孙强(上海市林木花卉育种中心)
【品种特征特性】 花瓣数为 28~34 片，花径 3~4cm，颜色为浅粉边鲜红底，株高 25~29cm，分枝能力强。植株有带花芽的侧枝，簇生花；叶片披针形，纵轴下弯，横切面(上侧)略凹，颜色绿，蜡质层弱，叶缘无茸毛；有香味；花为超重瓣类型，花瓣边缘锯齿状，花瓣上颜色 2 种，上部外缘为浅粉红色，下部鲜红色。用于地被花坛，色调突出、生命力强、管理容易。也可盆栽。

【学名】 *Dianthus caryophyllus*
【种名】 香石竹
【品种名】 ‘云蝶衣’‘Yundieyi’
【亲本】 ‘兰贵人’(Rendiz-Vors)×‘欧地诺’(Odino)
【时间】 2010 年
【育种者】 桂敏，陈敏，卢珍红，周旭红，龙江，宋杰，莫锡君(云南省农业科学院花卉研究所，云南省花卉育种重点实验室，云南省花卉技术工程研究中心)
【发表期刊】 园艺学报，Acta Horticulture Sinica，2011，38(8)：1625-1626
【品种特征特性】 单朵花类型。植株高 71.0cm，生长势强，枝条直立、粗细均匀，茎粗 0.7cm，枝条较硬，较长，花下 7 节总长 47.1cm，花下第 5 节间长 7.6cm，茎的横切面为菱形，无空腔。叶绿色，长剑形，长 14.6cm，宽 0.9cm，纵轴形状下弯，横切面略凹，表面蜡质层中等。花蕾裂开显色前为椭圆形，直径 2.4cm，花蕾长 2.9cm。花较大，直径 10.0cm，花冠高度 6.1cm。花形好，花冠上部纵切面平凸形，下部纵切面为下垂，花萼上花青苷不显色。花为重瓣类型，花瓣数 76.2 枚，花瓣表面波状，边缘细圆部纵切面为下垂，花萼上花青苷不显色。花为重瓣类型，花瓣数 76.2 枚，花瓣表面波状，边缘细圆锯齿，花瓣长 6.61cm，宽 5.52cm。花色新颖，深黄色底粉红色花边，花有香味(彩插 P257)。

属极早生品种，在昆明地区种植，4 月中旬种植，生育期 130d；6 月下旬种植，生育期 169d。扦插生根率、成苗率均高，繁殖系数高。抗病性强。每平方米每茬产切花 250 枝左右。耐运输，瓶插寿命长，在云南香石竹主产区晋宁、通海、嵩明、呈贡等地和国内宁夏、新疆，以及马来西亚、韩国部分地区示范种植，表现适应性广，栽培容易。

【学名】 *Dianthus superbus*
【种名】 瞿麦
【品种名】 ‘大叶’‘Daye’
【亲本】 瞿麦实生苗选育获得的大叶新品种
【时间】 2017 年
【育种者】 钱仁卷，郑坚，张旭乐，朱燕琳，马晓华，刘洪见，陈义增，孔强(浙江省亚热带作物研究所，苍南县林业局，乐清市林业局)
【发表期刊】 园艺学报，Acta Horticulture Sinica，2018，45(S2)：2859-2860
【品种特征特性】 多年生草本，宿根，高 30~60cm。茎丛生，直立，绿色，无毛。茎圆柱形，粗壮，上部无分枝，长30~60cm，表面淡绿色或部分暗红色，光滑无毛，节明显，略膨大，断面中空。叶对生，多皱缩。叶片长卵状披针形，长5~12cm，宽10~18mm，顶端渐尖，中脉特显，基部合生成鞘状，绿色。花1或2朵生枝端，有时顶下腋生；苞片2~3对，倒卵形，长5~15mm，约为花萼1/4~1/3，宽约5mm，顶端钝尖；花萼圆筒形，长2.5~4.0cm，直径3~6mm，淡黄绿色，萼齿披针形，长4~5mm；花瓣长4.0~5.5cm，爪长1.5~3.0cm，包于萼筒内，瓣片宽倒卵形，边缘缕裂至中部或中部以上，淡紫红色，喉部具丝毛状鳞片；雄蕊和花柱微外露。蒴果圆筒形，与宿存萼等长，顶端4裂；种子扁卵圆形，长2~3mm，黑色，有光泽。花期6~11月，果期8~12月。

【学名】 *Eustoma grandiflorum*
【种名】 草原龙胆
【品种名】 ‘单轮朱砂’‘Danlun Zhusha’
【亲本】 2001年由日本引进资源，对其进行自交纯化，以获得的性状优良、遗传稳定的姊妹系为亲本
【时间】 2006年
【育种者】 王江，徐启江，李玉花（东北林业大学花卉生物工程研究所）
【发表期刊】 园艺学报，Acta Horticulture Sinica，2007，34(2)：533
【品种特征特性】 株形整齐一致，株高约90cm，茎秆粗壮抗倒伏。花期7~10月，盛花期8~9月，花单瓣。钟状花型，花瓣白色并带有红边，花径5~6cm，单株花头6~9朵，复轮色泽秀丽，同期单枝花朵开放一致，鲜切花花期长。

【学名】 *Eustoma grandiflorum*
【种名】 草原龙胆
【品种名】 ‘千堆雪’‘Qianduixue’
【亲本】 2001年由日本引进资源，对其进行自交纯化，以获得的性状优良、遗传稳定的姊妹系为亲本
【时间】 2006年
【育种者】 王江，徐启江，李玉花（东北林业大学花卉生物工程研究所）
【发表期刊】 园艺学报，Acta Horticulture Sinica，2007，34(2)：533
【品种特征特性】 多年生草本，叶对生，近革质，灰绿色，卵状披针形；茎直立，中空，近圆形，株高100cm左右，茎秆粗壮抗倒伏，全株灰绿色；花期7~10月，盛花期8~9月，花瓣纯白色，花心绿色，单重瓣比例为1：1，杯状花型，花径6~8cm，单株花头5~8朵，花色洁白纯净，鲜切花瓶插寿命10~15d。抗霜霉病、茎腐病，耐盐碱胁迫，适应性强。

【学名】 *Eustoma grandiflorum*
【种名】 草原龙胆
【品种名】 ‘碧芯黄丹’‘Bixin Huangdan’
【亲本】 日本民间草原龙胆品系50#中选育的自交姊妹纯系为亲本进行杂交方法选育而成
【时间】 2010年
【育种者】 李玉花，丁兵，王江，解莉楠，徐启江，张旸，闫海芳，蓝新国，周波，许志茹，李葵花（东北林业大学）
【发表期刊】 国家科技成果，2014年入库
【品种特征特性】 花瓣黄色，花心绿色，单重瓣比例为1：1，杯状花型，花形秀丽，优雅，株形整齐一致，多花头同期开放，花枝挺直健壮，生长势强，鲜切花花期长，是非常优良的鲜切花品种，目前在国际市场上特别是欧美及日本十分流行，在鲜切花市场上有广阔的应用前景。

【学名】 *Eustoma grandiflorum*

【种名】 草原龙胆

【品种名】 ‘新姑娘’‘Xinguniang’

【亲本】 通过在实生群体中选拔优良单株，通过组培繁殖生产母本、扦插繁殖生产种苗的方法选育成的无性系品种

【时间】 2014 年

【育种者】 李金泽(云南省农业科学院花卉研究所)

【发表期刊】 国家科技成果，2014 年入库

【品种特征特性】 花朵白底红边，钟状，重瓣，花枝长 80~100cm，株形紧凑，该品种夏季生育期约 90d，为晚生品种，冬季低温对其莲座化有一定影响，但可以实现周年生产，所属花色类型为洋桔梗特有类型，市场需求量较大。

【学名】 *Eustoma grandiflorum*

【种名】 草原龙胆

【品种名】 ‘香槟酒’‘Xiangbinjiu’

【亲本】 通过在实生群体中选拔优良单株，通过组培繁殖生产母本、扦插繁殖生产种苗的方法选育成的无性系品种

【时间】 2014 年

【育种者】 李金泽(云南省农业科学院花卉研究所)

【发表期刊】 国家科技成果，2014 年入库

【品种特征特性】 花朵红黄复色，钟状，重瓣，花枝长 70~90cm，株形紧凑，该品种夏季生育期约 85d，冬季低温对其莲座化的影响不大，有利于实现周年生产，所属花色类型在婚庆典礼中应用广泛，市场需求量大。

【学名】 *Freesia*

【属名】 小苍兰属

【品种名】 ‘上农红台阁’‘Shangnong Hongtaige’

【亲本】 是采用辐射诱导结合多代单株选择而成的小苍兰品种。其原始亲本为从荷兰引进的‘Red Lion’

【时间】 2008 年

【育种者】 唐东芹，秦文英(上海交通大学农业与生物学院)

【发表期刊】 园艺学报，Acta Horticulture Sinica，2012，39(10)：2097-2098

【品种特征特性】 植株整齐，叶色深绿，其基生叶二列状互生，长剑形或披针形，全缘，温棚中作切花栽培时平均株高为 48.7cm，平均小叶数为 12.8 枚。花茎绿色，直立，有 1~2 个侧向分枝，主花梗平均高 54.1cm；花序轴横向平生，花偏生一侧；主花序小花数 9~11，基部第一朵花平均花径 4.95cm；花被片 6，狭漏斗状，花色为鲜艳的深红色，花蕊金黄色，具芳香，为半重瓣花，其雄蕊瓣化成台阁状，而雌蕊正常发育，自然条件下不能结实，子房下位。为晚花品种，在长三角地区温棚栽培条件下盛花期为 3 月下旬到 4 月中旬。地下球茎圆锥形，外被黄棕色干膜状鳞片 7~8 片，以球茎进行繁殖(彩插 P258)。

【学名】 *Freesia*

【属名】 小苍兰属

【品种名】 ‘红钻’‘Hongzuan’

【亲本】 ‘Red Lion’×‘Rose Marie’

【时间】 2015 年

【育种者】 罗远华，樊荣辉，叶秀仙，方能炎，黄敏玲(福建省农业科学院作物研究所福建省农业科学院花卉研究中心；福建省特色花卉工程技术研究中心)

【发表期刊】 北方园艺，Northern Horticulture，2020(19)：176-180

【品种特征特性】 秋植球根花卉，叶片线状剑形，2 列排列，绿色，长 35.0~50.0cm、宽 1.2~1.6cm；花茎直立，长 35.0~50.0cm，粗 0.4~0.6cm，具分枝 3~5 个；花序与花序轴呈近直角横折，花偏生上侧，顺次开放；主花序长 6.0~9.0cm，着花 8~10 朵，花径 3.5~4.5cm；花型单瓣；花被片上表面为紫红色(RHS：67B)，花喉咙上表面为黄色(RHS：14A)；花朵具芳香；球茎圆锥形或卵圆形。福州 10 月上旬种植，始花期 2 月下旬至 3 月上旬，整体花期 30~40d；种球成熟期 5 月上中旬，繁殖系数 6~8。'红钻'花被片上表面主色较好地结合了母本的红色与父本的紫红色，表现为红中带紫，喉咙上表面主色偏母本的黄色，花色亮丽、纯正。

【学名】 Gesneriaceae

【科名】 苦苣苔科

【品种名】 '北林之春''Beilin Zhichun'

【育种者】 张启翔，温放等(北京林业大学园林学院，中国科学院广西植物研究所)

【时间】 2019 年

【品种特征特性】 具有丰花、早花的特点，其花色亮粉白至粉紫色，因花期贯穿整个春天而得名'北林之春'。

【学名】 Gesneriaceae

【科名】 苦苣苔科

【品种名】 '紫衣圣代''Ziyi Shengdai'

【育种者】 张启翔，温放等(北京林业大学园林学院，中国科学院广西植物研究所)

【时间】 2019 年

【品种特征特性】 花瓣边缘波状，花色浅紫至紫色，花冠内部融合了父母本的黄色斑纹，与浅紫色外部相得益彰，故取名'紫衣圣代'。

【学名】 Gesneriaceae

【科名】 苦苣苔科

【品种名】 '祥云''Xiangyun'

【育种者】 张启翔，温放等(北京林业大学园林学院，中国科学院广西植物研究所)

【时间】 2019 年

【品种特征特性】 花冠粉紫色，花冠裂片深，株型紧凑，叶片侧脉明显较多，白色网状纹路更突出，形似中国传统祥云纹样，故取名'祥云'。

【学名】 Gesneriaceae

【科名】 苦苣苔科

【品种名】 '启明星''Qimingxing'

【育种者】 张启翔，温放等(北京林业大学园林学院，中国科学院广西植物研究所)

【时间】 2019 年

【品种特征特性】 为中晚花，花冠紫色到蓝紫色，苞片发红，叶片侧脉纹路明显，且叶片光亮。

【学名】 *Gladiolus*
【属名】 唐菖蒲属
【品种名】 ‘橙红娇’‘Chenghongjiao’
【亲本】 由自然杂交群体中选育而成
【时间】 2000 年
【育种者】 郭太君，焦培娟，张雅凤，李继海，路文鹏（中国农业科学院特产研究所）
【发表期刊】 园艺学报，Acta Horticulture Sinica，2001，28(2)：184
【品种特征特性】 中花期品种，在吉林省从种植到开花需 80~90d，花瓣艳丽多姿，性状稳定，抗病性强，繁殖系数高。株高 110~137cm，平均 122cm；叶片 8~10 枚，剑形，绿色，蜡质较少；叶宽 2.2~2.5cm，叶脉 6~8 条。基部第 1 朵小花至顶端长 50~65cm，平均 56cm。花茎褐绿色。花冠直径 10~13cm，平均 10.7cm。花平瓣，橙红色。每花茎着生小花 15~19 朵。雄蕊 3 枚，花药长 1.8cm，紫红色，花丝长 2.8cm。雌蕊 1 枚，花柱长 6.8cm，柱头 3 裂，粉红色。球茎橙黄色，球茎具环纹 5~7 条，纵纹 21~25 条。一般种植 1 个生产球茎可繁殖直径≤1.9cm 的繁殖球 90~100 个，直径≥2.0cm 的生产球 1~7 个（平均 2.9 个）。切花产量 13 万~15 万枝/hm^2。

【学名】 *Gladiolus*
【属名】 唐菖蒲属
【品种名】 ‘红绣’‘Hongxiu’
【亲本】 从唐菖蒲自然杂种群体中选育
【时间】 2000 年
【育种者】 焦培娟，郭太君，张雅凤，李继海，路文鹏（中国农业科学院特产研究所）
【发表期刊】 园艺学报，Acta Horticulture Sinica，2001，28(2)：185
【品种特征特性】 在吉林省从种植到开花需 70~80d，为中花期品种。经过多年的种植观察，该品种对真菌病害的抗性较强，病毒病相对较轻。花瓣较厚，具绒质，略有褶皱。株高 100~127cm；叶片 7~9 枚，剑形，绿色，蜡质较厚；叶宽 3.0~3.5cm，叶脉 7~9 条。基部第 1 朵小花至花茎顶端长 51~62cm。花茎褐绿色。花冠直径 9~12cm。花瓣波状，大红色，花心玫瑰红色。每个花茎着生小花 15~18 朵。雄蕊 3 枚，花药长 1.5cm，蓝紫色，花丝长 3.0cm。雌蕊 1 枚，花柱长 7.5cm，柱头 3 裂，粉红色。球茎紫红色，具环纹 5~6 条，纵纹 26~28 条。一般种植 1 个生产球可繁殖直径≤1.9cm 的繁殖球 60~70 个，直径≥2.0cm 的生产球 1~5 个（平均 2.2 个）。切花产量 12 万~14 万枝/hm^2。

【学名】 *Gladiolus*
【属名】 唐菖蒲属
【品种名】 ‘紫英华’‘Ziyinghua’
【亲本】 从唐菖蒲自然杂种群体中选育
【时间】 2000 年
【育种者】 焦培娟，郭太君，张雅凤，李继海，路文鹏（中国农业科学院特产研究所，吉林 132109）
【发表期刊】 园艺学报，Acta Horticulture Sinica，2001，28(2)：185
【品种特征特性】 中花期品种，在吉林省从种植到开花需 80~90d；株高 112~147cm；叶片 7~9 枚，剑形，绿色，蜡质较厚；叶宽 3.3~4.0cm，叶脉 6~8 条。基部第 1 朵小花至顶端长 55~70cm，平均 62cm。花茎褐绿色。花冠直径 10~12cm。花平瓣，紫色，花心底色淡黄有紫条纹。每个花茎着生小花 15~19 朵。雄蕊 3 枚，花药长 1.4cm，蓝紫色，花丝长 2.4cm。雌蕊 1 枚，花柱长 6.1cm，柱头 3 裂，粉红色。球茎橙黄色，具环纹 5~6 条，纵纹 27~31 条。一般种植 1 个生产球茎可繁殖直径≤1.9cm 的繁殖球 50~60 个，直径≥2.0cm 的生产球 1~4 个（平均 2 个）。切花产量 12 万~14 万枝/hm^2。

【学名】 *Gladiolus*
【属名】 唐菖蒲属
【品种名】 ‘碧玉’‘Biyu’
【授权日】 2015年11月1日
【品种权号】 CNA20100503.6
【公告号】 CNA006209G
【培育人】 姚建军，薛建平，张远勇，吕建国，崔玲艳
【品种权人】 昆明虹之华园艺有限公司
【品种权证书号】 第20156209号

【学名】 *Gladiolus*
【属名】 唐菖蒲属
【品种名】 ‘黄蓉’‘Huangrong’
【授权日】 2015年11月1日
【品种权号】 CNA20100504.5
【公告号】 CNA006210G
【培育人】 姚建军，薛建平，张远勇，吕建国，崔玲艳
【品种权人】 昆明虹之华园艺有限公司
【品种权证书号】 第20156210号

【学名】 *Guzmania*
【属名】 果子蔓属
【品种名】 ‘步步高’‘Bubugao’
【亲本】 ‘秀美人’×‘黄岐花’
【时间】 2010年
【育种者】 易懋升，张志胜，曾瑞珍，刘琳，刘镇南，黎扬辉(广州花卉研究中心；华南农业大学广东省植物分子育种重点实验室)
【发表期刊】 北方园艺，Northern Horticulture，2015(5)：83-86
【品种特征特性】 将‘步步高’凤梨试管苗移栽并在温室中栽培2年，平均株高32.6cm，冠幅76.9cm；叶片数34片，叶片长50.4cm、宽3.1cm，叶深绿色，基部具紫色条纹；复穗状花序，挺直，长75.4cm，着花部分长43.1cm、直径13.0cm，总苞片粉红色，花序苞片数12.0片，苞片长9.4cm、宽2.9cm，每苞片上有多朵小花。苞片颜色为粉红色，每苞片内有多朵小花，其花先出叶颜色均为绿色。

【学名】 *Guzmania*
【种名】 果子蔓属
【品种名】 白擎天‘Baiqingtian’
【授权日】 2018年11月8日
【品种权号】 CNA20160372.8
【公告号】 CNA011992G
【培育人】 徐立，李志英，符运柳，黄碧兰，李克烈，王加宾，雷明，李丽
【品种权人】 中国热带农业科学院热带作物品种资源研究所
【品种权证书号】 第20181992号

【学名】 *Hedychium*
【属名】 姜花属
【品种名】 ‘渐变’‘Jianbian’
【亲本】 白姜花×普洱姜花
【时间】 2016 年
【育种者】 胡秀，吴永清，姬兵兵，黄嘉琦，周静，刘念(仲恺农业工程学院园艺园林学院)
【发表期刊】 园艺学报，Acta Horticulture Sinica，2018，45(3)：607-608.
【品种特征特性】 叶茎高 110~170cm，叶 13~15 片；叶片长圆状披针形，长 25~45cm，宽 5~9cm，先端长渐尖，基部急尖，叶背被短柔毛。穗状花序顶生，长 20~30cm，宽 10~15cm。苞片卷筒状排列，长 4.2~4.5cm，每苞片有小花 3~5 朵。花白色，随开放进程渐变为淡黄色；栀子花香型，中等浓度；花冠管白色，长 5.5~7.0cm，略长于苞片；花冠裂片，淡绿色或淡黄色，长 2.8~3.3cm；唇瓣白色至淡黄色，中央和基部淡绿色或淡黄色，长 2.5~3.0cm，宽约 2.6cm，先端微裂，基部有瓣柄，长约 0.5cm；侧生退化雄蕊白色，长 3.0~3.2cm，宽约 1.0cm；花丝白色，长约 4.2cm，略长于唇瓣；花药黄色，长 1.2cm。

在广州气候条件下，单朵花花期为 1~2d，群体花期为 6 月下旬至 10 月上旬。

【学名】 *Hemerocallis*
【属名】 萱草属
【品种名】 ‘彩艳’‘Caiyan’
【时间】 2011 年
【育种者】 高亦珂，高淑滢，贾贺燕，张启翔(北京林业大学园林学院)
【发表期刊】 园艺学报，Acta Horticulture Sinica，2014，41(5)：1047-1049
【品种特征特性】 植株高 71cm，花葶长 84cm，一个花葶有 4 个分枝，每葶 26 个花蕾，花瓣红色，喉部黄色，花朵平均直径为 18cm，花期为 6 月中旬至 8 月下旬，花朵白天开放，二次开花，6 月中旬初次抽葶开花，8 月上旬抽出第 2 根花葶并再度开花，比母本花期延长了约 1 倍。为二倍体。

【学名】 *Hemerocallis*
【属名】 萱草属
【品种名】 ‘傲荷’‘Aohe’
【时间】 2011 年
【育种者】 高亦珂，高淑滢，贾贺燕，张启翔(北京林业大学园林学院)
【发表期刊】 园艺学报，Acta Horticulture Sinica，2014，41(5)：1047-1049
【品种特征特性】 植株高 69cm，花葶长 75cm，一个花葶有 3 个分枝，每葶 15 个花蕾，花瓣浅紫色，中部有环状深紫斑，喉部黄色，花瓣边缘有褶皱，花朵平均直径为 13.5cm，花期为 6 月中旬至 7 月下旬，花朵白天开放。为二倍体。

【学名】 *Hemerocallis*
【属名】 萱草属
【品种名】 ‘黑珍珠’‘Heizhenzhu’
【时间】 2011 年
【育种者】 高亦珂，高淑滢，贾贺燕，张启翔(北京林业大学园林学院)
【发表期刊】 园艺学报，Acta Horticulture Sinica，2014，41(5)：1047-1049
【品种特征特性】 植株高 79cm，一个花葶有 7 个分枝，每葶 43 个花蕾，花瓣深红色，喉部深黄色，花朵平均直径为 13.5cm，花瓣边缘具褶皱，花期为 6 月中旬至 8 月下旬，花朵白天开放。为二倍体。

【学名】 *Hemerocallis*
【属名】 萱草属
【品种名】 ‘紫蝶舞’‘Zidiewu’
【时间】 2011 年
【育种者】 高亦珂，高淑滢，贾贺燕，张启翔(北京林业大学园林学院)
【发表期刊】 园艺学报，Acta Horticulture Sinica，2014，41(5)：1047-1049
【品种特征特性】 植株高 84cm，一个花葶有 3 个分枝，每葶 23 个花蕾，花瓣红色，萼片黄色，喉部深黄色，花朵具芳香性，单朵花开放时间超过 20h，花朵直径为 9.5cm，花期为 6 月中旬至 7 月下旬，花朵凌晨开放。为二倍体。

【学名】 *Hemerocallis*
【属名】 萱草属
【品种名】 ‘红粉’‘Hongfen’
【时间】 2011 年
【育种者】 高亦珂，高淑滢，贾贺燕，张启翔(北京林业大学园林学院)
【发表期刊】 园艺学报，Acta Horticulture Sinica，2014，41(5)：1047-1049
【品种特征特性】 植株高 76cm，一个花葶有 3 个分枝，每葶 14 个花蕾，花瓣粉色，中部有红斑，喉部黄色，花朵直径为 10.8cm，花期为 6 月中旬至 7 月下旬，花朵白天开放。为二倍体。植株冬季休眠。

【学名】 *Hemerocallis*
【属名】 萱草属
【品种名】 ‘淑滢’‘Shuying’
【时间】 2011 年
【育种者】 高亦珂，高淑滢，贾贺燕，张启翔(北京林业大学园林学院)
【发表期刊】 园艺学报，Acta Horticulture Sinica，2014，41(5)：1047-1049
【品种特征特性】 植株高 74cm，一个花葶有 2 个分枝，每葶 16 个花蕾，花瓣粉黄色，中部有浅红斑，喉部黄色，花朵直径为 13.5cm，花期为 6 月中旬至 7 月下旬，花朵白天开放。为二倍体。

【学名】 *Hemerocallis*
【属名】 萱草属
【品种名】 ‘陶然’‘Taoran’
【时间】 2011 年
【育种者】 高亦珂，高淑滢，贾贺燕，张启翔(北京林业大学园林学院)
【发表期刊】 园艺学报，Acta Horticulture Sinica，2014，41(5)：1047-1049
【品种特征特性】 植株高 51cm，一个花葶有 2 个分枝，每葶 13 个花蕾，花瓣粉红色，喉部黄色，花朵直径为 10.8cm，花期为 6 月中旬至 7 月下旬，花朵白天开放。为二倍体。

【学名】 *Hemerocallis*
【属名】 萱草属
【品种名】 ‘玉黄’‘Yuhuang’
【时间】 2011 年
【育种者】 高亦珂，高淑滢，贾贺燕，张启翔(北京林业大学园林学院)
【发表期刊】 园艺学报，Acta Horticulture Sinica，2014，41(5)：1047-1049

【品种特征特性】 植株高 48cm，一个花葶有 3 个分枝，每葶 11 个花蕾，花瓣黄色，喉部绿色，花朵直径为 11.5cm，花期为 6 月中旬至 7 月下旬，花朵白天开放。为二倍体。

【学名】 *Hemerocallis*
【属名】 萱草属
【品种名】 ‘晚霞红’‘Wanxiahong’
【时间】 2011 年
【育种者】 高亦珂，高淑滢，贾贺燕，张启翔(北京林业大学园林学院)
【发表期刊】 园艺学报，Acta Horticulture Sinica，2014，41(5)：1047-1049
【品种特征特性】 植株高 53cm，一个花葶有 3 个分枝，每葶 18 个花蕾，花瓣玫红色，有纵向白色条带，花瓣边缘浅黄色，喉部黄色，花朵直径为 11.5cm，花期为 6 月中旬至 7 月下旬，花朵白天开放。为二倍体。

【学名】 *Hemerocallis*
【属名】 萱草属
【品种名】 ‘温玉’‘Wenyu’
【时间】 2011 年
【育种者】 高亦珂，高淑滢，贾贺燕，张启翔(北京林业大学园林学院)
【发表期刊】 园艺学报，Acta Horticulture Sinica，2014，41(5)：1047-1049
【品种特征特性】 植株高 53cm，一个花葶有 3 个分枝，每葶 19 个花蕾，花瓣浅黄色，中部有深橘色斑，喉部浅黄色，花朵直径为 10.2cm，花期为 6 月中旬至 7 月下旬，花朵白天开放。为二倍体。

【学名】 *Hemerocallis*
【属名】 萱草属
【品种名】 ‘炫景’‘Xuanjing’
【时间】 2011 年
【育种者】 陈忠，李岩，周乙良，董延龙，杨龙，黄莹，沈东升，王洪成，甄灿福(黑龙江省农业科学院园艺分院)
【发表期刊】 园艺学报，Acta Horticulture Sinica，2011，38(8)：1623-1624
【品种特征特性】 植株高大，2 年生植株平均高 87.5cm，最高可达 122cm。叶片宽大肥厚，长 57.8cm，宽 4.58cm。花葶高而粗，平均高 66.5cm，花葶的基部呈三角形，上部近似圆柱形，花葶顶端着生花序。单株花葶数多，可达 3.8~4.2 个。花葶上花蕾数多，达 8~11 个。花瓣宽大，单花直径 10.2~11.9cm，平均 10.8cm；高度重瓣，最多可达 7 层，每层 3 瓣；花瓣为金黄色，色彩艳丽，观赏价值高；每朵花花瓣数为 8~12 瓣，平均 10.5 瓣(萱草一般每朵花花瓣数为 6 瓣)。

6 月下旬至 7 月上旬自植株第 9~14 片叶腋间抽出花葶。7 月下旬至 8 月初开花，开花时间较晚。植株抗病性强，可以露地越冬。

【学名】 *Hemerocallis*
【属名】 萱草属
【品种名】 ‘粉红宝’‘Fenhongbao’
【亲本】 大花萱草实生苗中选出
【时间】 2011 年
【育种者】 储博彦，尹新彦，赵玉芬(河北省林木良种工程技术研究中心，河北省林业科学研究院)

【发表期刊】 北方园艺，Northern Horticulture，2013(8)：63-65

【品种特征特性】 根茎短，常肉质。根分肉质根和须根，根茎短，肉质根呈纺锤状，须根多生长在肉质根上；株丛高 35~40cm，叶基生、绿色、宽线形、对排成 2 列，叶长为 40cm 左右，叶宽 0.8~1.2cm，背面有龙骨突起。

花的特性：花上位，花葶粗壮，高达 50cm，每葶可着花 15~20 朵。花瓣呈浅粉红色，单瓣，皱褶，色泽艳丽，花径为 10~12cm，花期 6 月中旬至 8 月中旬。

生物学特性：生长势强，单芽年平均分蘖 3~5 个，分蘖能力较强。蒴果、种子黑色，结实率低。喜阳光，耐半阴，抗旱、抗寒、抗病虫能力强，适应性广。在土层深厚、土壤肥沃及排水良好的砂质壤土中生长健壮．开花繁茂。春季分株当年即可开花，且成活率高。

【学名】 *Hemerocallis*

【属名】 萱草属

【品种名】 ‘金红星’‘Jinhongxing’

【亲本】 大花萱草实生苗中选出

【时间】 2011 年

【育种者】 储博彦，尹新彦，赵玉芬(河北省林木良种工程技术研究中心，河北省林业科学研究院)

【发表期刊】 北方园艺，Northern Horticulture，2013(8)：63-65

【品种特征特性】 根茎短，常肉质。根分肉质根和须根，须根多生长在肉质根上；叶绿色、基生、宽线型，对排成 2 列，叶长为 35~40cm 左右，宽 1.5~2cm，背面有龙骨突起。株丛高 35~45cm。

花的特性：花上位，花葶粗壮，高约 45cm，每葶可着花 15~20 朵。花冠钟型，单瓣，花瓣外卷呈金黄色，皱褶，基部色彩深并形成红色眼影，花径为 6~8cm，花期 6 月中旬至 8 月中旬。

生物学特性：生长势强，单芽年平均分蘖 4~6 个，分蘖能力较强。蒴果、种子黑色，结实率低。喜阳光，耐半阴，抗旱、抗寒、抗病虫能力强，适应性广。在土层深厚、土壤肥沃及排水良好的砂质壤土中生长健壮．开花繁茂。春季分株当年即可开花，且成活率高。

【学名】 *Hemerocallis*

【属名】 萱草属

【品种名】 ‘粉红记忆’‘Pink Memory’

【亲本】 人工授粉杂交实生苗中选育出

【时间】 2014 年

【育种者】 尹新彦，储博彦，张全锋，李金霞，赵玉芬(河北省林业科学研究院，河北省林木良种工程技术研究中心)

【发表期刊】 园艺学报，Acta Horticulture Sinica，2015，42(S2)：2951-2952

【品种特征特性】 株高 51.4cm。叶长 68.8cm，叶宽 2.2cm，叶基生深绿色，宽线形，对排成两列，叶背面有龙骨突起。花上位，花蕾黄绿色，花径 14.5cm，外花被黄色，边缘带红晕，内花被橘红色，边缘皱褶，中肋黄色，花喉部黄绿色。花葶长 82.6cm，粗壮，每葶平均着花 16.4 朵。花期 6 月中旬至 8 月中旬。花朵白天开放。单芽年平均分蘖 4.0 个。二倍体。每 100g 鲜蕾含总糖 8308.0mg，钾 205.0mg，钙 28.4mg，镁 20.9mg，磷 33.7mg，锌 0.31mg，维生素 B1 217.0mg，维生素 B3 25.2mg，维生素 B6 47.8mg。具有抗旱、抗寒、耐盐碱和抗病性强的特性。观赏食用兼可，综合性状优良。

【学名】 *Hemerocallis*

【属名】 萱草属

【品种名】 ‘粉佳人’‘Fenjiaren’

【亲本】 ‘黄油花’×‘粉秀客’

【时间】 2014 年

【育种者】 储博彦，尹新彦，赵玉芬，李金霞(河北省林业科学研究院，河北省林木良种工程技术研究中心)

【发表期刊】 园艺学报，Acta Horticulture Sinica，2015，42(S2)：2949-2950.

【品种特征特性】 二倍体，花朵白天开放，花单瓣，花期 6 月中下旬至 8 月上中旬。平均株高 36.0cm。叶长 45.0cm，叶宽 2.4cm，浅绿色，宽线形，背面有龙骨突起。花上位，花葶长 42.5cm，每葶平均着花 7.0 朵。花单瓣，内花被片边缘波皱，内外花被均为紫红色，花喉黄绿色，色泽亮丽。花直径 10.0cm。平均单芽年分蘖 2.5 个。

【学名】 *Hemerocallis*

【属名】 萱草属

【品种名】 ‘粉太妃’‘Fentaifei’

【亲本】 ‘黄油花’×‘粉秀客’

【时间】 2014 年

【育种者】 储博彦，尹新彦，赵玉芬，李金霞(河北省林业科学研究院，河北省林木良种工程技术研究中心，石家庄 050061)

【发表期刊】 园艺学报，Acta Horticulture Sinica，2015，42(S2)：2949-2950

【品种特征特性】 二倍体，花朵白天开放，花单瓣，花期 6 月中下旬至 8 月上中旬。平均株高 37.5cm。叶长 53.0cm，叶宽 3.2cm。花上位，花葶长 39.0cm，每葶着花 9.5 朵。花单瓣，内花被边缘波皱，内外花被均呈浅粉红色，花喉部黄绿色。花直径 8.5cm。平均单芽年分蘖 2.5 个。

【学名】 *Hemerocallis*

【属名】 萱草属

【品种名】 ‘红太妃’‘Hongtaifei’

【亲本】 ‘盛夏红酒’×‘红运’

【时间】 2014 年

【育种者】 储博彦，尹新彦，赵玉芬，李金霞(河北省林业科学研究院，河北省林木良种工程技术研究中心)

【发表期刊】 园艺学报，Acta Horticulture Sinica，2015，42(S2)：2949-2950

【品种特征特性】 二倍体，花朵白天开放，花单瓣，花期 6 月中下旬至 8 月上中旬。平均株高 50.0cm。叶长 60.0cm，叶宽 3.0cm。花葶长 65.0cm，每葶着花 16.5 朵。花单瓣，内花被边缘波皱，内外花被均为深红色，有绒光，花喉部黄绿色，花直径 14.5cm。平均单芽年分蘖 3.5 个。

【学名】 *Hemerocallis*

【属名】 萱草属

【品种名】 ‘霞光’‘Xiaguang’

【亲本】 ‘海尔范’×‘莎蔓’

【时间】 2014 年

【育种者】 储博彦，尹新彦，赵玉芬，李金霞(河北省林业科学研究院，河北省林木良种工程技术研究中心)

【发表期刊】 园艺学报，Acta Horticulture Sinica，2015，42(S2)：2949-2950

【品种特征特性】 二倍体，花朵白天开放，花单瓣，花期 6 月中下旬至 8 月上中旬。平均株高

50.0cm。叶长71.0cm，叶宽1.8cm。花葶长59.0cm，每葶着花10.5朵。花单瓣，星形，双色，外花被黄色，边缘带红晕，内花被橘红，中肋黄色，皱褶。花直径14.5cm，花喉部黄绿色。平均单芽年分蘖2.5个。

【学名】 *Hemerocallis*
【属名】 萱草属
【品种名】 ‘红唇’‘Blazing Red Lips’
【亲本】 ‘Crimson Pirate’×(‘Children's Festival’×‘Crimson Pirate’)
【时间】 2014年
【育种者】 高亦珂，朱琳，高淑滢，任毅，何琦，张启翔(北京林业大学园林学院，花卉种质创新与分子育种北京市重点实验室，国家花卉工程技术研究中心，城乡生态环境北京实验室)
【发表期刊】 园艺学报，Acta Horticulture Sinica，2015，42(S2)：2947-2948
【品种特征特性】 株高37cm，花葶长67cm，每葶11个花蕾，花朵平均直径为12.5cm；花瓣红色，边缘白色，花瓣具白色中肋，喉部黄色；花期为6月上旬至7月中旬，花朵白天开放；二倍体品种。

【学名】 *Hemerocallis*
【属名】 萱草属
【品种名】 ‘手里剑’‘Shuriken’
【亲本】 ‘Red Rum’×‘April Flower’
【时间】 2014年
【育种者】 高亦珂，朱琳，高淑滢，任毅，何琦，张启翔(北京林业大学园林学院，花卉种质创新与分子育种北京市重点实验室，国家花卉工程技术研究中心，城乡生态环境北京实验室)
【发表期刊】 园艺学报，Acta Horticulture Sinica，2015，42(S2)：2947-2948
【品种特征特性】 株高58cm，花葶长105cm，每葶29个花蕾，花朵平均直径为11cm；花瓣内被红色，具白色中肋，外被浅黄色，边缘红色，喉部黄绿色；花期为6月中旬至7月下旬，花朵夜间开放，单花花期超过12h，具香气；二倍体品种。

【学名】 *Hemerocallis*
【属名】 萱草属
【品种名】 ‘小黄人’‘Minions’
【时间】 2014年
【育种者】 高亦珂，朱琳，高淑滢，任毅，何琦，张启翔(北京林业大学园林学院，花卉种质创新与分子育种北京市重点实验室，国家花卉工程技术研究中心，城乡生态环境北京实验室)
【发表期刊】 园艺学报，Acta Horticulture Sinica，2015，42(S2)：2947-2948
【品种特征特性】 株高43cm，花葶长85cm，每葶48个花蕾，花朵平均直径为9.5cm；花瓣黄色，内被具浅红花环，喉部黄色；花期为6月下旬至7月下旬，花朵白天开放；二倍体品种。

【学名】 *Hemerocallis*
【属名】 萱草属
【品种名】 ‘晚礼服’‘Evening Dress’
【时间】 2014年
【育种者】 高亦珂，朱琳，高淑滢，任毅，何琦，张启翔(北京林业大学园林学院，花卉种质创新与分子育种北京市重点实验室，国家花卉工程技术研究中心，城乡生态环境北京实验室)

【发表期刊】 园艺学报，Acta Horticulture Sinica，2015，42(S2)：2947-2948
【品种特征特性】 株高 34cm，花葶长 73cm，每葶 44 个花蕾，花朵平均直径为 11cm；花瓣浅粉白色，内被具褶皱，喉部黄色；花期为 6 月上旬至 7 月中旬，花朵白天开放；四倍体品种。

【学名】 *Hemerocallis*
【属名】 萱草属
【品种名】 ‘丹阳’‘Danyang’
【授权日】 2019 年 1 月 31 日
【品种权号】 CNA20161701. 8
【公告号】 CNA012576G
【培育人】 赵玉芬，储博彦，尹新彦，李金霞
【品种权人】 河北省林业科学研究院
【品种权证书号】 第 20192576 号

【学名】 *Hemerocallis*
【属名】 萱草属
【品种名】 ‘梦幻’‘Menghuan’
【授权日】 2019 年 1 月 31 日
【品种权号】 CNA20161700. 9
【公告号】 CNA012575G
【培育人】 储博彦，赵玉芬，尹新彦，李金霞
【品种权人】 河北省林业科学研究院
【品种权证书号】 第 20192575 号

【学名】 *Hemerocallis*
【属名】 萱草属
【品种名】 ‘寒笑’‘Hanxiao’
【授权日】 2019 年 1 月 31 日
【品种权号】 CNA20161108. 7
【公告号】 CNA012573G
【培育人】 赵天荣
【品种权人】 宁波市农业科学研究院
【品种权证书号】 第 20192573 号

【学名】 *Hemerocallis*
【属名】 萱草属
【品种名】 ‘十里红妆’‘Shili Hongzhuang’
【授权日】 2019 年 1 月 31 日
【品种权号】 CNA20161109. 6
【公告号】 CNA012574G
【培育人】 赵天荣，徐志豪
【品种权人】 宁波市农业科学研究院
【品种权证书号】 第 20192574 号

【学名】 *Hemerocallis middendorfii*
【种名】 大花萱草
【品种名】 ‘金宛’‘Jinwan’
【亲本】 ‘斯特拉德奥’×‘金娃娃’
【时间】 2015 年
【育种者】 金立敏(苏州农业职业技术学院)
【发表期刊】 园艺学报，Acta Horticulture Sinica，2018，45(S2)：2795-2796
【品种特征特性】 多年生草本，根茎纺锤形，肉质。叶基部成丛，排成二列，叶片中脉明显，条状披针形，细长，拱形下垂。花葶纤细，高 35~40cm，单葶小花 12~17 朵，花黄色，小花直径 7.5~8.0cm，早上开放，晚上凋谢。抗寒、抗旱、耐瘠薄，长江以南露地种植冬季不枯萎。

【学名】 *Hemerocallis middendorfii*
【种名】 大花萱草
【品种名】 ‘金云红纹’‘Jinyun Hongwen’
【亲本】 ‘斯特拉德奥’×‘金娃娃’
【时间】 2015 年
【育种者】 金立敏，张文婧，朱旭东(苏州农业职业技术学院)
【发表期刊】 北方园艺，Northern Horticulture，2019，(04)：208-210
【品种特征特性】 多年生草本，有发达的根。叶基部成丛排成二列，带状披针形，中脉明显，叶细长，拱形下垂。花葶高 25~30cm，顶生聚伞花序，排列成圆锥状，着花 10~15 朵，花冠漏斗形，花瓣略长，花色黄色，带红色晕，花直径 7.5~8.0cm，早上开放，晚上凋谢。抗寒，抗旱，耐瘠薄。长江以南地区冬季常绿。

【学名】 *Hippeastrum*
【属名】 朱顶红属
【品种名】 ‘圣茵 1 号’‘Shengyin 1’
【亲本】 ‘本菲卡’×‘红孔雀’
【时间】 2018 年
【育种者】 邓莎，张文心，郑枫，曹雪莹，周世明，张别鱼，张金龙，房林，李琳，吴坤林，曾宋君(中国科学院华南植物园，华南农业植物分子分析与遗传改良重点实验室；中国科学院大学；东莞市圣茵城市景观农业工程研究中心；广东圣茵花卉园艺有限公司；中国科学院华南植物园，广东省应用植物学重点实验室)
【发表期刊】 园艺学报，Acta Horticulture Sinica，2019，46(S2)：2865-2866
【品种特征特性】 红花系列切花品种。生长势强，组培苗种植 950d 的开花植株平均株高 67.0cm，株幅 60.5cm。叶片阔带状，绿色，叶背浅绿色，平均叶长 62.0cm，叶宽 4.6cm。一球双花葶，同时或先后从鳞茎抽出。花葶直立，绿色，基部有紫色晕，平均长 60.0cm。单葶 4 朵花，先后开放。花红色，平均直径 16.0cm，长 10.0cm，张开角度为直角，重瓣，平均 17.0 片，有香味。单花寿命 9.5d，单葶花期 22.0d。抗逆和抗病性较强，最适生长温度白天 25~30℃，夜间 18~20℃，能耐受 35℃以上的高温及 5℃低温。自然条件下 10 月花芽形成，2 月下旬抽梗，3 月上旬始花，4 月进入盛花期。

【学名】 *Hippeastrum*
【属名】 朱顶红属
【品种名】 ‘圣茵 2 号’‘Shengyin 2’

【亲本】 从‘红孔雀’组培苗中的突变株选育而来

【时间】 2018 年

【育种者】 邓涉，张文心，郑枫，曹雪莹，周世明，张别鱼，张金龙，房林，李琳，吴坤林，曾宋君(中国科学院华南植物园，华南农业植物分子分析与遗传改良重点实验室；中国科学院大学；东莞市圣茵城市景观农业工程研究中心；广东圣茵花卉园艺有限公司；中国科学院华南植物园，广东省应用植物学重点实验室)

【发表期刊】 园艺学报，Acta Horticulture Sinica，2019，46(S2)：2867-2868

【品种特征特性】 组培苗种植 950d 的开花植株，平均株高 45.0cm，株幅 50.5cm。叶片阔带状，革质，叶绿色，叶背浅绿色，平均叶长 46.0cm，宽 4.4cm。一球双花葶，同时或先后从鳞茎上抽出。花葶直立，绿色，基部有紫色晕，平均长 35.0cm，单葶上有 4 朵花，先后开放；花橙红色，花朵平均直径 16.5cm，长 9.5cm，花朵张开角度为直角，重瓣，平均 15.0 片，有香味。单花寿命 9.5d，单葶花期 21.0d。抗逆性和抗病性较强，最适生长温度为白天 25~30℃，夜间 18~20℃，也能耐受 35℃以上的高温及 5℃低温。自然条件下，10 月为花芽形成期，2 月下旬抽梗，3 月上旬始花，4 月进入盛花期。

【学名】 *Iris*

【属名】 鸢尾属

【品种名】 ‘紫霞’‘Zixia’

【亲本】 从路易斯安那鸢尾‘King Louis’自交后代优良单株选育而成的新品种

【时间】 2011 年

【育种者】 朱旭东，田松青，周玉珍，金立敏，朱晓国，蔡曾煜(苏州农业职业技术学院)

【发表期刊】 园艺学报，Acta Horticulture Sinica，2012，39(12)：2547-2548

【品种特征特性】 植株直立，高 55cm 左右，冠幅近 40cm。地下具有扁圆形棍棒状的根状茎。新根状茎发生于开花后的植株基部，先端部分芽秋季萌发成新株，单株发叶量超过 4 片，第 2 年能开花。花单生单瓣，花色为石南紫，直径约 13cm，呈蝎尾状聚伞花序，花葶长 65cm，高于叶，共 4~6 朵。单花寿命 2~3d，花序花期 12~15d。蒴果，褐绿色，3 室，外形 6 棱，每果有种子 30 粒左右，千粒质量约 250g。平均 134.2 芽/m^2。

【学名】 *Iris*

【属名】 鸢尾属

【品种名】 ‘黄玉’‘Huangyu’

【亲本】 从路易斯安那鸢尾‘Ann Chowning’自交后代优良单株中选育出的新品种

【时间】 2011 年

【育种者】 朱旭东，田松青，金立敏，周晓明，韦庆华(苏州农业职业技术学院，南京农业大学园艺学院)

【发表期刊】 园艺学报，Acta Horticulture Sinica，2013，40(11)：2337-2338

【品种特征特性】 植株直立，高 70cm 左右，冠幅近 50cm。地下具有扁圆形棍棒状的根状茎。老根茎长约 35cm，粗约 2.5cm，具 16~25 个节，新根状茎发生于开花后的植株基部，先端部分芽秋季萌发成新株，单株发叶量超过 4 片，第 2 年能开花。

花单生单瓣，花为黄色(RAL1023)，直径约 12.4cm，呈蝎尾状聚伞花序，花葶长 85cm，高于叶，共 3~5 朵。单花寿命 2~3d，花序花期 12~16d。蒴果，褐绿色，3 室，外形 6 棱，每果有种子 26 粒左右，千粒质量约 260g。种苗产量为 63 万芽/hm^2。

【学名】 *Iris*

【属名】　鸢尾属
【品种名】　‘紫堇’‘Zijin’
【亲本】　从野生鸢尾后代群体中选育的新品种
【时间】　2012 年
【育种者】　李岩，陈忠，周乙良，董延龙，杨龙，黄莹，沈东升，王洪成，马静，孙伟(黑龙江省农业科学院园艺分院)
【发表期刊】　园艺学报，Acta Horticulture Sinica，2013，40(12)：2553-2554
【品种特征特性】　植株高挺，2 年生植株高 40~60cm。根状茎直立，细而短。植株基部有枯死的叶鞘，红棕色，长 5~10cm，并有纤维状残余物，长 8cm 左右，坚挺。叶基生，窄条形或线形，长 40~60cm，宽 3~6mm，灰绿色，坚韧，平行脉明显。花葶长 30~50cm，有鞘状退化叶；苞片稍大呈纺锤状，长 7~10cm，膜质；有花 1~3 朵，集生于鞘状苞叶内，长 4~7cm，花蓝紫色，直径 5~7cm，比其他鸢尾花瓣小巧精致(一般鸢尾花直径 10cm 左右)；花被管细长，花被裂片长 4.5~5.5cm；外轮裂片 3 片，倒卵状披针形；内轮裂片 3 片近等长，倒披针形；花柱 3 个，顶端 2 裂，窄长，蒴果卵圆形或近球形，长约 2.5cm。种子棕褐色。

鸢尾在哈尔滨花期 5~6 月。植株抗病性强，可以露地越冬。

【学名】　*Iris*
【属名】　鸢尾属
【品种名】　‘蓝纹白蝶’‘Lanwen Baidie’
【亲本】　‘Samurai Wish’×‘Acadian Miss’
【时间】　2013 年
【育种者】　朱旭东，田松青，金立敏，霍尧，王朕(苏州农业职业技术学院，南京农业大学园艺学院)
【发表期刊】　园艺学报，Acta Horticulture Sinica，2014，41(9)：1957-1958
【品种特征特性】　植株茎直立略有弯曲，株高 90cm 左右，冠幅近 70cm。地下根茎具扁圆形棍棒状分枝。成熟根茎长约 30cm，粗约 2.0cm，具 15~20 个节。新根茎发生于开花后的植株基部，先端部分芽秋季萌发成新株。选择单株具 4 片叶以上的植株秋季移栽，次年开花，3~4 年分株一次。花单生单瓣，花色为白色带蓝色花纹(RAL5012)，直径 16.1cm，呈蝎尾状聚伞花序，花葶长约 100cm，高于叶，共 4~6 朵。单花寿命 2~3d，花期在 5 月上中旬，花序花期 12~15d。蒴果，褐绿色(RAL6008)，3 室，外形 6 棱，每果有种子 30 粒左右。

【学名】　*Iris*
【属名】　鸢尾属
【品种名】　‘德香鸢尾’‘Dexiang Yuanwei’
【亲本】　从意大利引种的香料用鸢尾中选育出
【时间】　2016
【育种者】　韩桂军，李思锋，吴永朋，柏国清(陕西省西安植物园，陕西植物资源保护与利用工程技术研究中心)
【发表期刊】　北方园艺，Northern Horticulture，2018，(20)：208-210
【品种特征特性】　根状茎粗壮而肥厚，具有明显分枝，扁圆形，斜伸，具环纹，黄褐色；须根肉质，黄白色。叶直立或略弯曲，叶长 30~60m，绿色或灰绿色，剑形，顶端渐尖，基部鞘状，无明显的中脉。花茎光滑，黄绿色，上部有 1~3 个侧枝，中、下部有 1~3 枚茎生叶；苞片 3 枚，草质，绿色，边缘膜质，有时略带红紫色，卵圆形或宽卵形，内包含有 1~2 朵花；花大，鲜艳，直径可达 12cm，蓝紫色或深紫色；花期 3~5 月。

【学名】 *Iris dichotoma*

【种名】 野鸢尾

【品种名】 ‘基石’‘Footstone’

【亲本】 从野鸢尾(*I. dichotoma*)的实生后代中选育出的新品种

【时间】 2011 年

【育种者】 毕晓颖，徐文姬，李卉，郑洋(沈阳农业大学园艺学院，辽宁省北方园林植物与地域景观高校重点实验室)

【发表期刊】 园艺学报，Acta Horticulture Sinica，2013，40(11)：2335-2336

【国际登录号】 11-934

【品种特征特性】 株高 86cm；叶宽 3.0~3.8cm；分蘖 3；花冠幅 4.2cm，旗瓣底色黄绿(RHS 1D)，中心和基部有紫色(N79D)斑点和条纹，顶端渐变为奶白色；垂瓣黄绿渐变为白色，沿白色中脉有紫色斑点和条纹；雄蕊黄色；雌蕊黄绿色，3 完全分枝，暗黄色中脉上有紫色斑点。花朵开放时间 15：00~19：30。花期 8~9 月。

【学名】 *Iris dichotoma*

【种名】 野鸢尾

【品种名】 ‘雪蜜’‘Snow Honey’

【亲本】 从野鸢尾(*I. dichotoma*)的实生后代中选育出的新品种

【时间】 2011 年

【育种者】 毕晓颖，徐文姬，李卉，郑洋(沈阳农业大学园艺学院，辽宁省北方园林植物与地域景观高校重点实验室)

【发表期刊】 园艺学报，Acta Horticulture Sinica，2013，40(11)：2335-2336

【国际登录号】 11-937

【品种特征特性】 株高 63cm；叶宽 2.8~3.5cm；分蘖 1；花冠幅 4cm，旗瓣纯白色，顶端内凹；垂瓣白色，中下部直立，中上部向外反折，深黄色(RHS 2B)纵沟有黄色(9C)条纹；雄蕊为黄色；雌蕊 3 完全分枝，有黄白色中脉。花期 7~8 月。

【学名】 *Iris dichotoma*

【种名】 野鸢尾

【品种名】 ‘天蓝风车’‘Azure Pinwheel’

【亲本】 野鸢尾蓝紫色花类型为母本、射干为父本的 F_1 自然结实的实生 F_2 代中选育出

【时间】 2011 年

【育种者】 毕晓颖，徐文姬，李卉，郑洋(沈阳农业大学园艺学院，辽宁省北方园林植物与地域景观高校重点实验室)

【发表期刊】 园艺学报，Acta Horticulture Sinica，2013，40(12)：2551-2552

【品种特征特性】 株高 73cm；叶宽 2.2~2.7cm；分蘖 3；花冠幅 3.3cm，旗瓣堇蓝色(RHS 94C)，顶端内凹；垂瓣底色白色，边缘堇蓝色，中脉奶黄色，底部有堇蓝色斑点；雄蕊为黄色，背部为黑色条纹；雌蕊白色，3 完全分枝。花朵开放时间 10：30~18：30。花期 8 月。

【学名】 *Iris dichotoma*

【种名】 野鸢尾

【品种名】 ‘时尚豹纹’‘Chic Leopard’

【亲本】 野鸢尾黄花类型作母本、射干为父本的 F_1 中直接选育出

【时间】 2011 年

【育种者】 毕晓颖，徐文姬，李卉，郑洋(沈阳农业大学园艺学院，辽宁省北方园林植物与地域景观高校重点实验室)

【发表期刊】 园艺学报，Acta Horticulture Sinica，2013，40(12)：2551-2552

【品种特征特性】 株高 86cm；叶宽 2.8~3.4cm；分蘖 5；花冠幅 4.7cm，旗瓣红褐色，基部黄斑上有褐色斑点；垂瓣底色金黄(RHS 3A)，有紫色(N77B)斑点；雄蕊黄色，背部有黑边；雌蕊橘红色(34B)，近中部 3 分枝。花朵开放时间 8：30~18：30。花期 7~8 月。

【学名】 *Iris germanica*

【种名】 德国鸢尾

【品种名】 '紫金' 'Golden Purple'

【亲本】 德国鸢尾淡紫花色类型(代号 LP)×德国鸢尾内花瓣淡粉色，外花瓣紫红色类型(代号 PP)

【时间】 1997 年

【育种者】 黄苏珍，顾姻，韩玉林(江苏省中国科学院植物研究所，江苏省植物迁地保护重点实验室)

【发表期刊】 植物资源与环境学报，Journal of Plant Resources and Environment，1998，7(1)：35-39

【品种特征特性】 植株生长旺盛，茎叶肥大健壮，成年叶长 40~70cm，宽 4~6cm。花茎粗壮，高 90~110cm，内花瓣乳黄色，长 7~8cm，宽 5~5.5cm，边缘少皱褶，外花瓣深红紫色，长 8~9.5cm，宽 5~5.5cm，中肋上密生须毛状附属物，须毛先端约 1/2 为金黄色，下端为白色，花径 10~12cm。单朵花期 2~3d，花期 5 月。

【学名】 *Iris germanica*

【种名】 德国鸢尾

【品种名】 '金舞娃' 'Golden Dancing Girl'

【亲本】 德国鸢尾淡紫花色类型(代号 LP)×德国鸢尾内花瓣淡粉色，外花瓣紫红色类型(代号 PP)

【时间】 1997 年

【育种者】 黄苏珍，顾姻，韩玉林(江苏省中国科学院植物研究所，江苏省植物迁地保护重点实验室)

【发表期刊】 植物资源与环境学报，Journal of Plant Resources and Environment，1998，7(1)：35-39

【品种特征特性】 植株生长旺盛，茎叶肥大健壮，成年叶长 40~65cm，宽 5.5~6.5cm。花茎高 90~105cm，内花瓣金黄色边缘几乎无皱褶，长 6.5~8cm，宽 5~6.5cm，外花瓣紫红色，长 7~8.5cm，宽 6~7.5cm，中肋上密生金黄色须毛状附属物，花径 10~11.5cm。单朵花期 2~3d，花期 5 月。

【学名】 *Iris germanica*

【种名】 德国鸢尾

【品种名】 '彩带' 'Colourful Ribbon'

【亲本】 为德国鸢尾淡紫花色类型(代号 LP)×德国鸢尾内花瓣淡粉色，外花瓣紫红色类型(代号 PP)

【时间】 1997 年

【育种者】 黄苏珍，顾姻，韩玉林(江苏省中国科学院植物研究所，江苏省植物迁地保护重点实验室)

【发表期刊】 植物资源与环境学报，Journal of Plant Resources and Environment，1998，7(1)：35-39

【品种特征特性】 植株生长旺盛，茎叶肥大健壮，成年叶长 30~55cm，宽 4~6cm。花茎高 80~100cm，内花瓣极淡黄色，边缘略有皱褶，长 5.5~7cm，宽 4.5~5.5cm，外花瓣先端淡紫色，边缘嵌不规则淡紫褐色晕，中部浅紫色，基部浅褐色，长 7.5~9cm，宽 5~6cm，中肋上密生须毛状附属物，须毛先端约 1/5 为黄色，下端为白色，花径 11~12.5cm。单朵花期 2~3d，花期 5 月。

【学名】 *Iris germanica*
【种名】 德国鸢尾
【品种名】 ‘红浪’‘Red Wave’
【亲本】 德国鸢尾淡紫花色类型(代号 LP)×德国鸢尾内花瓣淡粉色，外花瓣紫红色类型(代号 PP)
【时间】 1997 年
【育种者】 黄苏珍，顾姻，韩玉林(江苏省中国科学院植物研究所，江苏省植物迁地保护重点实验室)
【发表期刊】 植物资源与环境学报，Journal of Plant Resources and Environment，1998，7(1)：35-39
【品种特征特性】 植株生长旺盛，茎叶肥大健壮，成年叶长 40~60cm，宽 5~6.5cm。花茎高 90~120cm。内花瓣淡紫红色，边缘有皱褶，并有间断不规则膜质化斑块，长 7~8cm，宽 6~7cm，外花瓣深紫红色，长 8~10cm，宽 7~9cm，中肋上密生金黄色须毛状附属物，花径 12~15cm。单朵花期 3d，花期 5 月。

【学名】 *Iris germanica*
【种名】 德国鸢尾
【品种名】 ‘水晶球’‘Crystal Ball’
【亲本】 德国鸢尾淡紫花色类型(代号 LP)×德国鸢尾内花瓣淡粉色，外花瓣紫红色类型(代号 PP)。
【时间】 1997 年
【育种者】 黄苏珍，顾姻，韩玉林(江苏省中国科学院植物研究所，江苏省植物迁地保护重点实验室)
【发表期刊】 植物资源与环境学报，Journal of Plant Resources and Environment，1998，7(1)：35-39
【品种特征特性】 植株生长旺盛，茎叶肥大健壮，成年叶长 50~60cm，宽 5.5~6cm。花茎高 80~100cm，内花瓣极淡黄色，边缘具皱褶，长 6.5~7cm，宽 6~7cm，外花瓣浅红紫色，边缘近白色，长 8~9.5cm，宽 7~8.5cm，中肋上密生黄色须毛状附属物。花径 11.5~14cm。单朵花期 3d，花期 5 月。

【学名】 *Iris germanica*
【种名】 德国鸢尾
【品种名】 ‘紫云’‘Purple Cloud’
【亲本】 德国鸢尾淡紫花色类型(代号 LP)×德国鸢尾内花瓣淡粉色，外花瓣紫红色类型(代号 PP)
【时间】 1997 年
【育种者】 黄苏珍，顾姻，韩玉林(江苏省中国科学院植物研究所，江苏省植物迁地保护重点实验室)
【发表期刊】 植物资源与环境学报，Journal of Plant Resources and Environment，1998，7(1)：35-39
【品种特征特性】 植株生长旺盛，茎叶肥大健壮，成年叶长 50~60cm，宽 5.5~6cm。花茎高 80~100cm，内花瓣淡紫色，边缘具皱褶，长 6.5~7cm，宽 6~7cm，外花瓣浅紫色，长 8~9.5cm，宽 7~8.5cm，中肋上密生金黄色须毛状附属物，花径 11.5~14cm。单朵花期 3d，花期 5 月。

【学名】 *Iris germanica*
【种名】 德国鸢尾
【品种名】 ‘紫盘’‘Purple Plate’
【亲本】 德国鸢尾淡紫花色类型(代号 LP)×德国鸢尾内花瓣淡粉色，外花瓣紫红色类型(代号 PP)
【时间】 1997 年
【育种者】 黄苏珍，顾姻，韩玉林(江苏省中国科学院植物研究所，江苏省植物迁地保护重点实验室)
【发表期刊】 植物资源与环境学报，Journal of Plant Resources and Environment，1998，7(1)：35-39
【品种特征特性】 植株矮生，茎叶健壮，成年叶长 10~30cm，宽 3~5cm。花茎高 25~30cm，内外花瓣均为浅紫色，内花瓣有较大皱褶，长 4~4.5cm，宽 4~5cm，外花瓣与内花瓣几乎等长，亦有波状皱褶，先端平展而不下垂，而有别于其他品种。中肋上密生黄色须毛状附属物，花径7~8cm。单朵花期3~4d，花期5月。花色偏母本，而植株矮生性状偏离两亲本。

【学名】 *Iris germanica*
【种名】 德国鸢尾
【品种名】 ‘黄金甲’‘Huangjinjia’
【亲本】 ‘93E41076-8’×‘金舞娃’
【时间】 2013年
【育种者】 原海燕，黄苏珍，顾春笋，佟海英(江苏省中国科学院植物研究所)
【发表期刊】 园艺学报，Acta Horticulture Sinica，2015，42(9)：1861-1862
【品种特征特性】 多年生宿根草本。肉质根。平均叶长44.5cm，叶宽2.72cm。内花被和外花被倒卵形，内花被直立，顶端向内拱曲，沙黄色；外花被花瓣咖喱色，基部有褐色斑纹，顶端下垂，中肋基部有橙色须毛。花茎50~55cm，单花茎着花4~6朵。单朵花花期3~4d，群体花期4~5月。一般在无人工辅助授粉条件下不结实。喜光，耐干旱，耐寒，冬季不休眠，常绿。

【学名】 *Iris germanica*
【种名】 德国鸢尾
【品种名】 ‘幻舞’‘Huanwu’
【亲本】 ‘93E41076-10’×‘Elizabeth of England’
【时间】 2013年
【育种者】 黄苏珍，顾春笋，原海燕，佟海英(江苏省中国科学院植物研究所)
【发表期刊】 园艺学报，Acta Horticulture Sinica，2015，42(11)：2327-2328
【品种特征特性】 茎矮，茎叶肥大，平均叶长42cm，叶宽2.5cm。内花被和外花被倒卵形。内花被直立，顶端向内拱曲，天蓝色；外花被夜蓝色，顶端下垂内拱，中肋基部被黄橙色须毛。花茎50~60cm。单花茎着花4~6朵。单朵花花期3~4d，群体花期4~5月。果熟期6~7月。蒴果三棱状圆柱形，种子梨形，但一般在无人工辅助授粉条件下不结实。耐寒，在长江中下游地区露地栽培冬季不休眠。

【学名】 *Iris germanica*
【种名】 德国鸢尾
【品种名】 ‘风烛’‘Fengzhu’
【亲本】 ‘00266’×‘金舞娃’
【时间】 2015年
【育种者】 原海燕，黄苏珍，张永侠，王仲伟，杨永恒，顾春笋(江苏省中国科学院植物研究所)
【发表期刊】 园艺学报，Acta Horticulture Sinica，2016，43(S2)：2805-2806
【品种特征特性】 多年生宿根草本，肉质根，茎叶肥大，叶长40~50cm，宽2.5~4.0cm。内花被和外花被倒卵形，近平展。花大，花径15~16.5cm，外花瓣和内花瓣均为黑红褐色，基部黄色斑纹，中部间有白色或红褐色不规则条纹；外花瓣平均长8.3cm，宽5.3cm，中肋基部无须毛；内花瓣平均长8.8cm，宽6.5cm。雄蕊完全雌蕊性瓣化，且向内拱曲；花茎高50~55cm，单花茎着花6~8朵，单朵花花期3~4d，花期5月上旬。不结实。喜光，耐干旱，耐寒，在长江中下游地区露地栽培冬季不休眠。

【学名】 *Iris germanica*
【种名】 德国鸢尾
【品种名】 ‘扬州优雅新娘’‘Yangzhou Elegant Bride’

【亲本】 ‘Thornbird’×‘Spiced Custard’

【时间】 2016 年

【育种者】 李风童，陈秀兰，孙叶，刘春贵，王腾，马辉，张甜，包建忠(江苏里下河地区农业科学研究所)

【发表期刊】 园艺学报，Acta Horticulture Sinica，2016，43(S2)：2807-2808

【品种特征特性】 株高 49cm；剑形叶、基生，花期叶长 28~43cm，宽 2.3~4.2cm；苞片 2 枚，黄绿色；花径 13~15cm，旗瓣紫罗兰色(RHS 85D)，长 6.1~6.5cm，宽 5.7~5.9cm，垂瓣肩部黄橙色(RHS 22B)，长 6.5~7.1cm，宽 6.1~6.5cm，髯毛下有紫罗兰色(RHS 85B)斑纹；雄蕊黄色；蕊柱紫罗兰色(RHS 85D)，3 完全分枝；髯毛黄橙色(RHS 24A)，末端有触角状附属物；花香为浓郁甜香；花期 4 月底，单花花期 3~5d。

【学名】 *Iris germanica*

【种名】 德国鸢尾

【品种名】 ‘扬州粉色记忆’‘Yangzhou Pink Memory’

【亲本】 ‘Spiced Custard’×‘Beverly Sills’

【时间】 2016 年

【育种者】 李风童，陈秀兰，孙叶，刘春贵，王腾，马辉，张甜，包建忠(江苏里下河地区农业科学研究所)

【发表期刊】 园艺学报，Acta Horticulture Sinica，2016，43(S2)：2807-2808

【品种特征特性】 株高 40cm；剑形叶、基生，花期叶长 20~35cm，宽 2.1~3.8cm；苞片 2 枚，黄绿色；花径 15~16cm，旗瓣灰橙色(RHS 173C)，长 5.8~6.2cm，宽 5.7~5.8cm，垂瓣灰橙色(RHS 173C)，长 6.1~6.3cm，宽 5.8~6.2cm；雄蕊黄色；蕊柱灰橙色(RHS 173C)，3 完全分枝；髯毛灰橙色(RHS 168A)，末端无附属物；花香为浓郁辣香；花期 4 月底，单花花期 3~5d。

【学名】 *Iris germanica*

【种名】 德国鸢尾

【品种名】 ‘扬州四月烟花’‘Yangzhou April Fireworks’

【亲本】 ‘Thornbird’×‘Spiced Custard’

【时间】 2016 年

【育种者】 李风童，陈秀兰，孙叶，刘春贵，王腾，马辉，张甜，包建忠(江苏里下河地区农业科学研究所)

【发表期刊】 园艺学报，Acta Horticulture Sinica，2016，43(S2)：2807-2808

【品种特征特性】 株高 52cm；剑形叶、基生，花期叶长 30~45cm，宽 3.3~4.3cm；苞片 2 枚，黄绿色；花径 14~16cm，旗瓣灰黄色(RHS 162A)，长 7.1~7.3cm，宽 6.7~6.9cm，垂瓣灰黄色(RHS 162B)，长 6.8~7.1cm，宽 6.1~6.4cm，髯毛下有灰紫色(RHS N187D)斑纹；雄蕊黄色；蕊柱灰黄色(RHS 162A)，3 完全分枝；髯毛灰橙色(RHS 163A)，末端有触角状附属物；花香为浓郁甜香；花期 4 月底，单花花期 3~5d。

【学名】 *Iris germanica*

【种名】 德国鸢尾

【品种名】 ‘鸣莺’‘Singing Orioles’

【亲本】 ‘Sun Doll’×‘Blue Staccato’

【时间】 2019 年

【育种者】 张永侠，刘清泉，王银杰，杨永恒，佟海英，安文杰，黄苏珍，原海燕(江苏省中国科学院植物研究所，山西林业职业技术学院)

【发表期刊】 园艺学报，Acta Horticulture Sinica，2020，47(S2)：3041-3042

【品种特征特性】 多年生宿根草本，肉质根茎。叶剑形，长40~45cm，宽4.0~4.5cm，无中脉。花茎高75~80cm。内外花瓣长椭圆形，内花瓣直立，外花瓣下垂，花瓣边缘波浪状，花黄色(RHS 4D)；外花瓣中间杂以浅紫色底纹。花横径13.5~14.5cm，纵经13~14cm。外花瓣髯毛浓密，基部橘黄色(RHS 23A)，顶部黄色(RHS 14A)。单株着花6~8朵，单朵花期3~4d，群体花期4月中旬~5月中下旬。果熟期6~7月，蒴果三棱状圆柱形，种子梨形，但一般在无人工辅助授粉条件下不结实。具有授粉结实率高、花期长、繁殖能力强、四季常绿等优点。

【学名】 *Iris japonica*

【种名】 蝴蝶花

【品种名】 ‘梦蝶’‘Butterfly Dreams’

【时间】 2019年

【育种者】 上海植物园鸢尾研究团队

【学名】 *Iris japonica*

【种名】 蝴蝶花

【品种名】 ‘晓蝶’‘Butterfly Dawn’

【时间】 2019年

【育种者】 上海植物园鸢尾研究团队

【学名】 *Iris japonica*

【种名】 蝴蝶花

【品种名】 ‘化蝶’‘Butterfly in Bloom’

【时间】 2019年

【育种者】 上海植物园鸢尾研究团队

【学名】 *Iris japonica*

【种名】 蝴蝶花

【品种名】 ‘蝶衣’‘Butterfly Veil’

【时间】 2019年

【育种者】 上海植物园鸢尾研究团队

【学名】 *Iris pallida*

【种名】 香根鸢尾

【品种名】 ‘贵妃’‘Guifei’

【亲本】 从意大利引进的香根鸢尾种质资源，通过单株选择、分株扩繁，筛选出香料用鸢尾新品种‘贵妃’

【时间】 2016年

【育种者】 韩桂军，李思锋，吴永朋(陕西省西安植物园，陕西植物资源保护与利用工程技术研究中心)

【发表期刊】 园艺学报，Acta Horticulture Sinica，2018，45(10)：2065-2066

【品种特征特性】 多年生草本。3年生平均株高55.7cm，每丛分蘖数11枝，根状茎粗壮、肥厚，具有明显分枝，平均纵径 4. 1cm，横径 3. 2cm。叶直立或略弯曲。花淡蓝色，苞片银白色，膜质；花期 3～4 月。

作香料植物栽培，一般栽植 3 年后采收，每丛根状茎数 9 个，平均鲜质量 383. 3g，干燥根状茎产量为 6750kg/hm^2。鸢尾酮总含量可达 500mg/kg 以上，其中 α-鸢尾酮与 γ-鸢尾酮的比例约为 1 ∶ 2。

【学名】 *Iris sanguinea*
【种名】 溪荪
【品种名】 ‘紫蝶’‘Zidie’
【亲本】 从日本引进的溪荪的实生后代中选育出的新品种
【时间】 2012 年
【育种者】 董然，赵和祥，顾德峰，王文强(吉林农业大学园艺学院)
【发表期刊】 园艺学报，Acta Horticulture Sinica，2014，41(3)：607-608
【品种特征特性】 2 年生植株开花期株高 70～83cm，基生叶数量达 100 片以上、长条形、宽近 1cm，中脉不明显，较直立，6 月上中旬开花，每株丛花葶数 15～23，每个花葶 2～4 朵花；花被片 6，玫紫色(C60M90)，花朵直径 11cm 左右(野生种只有 6～7cm)，垂瓣阔倒卵形，喉部呈豹纹样花纹，旗瓣稍倾斜，雄蕊 3，雌蕊 1。群体花期 20d 左右，花后结实力弱，不倒伏。

在长春一般 4 月末萌芽，叶片泛绿期长达 180d，年分生能力 5 倍以上，覆盖地面能力较强。栽培中未见植株感病现象，在 2011—2012 年吉林长春最低气温-26～-27℃条件下安全露地越冬。花和叶均具观赏价值，是鸢尾中难得的玫紫色稀有品种。

【学名】 *Iris sanguinea*
【种名】 溪荪
【品种名】 ‘娇藕’‘Beautiful Lotus’
【亲本】 蓝、白花色溪荪混合栽培采种后，从实生后代中选育出的浅藕荷花色的溪荪新品种
【时间】 2016 年
【育种者】 王玲，夏德美，李亚楠，彭宏梅，陈恒利，范丽娟(东北林业大学园林学院)
【发表期刊】 园艺学报，Acta Horticulture Sinica，2016，43(8)：1629-1630
【品种特征特性】 2 年生植株花期株高 90cm 左右，株形饱满，呈半球形，不倒伏，株丛分蘖株数达 30 株左右，株丛冠幅 40～55cm。叶片直挺，条形，长 88. 84cm，宽 1. 14cm，中脉不明显。6 月上中旬开花，每株丛花葶数 18～30，每个花茎 2～3 朵花。花茎直立，光滑，有白粉，高 83. 4cm，粗 0. 53cm。花茎近顶端具膜质苞片，苞片数为 3，长 7. 34cm，宽 1. 46cm，披针形，苞片内具花朵数 2。花直径 12. 24cm(原种 6～7cm)，外花被裂片阔倒卵形，长 6. 46cm，宽 4. 54cm；喉部呈黄色的斑纹；内花被裂片呈匀形，长 5. 12cm，宽 2. 3cm；花被片为浅藕荷色(瑞典皇家 NCS 比色卡号 S3030-R60B)，花药为粉紫色(原种花药黄色)，花丝白色，花柱顶端裂片呈三角形状，有浅锯齿，长 4. 36cm，宽 1. 5cm；雄蕊长 2cm，花被管长 0. 74cm，直径 5. 864mm；子房为三棱柱状，直径 5. 756mm，长 1. 88cm。连续花期 20d 左右，花后结实力较弱(彩插 P258)。

在哈尔滨地区露地栽培一般 4 月末叶萌芽，叶片绿期长达 180d，自然条件下可安全露地越冬，年分生能力为原种的 5 倍以上。

【学名】 *Iris sanguinea*
【种名】 溪荪
【品种名】 ‘婷蝶’‘Tingdie’
【亲本】 从溪荪实生后代中选育出的切花新品种

【时间】 2017 年
【育种者】 吴璐瑶，金华，陈燕妮，张碧涵，王玲(东北林业大学园林学院)
【发表期刊】 园艺学报，2017，44(S2)：2717-2718
【品种特征特性】 多年生草本。2 年生植株花期分蘖株数为 25 株，株形饱满整齐，株高 127cm 左右，冠幅 55~70cm。叶片条形直立，长 130cm，宽 1.4cm，中脉不明显。花葶光滑，被白粉，高 109~114cm(原种 40~60cm)，基部直径 0.48cm(原种 0.35cm)，具 1~2 枚茎生叶。每株丛花葶数 25~30，单葶花朵 2~3 个。花葶顶端具膜质苞片 3 枚，长 6.0~7.3cm，宽 1.3cm，泛紫色。花被片蓝紫色(RHS：Violets-blue N89-B)，花直径 11cm 左右(原种 6~7cm)。外花被裂片 3 枚，阔倒卵形，长 5.8~6.5cm，宽 3.9cm，喉部具黑褐色网纹及黄色斑纹，梢上有白色斑纹，顶部蓝紫色；内花被直立裂片 3 枚，狭倒卵形，长 4.7cm，宽 1.9cm；花柱顶端裂片钝三角形，边缘有浅锯齿，长约 3.7cm，宽 1.2~1.4cm；花丝长 2.2cm，白色；花药长 1.2cm，紫色；子房三棱状圆柱形，长 2.1cm 左右，直径 5.6~6.0mm。果实长卵状圆柱形，长 4.9~5.1cm，直径 1.1cm，成熟时颜色变褐，顶端开裂。花期 5~6 月，单花期 2~3d，群体花期可达 22d，果期 9~10 月。在哈尔滨地区一般 4 月末萌芽，叶片绿期达 180d，直到 10 月中下旬枯萎变黄(彩插 P259)。

【学名】 *Iris sanguinea*
【种名】 溪荪
【品种名】 ‘纯心’‘Chunxin’
【亲本】 从溪荪自然杂交实生后代中选育出的浅紫花色的新品种
【时间】 2017 年
【育种者】 王玲，杜钰，刘玉佳，阿尔达克·库万太，万宗喆，刘红艳(东北林业大学园林学院)
【发表期刊】 园艺学报，Acta Horticulture Sinica，2018，45(S2)：2797-2798
【品种特征特性】 5 年生植株花期株高 68cm，冠幅 56~58cm。每株丛花葶数 15~25，单葶花 2 或 3 朵。根状茎粗壮，叶条形，长 50~65cm，宽 1cm，中脉不明显。花茎光滑，实心，高 55~70cm，具 1~2 枚茎生叶；苞片 3 枚，绿色，条形，长 5~6cm，宽 1cm，顶端渐尖，内包含有 2 朵花；花形紧凑，紫色花(RHS N87C)，直径 9.5~10.5cm；花被管短而粗，长 1cm，直径 4mm；外花被裂片倒卵形，浅紫色(RHS N87C)，边缘渐白(RHS N155B)，长 5~6cm，宽 4~5cm，基部有黑褐色网纹及黄色斑纹，中央下陷呈沟状，无附属物，盛开时向下倾斜近 30°；内花被裂片椭圆形，近白色(RHS N155B)，基部浅黄色，长 4.5cm，宽 2.5cm，盛开时向上倾斜近 30°；花丝白色，长约 1.5cm，花药紫色；子房三棱状圆柱形，长约 2.5cm，直径 3~4mm；花柱整体白色(RHS NN155D)，中轴线两侧浅藕荷色，分枝扁平，长 2.8cm，宽 1.2cm，顶端裂片钝三角形，有细齿。果实长倒卵状圆柱形，长 4.5~5.0cm，直径 1.2~1.5cm，成熟时自顶端向下开裂。花期 6~7 月，果期 9~10 月。在哈尔滨栽植可露地越冬，从萌芽到枯萎经约 6 个月，叶片绿期长，适应性强，耐寒能力强(彩插 P259)。

【学名】 *Iris sanguinea*
【种名】 溪荪
【品种名】 ‘芭蕾女’‘Baleinü’
【亲本】 从溪荪田间自然杂交实生后代中选育出的新品种
【时间】 2017 年
【育种者】 唐彪，王恺，王丹，王玲(东北林业大学园林学院，黑龙江省林业科学研究所)
【发表期刊】 园艺学报，Acta Horticulture Sinica，2017，44(S2)：2719-2720
【品种特征特性】 2 年生株高 60cm 左右，根状茎粗壮。叶条形，长 50~60cm，宽 1cm 左右，中脉不明显。花茎光滑，实心，具 1~2 枚茎生叶。苞片 3 枚，绿色，条形，长 5~6cm，宽约 1cm，顶端渐尖，内包含有 2 朵花。花蓝紫色，直径约 10cm。花被管短而粗，长约 1cm，直径约 4mm。外花被裂片肾形，浅蓝紫色(RHS：N89D)，长 3.8~4.3cm，宽 3.5~4.2cm，爪部有黑褐色网纹及黄色斑纹，基部白色，边缘向内凹，无附属物，盛开时平展。内花被裂片倒卵形，紫色(RHS：N88A)，爪部有黑褐色网纹及黄色斑纹，边缘向内凹，长 3~3.5cm，宽 1.5~2cm，盛开时垂直向上；雄蕊长约 2.4cm，花药蓝紫色，花丝白色。子房纺锤状圆柱形，长 1.5cm，直径 3~3.5mm。花柱分枝扁平，浅蓝紫色(RHS：N89C)，顶端裂片开裂成钝三角形，有细齿，长 2.6cm，宽 1.1cm。果实长倒卵状圆柱形，长 4cm，直径 1.2cm，成熟时自顶端向下开裂。花期 6 月，果期 9~10 月。绿期长，从萌芽到枯萎约 6 个月(彩插 P260)。

【学名】 *Iris sanguinea*
【种名】 溪荪
【品种名】 ‘斑蝶’‘Bandie’
【亲本】 蓝、白花色溪荪自然杂交后，从实生后代中选育出的新品种
【时间】 2017 年
【育种者】 王恺，王玲(东北林业大学园林学院)
【发表期刊】 园艺学报，Acta Horticulture Sinica，2017，44(S2)：2715-2716.
【品种特征特性】 2 年生植株花期分蘖株数达 25~30 株，株高 85cm 左右，冠幅 40~60cm，株形整齐。基生叶片条形，较直立，长 70~90cm，宽约 1cm。每株丛花葶数 20~30，单葶花朵 2 或 3 个，花朵蓝紫色(RHSCC：Violets-Blue Group 96B)，直径 8cm 左右(原种 6~7cm)。花茎光滑且有白粉，高 60~80cm，直径 0.45cm，茎生叶 1~2 枚。外花被裂片 3 枚，阔倒卵形，基部具黑褐色网纹及黄色斑纹，顶部蓝紫色，边缘具白斑纹，中心有白色网纹，无附属物，长 5.2~6.0cm，宽 3.8~4.3cm；内花被裂片 3 枚，狭倒卵形，边缘具白色斑纹，长 3.8~4.5cm，宽 2.0~2.5cm；花柱分枝扁平，顶端裂片呈三角形，长 3~4cm，宽 0.8cm，边缘有白色斑纹，具浅锯齿；花被管长 0.65~0.85cm，直径 4~5mm，雄蕊长 2~3cm，花药紫色，花丝白色；子房三棱状圆柱形，长 1.8cm 左右，直径 0.4~0.5cm。果实长卵状圆柱形，顶端开裂，长 4.5~5.5cm，直径 1.1~1.3cm。花期 6~7 月，单朵花期 2~3d，群体花期可达 20d 左右，果期 9~10 月(彩插 P260)。

在哈尔滨栽植可露地越冬，一般 4 月末萌芽，10 月中下旬枯萎。叶片绿期长，适应性强，耐寒能力强。

【学名】 *Iris sanguinea*
【种名】 溪荪
【品种名】 ‘迷恋’‘Milian’
【亲本】 从白花溪荪自然杂交实生后代中选出
【时间】 2017 年
【育种者】 杨娟，杜钰，赵婧竞，王玲(东北林业大学园林学院)
【发表期刊】 园艺学报，Acta Horticulture Sinica，2019，46(S2)：2843-2844
【品种特征特性】 植株开花期株高 87cm，5 年生株丛冠幅 50~65cm，株形饱满。叶条形，长 70~75cm，宽 1.0~1.3cm，顶端渐尖，基部鞘状，中脉不明显。花葶长 72cm 左右，光滑，略有白粉。花大，花朵直径可达 9.89cm(原种 6.53cm)。内外花被裂片均为白色(RHS 155C)，基部黄色(RHS 8C)，卵圆形。内花被裂片长 5.0~5.5cm，宽 2.5~3.0cm，盛开时向上倾斜约 30°，外花被裂片长 5.0~6.0cm，宽 4.0~4.5cm，表面凹凸不平，爪部楔形，中央下陷成沟状，盛开时勺形部分近于平展。花柱长 3.63cm，宽 1.55cm，白色，狭倒卵形，分枝平展，顶端开裂成钝三角形，有细齿。雄蕊 3，花丝白色，长约 1.6cm，花药黄色。子房呈纺锤状圆柱形，长 2cm 左右，直径 0.7cm。果实长倒卵状圆柱形，长 4.3~5.5cm，成熟时顶端向下 3 瓣裂，开裂长度 0.8~1.5cm。花期为 6 月中旬至 7 月初，果期 8~9 月(彩插 P260)。

【学名】 *Iris sanguinea*
【种名】 溪荪
【品种名】 ‘白裙’‘Baiqun’
【亲本】 从 *I. sanguinea* f. *albiflora* 自由授粉后代群体中选育而成
【时间】 2017 年
【育种者和育种单位】 王玲，刘玉佳(东北林业大学园林学院)
【发表期刊】 Hortscience，2019，54(6)：1101-1103
【品种特征特性】 株高 63.48cm，花径 9.10cm。花葶光滑，表面有白色粉末。外花被为白色(RHS 155A)。外花被的基部在黄色(RHS 12B)背部有绿色网状条纹。外花被勺形部分在盛开时，从水平方向呈向下倾斜。内花被为白色(RHS 155A)。内花被的基部为黄色(RHS 6D)。内花被在盛开时，从水平向上倾斜。内、外花被的边缘锯齿状，呈波浪状。花期 6 月(彩插 P261)。

【学名】 *Iris sanguinea*
【种名】 溪荪
【品种名】 ‘含蓄’‘Hanxu’
【亲本】 从 *I. sanguinea* 自由授粉后代群体中选育而成
【时间】 2017 年
【育种者和育种单位】 王玲，万宗喆(东北林业大学园林学院)
【发表期刊】 Hortscience，2019，54(7)：1-2
【品种特征特性】 株高可达 92cm，花葶 79cm。花色为纯浅蓝紫色(RHS 93B)，在一个苞片内产生两朵花，内花被直立。花期 6 月(彩插 P261)。

【学名】 *Iris sanguinea*
【种名】 溪荪
【品种名】 ‘国王’‘King’
【亲本】 从 *I. sanguinea* 自由授粉后代群体中选育而成
【时间】 2017 年
【育种者和育种单位】 王玲，阿尔达克(东北林业大学园林学院)
【发表期刊】 Hortscience，2019，54(8)：1-2
【品种特征特性】 花径 12.87cm。外层花被颜色紫色(RHS N88A)，内花被颜色为紫罗兰色(RHS N88B)。叶长和叶宽均大于父母本。叶片长宽比均小于母本和父本。苞片比双亲都宽，苞片长宽比小于双亲。花期 6 月，果期 9~10 月(彩插 P261)。

【学名】 *Iris sanguinea*
【种名】 溪荪
【品种名】 ‘森林仙子’‘Senlin Xianzi’
【亲本】 *I. sanguinea* × *I. sanguinea* f. *albiflora*
【时间】 2017 年
【育种者和育种单位】 王玲，苏蕾(东北林业大学园林学院)
【发表期刊】 Hortscience，2018，53(8)：1222-1223
【品种特征特性】 株高 70.19cm，高于父母本。叶长和叶宽均大于父母本。叶片长宽比均小于母本和父本。苞片比双亲都宽，苞片长宽比小于双亲。花色为浅紫色(RHS 85C)。花径 9.70cm 大于双亲。外花被基部有黑褐色网纹及黄色斑纹，中央下陷呈沟状。与两亲本的下垂外花被相比，开花时外花被顶端呈匙形水平张开。内花被基部的颜色和性状与外花被相同，开花时，内花被的顶部水平张开，但略高于3个外花被裂片。花期6~7月，果期为8~9月(彩插P262)。

【学名】 *Iris sanguinea*

【种名】 溪荪

【品种名】 ‘紫美人’‘Zimeiren’

【亲本】 从 *I. sanguinea* 和 *I. sanguinea* f. *albiflora* 混合种植的后代中选育而来

【时间】 2017年

【育种者和育种单位】 王玲，唐彪(东北林业大学园林学院)

【发表期刊】 Hortscience，2019，54(8)：1435-1436

【品种特征特性】 株高79cm，花径9.61cm。盛开的‘紫美人’的3个内外花被为紫色(RHS 76C)，有深紫色(RHS N82A)斑点和条纹，边缘颜色变浅(紫色，RHS 76D)。外花被基部呈深褐色网状条纹，背面黄色。外花被顶端为匙形，下垂成45°角，而内花被匙形部分的上半部分在开花时下垂成30°角，而三个内花被则直立。花期6月(彩插P262)。

【学名】 *Iris tigridia*

【种名】 粗根鸢尾

【品种名】 ‘紫孔雀’‘Violet Peafowl’

【亲本】 2008年从辽宁北镇医巫闾山引种，经5年采用实生单株选择法，从实生群体中选育

【时间】 2012年

【育种者】 罗刚军，毕晓颖，孟彤菲，郑洋，徐文姬，雷家军(沈阳农业大学园艺学院、辽宁省北方园林植物与地域景观高校重点实验室)

【发表期刊】 园艺学报，Acta Horticulture Sinica，2014，41(10)：2163-2164

【品种特征特性】 旗瓣底色粉紫色(RHS N80D)，基部和顶端为紫色；垂瓣底色紫色(N82A)，中脉白色，有紫色(N81C)斑点和条纹；雄蕊黄色；雌蕊粉紫色，3完全分枝；须毛状附属物基部橙色，中部白色，顶部蓝色，匙形。

株高12~14cm；叶基生、线形，花期叶长5~13cm、宽1.0~1.5cm，果期叶长达30cm、叶片宽与花期叶宽一致；苞片2枚，黄绿色；花茎4~10cm，花冠幅3.3~3.6cm，旗瓣长2.6~3.0cm、宽0.6~0.8cm，垂瓣长3.3~3.8cm、宽0.9~1.3cm；种子红褐色；生育期160d左右，始花期4月中下旬，花期25d左右，花朵开放时间7：30~14：00；果期6~8月。喜光，也耐半阴。抗病性强，耐盐碱，极耐干旱。耐寒性强，北方地区可露地越冬(彩插P264)。

【学名】 *Iris tigridia*

【种名】 粗根鸢尾

【品种名】 ‘星光钻石’‘Starry Diamond’

【亲本】 2008年从辽宁北镇医巫闾山引种，经5年采用实生单株选择法，从实生群体中选育

【时间】 2012年

【育种者】 罗刚军，毕晓颖，孟彤菲，郑洋，徐文姬，雷家军(沈阳农业大学园艺学院、辽宁省北方园林植物与地域景观高校重点实验室)

【发表期刊】 园艺学报，Acta Horticulture Sinica，2014，41(10)：2163-2164

【品种特征特性】 旗瓣浅蓝紫色(RHS 91B)；垂瓣底色浅蓝紫色，中脉白色，有蓝紫色(92A)斑点；雄蕊黄色；雌蕊浅蓝紫色，3完全分枝；须毛状附属物基部和中部黄色，顶部白色，匙形。

株高12~14cm；叶基生、线形，花期叶长5~13cm、宽1.0~1.5cm，果期叶长达30cm、叶片宽与花

期叶宽一致；苞片 2 枚，黄绿色；花茎 4～10cm，花冠幅 3.3～3.6cm，旗瓣长 2.6～3.0cm、宽 0.6～0.8cm，垂瓣长 3.3～3.8cm、宽 0.9～1.3cm；种子红褐色；生育期 160d 左右，始花期 4 月中下旬，花期 25d 左右，花朵开放时间 7：30～14：00；果期 6～8 月。喜光，也耐半阴。抗病性强，耐盐碱，极耐干旱。耐寒性强，北方地区可露地越冬(彩插 P264)。

【学名】 *Iris tigridia*

【种名】 粗根鸢尾

【品种名】 ‘五月彩虹’‘Rainbow in May’

【亲本】 2008 年从辽宁北镇医巫闾山引种，经 5 年采用实生单株选择法，从实生群体中选育

【时间】 2012 年

【育种者】 罗刚军，毕晓颖，孟彤菲，郑洋，徐文姬，雷家军(沈阳农业大学园艺学院、辽宁省北方园林植物与地域景观高校重点实验室)

【发表期刊】 园艺学报，Acta Horticulture Sinica，2014，41(10)：2163-2164

【品种特征特性】 旗瓣浅粉紫色(RHS N74D)；垂瓣底色粉紫色(N81D)，白色中脉四周有紫红色脉纹；雄蕊黄色；雌蕊粉紫色，3 完全分枝，中脉浅紫色(N80B)；须毛状附属物基部和中部黄色，顶部白色，匙形。

株高 12～14cm；叶基生、线形，花期叶长 5～13cm、宽 1.0～1.5cm，果期叶长达 30cm、叶片宽与花期叶宽一致；苞片 2 枚，黄绿色；花茎 4～10cm，花冠幅 3.3～3.6cm，旗瓣长 2.6～3.0cm、宽 0.6～0.8cm，垂瓣长 3.3～3.8cm、宽 0.9～1.3cm；种子红褐色；生育期 160d 左右，始花期 4 月中下旬，花期 25d 左右，花朵开放时间 7：30～14：00；果期 6～8 月。喜光，也耐半阴。抗病性强，耐盐碱，极耐干旱。耐寒性强，北方地区可露地越冬(彩插 P263)。

【学名】 *Iris tigridia*

【种名】 粗根鸢尾

【品种名】 ‘明亮维塔斯’‘Bright Vitas’

【亲本】 2008 年从辽宁北镇医巫闾山引种，经 5 年采用实生单株选择法，从实生群体中选育

【时间】 2012 年

【育种者】 罗刚军，毕晓颖，孟彤菲，郑洋，徐文姬，雷家军(沈阳农业大学园艺学院、辽宁省北方园林植物与地域景观高校重点实验室)

【发表期刊】 园艺学报，Acta Horticulture Sinica，2014，41(10)：2163-2164

【品种特征特性】 旗瓣浅蓝色(RHS 106C)，中脉蓝色，稍有光泽；垂瓣底色浅蓝色，顶端渐变为蓝色，白色中脉四周有暗紫色(90A)脉纹；雄蕊黄色；雌蕊浅蓝色，3 完全分枝；须毛状附属物基部黄色，中部白色，顶部蓝色，匙形。

株高 12～14cm；叶基生、线形，花期叶长 5～13cm、宽 1.0～1.5cm，果期叶长达 30cm、叶片宽与花期叶宽一致；苞片 2 枚，黄绿色；花茎 4～10cm，花冠幅 3.3～3.6cm，旗瓣长 2.6～3.0cm、宽 0.6～0.8cm，垂瓣长 3.3～3.8cm、宽 0.9～1.3cm；种子红褐色；生育期 160d 左右，始花期 4 月中下旬，花期 25d 左右，花朵开放时间 7：30～14：00；果期 6～8 月。喜光，也耐半阴。抗病性强，耐盐碱，极耐干旱。耐寒性强，北方地区可露地越冬(彩插 P263)。

【学名】 *Iris × hollandica*

【种名】 荷兰鸢尾

【品种名】 ‘玉蝶’‘Yudie’

【亲本】 从^{60}Co-γ 射线辐照品种‘展翅’种球种植后群体中选育出

【时间】 2019 年

【育种者】 林兵，樊荣辉，钟淮钦，叶秀仙，黄敏玲，罗远华，吴建设，林榕燕，方能炎（福建省农业科学院作物研究所）

【发表期刊】 国家科技成果，2019 年入库

【品种特征特性】 全生育期 170~190d。叶茎生，披针形，基部鞘状，光滑，粉绿色，有光泽，成熟期叶片长 75.0~100.0cm、宽 1.5~2.0cm；单一花葶、直立，长 50.0~70.0cm、粗 0.7~1.1cm；花顶生，着花 2 朵，花径 11.0~13.0cm；花蝶形辐射对称，两轮排列，垂瓣 3 枚，白色(155C)，上部近圆形，下部长椭圆形，中央部具匙形橙黄色(15A)条斑、先端尖，瓣缘向下弯垂，长 8.0~9.5cm、宽 4.0~5.5cm；旗瓣 3 枚，白色(NN155C)，长椭圆形、顶端凹型，斜立，长 7.5~9.5cm、宽 1.7~2.5cm；花柱 3 枚，白色中略带淡紫色(94C)，长 4.5~5.0cm、宽 1.5~2.5cm；羽冠 3 枚，白色(NN155C)，长 2.0~3.0cm、宽 2.7~3.5cm；地下球茎卵圆形，被褐色皮膜，开花球周径 9.0~11.0cm，种球平均繁殖系数 5.42；自然花期 3 月下旬至 4 月上旬，平均亩产切花 1.22 万枝，切花瓶插寿命 10~15d。

【学名】 *Iris × hollandica*

【种名】 荷兰鸢尾

【品种名】 ‘紫韵’‘Ziyun’

【亲本】 从^{60}Co-γ 射线辐照品种‘展翅’种球种植后群体中选育出

【时间】 2019 年

【育种者】 林兵，樊荣辉，钟淮钦，叶秀仙，黄敏玲，远华，吴建设，林榕燕，方能炎（福建省农业科学院作物研究所）

【发表期刊】 国家科技成果，2019 入库

【品种特征特性】 全生育期 170~190d。叶茎生，披针形，基部鞘状，光滑，粉绿色，有光泽，成熟期叶片长 65.0~95.0cm、宽 1.2~2.0cm；单一花葶、直立，长 45.0~65.0cm、粗 0.7~1.0cm；花顶生，着花 2 朵，花径 10.5~13.0cm；花蝶形辐射对称，两轮排列，垂瓣 3 枚，深蓝紫色(86A)，上部近圆形，下部长椭圆形，中央部具亮黄色(5A)条斑、先端尖，瓣缘向下弯垂，长 7.5~9.0cm、宽 3.5~5.0cm；旗瓣 3 枚，深蓝紫色(N88A)，长椭圆形、斜立，长 7.0~8.5cm、宽 1.6~2.4cm；花柱 3 枚，深蓝紫色(86B)，长 4.0~4.8cm、宽 1.7~2.5cm；羽冠 3 枚，深蓝紫色(N88A)，长 1.8~2.5cm、宽 2.8~3.5cm；地下球茎卵圆形，被褐色皮膜，开花球周径 8.0~11.0cm，种球平均繁殖系数 5.41；自然花期 3 月下旬至 4 月上旬，平均亩产切花 1.19 万枝，切花瓶插寿命 10~15d。

【学名】 *Iris × norrisii*

【种名】 糖果鸢尾

【品种名】 ‘爱华’‘Ai Hua’

【亲本】 野鸢尾 × 射干

【时间】 2014 年

【育种者】 阮丽丽，高亦珂，任毅，杨占辉，史言妍，张启翔（花卉种质创新与分子育种北京市重点实验室/国家花卉工程技术研究中心/城乡生态环境北京实验室/北京林业大学 园林学院）

【发表期刊】 北方园艺，Northern Horticulture，2016(9)：168-169

【品种特征特性】 平均花葶长度 98cm；叶基生，扇形，平均叶长 42.3cm，平均叶宽 3.4cm；平均花径 4.0cm，花色为橙色，柱头 3 分裂；开花时间为 12：00~20：00，花期 7 月下旬至 8 月下旬，平均单葶花量 91 朵，有地上茎。抗逆性强，适应性好，病虫害少。在北京能露地过冬，适合北京地区生产推广。

【学名】 *Iris × norrisii*

【种名】 糖果鸢尾
【品种名】 ‘明媚微笑’‘Bright Smile’
【亲本】 野鸢尾×射干
【时间】 2014 年
【育种者】 阮丽丽，高亦珂，任毅，杨占辉，史言妍，张启翔(花卉种质创新与分子育种北京市重点实验室/国家花卉工程技术研究中心/城乡生态环境北京实验室/北京林业大学 园林学院)
【发表期刊】 北方园艺，Northern Horticulture，2016(9)：168-169
【品种特征特性】 平均花葶长度 84cm；叶基生，扇形，平均叶长 35.4cm，平均叶宽 2.9cm；平均花葶数 4 个；平均花径 4.3cm，花色为浅黄色。柱头 3 分裂；开花时间为 08：45~16：00，花期 7 月下旬至 8 月下旬，平均单葶花量 94 朵，无地上茎。抗性强，病虫害少，栽培管理容易。用途范围广，适宜花坛、花境及盆栽应用。

【学名】 *Iris × norrisii*
【种名】 糖果鸢尾
【品种名】 ‘舞女’‘Dancing Women’
【亲本】 野鸢尾×射干
【时间】 2014 年
【育种者】 高亦珂，阮丽丽，李丛丛(北京林业大学)
【发表期刊】 园林，Landscape Architecture，2016(4)：60-63
【品种特征特性】 多年生草本，株高 65~75cm；叶基生，扇形；外花被底色为紫色，中部分布着深紫色的斑点；内花被以紫色为背景，中部同样分布着深紫色的斑点；花径 4.5cm 左右，柱头 3 分裂，开花时间为8：00~18：00，在北京地区 7 月下旬至 8 月下旬开花，单株平均每天开 40 多朵花。

【学名】 *Iris × norrisii*
【种名】 糖果鸢尾
【品种名】 ‘激情狂想曲’‘Fiery Rhapsody’
【亲本】 野鸢尾×射干
【时间】 2014 年
【育种者】 高亦珂，阮丽丽，李丛丛(北京林业大学)
【发表期刊】 园林，Landscape Architecture，2016(4)：60-63
【品种特征特性】 多年生草本，株高 65~75cm；叶基生，扇形；外花被以橙红色为背景色，且分布着深橙红色的斑点；内花被与外花被相似，橙红色为背景色，散生深橙红色的斑点；花径 4.5cm 左右，柱头 3 分裂，开花时间为 7：00~14：00，在北京地区 7 月下旬至 8 月下旬开花，单株平均每天开 60 朵花。

【学名】 *Iris × norrisii*
【种名】 糖果鸢尾
【品种名】 ‘圣尼’‘Sheng Ni’
【亲本】 野鸢尾×射干
【时间】 2014 年
【育种者】 吴琦，阮丽丽，高亦珂(花卉种质创新与分子育种北京市重点实验室/国家花卉工程技术研究中心/城乡生态环境北京实验室/北京林业大学 园林学院)
【发表期刊】 现代园艺，Xiandai Horticulture，2015(6)：148

【品种特征特性】 株高 52.0cm；叶基生，扇形，叶长 27.2cm，叶宽 1.6cm；花葶数 4 个；花径 3.8cm，垂瓣底色浅黄色（RHS 11D），从基部到中间是紫红色（64B），再由中间向边缘镶有浅紫红色（64D）的条纹。旗瓣浅黄色（11C）背景，边缘镶了浅黄色（11B）的条纹，基部分布着紫红色（64C）的条纹和斑点。柱头 3 分裂 4.6mm；开花时间为 12：00~19：00，花期 7 月下旬至 8 月下旬，花量 71 朵，有地上茎。

【学名】 *Iris × norrisii*
【种名】 糖果鸢尾
【品种名】 ‘粉蝴蝶’‘Caomeitang’
【亲本】 （*Iris dichotoma*（purple）× *I. domestica*）× *I. domestica*
【时间】 2017 年
【育种者】 毕晓颖（沈阳农业大学园艺学院）
【发表期刊】 Hortscience，2020，55（8）
【品种特征特性】 株高 109cm；深粉色（RHS N66C），带深红色（60A）斑点（彩插 P265）。

【学名】 *Iris × norrisii*
【种名】 糖果鸢尾
【品种名】 ‘辉煌’‘Huihuang’
【亲本】 *I. domestica* ×（*Iris dichotoma*（yellow）× *I. domestica*）
【时间】 2017 年
【育种者】 毕晓颖（沈阳农业大学园艺学院）
【品种特征特性】 株高 130cm；旗瓣深紫红色（RHS N79B）；垂瓣上部深紫红色，中下部黄色带紫红色斑点（彩插 P266）。

【学名】 *Iris × norrisii*
【种名】 糖果鸢尾
【品种名】 ‘久久红’‘Jiujiuhong’
【亲本】 （*Iris dichotoma*（yellow）× *I. domestica*）× *I. domestica*
【时间】 2017 年
【育种者】 毕晓颖（沈阳农业大学园艺学院）
【品种特征特性】 株高 81cm；粉色（RHS 50C），带红色（46A）斑点（彩插 P266）。

【学名】 *Iris × norrisii*
【种名】 糖果鸢尾
【品种名】 ‘蓝色星空’‘Mengzhilan’
【亲本】 （*Iris dichotoma*（violet）× *I. domestica*）× *I. dichotoma*（violet）
【时间】 2017 年
【育种者】 毕晓颖（沈阳农业大学园艺学院）
【发表期刊】
【品种特征特性】 株高 67cm；蓝色（RHS 90C）（彩插 P266）。

【学名】 *Iris × norrisii*
【种名】 糖果鸢尾
【品种名】 ‘小可爱’‘Duokeai’

【亲本】　(*Iris dichotoma*(purple)×*I. domestica*)×self
【时间】　2017 年
【育种者】　毕晓颖，马广超(沈阳农业大学园艺学院)
【品种特征特性】　株高 83cm；粉色(RHS N74D)(彩插 P267)。

【学名】　*Iris*×*norrisii*
【种名】　糖果鸢尾
【品种名】　'黑骑士''Heiqishi'
【亲本】　(*Iris dichotoma*(white)×*I. domestica*)×*I. domestica*
【时间】　2017 年
【育种者】　毕晓颖，沈晓辉(沈阳农业大学园艺学院)
【品种特征特性】　株高 123cm；深紫色(RHS 83C)(彩插 P265)。

【学名】　*Iris*×*norrisii*
【种名】　糖果鸢尾
【品种名】　'甜心''Tianxin'
【亲本】　((*Iris dichotoma*(violet)×*I. domestica*)×self)×self
【时间】　2017 年
【育种者】　毕晓颖，谭飞舟(沈阳农业大学园艺学院)
【品种特征特性】　株高 88cm；旗瓣淡紫粉色(RHS-56A)；垂瓣淡黄色(11C)边缘紫粉色(彩插 P266)。

【学名】　*Iris*×*norrisii*
【种名】　糖果鸢尾
【品种名】　'紫斑斓''Zibanlan'
【亲本】　((*Iris dichotoma*(purple)×*I. domestica*)×self)×self
【时间】　2017 年
【育种者】　毕晓颖(沈阳农业大学园艺学院)
【品种特征特性】　株高 88cm；旗瓣淡紫粉色(RHS-56A)；垂瓣淡黄色(11C)边缘紫粉色(彩插 P267)。

【学名】　*Iris*×*norrisii*
【种名】　糖果鸢尾
【品种名】　'紫精灵''Zijingling'
【亲本】　((*Iris dichotoma*(purple)×*I. domestica*)×self)×self
【时间】　2017 年
【育种者】　毕晓颖，贾清香(沈阳农业大学园艺学院)
【品种特征特性】　株高 113cm；白底带深紫色斑点(RHS-77A)(彩插 P267)。

【学名】　*Iris*×*norrisii*
【种名】　糖果鸢尾
【品种名】　'紫云祥''Ziyunxiang'
【亲本】　((*Iris dichotoma*(white)×*I. domestica*)×*I. domestica*

【时间】 2017 年
【育种者】 毕晓颖，谭飞舟(沈阳农业大学园艺学院)
【品种特征特性】 株高 92cm；旗瓣淡紫色(RHS-N82C)；垂瓣深紫色(N81A)(彩插 P267)。

【学名】 *Iris × norrisii*
【种名】 糖果鸢尾
【品种名】 '粉玲珑''Fenlinglong'
【亲本】 (*Iris dichotoma*(purple)× *I. domestica*)× self
【时间】 2017 年
【育种者】 徐文姬(沈阳农业大学园艺学院)
【品种特征特性】 株高 87.2cm；粉色(RHS 62B)，垂瓣基部带深粉色(53A)斑块(彩插 P265)。

【学名】 *Iris × norrisii*
【种名】 糖果鸢尾
【品种名】 '红妆''Hongzhuang'
【亲本】 (*Iris dichotoma*(purple)× *I. domestica*)× self
【时间】 2017 年
【育种者】 郑洋(沈阳农业大学园艺学院)
【品种特征特性】 株高 92.9cm；旗瓣粉色(RHS N74D)，垂瓣粉色(N74C)，基部带深红色((46A))斑块(彩插 P265)。

【学名】 *Lavandula angustifolia*
【种名】 薰衣草
【品种名】 '京薰 1 号''Jingxun 1'
【亲本】 '74-26(2)'×'C-197'
【时间】 2012 年
【育种者】 石雷，白红彤，李慧，房三营(中国科学院植物研究所北方资源植物重点实验室/北京植物园，新疆生产建设兵团第四师六十九团)
【发表期刊】 园艺学报，Acta Horticulture Sinica，2015，42(S2)：2969-2970
【品种特征特性】 多年生亚灌木，株形整齐，呈半开张、半倒伏状。主侧枝分枝角度 70°~75°，株高 60~70cm，株幅 80~100cm。叶片狭而长，叶小，无柄。叶片着生白色茸毛，叶片呈灰绿色。顶生穗状花序，雌雄同花，异花授粉。花穗长，聚伞花序 8~12 轮，每轮 13~20 朵。花萼端紫，下部灰白，花淡紫色。盛花期 7 月上旬，较伊犁地区主栽品种'7426(2)'和'H-701'晚 5~7d，花期较集中。耐旱，抗寒，耐贫瘠。出油率中等，为 14~16mL/kg，精油产量为 127.5~138.0kg/hm^2。精油的特征性组分樟脑、芳樟醇、乙酸芳樟酯、乙酸薰衣草酯等均在 GB/T12653-2008 中国薰衣草(精)油标准规定的范围内，樟脑含量 0.155%，芳樟醇含量 37.82%，乙酸芳樟酯含量 27.01%，乙酸薰衣草酯含量 5.622%，精油品质较好。可用于提取薰衣草精油及生态环境建设用苗。

【学名】 *Lavandula angustifolia*
【种名】 薰衣草
【品种名】 '京薰 2 号''Jingxun 2'
【亲本】 从'74-26(2)'自交繁殖的植株中，通过优良单株筛选，无性繁殖的方法选育而成
【时间】 2012 年

【育种者】　白红彤，石雷，李慧，刘建强，韩海（中国科学院植物研究所北方资源植物重点实验室/北京植物园，新疆生产建设兵团第四师七十团）

【发表期刊】　园艺学报，Acta Horticulture Sinica，2015，42（S2）：2971-2972

【品种特征特性】　多年生亚灌木，植株树势强壮、紧凑分枝多，主侧枝分枝角度50°~60°，株高40~50cm，株幅60~65cm，叶片线形，长4~5cm，宽0.4~0.5cm，叶片绿色，多白色星状茸毛。顶生穗状花序，雌雄同花，异花授粉。花穗丰满、紧凑，长度适中，7~10cm，花轮数4~5轮，每轮10~15朵小花，开花整齐，花期集中在6月中下旬，花萼半紫色，基青，花色及萼色深紫，颜色艳丽、观赏性强，带清甜香气，优良观赏品种，可用作薰衣草观光园和环境建设，定植密度24 000~30 000株/hm^2。出油率高，为17~18mL/kg，精油产量为105~120kg/hm^2，精油品质好，樟脑含量0.137%，芳樟醇含量26.544%，乙酸芳樟酯42.35%，乙酸薰衣草酯含量7.910%，香气好，品质佳，可用于生产高品质薰衣草精油。

【学名】　*Lavandula angustifolia*

【种名】　薰衣草

【品种名】　‘新薰四号’‘Xinxun 4’

【亲本】　杂交薰衣草‘7441’（穗薰衣草×真薰衣草）中发现的变异单株

【时间】　2016年

【育种者】　王自健，李敏，路喆，王朴，蒋新明，郭丹丽（新疆兵团第四师农业科学研究所）

【发表期刊】　北方园艺，Northern Horticulture，2017（1）：169-171

【品种特征特性】　叶宽披针形，灰青色。株型紧凑，直立型，分枝中等，节间距长，枝条粗壮。花冠蓝紫色，花深紫。花萼全紫，粒大饱满，茸毛中等。花梗棱形，墨绿色，较粗，长38~44cm，花穗长18~26cm，轮生，每穗9~13轮，一般11轮。每轮12~18朵小花，每穗130~190朵。株高85~105cm，株幅60~70cm，，单株产量1000g左右。晚熟品种，7月中上旬盛花期，产花量高，保花性强，生长势极强，适应性广。

【学名】　*Ligularia sachalinensis*

【种名】　橐吾

【品种名】　‘金穗’‘Jinsui’

【亲本】　从黑龙江橐吾实生后代中筛选出的新品种。

【时间】　2014年

【育种者】　齐园，才燕，董然，赵和祥，冯玉才（吉林省经济管理干部学院，吉林农业大学园艺学院）

【发表期刊】　园艺学报，Acta Horticulture Sinica，2015，42（11）：2333-2334

【品种特征特性】　生长健壮期株高106~165cm。根状茎长而粗壮，基生叶多数、具长柄。叶片肾状心形，边缘锯齿状。叶柄及叶背面密被白色多细胞柔毛。花葶从基生叶中抽出，具2片茎生叶，第1片具柄，第2片无柄。叶基部膨大抱茎；定植3年基生叶42~70片不等。功能叶长16.1~17.1cm，宽22~26cm。头状花序排列成复总状或总状。初花期花序长13~41cm，头状花黄色，直径6~7cm。其边花多，8朵，长舌形，长×宽为3.0~4.0cm×0.4~0.6cm，管状花35~40个，花柱顶端2裂。瘦果长卵状柱形，种子多。花期7月上旬至8月下旬，45d左右，9月末果熟。花期较集中，单株及群体观赏效果好。适宜东北地区露地栽培。因其喜阴耐湿，在遮光30%~70%、土壤疏松肥沃的环境中生长发育良好、长势健壮，全光照影响叶片观赏效果，抗旱性一般，但抗寒性及耐阴性极好。可在校园、广场、小区、公园、街角绿地等光线欠充足的地方或林缘作花境，亦可作切花观赏。

【学名】　*Limonium*

【属名】　补血草属

【品种名】 ‘紫蝴蝶’‘Zihudie’
【授权日】 2015 年 1 月 1 日
【品种权号】 CNA20111236.7
【公告号】 CNA005028G
【培育人】 李金泽，杨春梅，许凤，汪国鲜，王继华，瞿素萍，李绅崇
【品种权人】 云南云科花卉有限公司
【品种权证书号】 第 20155028 号

【学名】 *Limonium*
【属名】 补血草属
【品种名】 ‘紫云’‘Ziyun’
【授权日】 2016 年 3 月 1 日
【品种权号】 CNA20110010.1
【公告号】 CNA007213G
【培育人】 景文德
【品种权人】 昆明芊卉园艺有限公司
【品种权证书号】 第 20167213 号

【学名】 *Limonium*
【属名】 补血草属
【品种名】 ‘黄水晶’‘Huangshuijing’
【授权日】 2016 年 3 月 1 日
【品种权号】 CNA20110009.4
【公告号】 CNA007212G
【培育人】 景文德
【品种权人】 昆明芊卉园艺有限公司
【品种权证书号】 第 20167212 号

【学名】 *Musella lasiocarpa*
【种名】 地涌金莲
【品种名】 ‘佛乐金莲’‘Fole Jinlian’
【亲本】 2008 年从地涌金莲野生种群的天然变异植株中经单株无性繁殖选育而成的新品种
【时间】 2012 年
【育种者】 马宏，李正红，万友名，刘秀贤(中国林业科学研究院资源昆虫研究所)
【发表期刊】 园艺学报，Acta Horticulture Sinica，2013，40(8)：1625-1626
【品种特征特性】 多年生大型草本，株形伸展；株高 121.8~137.6cm；具叶鞘联合形成的假茎，高 47.2~57.8cm；叶片卵圆形，65.1~88.4cm×35.2~44.9cm，叶形指数 1.77~1.94，中脉腹面橙红色(34B-D)，背面绿色(135C)，羽状侧脉凸出不明显；叶柄长 18.7~27.6cm，背腹面均为橙红色；群体花期 4~10 月，单株花期 3~6 个月；莲座状花序直立生于假茎顶端；苞片腹面黄橙色(23A-B)，背面橙红色(30B-C)；种子百粒质量约 10g。

【学名】 *Musella lasiocarpa*
【种名】 地涌金莲

【品种名】‘佛喜金莲’‘Foxi Jinlian’

【亲本】2006 年从地涌金莲野生种群的天然变异植株中经单株无性繁殖选育而来

【时间】2012 年

【育种者】万友名，李正红，马宏，刘秀贤(中国林业科学研究院资源昆虫研究所)

【发表期刊】园艺学报，Acta Horticulture Sinica，2013，40(4)：811-812

【品种特征特性】多年生大型草本，株形伸展(而原种对照株形紧凑)；株高 65.1～70.2cm；具叶鞘联合形成的假茎，高 16.8～20.6cm；叶形指数 1.49～1.62，卵圆形(而原种为 2.63±0.2，长椭圆形)，43.4～49.2cm×28.8～31.0cm，腹面中脉基部绿色，135C(按英国皇家园艺学会比色卡 RHSCC 判定，下同)，带红色，46A-B，背面中脉基部红色(而对照背腹面均为绿色)；叶柄长 7.3～10.1cm，顶部 2 枚叶片的叶柄背腹面均为绿色，第 3 枚及以下叶片的叶柄腹面红色，背面红色。群体花期 4～10 月，单株花期 3～6 个月；苞片腹面自顶端至基部约 7/10 为橙红色，32A，基部约 3/10 为黄橙色，23A，背面橙红色，30B；种子百粒质量约 10g。

【学名】*Musella lasiocarpa*

【种名】地涌金莲

【品种名】‘佛悦金莲’‘Foyue Jinlian’

【亲本】2006 年从地涌金莲野生种群的天然变异植株中经单株无性繁殖选育而成的园艺新品种

【时间】2012 年

【育种者】马宏，李正红，万友名，刘秀贤(中国林业科学研究院资源昆虫研究所)

【发表期刊】园艺学报，Acta Horticulture Sinica，2013，40(6)：1219-1220

【品种特征特性】多年生大型草本，株形伸展；株高 104.2～155.8cm；具叶鞘联合形成的假茎，高 46.3～59.6cm；叶片卵圆形，60.8～71.2cm×29.1～37.3cm，叶形指数 1.86～1.97，中脉背腹面均为红色至红紫色，羽状侧脉凸出明显；叶柄长 15.7～19.2cm，背腹面均为红色至红紫色；吸芽植株自第 3 年由营养生长转入生殖生长，开花植株无叶片，仅残存叶鞘，极少见数片较小叶片；群体花期 4～10 月，单株花期 3～6 个月；莲座状花序直立生于假茎顶端；苞片腹面橙色(26A-C)，背面橙红色(30B-C)；种子百粒质量约 10g。

【学名】*Nymphaea*

【属名】睡莲属

【品种名】‘天赐’Tianci’

【亲本】睡莲品种‘诱惑’(*N.*‘Attraction’)芽变而来

【时间】2016 年

【育种者】李淑娟，尉倩，张昭，尚煜东，刘安成，吴永朋(陕西省西安植物园/陕西省植物研究所)

【发表期刊】北方园艺，Northern Horticulture，2018(3)：208-210

【品种特征特性】多年生浮水草本，单株覆盖水面 1.5～3.0m^2。地下茎水平生长，直径 3～8cm，Marliac 型。叶展幅 120～150cm；叶近革质，椭圆形，盾状着生；幼叶紫红色(RHS 200B)，成熟叶绿色(RHS 147A)；直径 26～28cm；叶耳重叠；叶柄绿色(RHS 166B)，无毛；花朵浮水或稍微挺水开放，挺水高度 0~5cm；萼片 4~5 片，瓣色为紫红色(RHS 61A)与白色的渐变色，6~9 月出现不规则白色斑块，瓣数 26~29 枚，花径 15~20cm，具淡香；着花密集，单株年开花 50~100 朵；白天开花型，单花花期 4d，每日 9：00 左右开放，16：00 左右完全闭合(遇阴雨天开放时间延长)。西安地区花期 4~10 月，未见结实。

耐寒型睡莲。地下茎上叶痕极密集，每年水平生长较少，主茎上分生出的小侧芽也相对较少，故种植于较大容器中数年不必分栽。部分侧芽很快长成较大侧茎，与主茎一样开花，形成较密集的花朵。‘天赐’喜全光照和温暖气候，耐寒，喜肥。13～15℃开始萌发，适宜生长温度 20～35℃。地下茎冬季于冰层以下泥土中可安全越冬。

【学名】 *Nymphaea*
【属名】 睡莲属
【品种名】 ‘粉玛瑙’‘Fenmanao’
【亲本】 ‘紫外线’×‘普林夫人’
【时间】 2017 年
【育种者】 吴倩，张会金，田洁，王晓晗，张玲，王亮生(中国科学院植物研究所北方资源植物重点实验室，中国科学院大学现代农业科学学院，中国科学院植物研究所北京植物园，南京农业大学园艺学院)
【发表期刊】 园艺学报，Acta Horticulture Sinica，2018，45(S2)：2807-2808
【品种特征特性】 中型植株，定植于内盆直径 40cm、高 32cm，外盆直径 110cm、高 70cm 的盆中时，花径可达 12.0～13.8cm，花柄超出水面 12.0～14.2cm，叶径 24.3～25.0cm×21.6～22.3cm。花半重瓣，放射状星形，花瓣尖部为淡红紫色(Reddish-Purple，N78C)，基部为黄白色(Yellowish White，N155B)；萼片 4 片，绿色无斑；雄蕊附属物为淡红紫色，花药和花丝均为黄色；雌蕊心皮发育正常，易结实；种子圆形、黑色。成熟叶面紫褐色(Greyed-Purple，183A)，无斑，叶耳重叠，叶片卵圆形，叶缘呈不规则锯齿状。地下茎球形，易形成多个休眠球茎。北京地区花期为 6～10 月上旬。

【学名】 *Nymphaea*
【属名】 睡莲属
【品种名】 ‘婚纱’‘Hunsha’
【亲本】 变色睡莲(*Nymphaea atrans*)×蓝星睡莲(*Nymphaea colorata*)
【时间】 2018 年
【育种者】 杨宽，朱天龙(上海辰山植物园)
【发表期刊】 园艺学报，Acta Horticulture Sinica，2020，47(S2)：3075-3076
【品种特征特性】 大型品种，套盆(直径 45cm、高 36cm)种植于直径 150cm、高 60cm 的缸或水深不超过 80cm 的池塘中时，花径可达 16～20cm，花朵高出水面 20～32cm。叶径 32～35cm×36～40cm，成熟叶片表面绿色(146B)，背面灰色(202B)，叶耳重叠，叶片卵圆形，叶缘呈不规则锯齿状。半重瓣类型，花瓣数 32～35，碗状至放射状；最外轮花瓣第 1 天淡绿色(108C)，外侧略带蓝紫色(97D)，第 3 天花瓣变为淡紫色(75D)，外侧淡红色(N74D)，第 4 天花瓣粉色(77D)，外侧深粉色(N74D)；其余花瓣第 1 天白色至淡黄色(158D)，第 3 天开始变为粉色(56D)，第 4 天变为深粉红色(84C)；萼片 4 枚，绿色(146C)带有斑点(200A)。花药为粉色(32C)，花丝淡黄色(3A)。可结实，种子椭圆形，黑色。地下茎球形。在三亚地区全年开花，在上海地区花期为 5～10 月中旬。

【学名】 *Nymphaea*
【属名】 睡莲属
【品种名】 ‘蓝鸟啼血’‘Lanniao Tixue’
【亲本】 实生苗选育
【时间】 2018 年
【育种者】 吴福川(中科院西双版纳热带植物园)
【品种特征特性】 初放时花瓣为蓝色，在花开的第二至第三天，花瓣上会逐渐显现出粉红色雀斑，花萼顶端也会变红，在多雨季节，这个性状尤为明显，叶片上还会呈现棕色斑块。据吴福川介绍，这个新种源于实生苗选育，属于热带睡莲，花香怡人，适合做花茶。

【学名】 *Nymphaea*
【属名】 睡莲属
【品种名】 ‘大唐荣耀’‘Datang Rongyao’
【亲本】 母本为‘玛伊拉’(‘Mayla’)，父本未知
【时间】 2018 年
【育种者】 李淑娟，尉倩(陕西省西安植物园/陕西省植物研究所)
【品种特征特性】 多年生浮水草本，单株覆盖水面约 $2m^2$。地下茎水平生长，直径 3~4.5cm，香睡莲型。叶展幅 150~180cm；叶近革质，椭圆形，盾状着生；幼叶紫红色(RHS 183A)，成熟叶绿色(RHS 146A)；直径 18~19cm；叶耳呈“V”字形；叶柄绿色(RHS N144A)，无毛；花朵浮水开放；萼片 4，花色紫红色 RHS 71B，瓣数 32~36 枚，花径 11.5~14.5cm，具淡香；着花密集；白天开花型，单花花期 4 天，每日 9：00 左右开放，16：00 左右完全闭合(遇阴雨天开放时间延长)。西安地区花期 4~10 月。果实扁圆形。

【学名】 *Nymphaea*
【属名】 睡莲属
【品种名】 ‘大唐倾城’‘Datang Qingcheng’
【亲本】 母本为‘荷瓣睡莲’，父本未知
【时间】 2018 年
【育种者】 李淑娟，尉倩(陕西省西安植物园/陕西省植物研究所)
【品种特征特性】 多年生浮水草本，单株覆盖水面 1.5~$2m^2$。地下茎水平生长，直径 3~4.5cm，香睡莲型。叶展幅 245~300cm；叶近革质，椭圆形，盾状着生；幼叶紫红色(RHS 200B)，成熟叶绿色(RHS 144A)；直径 29~30cm；叶耳呈 V 字形；叶柄灰红色(RHS 179A)，被毛；花朵挺水开放，挺水高度 7~10cm；萼片 4，瓣色为紫红色(RHS 71A-71B)，内外层花色基本一致，瓣数 44~46 枚，花径 12.5~15cm，具淡香；着花密集，单株年开花 100~200 朵；白天开花型，单花花期 4 天，每日 9：00 左右开放，16：00 左右完全闭合(遇阴雨天开放时间延长)。西安地区花期 4~10 月。果实扁圆形。

【学名】 *Nymphaea*
【属名】 睡莲属
【品种名】 ‘彩云’‘Caiyun’
【亲本】 母本为‘虹’(‘Arc-en-ciel’)，父本未知
【时间】 2018 年
【育种者】 李淑娟，尉倩(陕西省西安植物园/陕西省植物研究所)
【品种特征特性】 多年生浮水草本，单株覆盖水面约 $1.5m^2$。地下茎水平生长，直径 2~3.5cm，香睡莲型。叶展幅 70~100cm；叶近革质，椭圆形，盾状着生；幼叶紫红色(RHS 183A)，具绿色斑块，成熟叶绿色(RHS 147A)；直径 18~19cm；叶耳呈“V”字形；叶柄绿色(RHS 166B)，无毛；花朵浮水开放；萼片 4；花粉色(RHS 62A)，花瓣上有白色条纹(RHS N155B)和不规则的深红色-紫色斑点(RHS 64B)，有时出现嵌色，部分甚至整个花瓣变成纯白色，瓣数 24~26 枚，花径 7~11cm，具淡香；白天开花型，单花花期 4 天，每日 9：00 左右开放，16：00 左右完全闭合(遇阴雨天开放时间延长)。西安地区花期 4~10 月。果实扁圆形。

【学名】 *Nymphaea*
【属名】 睡莲属
【品种名】 ‘条斑梗’‘Tiaobangeng’
【亲本】 ‘喜庆’(‘Celebration’)×‘虹’

【时间】 2018 年

【育种者】 李淑娟，尉倩(陕西省西安植物园/陕西省植物研究所)

【品种特征特性】 多年生浮水草本，单株覆盖水面约 1.5m^2。地下茎水平生长，直径 2~3.5cm，香睡莲型。叶展幅 70~120cm；叶近革质，椭圆形，盾状着生；幼叶紫红色(RHS 183D)，成熟叶绿色(RHS 146A)；直径 12~17cm；叶耳呈 V 字形；叶柄绿色(RHS 144A)，具 9~10 条暗红色(RHS 60A)连续条纹，被毛；花朵挺水开放，挺水高度 5~10cm；萼片 4，花粉红色(RHS N66D-N74D)，瓣数 19~27 枚，花径 12~13cm，具淡香；白天开花型，单花花期 4 天，每日 9：00 左右开放，16：00 左右完全闭合(遇阴雨天开放时间延长)。西安地区花期 4~10 月。果实扁圆形。

【学名】 *Nymphaea*

【属名】 睡莲属

【品种名】 ‘红粉佳人’‘Hongfen Jiaren’

【亲本】 ‘奥斯塔’×‘公牛眼’

【时间】 2019 年

【育种者】 苏群，卢家仕，田敏，王虹妍，李先民，毛立彦，唐毓玮，杨亚涵，张进忠，卜朝阳(广西壮族自治区农业科学院花卉研究所，云南省农业科学院花卉研究所/国家观赏园艺工程技术研究中心，广西亚热带作物研究所)

【发表期刊】 园艺学报，Acta Horticulture Sinica，2019，46(S2)：2893-2894

【品种特征特性】 植株大型，套盆(直径 45cm、高 36cm)种植于宽 200cm、高 80cm 的水泥池时，花径可达 14~17cm，花柄超出水面 15~19cm，平均叶面积 40cm×35cm。半重瓣，花瓣数 30~40 枚，放射状星形，花瓣粉红色(72D，RHS2007)；萼片 4 片，绿色有褐色斑点；雄蕊附属物为粉红色，花药和花丝均为黄色；易结实，种子椭圆形，黑色。成熟叶面绿色，有不规则红褐色斑块，叶耳重叠，叶片卵圆形，叶缘呈不规则锯齿状。地下茎球形。南宁地区花期为 5~11 月下旬。

【学名】 *Nymphaea*

【属名】 睡莲属

【品种名】 ‘粉黛’‘Fendai’

【亲本】 从睡莲名品‘奥斯塔’籽播实生苗中选育出的新品种

【时间】 2019 年

【育种者】 苏群，田敏，王虹妍，毛立彦，卢家仕，唐毓玮，张进忠，杨亚涵，李先民，卜朝阳(广西壮族自治区农业科学院花卉研究所，云南省农业科学院花卉研究所/国家观赏园艺工程技术研究中心，广西亚热带作物研究所)

【发表期刊】 园艺学报，Acta Horticulture Sinica，2019，46(S2)：2891-2892

【品种特征特性】 植株大型。套盆种植于内径 150cm、高 70cm 的水泥池，套盆直径 45cm、高 36cm 时，花径可达 16~19cm，花柄超出水面 10~17cm，平均叶面积 36cm×33cm。花重瓣，80~100 枚；花形放射状，花瓣纯粉色(N74D，RHS2007)；萼片 4 片，绿色有褐色斑点；雄蕊附属物为粉红色，花药和花丝均为黄色；极难结实。成熟叶面绿色，其上分布不规则紫褐色斑块，叶耳重叠，叶片卵圆形，叶缘呈不规则锯齿状。地下茎球形。在南宁地区，花期为 5~11 月下旬。

【学名】 *Nymphaea*

【属名】 睡莲属

【品种名】 ‘大唐飞霞’‘Datang Feixia’

【亲本】 实生苗选种

【时间】 2020 年

【育种者】 李淑娟，尉倩(陕西省西安植物园/陕西省植物研究所)

【品种特征特性】 多年生浮水草本，单株覆盖水面约 1.0m^2。地下茎水平生长，直径 1.5~3cm，香睡莲型。叶展幅 90~110cm；叶近革质，椭圆形，盾状着生；幼叶紫红色(RHS 200A，成熟叶绿色(RHS 146A-147A)；直径约 16cm；叶耳闭合；叶柄绿色(RHS 146C-152B)。花朵浮水开放，碗状；萼片 4；花瓣白色(RHS 155B)，瓣尖带粉色(RHS 65B-65D)，瓣数 35~40 枚，花径 10~14cm，具淡香；白天开花型，单花花期 4 天，每日 9：00 左右开放，16：00 左右完全闭合(遇阴雨天开放时间延长)。西安地区花期 4~10 月。

【学名】 *Paeonia lactiflora*

【种名】 芍药

【品种名】 '金科状元' 'Jinke Zhuangyuan'

【亲本】 由'紫袍金带'种子实生后代中选育出的新品种

【时间】 2013 年

【育种者】 赵大球，李成忠，陶俊(扬州大学园艺与植物保护学院、江苏畜牧兽医职业技术学院园林园艺系)

【发表期刊】 园艺学报，Acta Horticulture Sinica，2015，42(4)：807-808

【品种特征特性】 多年生宿根草本，株形紧凑，宜作地栽，亦可盆栽。枝条光滑，幼枝紫红色，老枝淡红色并有紫色斑点，最大节间长 11~14cm。叶片为二回三出羽状复叶，革质，叶面深绿色，有光泽，叶背浅绿色，叶片与主茎的夹角为 45°~60°，花蕾下方第 5 片正常叶片的平均最大叶长为 9.5~11cm，最大叶宽为 2.7~3.5cm。花朵单生于枝顶，金环型，花冠直径约 15cm，整个植株上有花 15~25 朵，花紫红色。雌蕊着生于花托上，4~5 枚，柱头扁平，紫红色。雄蕊多，金黄色，长 1.3~2.0cm，雄蕊着生于内层花瓣与外层花瓣正中部，将紫红色花朵分为上、下两部分。蓇葖果卵圆形，被稀疏黄色短毛，8 月成熟，种子不规则圆形，成熟时黑褐色，千粒质量为 220~250g。在长江中下游地区露地栽培 3 月上旬萌芽，5 月上旬盛花。抗病性强，耐高温高湿性强。

【学名】 *Paeonia lactiflora*

【种名】 芍药

【品种名】 '华丹' 'Huadan'

【亲本】 从山东省菏泽市牡丹区马岭岗芍药圃中选育出的天然杂交新品种

【时间】 2017 年

【育种者】 姜楠南，卢洁，房义福，孙音，王媛，吴晓星，徐金光(山东省林业科学研究院，花卉种质资源创新与分子育种北京市重点实验室/国家花卉工程技术研究中心/北京林业大学园林学院，山东省林木种苗和花卉站)

【发表期刊】 园艺学报，Acta Horticulture Sinica，2018，45(S2)：2789-2790

【品种特征特性】 抗性强，生长势旺，株形较紧凑。枝条光滑，紫红色(英国皇家园艺学会比色值 67-C)，株高 105cm，最大节间长 11~14cm。叶片为二回三出羽状复叶，革质，叶面浓绿，有光泽，叶背浅绿色，小叶倒卵形。花枝硬挺，直立性强；花蕾圆形，侧蕾 1~5 个，花朵千层台阁型，花冠横径 15cm，纵径 10cm。花玫红色，部分雄蕊瓣化为较外轮花瓣细小的花瓣，未瓣化雄蕊花丝、花药金黄色，雌蕊瓣化，心皮 0~2，无毛，柱头浅黄色，花蕾泌蜜量较大。花期较长，单朵花期 10d；蓇葖果卵圆形，被稀疏短毛，结实量少，种子不规则圆形，成熟时黑褐色。

在黄河中下游地区露地栽培 3 月中旬萌芽，5 月上旬盛花，8 月初种子成熟，9 月底 10 月初地上部枯萎。'华丹'适宜切花生产，3 年生切花产量 165 000 枝/hm^2。

【学名】 *Paeonia lactiflora*

【种名】 芍药

【品种名】 ‘华光’‘Huaguang’

【亲本】 从山东省菏泽市牡丹区黄堽镇芍药中选育出的新品种

【时间】 2017 年

【育种者】 姜楠南，卢洁，房义福，孙音，王媛，吴晓星，徐金光(山东省林业科学研究院，花卉种质资源创新与分子育种北京市重点实验室/国家花卉工程技术研究中心/北京林业大学园林学院，山东省林木种苗和花卉站)

【发表期刊】 园艺学报，Acta Horticulture Sinica，2018，45(S2)：2791-2792

【品种特征特性】 多年生宿根草本，宜作地栽，株形紧凑，株高 80cm，植株峭立，枝条光滑，草青色。叶片为二回三出羽状复叶，革质，叶面亮绿色，有光泽，叶背浅绿色，小叶倒卵形，正常叶片的复叶长 19.3cm，宽 17.7cm。花枝硬挺，直立性强；花蕾圆形，侧蕾 2~3 个，花朵台阁型，花朵直径 12~16cm，花粉色(英国皇家园艺学会比色值 73-B)，花瓣较宽；雄蕊全部瓣化，心皮 3，柱头玫红色。蓇葖果卵圆形，被稀疏黄色短毛，结实量极少，种子不规则圆形，成熟时黑褐色。

在济南、菏泽等黄河中下游地区露地栽培 3 月下旬萌芽，5 月中上旬盛花，8 月初种子成熟，9 月底 10 月初地上部枯萎。适宜切花生产，3 年生‘华光’年产切花 127 500 枝/hm^2。

【学名】 *Paeonia lactiflora*

【种名】 芍药

【品种名】 ‘富贵抱金’‘Purple Gold’

【育种者】 于晓南等(北京林业大学园林学院)

【时间】 2018 年

【品种特征特性】 花紫红色，花径 13cm，单茎着花 2~3 朵，具有清香，株高 90cm，分株苗三年生植株冠幅可达 83cm，其“紫抱金”的色彩组合完美诠释了我国人民对于色彩的偏爱，色彩背后的吉祥寓意是人们对未来的美好憧憬。适宜庭院观赏、切花栽培。为在北京地区 5 月开花的中花品种(彩插 P268)。

【学名】 *Paeonia lactiflora*

【种名】 芍药

【品种名】 ‘晓芙蓉’‘Morning Lotus’

【育种者】 于晓南等(北京林业大学园林学院)

【时间】 2018 年

【品种特征特性】 花粉白色，花径 13.5cm，单茎单花。具有清香。株高为 75cm。(分株苗 3 年生植株)冠幅 60cm。适宜庭院观赏栽培。为在北京地区 5 月开花的中花品种(彩插 P269)。

【学名】 *Paeonia lactiflora*

【种名】 芍药

【品种名】 ‘粉面狮子头’‘Pink Lion King’

【育种者】 于晓南等(北京林业大学园林学院)

【时间】 2018 年

【品种特征特性】 花色亮紫-粉红色。花径 12.5cm，单茎 3 朵花。具香味。株高为 75cm。(分株苗 3 年生植株)冠幅 65cm。花朵盛开时犹如一群粉色的狮子在花园中嬉戏游玩。适宜庭院观赏、切花栽培等。为在北京地区 5 月开花的中花品种(彩插 P268)。

【学名】 *Paeonia lactiflora*

【种名】 芍药

【品种名】 ‘香妃紫’‘Sweet Queen’

【育种者】 于晓南等(北京林业大学园林学院)

【时间】 2018 年

【品种特征特性】 重瓣型(皇冠型或绣球型)。花径 12.5cm，单茎 1~2 朵花。花香浓烈。株高 90cm。(分株苗 3 年生植株)冠幅 70cm。该品种的特点在于天然的皇冠花型充分展示其王妃气质，缠绵的醉人馨香不输兰桂。适宜庭院观赏、切花栽培等。为在北京地区 5 月开花的中花品种(彩插 P269)。

【学名】 *Platycodon grandiflorus*

【种名】 桔梗

【品种名】 ‘中梗白花 1 号’‘Zhonggeng Baihua 1’

【亲本】 2003 年在从河北安国引种到北京的一份桔梗种质中发现紫花、白花和粉花植株。2004 年开始进行单株自交纯化，经 4 代自交纯化后，开展品系比较和品种鉴定试验

【时间】 2010 年

【育种者】 魏建和，隋春，杨成民，师凤华，褚庆龙，金钺(中国医学科学院，北京协和医学院，药用植物研究所)

【发表期刊】 园艺学报，Acta Horticulture Sinica，2011，38(7)：1423-1424

【品种特征特性】 晚熟品种，花期 70d 左右，生育期 170d 左右。主根长圆锥形。叶基对称，连接叶柄处突起，叶缘较平。花呈钝角形(喇叭形)。果实绿色。种子短卵形无翅。较抗立枯病。北京地区 5 月初播种，10d 左右出苗，9 月为花期，花期长，花色整齐、鲜艳，10 月下旬进入果熟期，当年可在 11 月收获根部。适于药用和观赏栽培。

植株半直立丛生。茎绿色，节间短且节多。侧根多，1 年生根皮白色略黄，2 年生根皮白色间紫。花为白色。果实近球形有明显果棱，种子棕色。1 年生株高 30cm，2 年生株高 88cm；1 年生平均单根鲜、干质量 7.9g 和 1.6g，平均根长 27cm，平均鲜根、干根产量 22 785kg/hm^2 和 4560kg/hm^2，2 年生平均单根鲜、干质量 20.0g 和 3.7g，平均根长 26cm，鲜、干根产量 21 090kg/hm^2 和 3975kg/hm^2。经测定 2 年生根多糖含量 23.5%；皂苷含量高，总皂苷含量 3.3%，桔梗皂苷 D 含量 0.128%；粗纤维含量 8.8%。

【学名】 *Platycodon grandiflorus*

【种名】 桔梗

【品种名】 ‘中梗粉花 1 号’‘Zhonggeng Fenhua 1’

【亲本】 2003 年在从河北安国引种到北京的一份桔梗种质中发现紫花、白花和粉花植株。2004 年开始进行单株自交纯化，经 4 代自交纯化后，开展品系比较和品种鉴定试验

【时间】 2010 年

【育种者】 魏建和，隋春，杨成民，师凤华，褚庆龙，金钺(中国医学科学院，北京协和医学院，药用植物研究所)

【发表期刊】 园艺学报，Acta Horticulture Sinica，2011，38(7)：1423-1424

【品种特征特性】 晚熟品种，花期 70d 左右，生育期 170d 左右。主根长圆锥形。叶基对称，连接叶柄处突起，叶缘较平。花呈钝角形(喇叭形)。果实绿色。种子短卵形无翅。较抗立枯病。北京地区 5 月初播种，10d 左右出苗，9 月为花期，花期长，花色整齐、鲜艳，10 月下旬进入果熟期，当年可在 11 月收获根部。适于药用和观赏栽培。

植株直立丛生型，抗倒伏。茎紫绿色，树状分枝，分枝多且细，节间短且节多。侧根少，1 年生根皮白色略黄，2 年生根皮白色多间紫。花为粉色。果实短锥形无明显果棱，种子黑褐色。1 年生株高

28cm，2 年生株高 73cm；1 年生平均单根鲜、干质量 5.2g 和 1.3g，平均根长 27cm，平均鲜、干根产量 17 145kg/hm^{2}和 4290kg/hm^2，2 年生平均单根鲜、干质量 17.2g 和 4.5g，平均根长 26cm，鲜、干根产量 20 370kg/hm^{2}和 5280kg/hm^2。经测定 2 年生根多糖含量 25.3%，总皂苷含量 2.1%，桔梗皂苷 D 含量 0.066%，粗纤维含量 6.5%。

【学名】 *Primula malacoides*

【种名】 报春花

【品种名】 ‘红霞’‘Hongxia’

【亲本】 从云南野生‘霞红灯台报春’后代群体中单株选择培育而成

【时间】 2008 年

【育种者】 李世峰，屈云慧，李涵，范眸天，张婷(云南省农业科学院花卉研究所，云南农业大学园林园艺学院)

【发表期刊】 园艺学报，Acta Horticulture Sinica，2009，36(03)：466+469

【品种特征特性】 多年生草本，植株高度整齐，株高 20～30cm；伞形花序 2～4 轮，花序分布均匀，每轮间距 1～2cm；花冠玫瑰红色，花筒基部橙黄色；每轮花序着花 15～20 朵；叶长 8～10cm，宽 3～5cm；在昆明自然花期 4～5 月，单朵花开花时间 5～7d，单株花序开花时间 20～30d。种子繁殖，需人工辅助授粉，结实率较高，千粒质量 0.1125g。该品种与野生种相比较：开花颜色鲜亮，植株矮化，花序形状好，群体表现一致。

【学名】 *Primula malacoides*

【种名】 报春花

【品种名】 ‘红粉佳人’‘Pink Lady’

【亲本】 橘红灯台报春(*Primula bulleyana*)和霞红灯台报春(*Primula beesiana*)的自然杂交后代中选育

【时间】 2019 年

【育种者】 常宇航，刘德团，马永鹏，(中国科学院昆明植物研究所/云南省极小种群野生植物综合保护重点实验室，中国科学院昆明植物研究所)

【发表期刊】 园艺学报，Acta Horticulture Sinica，2020，47(S2)：3039-3040

【品种特征特性】 植株株形整齐，多年生草本，根茎粗短。叶长圆倒披针形，长 10～12cm、宽 3～5cm，边缘具锯齿。花序轴高 20～30cm，被白粉；具伞形花序 4～6 轮，每轮 10～14 花。小花冠檐桃红色，冠筒口周围橙黄色。在昆明，自然花期 4～5 月，单株花期 20～30d。

【学名】 *Primula malacoides*

【种名】 报春花

【品种名】 ‘金粉佳人’‘Golden Lady’

【亲本】 橘红灯台报春(*Primula bulleyana*)和霞红灯台报春(*Primula beesiana*)的自然杂交后代中选育

【时间】 2019 年

【育种者】 常宇航，刘德团，马永鹏(中国科学院昆明植物研究所/云南省极小种群野生植物综合保护重点实验室，中国科学院昆明植物研究所)

【发表期刊】 园艺学报，Acta Horticulture Sinica，2020，47(S2)：3039-3040

【品种特征特性】 植株健壮，多年生草本，根茎极短。叶椭圆状倒披针形，长 12～14cm，宽 4～5cm，边缘具锯齿。花序轴高 25～35cm，微被白粉；具伞形花序 3～6 轮，每轮 8～16 花。小花冠檐淡金色渐变色、冠筒口周围金黄色。在昆明，自然花期 4～5 月，单株花期 20～30d。

【学名】 *Primulina*
【属名】 报春苣苔属
【品种名】 ‘花苹果’‘Piebald Apple’
【亲本】 ‘紫苹果’(‘Lavender Apple’)×硬叶报春苣苔(*P. sclerophylla*)
【时间】 2016 年
【育种者】 赖碧丹，邓征宇，崔忠吉，刘震(广西农业职业技术学院)
【发表期刊】 园艺学报，Acta Horticulture Sinica，2018，45(11)：2273-2274
【品种特征特性】 叶片绿色，叶脉白色呈现网纹状。叶片卵形，被白色的短毛；边缘具圆齿，长10.0~12.0cm，宽 7.0~9.0cm；叶柄长 4.5~5.0cm。单株花序有 6~10 个，每花序具花 2~8 朵；花序梗长 12.0~20.0cm，花薰衣草紫色；喉部白色，具两条黄色条纹；花冠长 6.0~6.5m，宽 4.5~5.0cm。花期 3~4 月。

【学名】 *Primulina*
【属名】 报春苣苔属
【品种名】 ‘猫的花环’(‘Cat’s Garland’)
【亲本】 永福报春苣苔(*P. yungfuensis*)×阳朔小花苣苔(*P. glandulosa* var. *yangshuoensis*)
【时间】 2016 年
【育种者】 赖碧丹，邓征宇，崔忠吉，刘震(广西农业职业技术学院)
【发表期刊】 园艺学报，Acta Horticulture Sinica，2018，45(11)：2273-2274
【品种特征特性】 叶片深绿色，卵形，被白色的短毛；边缘浅波状，长 8.5~10.0cm，宽 6.0~6.5cm；叶柄长 6.5~8.0cm。单株花序有 15~20 个，每花序具花 9~15 朵；花序梗长 7.0~12.0cm；花粉白色，喉部具两条浅黄色条纹和数条紫色条纹，长 2.3~2.6cm，宽 1.5~1.7cm，花期 5~6 月。

【学名】 *Primulina*
【属名】 报春苣苔属
【品种名】 ‘小喇叭’(‘Dan’s Trumpet’)
【亲本】 条叶报春苣苔(*P. ophiopogoides*)×齿苞报春苣苔(*P. beiliuensis* var. *fimbribracteata*)
【时间】 2016 年
【育种者】 赖碧丹，邓征宇，崔忠吉，刘震(广西农业职业技术学院)
【发表期刊】 园艺学报，Acta Horticulture Sinica，2018，45(11)：2273-2274
【品种特征特性】 叶片革质，深绿色先端呈暗红色，椭圆形，基部楔形，边缘浅波状，长 9.0~10.0cm，宽 2.8~4.0cm；几乎无叶柄。单株花序 5~8 个，每花序具花 3~12 朵；花序梗长 5.0~8.0cm；花蓝紫色；喉部具两条浅黄色蜜导和数条深紫色导线，花长 4.8~5.0cm，宽 3.0~3.3cm，花期 4~5 月。

【学名】 *Primulina*
【属名】 报春苣苔属
【品种名】 ‘银色鹿角’‘Silver Antler’
【亲本】 牛耳朵(*Primulina eburnean*)×钝齿报春苣苔(*Primulina obtusidentata*)
【时间】 2017 年
【育种者】 徐慧，李鹏，吕文君，黄升(武汉市园林科学研究院、中国科学院武汉植物园、恩施冬升植物开发有限责任公司)
【发表期刊】 园艺学报，Acta Horticulture Sinica，2019，46(S2)：2845-2846
【品种特征特性】 多年生草本。叶基生，肉质，卵形或狭卵形，边缘有齿，叶肉绿色，叶脉呈银灰色，密被短柔毛，叶长 11~13cm，叶宽 5.2~6.8cm，叶柄长 4.5~6.5cm。聚伞花序，每花序有 15 花，花序梗长 17.9~18.4cm，花萼长 0.8~1.0cm，花冠长 4.5~4.6cm，口部直径 2.7~3.0cm，花冠紫红色。具有较好的耐热性和耐寒性，可耐受 40℃高温及 0℃的低温。当冬季温度低于 5℃时，叶片边缘甚至整片会偏紫红色，但无明显冻害，当春季温度升高后又逐渐变成正常的花叶。具有良好的耐阴性，可在光照强度为 2000~10 000lx 的条件下正常生长开花。花期 4~5 月(彩插 P270)。

【学名】 *Primulina*
【属名】 报春苣苔属
【品种名】 ‘红粉佳人’(‘Pink Beauty’)
【亲本】 永福报春苣苔(*Primulina yunfuensis*)×巨型报春苣苔(*Primulina* sp.)
【时间】 2018 年
【育种者】 徐慧(武汉市园林科学研究院)
【品种特征特性】 叶基生，卵形，深绿色，叶长 8.0~10.0cm，叶宽 7.5~9.0cm，每花序有花 20，花冠粉红色，花量大，株型紧凑，适合盆栽观赏，具有较好的耐阴性，是优秀的室内盆栽花卉。适宜的生长温度为 15~28℃，具有较好的耐热性和耐寒性，短时间内可耐受 40℃高温及 0℃的低温。当冬季温度低于 5℃时，叶色会变成紫红色，但无明显冻害；当春季温度升高后又逐渐变成深绿色。当冬季温度低于 0℃，也仅有部分叶片叶缘受到损伤。具有较好的耐阴性，可在光照强度为 2000~10 000lx 的条件下正常生长、开花。栽培宜选择疏松透气、偏酸性的基质为好。pH 为 6.5 左右，生长良好(彩插 P270)。

【学名】 *Primulina*
【属名】 报春苣苔属
【品种名】 ‘红舞裙’‘Ruby Gown’
【亲本】 永福报春苣苔(*Primulina yunfuensis*)×巨型报春苣苔(*Primulina* sp.)
【时间】 2018 年
【育种者】 徐慧(武汉市园林科学研究院)
【品种特征特性】 叶基生，长卵形，暗红色，叶长 6.0~11.0cm，叶宽 3.5~8.0cm，每花序有花 2~10，花冠紫红色。与其父本相比，株型更为紧凑，更适合盆栽观赏，与其母本相比，花量更大，观赏性更佳。叶片数量多，生长茂盛，株型紧凑，适合盆栽观赏。花和叶片均有很高的观赏价值，是优秀的室内盆栽花卉。具有较好的耐热性和耐寒性，短期内在 40℃高温及 0℃的低温条件下，不会有明显的损伤，但不耐长时间高温。当冬季温度低于 5℃时，叶色会变得更红，但无明显冻害；当冬季温度低于 0℃，也仅有部分叶片叶缘受到损伤。适宜的生长温度为 15~28℃，具有较好的耐阴性，可在光照强度为 2000~10 000lx 的条件下正常生长、开花。栽培宜选择疏松透气、偏酸性的基质为好。pH 为 6.5 左右，生长良好(彩插 P270)。

【学名】 *Primulina*
【属名】 报春苣苔属
【品种名】 ‘幸运’‘Lucky’
【亲本】 褐纹报春苣苔(*Primulina glandaceistriata*)×硬叶报春苣苔(*P. sclerophylla*)
【时间】 2019 年
【育种者】 闫海霞，宋倩，陶大燕，周锦业，关世凯，李秀玲，何荆洲(广西壮族自治区农业科学院花卉研究所)
【发表期刊】 园艺学报，2020，47(12)：2461-2462
【品种特征特性】 多年生草本，植株莲座状。叶基生，顶端微尖，基部楔形，被毛。花萼绿色，5

裂至基部；花冠筒漏斗状。耐阴性强。叶绿色，卵形或圆形，长 3.7~9.7cm，宽 2.5~8.3cm，边缘具钝齿；叶柄长 1.8~2.7cm。每花序具花 1 朵。花萼长 0.5~0.6cm，花梗长 1.6~2.5cm。花冠紫色，长 5.7cm，口部直径 1.2cm。花的下唇很长。花期 5 月。

【学名】 *Primulina*
【属名】 报春苣苔属
【品种名】 ‘雨延’‘Yuyan’
【亲本】 柳江报春苣苔（*P. liujiangensis*）×褐纹报春苣苔（*P. glandaceistriata*）
【时间】 2019 年
【育种者】 闫海霞，宋倩，陶大燕，周锦业，关世凯，李秀玲，何荆洲（广西壮族自治区农业科学院花卉研究所）
【发表期刊】 园艺学报，2020，47(12)：2461-2462
【品种特征特性】 多年生草本，植株莲座状。叶基生，顶端微尖，基部楔形，被毛。花萼绿色，5 裂至基部；花冠筒漏斗状。耐阴性强。叶片具白色网状叶脉，卵形，长 5.5~13.1cm，宽 3.7~9.9cm，边缘具圆齿状锯齿；叶柄长 2.3~4.4cm。每花序具花 5~6 朵。花萼长 0.8~0.9cm，花梗长 1.4~1.7cm。花冠浅紫色，长 4.1~4.9cm，口部直径 1.1~1.3cm。花形和花色与父本相似，叶形与母本相似。花期 4~5 月。

【学名】 *Primulina*
【属名】 报春苣苔属
【品种名】 ‘初见’‘First Sight’
【亲本】 紫花报春苣苔（*Primulina purpurea*）×马山唇柱苣苔（*Primulina* sp.）
【时间】 2019 年
【育种者】 闫海霞，陶大燕，关世凯，邓杰玲，罗述名（广西壮族自治区农业科学院花卉研究所）
【发表期刊】 园艺学报，Acta Horticulture Sinica，2019，46(S2)：2853-2854
【品种特征特性】 多年生草本，植株莲座状。叶片均基生，深绿色，椭圆形，长 3.8~15.0cm，宽 1.8~7.6cm，顶端微尖，基部楔形，边缘全缘；叶柄长 1.0~1.7cm；叶被毛。花萼 5 裂至基部，绿色，长 0.7~0.9cm。花梗长 1.2~3.5cm。每花序具花 4~8 朵。花冠白色略带紫红色，长 4.1~4.6cm，口部直径 0.8~1.3cm，筒漏斗状。花期 4~5 月。喜阴湿的环境，稍耐干旱，不耐阳光直射。

【学名】 *Primulina*
【属名】 报春苣苔属
【品种名】 ‘淡雅伊人’‘Elegant Lady’
【亲本】 报春苣苔（*Primulina medica*）×龙氏报春苣苔（*Primulina longii*）
【时间】 2019 年
【育种者】 闫海霞，何荆洲，陶大燕，关世凯，宋倩（广西壮族自治区农业科学院花卉研究所）
【发表期刊】 园艺学报，Acta Horticulture Sinica，2019，46(S2)：2847-2848
【品种特征特性】 多年生草本，植株莲座状。叶片基生，颜色亮绿色；椭圆形，长 6.6~8.4cm，宽 4.3~5.9cm；顶端微尖，基部楔形，边缘具圆齿状锯齿；叶柄长 4.1cm；叶被毛。花萼 5 裂至基部，萼片绿色，长 0.8~1.1cm。花梗长 1.5~2.4cm。每花序具小花 6 朵。花冠淡紫色，长 4.0~4.3cm，口部直径 0.9~1.2cm，筒漏斗状。花期 4~5 月。不耐强光照射，具有极强的耐阴性

【学名】 *Primulina*

【属名】 报春苣苔属
【品种名】 ‘淡妆美人’‘Beauty with Light Makeup’
【亲本】 荔波报春苣苔(*Primulina liboensis*)×褐纹报春苣苔(*Primulina glandaceistriata*)
【时间】 2019 年
【育种者】 闫海霞，关世凯，李秀玲，黄昌艳，宋倩(广西壮族自治区农业科学院花卉研究所)
【发表期刊】 园艺学报，Acta Horticulture Sinica，2019，46(S2)：2849-2850
【品种特征特性】 多年生草本，植株莲座状。叶均基生，叶片绿色并具有白色偏淡绿的叶脉，卵形，长 2.9~8.5cm，叶宽 2.1~8.1cm，顶端微尖，基部楔形，边缘有圆齿状锯齿，叶柄长 1.3~3.0cm，叶被毛。花萼 5 裂至基部，萼片浅棕色，长 0.9~1.4cm。花梗长 1.5~2.7cm。每花序具花 4~8 朵。花冠紫色到粉色，长 4.4~5.4cm，口部直径 1.1~1.7cm，筒漏斗状。花期 5~6 月。不耐晒，较耐热，耐阴性强。

【学名】 *Primulina*
【属名】 报春苣苔属
【品种名】 ‘繁星’‘Star’
【亲本】 三苞报春苣苔(*Primulina tribracteata*)×柳江报春苣苔(*Primulina liujiangensis*)
【时间】 2019 年
【育种者】 闫海霞，张自斌，崔学强，卜朝阳，罗述名(广西壮族自治区农业科学院花卉研究所)
【发表期刊】 园艺学报，Acta Horticulture Sinica，2019，46(S2)：2861-2862
【品种特征特性】 多年生草本，植株莲座状。叶片均基生，绿色，并具有白色网状叶脉，叶卵形，长 7.1~10.2cm，叶宽 5.8~9.2cm，顶端微尖，基部楔形，边缘具圆齿状锯齿；叶柄长 2.6~4.0cm；叶被毛。花萼 5 裂至基部，萼片绿色，萼片长 0.7~0.9cm。花梗长 1.4~2.4cm。每花序具花 1~4 朵。花冠淡紫色，长 3.7~4.3cm，口部直径 1.2~1.3cm，筒漏斗状。花期 5 月。

【学名】 *Primulina*
【属名】 报春苣苔属
【品种名】 ‘蓝光’‘Blue Light’
【亲本】 大根报春苣苔(*Primulina macrorhiza*)×紫花报春苣苔(*Primulina purpurea*)
【时间】 2019 年
【育种者】 闫海霞，关世凯，邓杰玲，卜朝阳，罗述名(广西壮族自治区农业科学院花卉研究所)
【发表期刊】 园艺学报，Acta Horticulture Sinica，2019，46(S2)：2863-2864
【品种特征特性】 多年生草本，植株莲座状。叶基生，绿色，叶卵形，长 5.2~15.9cm，宽 3.8~12.3cm，顶端微尖，基部楔形，边缘具钝齿，叶柄长 3.3~6.1cm，叶被毛。花萼 5 裂至基部，浅绿色，长 1.2~1.3cm。每花序具花 6 朵，花梗长 7.2~8.0cm。花冠紫蓝色，花朵大，长 5.3~5.6cm，口部直径 1.5~1.8cm，筒漏斗状。花期 3~4 月。具较强的耐旱性，扦插易成活。

【学名】 *Primulina*
【属名】 报春苣苔属
【品种名】 ‘如意’‘Ruyi’
【亲本】 褐纹报春苣苔(*Primulina glandaceistriata*)×柳江报春苣苔(*Primulina liujiangensis*)
【时间】 2019 年
【育种者】 闫海霞，陶大燕，关世凯，周锦业，宋倩，罗述名(广西壮族自治区农业科学院花卉研究所)
【发表期刊】 园艺学报，Acta Horticulture Sinica，2019，46(S2)：2859-2860

【品种特征特性】　多年生草本，植株莲座状。叶片基生，深绿色，叶卵形，长 7.8～9.7cm，宽 6.1～7.9cm，顶端圆形，基部楔形，边缘全缘；叶柄长 1.3～3.6cm；叶被毛。花萼 5 裂至基部，绿色，长 0.4～0.7cm。花梗长 1.7～1.9cm，每花序具花 2～5 朵。花冠紫色，长 3.8～4.1cm，口部直径 1.3～1.4cm，筒漏斗状。花期 5 月。耐阴性强，具一定的耐旱性，可粗放管理，较易繁殖。

【学名】　*Primulina*
【属名】　报春苣苔属
【品种名】　'希望''Hope'
【亲本】　褐纹报春苣苔(*Primulina glandaceistriata*)×牛耳朵(*Primulina eburnea*)
【时间】　2019 年
【育种者】　闫海霞，张自斌，罗述名，卜朝阳，宋倩(广西壮族自治区农业科学院花卉研究所)
【发表期刊】　园艺学报，Acta Horticulture Sinica，2019，46(S2)：2845-2846
【品种特征特性】　多年生草本，植株莲座状。叶片均基生，深绿色，叶圆形，长 5.6～11.1cm，宽 4.5～10.6cm，顶端微尖，基部斜，边缘具圆齿状锯齿；叶柄长 1.3～5.7cm；叶被毛。花萼 5 裂至基部，绿色，长 0.7～1.0cm。花梗长 1.7～2.5cm，每花序具花 3～5 朵。花冠淡蓝色，长 4cm，口部直径 1.4～1.5cm，筒漏斗状。花期 4～5 月。

【学名】　*Primulina*
【属名】　报春苣苔属
【品种名】　'珍宝''Treasure'
【亲本】　硬叶报春苣苔(*Primulina sclerophylla*)×柳江报春苣苔(*Primulina liujiangensis*)
【时间】　2019 年
【育种者】　闫海霞，张自斌，崔学强，卜朝阳，罗述名(广西壮族自治区农业科学院花卉研究所)
【发表期刊】　园艺学报，Acta Horticulture Sinica，2019，46(S2)：2855-2856
【品种特征特性】　多年生草本，植株基生莲座状。叶片绿色，叶圆形，长 10.7～14.7cm，叶宽 7.3～11.7cm，顶端微尖，基部楔形，边缘具钝齿，叶柄长 0.4～2.5cm；叶被毛。花萼 5 裂至基部，颜色为绿色，长 0.7～0.9cm。花梗长 1.4～2.4cm，每花序具花 1～4 朵。花冠紫红到浅紫红色，长 3.7～4.3cm，口部直径 1.2～1.3cm，檐部上唇每裂片内侧均具有 3 道褐色或棕色纵纹，花筒为漏斗状。花期 5～6 月。

【学名】　*Primulina*
【属名】　报春苣苔属
【品种名】　'紫嫣红颜''Purple Beauty'
【亲本】　荔波报春苣苔(*Primulina liboensis*)×紫花报春苣苔(*Primulina purpurea*)
【时间】　2019 年
【育种者】　闫海霞，关世凯，罗述名，黄昌艳，宋倩(广西壮族自治区农业科学院花卉研究所)
【发表期刊】　园艺学报，Acta Horticulture Sinica，2019，46(S2)：2851-2852
【品种特征特性】　多年生草本，植株基生莲座状。叶片绿色，叶圆形，长 10.7～14.7cm，叶宽 7.3～11.7cm，顶端微尖，基部楔形，边缘具钝齿，叶柄长 0.4～2.5cm；叶被毛。花萼 5 裂至基部，棕色，长 0.4～0.6cm。花梗长 0.9～3.9cm。每花序具花 24 朵。花冠紫色，长 3.5～4.0cm，口部直径 0.9～1.1cm，筒漏斗状。花期 4 月。耐阴性强，不耐强光。

【学名】　*Primulina*
【属名】　报春苣苔属

【品种名】 ‘翔鸟’‘Flying Wings’

【亲本】 蚂蝗七(*P. fimbrisepala*)× 线叶报春苣苔杂交种(*P. linearifolia*)

【时间】 2014 年

【育种者】 张启翔，罗乐，温放，王颖楠，程堂仁，艾春晓，潘会堂

【品种特征特性】 整株小至中型，莲座状，多年生草本，叶脉非常明显，叶面具柔毛，叶长卵形，似镰状。花序 4~8，每花序有 6~10 朵花，花冠粉紫色至紫色，花冠筒漏斗形。花中至大型，花色变化较多，有粉白色、粉红色、粉紫色、浅紫色、紫色等，花期 3 月。具有非常强的抗逆性，观赏性也比两个亲本更佳，与父本蚂蝗七相比，杂交种叶片观赏性更为优良，与母本线叶报春苣苔相比，杂交种花型更大，为日中性、耐干阴植物，生长过程中它能适应室内日照时间不长、光照强度较低的环境，是极佳的观花观叶型室内盆花，因此将它作为一种室内观赏盆栽来推广，其商品化生产具有重要意义。

【学名】 *Primulina*

【属名】 报春苣苔属

【品种名】 ‘楠梦’‘Nandia Dreams’

【亲本】 *P. fimbrisepala* × *P. pungentisepala*

【时间】 2014 年

【育种者】 张启翔，罗乐，温放，王颖楠，程堂仁，艾春晓，潘会堂

【学名】 *Ranunculus asiaticus*

【种名】 花毛茛

【品种名】 ‘妖姬’‘Yaoji’

【亲本】 ‘乐园’系列中的红色系与黄色大花系杂交选育而成

【时间】 2013 年

【育种者】 顾永华，高福洪，胡乾军，刘科伟，潘春屏(江苏省中国科学院植物研究所/南京中山植物园，江苏省大丰市盆栽花卉研究所)

【发表期刊】 园艺学报，Acta Horticulture Sinica，2015，42(7)：1423-1424

【品种特征特性】 矮生，平均株高 23.7cm，盆栽效果好。花色黄橙双色，重瓣，每株平均花数 5.4 朵，平均花径 13.8cm，最大花径达 15.0cm，较‘乐园’大 5~8cm。聚合果棒状，种子扁平。平均花期 54.5d，在-5℃环境下无冻害，综合抗性好，繁殖能力强。

【学名】 *Ranunculus asiaticus*

【种名】 花毛茛

【品种名】 ‘橙色年代’‘Orange era’

【亲本】 ‘乐园’花毛茛为亲本经混交、杂交选育而成的新品种

【时间】 2013 年

【育种者】 刘科伟，高福洪，胡乾军，顾永华，潘春屏(江苏省中国科学院植物研究所/南京中山植物园，江苏省大丰市盆栽花卉研究所)

【发表期刊】 北方园艺，Northern Horticulture，2015(7)：151-152

【品种特征特性】 重瓣，矮生，平均株高 23.6cm，极适合盆栽，花色橙红色，花朵大，平均花径 14.6cm，最大花径达 15.5cm，较原品种大 5~8cm，平均每株花数 5.5 朵，平均花期 54.5d。在-5°C 环境下无冻害，综合抗性好，繁殖能力强。适合江苏省全境及长三角地区栽培。秋季播种，冬季采用单层塑料大棚越冬，春季开花。喜凉爽、湿润、全光照的环境。

【学名】 *Sedum*
【属名】 景天属
【品种名】 ‘滨海长伞’‘Binhai Changsan’
【亲本】 从辽宁山区野生景天资源中选育出的新品种
【时间】 2013 年
【育种者】 郭艳超，王文成，郑丽锦，孙宇，刘善资，董文琦，左咏梅(河北省农林科学院滨海农业研究所、河北省林业技术推广总站、河北省农林科学院)
【发表期刊】 园艺学报，Acta Horticulture Sinica，2014，41(9)：1959-1960
【品种特征特性】 平均株高 40.0cm，茎直立，上部有分枝，数茎丛生；萌芽紫色，后期变绿。单叶互生，肉质，先端渐尖，基部楔形，近无柄，近先端 1/3 处叶片边缘有锯齿。聚伞花序顶生，花冠直径平均 10.5cm，花(果)枝平均长度 7.6cm，每枝小花 6~14 朵，小花数平均 143.0 个。小花呈星芒状，花无梗，花瓣 5，金黄色；苞片 5，叶状；萼片 5，绿色。蓇葖果五角星状，种子褐色，表面有沟纹(彩插 P271)。

在河北滨海地区 3 月中旬萌芽，5 月中旬生长盛期，6 月中旬始花，7~8 月盛花期，9~10 月果熟期。主要特性为植株强健，叶色深绿，花序大，开花繁茂，在 0.2%~0.5%的轻、中度盐碱地能正常生长发育，当年栽植当年开花，形成景观。2 年生植株生长盛期地面覆盖率可达 100%。耐盐碱，耐旱，养护管理粗放，绿化成本低。

【学名】 *Stylosanthes*
【属名】 柱花草属
【品种名】 ‘热研 21 号’‘Reyan21’
【授权日】 2018 年 1 月 2 日
【品种权号】 CNA20141106.1
【公告号】 CNA010392G
【培育人】 白昌军，刘国道，严琳玲
【品种权人】 中国热带农业科学院热带作物品种资源研究所
【品种权证书号】 第 20180392 号

【学名】 *Stylosanthes*
【属名】 柱花草属
【品种名】 ‘品 109’‘Pin 109’
【授权日】 2015 年 11 月 1 日
【品种权号】 CNA20090361.0
【公告号】 CNA006255G
【培育人】 何华玄
【品种权人】 中国热带农业科学院热带作物品种资源研究所
【品种权证书号】 第 20156255 号

【学名】 *Tulipa*
【属名】 郁金香属
【品种名】 ‘紫玉’‘Ziyu’
【亲本】 ‘Purple Lady’×‘Miss Holland’
【时间】 2015 年

【育种者】 邢桂梅，苏君伟，张艳秋，屈连伟(辽宁省农业科学院花卉研究所)

【发表期刊】 北方园艺，Northern Horticulture，2015(23)：170-172

【品种特征特性】 植株高 30cm，生育期 70d，盛花期 16d，花朵品质高，抗寒能力强，沈阳地区鳞茎在简单覆盖条件下能够越冬。叶片 3~4 枚，卵状披针形，叶缘波浪形，长 17cm，宽 10.5cm；花单生茎顶，直立，浅杯状；花瓣 6 片，卵形，亮紫色；雄蕊 6 枚，离生，雌蕊柱 3 裂；蒴果长椭圆形，种子多数，黄褐色，扁平呈三角形；鳞茎扁卵圆形，具褐色纤维状外皮；根皮白色，老根呈棕色，须根性，须根长 5~7cm(彩插 P272)。

在沈阳地区自然出苗期为 3 月下旬，开花期为 4 月下旬，生育期 70d，花期 16d，抗寒能力强，沈阳地区鳞茎能够露地越冬。喜冬季温暖湿润、夏季凉爽干燥、向阳或半阴的环境；耐寒性强，冬季可耐-30℃的低温。

为秋植球根，喜富含腐殖质、肥沃且排水良好的砂质壤土，忌碱土和连作。生长适温 9~15℃，阳光充足促进开花，阴雨天、夜间均呈闭合状态。其单花观赏期为 16d。若加以遮光和调温、加湿等措施，可延长花期 8~10d。

【学名】 *Tulipa*

【属名】 郁金香属

【品种名】 ‘黄玉’‘Ziyu’

【亲本】 是从郁金香品种‘Golden Apeldoorn’的芽变中选育出的新品种

【时间】 2016 年

【育种者】 张艳秋，邢桂梅，张惠华，崔玥晗，鲁娇娇，吴天宇，屈连伟(辽宁省农业科学院花卉研究所)

【发表期刊】 园艺学报，Acta Horticulture Sinica，2020，47(S2)：3047-3048

【品种特征特性】 株高 37cm。叶片 3~4 片，长椭圆状披针形，绿色，长 19cm，宽 11cm。花单生于茎顶，大型直立，杯状；花瓣 6 片，倒卵形，鲜黄色，外轮花瓣外侧黄绿色；雄蕊 6 枚，离生，雌蕊柱头 3 裂至基部，反卷。蒴果长椭圆形，种子 100~150 粒，黄褐色，扁平，三角形。根脆易断，根皮白色，老根深棕色，根长 5~10cm。鳞茎扁圆锥形，鳞茎皮浅棕红色，有光泽(彩插 P272)。

在辽宁地区，萌芽期为 3 月下旬，开花期为 4 月下旬到 5 月初，整个生育期为 75d，盛花期 13d。花朵品质高，生长力强，抗寒能力强，是优良的盆栽和园林绿化品种。

【学名】 *Tulipa*

【属名】 郁金香属

【品种名】 ‘天山之星’‘Tianshan Zhixing’(彩插 P272)

【亲本】 是由中国野生种郁金香人工驯化而选育出的新品种

【时间】 2019 年

【育种者】 辽宁省农业科学院花卉研究所

【学名】 *Tulipa*

【属名】 郁金香属

【品种名】 ‘和平年代’‘Heping Niandai’(彩插 P272)

【亲本】 是由中国野生种郁金香人工驯化而选育出的新品种

【时间】 2019 年

【育种者】 辽宁省农业科学院花卉研究所

【学名】 *Tulipa*
【属名】 郁金香属
【品种名】 ‘伊犁之春’‘Ili Zhichun’(彩插 P272)
【亲本】 是由中国野生种郁金香人工驯化而选育出的新品种
【时间】 2019 年
【育种者】 辽宁省农业科学院花卉研究所

【学名】 *Tulipa*
【属名】 郁金香属
【品种名】 ‘金色童年’‘Jinse Tongnian’(彩插 P272)
【亲本】 是由中国野生种郁金香人工驯化而选育出的新品种
【时间】 2019 年
【育种者】 辽宁省农业科学院花卉研究所

【学名】 *Tulipa*
【属名】 郁金香属
【品种名】 ‘丰收季节’‘Fengshou Jijie’(彩插 P272)
【亲本】 是由中国野生种郁金香人工驯化而选育出的新品种
【时间】 2019 年
【育种者】 辽宁省农业科学院花卉研究所

【学名】 *Tulipa*
【属名】 郁金香属
【品种名】 ‘心之梦’‘Xinzhimeng’(彩插 P272)
【亲本】 是由中国野生种郁金香人工驯化而选育出的新品种
【时间】 2020 年
【育种者】 辽宁省农业科学院花卉研究所

【学名】 *Tulipa*
【属名】 郁金香属
【品种名】 ‘金丹玉露’‘Jindan Yulu’(彩插 P272)
【亲本】 ‘Moonshine’×‘Spring Green’
【时间】 2020 年
【育种者】 辽宁省农业科学院花卉研究所

【学名】 *Tulipa*
【属名】 郁金香属
【品种名】 ‘月亮女神’‘Yueliang Nüshen’(彩插 P272)
【亲本】 ‘Exotica’×‘White Triumphator’
【时间】 2020 年
【育种者】 辽宁省农业科学院花卉研究所

【学名】 *Tulipa*

【属名】 郁金香属

【品种名】 ‘银星’‘Yinxing’(彩插 P272)

【亲本】 是由中国野生种郁金香人工驯化而选育出的新品种

【时间】 2020 年

【育种者】 辽宁省农业科学院花卉研究所

【学名】 *Vriesea*

【属名】 丽穗凤梨属

【品种名】 ‘凤剑 1 号’‘Fengjian 1’

【亲本】 ‘红宝剑’(*Vriesea*‘Margot’)×‘精宝剑’(*V.*‘Ginger’)

【时间】 2015 年

【育种者】 沈晓岚，潘晓韵，郁永明，王炜勇，俞信英(浙江省农业科学院花卉研究开发中心)

【发表期刊】 园艺学报，Acta Horticulture Sinica，2015，42(S2)：2973-2974

【品种特征特性】 株形紧凑，叶色深绿，平均叶丛高 16.0cm，冠幅 35.2cm，叶片数 28.4，叶长 23.0cm，叶宽 3.4cm；花序宽扁、挺直不斜，平均花序总高 40.2cm，花序主枝长 13.3cm，宽 5.5cm，厚 0.8cm；平均侧花序 3.6 个，着生中位；花序主枝苞片数 21；苞片长 3.9cm，宽 1.7cm，苞片着生紧密，颜色鲜艳，呈酒红色，先端勾状，上部苞片上缘具黄斑，开花时黄斑消失；花萼、花柱与花药均为淡黄，花瓣黄色带绿尖，柱头淡绿色。生长较快，分株苗生长 10~12 个月可催花，与母本相近，而比父本短 4~6 个月。催花容易，大的侧芽也能催出花，比父母本快且整齐。秋季催花，从首次催花到成品约 4 个月。观赏期达 5 个月以上，比母本长，与父本相当。适用于家庭、办公室、会场等室内环境布置应用(彩插 P257)。

【学名】 *Zantedeschia aethiopica*

【种名】 马蹄莲

【品种名】 ‘京彩阳光’‘Jingcai Yangguang’

【亲本】 新西兰引进的切花品种‘Black Magic’组培无性系中选育出的变异株系

【时间】 2012 年

【育种者】 卫尊征，熊敏，王贤，周涤(北京市农林科学院蔬菜研究中心，农业部华北地区园艺作物生物学与种质创制重点实验室，农业部都市农业重点实验室)

【发表期刊】 园艺学报，Acta Horticulture Sinica，2013，40(9)：1863-1864

【品种特征特性】 植株生长势强，株高 80~90cm。叶片少，箭头形，中脉明显，叶斑多，叶长 16~22cm，宽 12~20cm。花茎粗壮，长 80~120cm，佛焰苞亮黄色，厚且大，长 8~9cm，宽 7~8cm；花期一致，花形优美，上口平，花筒紧收，尖端不明显，肉穗花序鲜黄色，有深紫色花喉；瓶插寿命长，可达到 14~18d；与‘Black Magic’相比，切花生产日数可缩短 7~10d。在北京地区大棚栽培条件下，4 月中旬栽植，6 月上旬即可进入初花期，中下旬进入盛花期；周径 14~16cm 的种球开花 2~3 支，18~20cm 的种球开花 3~5 支。适应性强，耐雨打，耐旱，耐弱光，抗软腐病。

【学名】 *Zantedeschia aethiopica*

【种名】 马蹄莲

【品种名】 ‘京彩粉韵’‘Jingcai Fenyun’

【亲本】 ‘紫玉’×‘Pot of Gold’

【时间】 2013 年

【育种者】 熊敏，卫尊征，王贤，周涤(北京市农林科学院蔬菜研究中心，农业部华北地区园艺作

物生物学与种质创制重点实验室，农业部都市农业(北方)重点实验室)

【发表期刊】 园艺学报，Acta Horticulture Sinica，2015，42(10)：2099-2100

【品种特征特性】 生长势强，茎干粗壮挺拔，不易倒伏。切花株高55~60cm，盆花株高50~55cm。叶卵形，深绿无斑点。切花花茎长50~55cm，盆花花茎长45~50cm。花大，佛焰苞粉色带深紫色喉斑，佛焰苞厚，长8.2cm，宽5.3cm。叶片卵形，深绿色，且无斑点。一般周长14~16cm的种球可开花3支。与父母本相比，盆花和切花品质高，适应性强，生长期短。

【学名】 *Zantedeschia aethiopica*

【种名】 马蹄莲

【品种名】 ‘粉玉’‘Fenyu’

【亲本】 ‘Saigon Pink×Passion’

【时间】 2016年

【育种者】 杨柳燕，顾俊杰，张永春，孙翊，张栋梁(上海市农业科学院林木果树研究所、上海花卉工程技术研究中心)

【发表期刊】 园艺学报，Acta Horticulture Sinica，2015，42(S2)：2957-2958

【品种特征特性】 株高50~60cm，冠幅40~50cm，佛焰苞浅黄/粉红色，花枝8~12枝，花葶高50~60cm；叶片卵形，无叶耳，深绿色，叶面具斑点；从种植到开花约55d，持续花期约55d。大棚种植表现抗病性强。

【学名】 *Zantedeschia aethiopica*

【种名】 马蹄莲

【品种名】 ‘红玉’‘Hongyu’

【亲本】 ‘Mango’×‘Captain Amigo’

【时间】 2016年

【育种者】 杨柳燕，顾俊杰，张永春，孙翊，张栋梁(上海市农业科学院林木果树研究所、上海花卉工程技术研究中心)

【发表期刊】 园艺学报，Acta Horticulture Sinica，2015，42(S2)：2957-2958

【品种特征特性】 株高50~60cm，冠幅30~40cm，佛焰苞橙红色，花枝5~10枝，花葶高40~60cm；叶片卵形，无叶耳，绿色，叶面具斑点；从种植到开花约50d，持续花期约50d。大棚种植表现抗病性强。

【学名】 *Zantedeschia aethiopica*

【种名】 马蹄莲

【品种名】 ‘紫玉’‘Ziyu’

【亲本】 ‘Naomi’×‘Purple Heart’

【时间】 2016年

【育种者】 杨柳燕，顾俊杰，张永春，孙翊，张栋梁(上海市农业科学院林木果树研究所、上海花卉工程技术研究中心)

【发表期刊】 园艺学报，Acta Horticulture Sinica，2015，42(S2)：2957-2958

【品种特征特性】 株高40~50cm，冠幅35~45cm，佛焰苞深紫色，厚革质，具光泽，花枝11~18枝，花葶高35~50cm；叶片披针形，无叶耳，深绿色，叶面具少量斑点；从种植到开花约60d，持续花期约60d。大棚种植表现抗病性强。

附表 球宿根花卉新品种一览表

学名 种或属	品种名称	亲本	选育时间	论文发表	国内或国际登录	农业农村部植物新品种保护办公室授权	育种者
Aechmea 光萼荷属	凤粉1号	合萼光萼荷（*A. gamosepala*）A050×曲叶光萼荷（*A. recurvata* var. *recurvata*）A064	2012	园艺学报，2013，40（9）：1861-1862	2012年12月通过浙江省非主要农作物品种审定委员会审定		浙江省农业科学院花卉研究开发中心
Alpinia 山姜属	红丰收	艳山姜（*Alpinia zerumbet*）×红苞小草蔻（*A. henryi*）	2018	园艺学报，2020，47（2）：399-400	2018年2月经广东省农作物品种审定委员会审定通过		广州普邦园林股份有限公司、仲恺农业工程学院园艺园林学院、广州市农业技术推广中心
	双冠	‘粉冠军’×‘橙冠军’	2013	园艺学报，2015，42（9）：1859-1860	2013年6月通过广东省农作物品种审定委员会审定并定名		广州花卉研究中心、华南农业大学广东省植物分子育种重点实验室
	小娇	‘德克萨纳’×‘骄阳’	2016	园艺学报，2018，45（S2）：2793-2794	2016年9月通过广东省农作物品种审定委员会审定		广州花卉研究中心、华南农业大学林学与风景园林学院、广州市果树科学研究所
Anthurium andraeanum 红掌	白马王子	以‘阿拉巴马’红掌叶片为外植体诱导获得愈伤组织，在分化试管苗中发现1株与原种差异很大的变异株	2016	园艺学报，2016，43（S2）：2799-2800	2016年6月通过福建省农作物品种审定委认定		三明市农业科学研究院花卉所
	丹韵	‘快乐’（Happy）×‘紫旗’（Purple Flag）	2016	园艺学报，2016，43（S2）：2801-2802	2016年1月通过浙江省非主要农作物品种审定委员会审定		浙江省农业科学院花卉研究开发中心
	夏焰	‘亚利桑那’×‘大哥大’	2018	园艺学报，2020，47（S2）：3035-3036	2019年12月获得中华人民共和国农业农村部新品种保护办公室颁发的新品种权证书	2020年1月1日（总第123期）CNA20184428.2	中国热带农业科学院热带作物品种资源研究所/农业部华南作物基因资源与种质创制重点开放实验室/海南省热带观赏植物种质创新利用工程技术研究中心，广州市卉通农业科技有限公司

（续）

学名 种或属	品种名称	亲本	选育时间	论文发表	国内或国际登录	农业农村部植物新品种保护办公室授权	育种者
Begonia 秋海棠属	昆明鸟	大王秋海棠×掌叶秋海棠	1999	园艺学报，2001，28（2）：186-187	1999年10月通过云南省科委组织的专家技术鉴定（登记号：云科字1999472）		中国科学院昆明植物研究所昆明植物园
	康儿	大王秋海棠×长翅秋海棠	1999	园艺学报，2001，28（2）：186-187	1999年10月通过云南省科委组织的专家技术鉴定（登记号：云科字1999472）		中国科学院昆明植物研究所昆明植物园
	白雪	变色秋海棠×掌叶秋海棠	1999	园艺学报，2001，28（2）：186-187	1999年10月通过云南省科委组织的专家技术鉴定（登记号：云科字1999472）		中国科学院昆明植物研究所昆明植物园
	白王	由大王秋海棠的白花类型选育而成	1999	园艺学报，2001，28（3）：281-282	1999年10月通过云南省科委组织的专家技术鉴定（登记号：云科字1999472）		中国科学院昆明植物研究所
	银珠	掌叶秋海棠的变异类型	1999	园艺学报，2001，28（3）：281-282	1999年10月通过云南省科委组织的专家技术鉴定（登记号：云科字1999472）		中国科学院昆明植物研究所
	热带女	由野生斜升秋海棠中发现的少数变异类型选育而成	1999	园艺学报，2001，28（3）：281-282	1999年10月通过云南省科委组织的专家技术鉴定（登记号：云科字1999472）		中国科学院昆明植物研究所
	大白	大围山秋海棠×'白王'	2001	园艺学报，2002，29（1）：90-91	2001年4月通过云南省科委组织的专家技术鉴定		中国科学院昆明植物研究所昆明植物园
	健绿	厚叶秋海棠×掌叶秋海棠	2001	园艺学报，2002，29（1）：90-92	2001年4月通过云南省科委组织的专家技术鉴定		中国科学院昆明植物研究所昆明植物园
	美女	掌叶秋海棠×愉悦秋海棠	2001	园艺学报，2002，29（1）：90-93	2001年4月通过云南省科委组织的专家技术鉴定		中国科学院昆明植物研究所昆明植物园
	中大	中华秋海棠×大王秋海棠	2001	园艺学报，2002，29（1）：90-94	2001年4月通过云南省科委组织的专家技术鉴定		中国科学院昆明植物研究所昆明植物园

（续）

学名 种或属	品种名称	亲本	选育时间	论文发表	国内或国际登录	农业农村部植物新品种保护办公室授权	育种者
Begonia 秋海棠属	香皇后	厚壁秋海棠×大香秋海棠	2005	园艺学报，2006，33（5）：1171	2005年5月进行了云南省园艺植物新品种注册登记		中国科学院昆明植物研究所
	厚角	角果秋海棠×厚壁秋海棠	2005	园艺学报，2006，33（5）：1171	2005年5月进行了云南省园艺植物新品种注册登记		中国科学院昆明植物研究所
	芳菲	厚壁秋海棠×厚叶秋海棠	2005	园艺学报，2006，33（5）：1171	2005年5月进行了云南省园艺植物新品种注册登记		中国科学院昆明植物研究所
	苁茎	角果秋海棠×红毛香花秋海棠	2005	园艺学报，2006，33（5）：1171	2005年5月进行了云南省园艺植物新品种注册登记		中国科学院昆明植物研究所
	紫叶	刺毛红孩儿×变色秋海棠	2005	园艺学报，2006，33（4）：933	2005年5月进行了云南省园艺植物新品种注册登记		中国科学院昆明植物研究所
	紫柄	厚壁秋海棠×变色秋海棠	2005	园艺学报，2006，33（4）：933	2005年5月进行了云南省园艺植物新品种注册登记		中国科学院昆明植物研究所
	大裂	刺毛红孩儿×‘白王’秋海棠	2005	园艺学报，2006，33（4）：933	2005年5月进行了云南省园艺植物新品种注册登记		中国科学院昆明植物研究所
	灿绿	‘白王’秋海棠×‘光灿’秋海棠	2011	园艺学报，2014，41（11）：2367-2368	2011年10月通过了云南省园艺植物新品种注册登记		中国科学院昆明植物研究所
	银娇	厚叶秋海棠×‘白王’秋海棠	2011	园艺学报，2014，41（11）：2367-2368	2011年10月通过了云南省园艺植物新品种注册登记		中国科学院昆明植物研究所
	开云	‘银珠’×歪叶秋海棠	2011	园艺学报，2014，41（6）：1279-1280	2011年10月通过云南省园艺植物新品种注册登记		中国科学院昆明植物研究所
	星光	‘银珠’×光滑秋海棠	2011	园艺学报，2014，41（6）：1279-1280	2011年10月通过云南省园艺植物新品种注册登记		中国科学院昆明植物研究所
	昴	‘银珠’×‘白王’	2011	园艺学报，2014，41（6）：1279-1280	2011年10月通过云南省园艺植物新品种注册登记		中国科学院昆明植物研究所
	黎红毛	黎平秋海棠种子为材料进行航天搭载后从M1代群体中选育而成	2011	园艺学报，2014，41（5）：1043-1044	2011年通过了云南省园艺植物新品种注册登记		中国科学院昆明植物研究所

（续）

学名 种或属	品种名称	亲本	选育时间	论文发表	国内或国际登录	农业农村部植物新品种保护办公室授权	育种者
Begonia 秋海棠属	白云秀	掌叶秋海棠×紫叶秋海棠	2011	园艺学报，2014，41（5）：1043-1044	2011年通过了云南省园艺植物新品种注册登记		中国科学院昆明植物研究所
	华尔兹		2016			2020年1月1日（总第123期）CNA20162072.7	云南省农业科学院花卉研究所
	桂云	卷毛秋海棠（*Begonia cirrosa*）×广西秋海棠（*B. guangxiensis*）	2017	园艺学报，2019，46（S2）：2869-2870	2017年4月通过云南省林业厅园艺植物新品种注册登记		中国科学院昆明植物研究所
	三裂	卷毛秋海棠（*Begonia cirrosa*）×方氏秋海棠（*B. fangii*）	2017	园艺学报，2019，46（S2）：2869-2870	2017年4月通过云南省林业厅园艺植物新品种注册登记		中国科学院昆明植物研究所
	健翅	掌叶秋海棠×长翅秋海棠	2017	园艺学报，2019，46（S2）：2871-2872	2017年4月通过云南省林业厅园艺植物新品种注册登记		中国科学院昆明植物研究所
	银靓	紫叶秋海棠×掌叶秋海棠	2017	园艺学报，2019，46（S2）：2871-2872	2017年4月通过云南省林业厅园艺植物新品种注册登记		中国科学院昆明植物研究所
Calceolaria herbeohybrida 蒲包花	橙红荷包	以'大团圆'蒲包花为亲本，经混交、杂交选育而成	2013	北方园艺，2015（8）：160-161	2013年12月通过江苏省农作物品种委员会审定		江苏省中国科学院植物研究所，江苏省大丰市盆栽花卉研究所
Curcuma 姜黄属	红玉	春秋姜黄×女王郁金	2018	园艺学报，2020，47（3）：609-610	2017年8月26日通过广东省农作物品种审定委员会现场鉴定，2018年2月8日通过审定		广州普邦园林股份有限公司、仲恺农业工程学院园艺园林学院、广州市农业技术推广中心
Curcuma alismatifolia 姜荷花	红观音	从自泰国引进的10个姜荷花种球进行组织培养规模化繁殖时的突变株选育而来	2011	北方园艺，2012，（18）：154-156	2011年通过了广东省农作物品种审定		珠海市现代农业发展中心，中国科学院华南植物园华南农业植物遗传育种重点实验室
Curcumakwangsiensis var. *nanlingsis* 南岭莪术	香凝	从南岭莪术野生种中经驯化选育而成的花卉新品种	2011	园艺学报，2012，39（11）：2335-2336	2011年6月通过广东省农作物品种审定委员会审定		华南农业大学园艺学院、仲恺农业工程学院园艺园林学院

（续）

学名 种或属	品种名称	亲本	选育时间	论文发表	国内或国际登录	农业农村部植物新品种保护办公室授权	育种者
Curcuma phaeocaulis 蓬莪术	川蓬1号	2006—2007年从金马河流域收集的蓬莪术材料中系统选育出的新品种	2013	园艺学报，2015，42（7）：1425-1426	2013年11月通过四川省农作物品种审定委员会审定		成都中医药大学药学院/中药材标准化教育部重点实验室/中药资源系统研究与开发利用省部共建国家重点实验室
Dianthus caryophyllus 香石竹	林隆2号	‘大理石’×‘红卡飓’	2003	园艺学报，2007，34（5）：1339		2003年11月1日通过农业部植物新品种授权	上海市林木花卉育种中心，南京林业大学风景园林学院
	林隆3号	‘闪电’×‘塔克斯’	2003	园艺学报，2007，34（5）：1339		2003年11月1日通过农业部植物新品种授权	上海市林木花卉育种中心，南京林业大学风景园林学院
	四季红		2008			2008年获得了国家植物新品种保护权	上海市林木花卉育种中心
	云蝶衣	‘兰贵人’（Rendiz-Vors）×‘欧地诺’（Odino）	2010	园艺学报，2011，38（8）：1625-1626		2010年1月获得中华人民共和国农业部植物新品种权证书	云南省农业科学院花卉研究所，云南省花卉育种重点实验室，云南省花卉技术工程研究中心
Dianthus superbus 瞿麦	大叶	瞿麦实生苗选育获得的大叶新品种	2017	园艺学报，2018，45（S2）：2859-2860	2017年1月通过浙江省林木品种审定委员会认定		浙江省亚热带作物研究所、苍南县林业局、乐清市林业局
Eustoma grandiflorum 草原龙胆	单轮朱砂	2001年由日本引进资源，对其进行自交纯化，以获得的性状优良、遗传稳定的姊妹系为亲本	2006	园艺学报，2007，34（2）：533	2006年2月进行了黑龙江省农作物品种注册登记		东北林业大学花卉生物工程研究所
	千堆雪	2001年由日本引进资源，对其进行自交纯化，以获得的性状优良、遗传稳定的姊妹系为亲本	2006	园艺学报，2007，34（2）：533	2006年2月进行了黑龙江省农作物品种注册登记		东北林业大学花卉生物工程研究所
	碧芯黄丹		2008	国家科技成果			东北林业大学
	新姑娘	通过在实生群体中选拔优良单株，通过组培繁殖生产母本、扦插繁殖生产种苗的方法选育成的无性系品种	2013	国家科技成果			云南省农业科学院花卉研究所

（续）

学名 种或属	品种名称	亲本	选育时间	论文发表	国内或国际登录	农业农村部植物新品种保护办公室授权	育种者
Eustoma grandiflorum 草原龙胆	香槟酒	通过在实生群体中选拔优良单株，通过组培繁殖生产母本、扦插繁殖生产种苗的方法选育成的无性系品种	2013	国家科技成果			云南省农业科学院花卉研究所
Freesia 小苍兰属	上农红台阁	是采用辐射诱导结合多代单株选择而成的小苍兰品种。其原始亲本为从荷兰引进的‘Red Lion’	2008	园艺学报，2012，39（10）：2097-2098	2008年9月通过上海市农作物品种审定委员会审定		上海交通大学农业与生物学院
	红钻	‘Red Lion’×‘Rose Marie’	2015	北方园艺，2020（19）：176-180			福建省农业科学院作物研究所、福建省农业科学院花卉研究中心、福建省特色花卉工程技术研究中心
Gesneriaceae 苦苣苔属	北林之春		2019		通过世界苦苣苔科植物协会国际登录		北京林业大学园林学院，中国科学院广西植物研究所
	紫衣圣代		2019		通过世界苦苣苔科植物协会国际登录		北京林业大学园林学院，中国科学院广西植物研究所
	祥云		2019		通过世界苦苣苔科植物协会国际登录		北京林业大学园林学院，中国科学院广西植物研究所
	启明星		2019		通过世界苦苣苔科植物协会国际登录		北京林业大学园林学院，中国科学院广西植物研究所
Gladiolus 唐菖蒲属	橙红娇	由自然杂交群体中选育而成	2000	园艺学报，2001，28（2）：184	2000年4月通过吉林省农作物品种审定委员会审定		中国农业科学院特产研究所
	红绣	从唐菖蒲自然杂种群体中选育	2000	园艺学报，2001，28（2）：185	2000年4月通过吉林省农作物品种审定委员会审定		中国农业科学院特产研究所
	紫英华	从唐菖蒲自然杂交群体中选育	2000	园艺学报，2001，28（2）：185	2000年4月通过吉林省农作物品种审定委员会审定		中国农业科学院特产研究所
	碧玉		2010			2015年11月1日（总第98期）CNA20100503.6	昆明虹之华园艺有限公司

（续）

学名 种或属	品种名称	亲本	选育时间	论文发表	国内或国际登录	农业农村部植物新品种保护办公室授权	育种者
Gladiolus 唐菖蒲属	黄蓉		2010			2015 年 11 月 1 日（总第 98 期）CNA20100504.5	昆明虹之华园艺有限公司
Guzmania 果子蔓属	步步高	‘秀美人’×‘黄岐花’	2010	北方园艺，2015（5）：83-86	2010 年通过广东省农作物品种审定委员会审定		广州花卉研究中心，华南农业大学广东省植物分子育种重点实验室
	白擎天		2016			2019 年 1 月 1 日（总第 117 期）CNA20160372.8	中国热带农业科学院热带作物品种资源研究所
Hedychium 姜花属	渐变	白姜花×普洱姜花	2016	园艺学报，2018，45（3）：607-608	2016 年 1 月经广东省农作物品种审定委员会审查登记		仲恺农业工程学院园艺园林学院
Hemerocallis 萱草属	彩艳		2011	园艺学报，2014，41（5）：1047-1049	2011 年被美国萱草协会正式确定为萱草新品种并进行新品种保护		北京林业大学园林学院
	傲荷		2011	园艺学报，2014，41（5）：1047-1049	2011 年被美国萱草协会正式确定为萱草新品种并进行新品种保护		北京林业大学园林学院
	黑珍珠		2011	园艺学报，2014，41（5）：1047-1049	2011 年被美国萱草协会正式确定为萱草新品种并进行新品种保护		北京林业大学园林学院
	紫蝶舞		2011	园艺学报，2014，41（5）：1047-1049	2011 年被美国萱草协会正式确定为萱草新品种并进行新品种保护		北京林业大学园林学院
	红粉		2011	园艺学报，2014，41（5）：1047-1049	2011 年被美国萱草协会正式确定为萱草新品种并进行新品种保护		北京林业大学园林学院
	淑滢		2011	园艺学报，2014，41（5）：1047-1049	2011 年被美国萱草协会正式确定为萱草新品种并进行新品种保护		北京林业大学园林学院

（续）

学名 种或属	品种名称	亲本	选育时间	论文发表	国内或国际登录	农业农村部植物新品种保护办公室授权	育种者
Hemerocallis 萱草属	陶然		2011	园艺学报，2014，41（5）：1047-1049	2011 年被美国萱草协会正式确定为萱草新品种并进行新品种保护		北京林业大学园林学院
	玉黄		2011	园艺学报，2014，41（5）：1047-1049	2011 年被美国萱草协会正式确定为萱草新品种并进行新品种保护		北京林业大学园林学院
	晚霞红		2011	园艺学报，2014，41（5）：1047-1049	2011 年被美国萱草协会正式确定为萱草新品种并进行新品种保护		北京林业大学园林学院
	温玉		2011	园艺学报，2014，41（5）：1047-1049	2011 年被美国萱草协会正式确定为萱草新品种并进行新品种保护		北京林业大学园林学院
	炫景		2011	园艺学报，2011，38（8）：1623-1624	2011 年 3 月通过黑龙江省农作物品种审定委员会审定		黑龙江省农业科学院园艺分院
	粉红宝	大花萱草实生苗中选出	2011	北方园艺，2013，（08）：63-65	2011 年通过了河北省林木良种审定委员会审定		河北省林木良种工程技术研究中心，河北省林业科学研究院
	金红星	大花萱草实生苗中选出	2011	北方园艺，2013，（08）：63-65	2011 年通过了河北省林木良种审定委员会审定		河北省林木良种工程技术研究中心，河北省林业科学研究院
	粉红记忆	人工授粉杂交实生苗中选育出的	2014	园艺学报，2015，42（S2）：2951-2952	2014 年 12 月通过河北省林木品种审定委员会审定		河北省林业科学研究院/河北省林木良种工程技术研究中心
	粉佳人	‘黄油花’×‘粉秀客’	2014	园艺学报，2015，42（S2）：2949-2950	2014 年 12 月通过河北省林木品种审定委员会审定		河北省林业科学研究院/河北省林木良种工程技术研究中心
	粉太妃	‘黄油花’×‘粉秀客’	2014	园艺学报，2015，42（S2）：2949-2950	2014 年 12 月通过河北省林木品种审定委员会审定		河北省林业科学研究院/河北省林木良种工程技术研究中心
	红太妃	‘盛夏红酒’×‘红运’	2014	园艺学报，2015，42（S2）：2949-2950	2014 年 12 月通过河北省林木品种审定委员会审定		河北省林业科学研究院/河北省林木良种工程技术研究中心
	霞光	‘海尔范’×‘莎蔓’	2014	园艺学报，2015，42（S2）：2949-2950	2014 年 12 月通过河北省林木品种审定委员会审定		河北省林业科学研究院/河北省林木良种工程技术研究中心

（续）

学名 种或属	品种名称	亲本	选育 时间	论文发表	国内或国际登录	农业农村部植物新品种 保护办公室授权	育种者
Hemerocallis 萱草属	红唇	‘Crimson Pirate’×(‘Children’s Festival’×‘Crimson Pirate’)	2014	园艺学报，2015，42（S2）：2947-2948	2014 年 12 月被美国萱草协会正式确定为萱草新品种		北京林业大学园林学院/花卉种质创新与分子育种北京市重点实验室/国家花卉工程技术研究中心/城乡生态环境北京实验室
	手里剑	‘Red Rum’×‘April Flower’	2014	园艺学报，2015，42（S2）：2947-2948	2014 年 12 月被美国萱草协会正式确定为萱草新品种		北京林业大学园林学院/花卉种质创新与分子育种北京市重点实验室/国家花卉工程技术研究中心/城乡生态环境北京实验室
	小黄人		2014	园艺学报，2015，42（S2）：2947-2948	2014 年 12 月被美国萱草协会正式确定为萱草新品种		北京林业大学园林学院/花卉种质创新与分子育种北京市重点实验室/国家花卉工程技术研究中心/城乡生态环境北京实验室
	晚礼服		2014	园艺学报，2015，42（S2）：2947-2948	2014 年 12 月被美国萱草协会正式确定为萱草新品种		北京林业大学园林学院/花卉种质创新与分子育种北京市重点实验室/国家花卉工程技术研究中心/城乡生态环境北京实验室
	丹阳		2016			2019 年 3 月 1 日（总第 118 期）CNA20161701. 8	河北省林业科学研究院
	梦幻		2016			2019 年 3 月 1 日（总第 118 期）CNA20161700. 9	河北省林业科学研究院
	寒笑		2016			2019 年 3 月 1 日（总第 118 期）CNA20161108. 7	宁波市农业科学研究院
	十里红妆		2016			2019 年 3 月 1 日（总第 118 期）CNA20161109. 6	宁波市农业科学研究院

（续）

学名 种或属	品种名称	亲本	选育时间	论文发表	国内或国际登录	农业农村部植物新品种保护办公室授权	育种者
Hemerocallis middendorfii 大花萱草	金宛	‘斯特拉德奥’×‘金娃娃’	2015	园艺学报，2018，45（S2）：2795-2796	2015 年 12 月通过江苏省农作物品种审定委员会鉴定		苏州农业职业技术学院
	金云红纹	‘斯特拉德奥’×“金娃娃”	2015	北方园艺，2019，(04)：208-210	2015 年 12 月通过江苏省农作物品种审定委员会鉴定，鉴定编号为苏鉴花 201518		苏州农业职业技术学院
Hippeastrum 朱顶红属	圣茵 1 号	‘本菲卡’×‘红孔雀’	2018	园艺学报，2019，46（S2）：2865-2866	2018 年 2 月获得广东省农作物新品种审定证书		中国科学院华南植物园/华南农业植物分子分析与遗传改良重点实验室、中国科学院大学、东莞市圣茵城市景观农业工程研究中心、广东圣茵花卉园艺有限公司、中国科学院华南植物园/广东省应用植物学重点实验室
	圣茵 2 号	从‘红孔雀’组培苗中的突变株选育而来	2018	园艺学报，2019，46（S2）：2867-2868	2018 年 2 月获得广东省农作物新品种审定证书		中国科学院华南植物园/华南农业植物分子分析与遗传改良重点实验室、中国科学院大学、东莞市圣茵城市景观农业工程研究中心、广东圣茵花卉园艺有限公司、中国科学院华南植物园/广东省应用植物学重点实验室
Iris 鸢尾属	紫霞	从路易斯安那鸢尾‘King Louis’自交后代优良单株选育而成的新品种	2011	园艺学报，2012，39（12）：2547-2548	2011 年 11 月通过江苏省农作物品种审定委员会审定		苏州农业职业技术学院
	黄玉	从路易斯安那鸢尾‘Ann Chowning’自交后代优良单株中选育出的新品种	2012	园艺学报，2013，40（11）：2337-2338	2012 年 11 月通过江苏省农作物品种审定委员会鉴定		苏州农业职业技术学院、南京农业大学园艺学院
	紫堇	从野生鸢尾后代群体中选育的新品种	2012	园艺学报，2013，40（12）：2553-2554	2012 年 3 月通过黑龙江省农作物品种审定委员会登记		黑龙江省农业科学院园艺分院

（续）

学名 种或属	品种名称	亲本	选育时间	论文发表	国内或国际登录	农业农村部植物新品种保护办公室授权	育种者
Iris 鸢尾属	蓝纹白蝶	‘Samurai Wish’×‘Acadian Miss’	2013	园艺学报，2014，41（9）：1957-1958	2013 年 12 月通过江苏省农作物品种审定委员会鉴定		苏州农业职业技术学院、南京农业大学园艺学院
	德香鸢尾	从意大利引种的香料用鸢尾中选育出	2016	北方园艺，2018（20）：208-210	2016 年 1 月经过陕西省林木品种审定委员会会议审定（良种编号：S-DTS-ID-015-2015）		陕西省西安植物园，陕西植物资源保护与利用工程技术研究中心
Iris dichotoma 野鸢尾	基石	从野鸢尾（*I. dichotoma*）的实生后代中选育出的新品种	2011	园艺学报，2013，40（11）：2335-2336	2011 年 11 月通过国际园艺学会命名与登录委员会任命的鸢尾国际登录权美国鸢尾协会的审定，获得国际植物新品种登录证书		沈阳农业大学园艺学院、辽宁省北方园林植物与地域景观高校重点实验室
	雪蜜	从野鸢尾（*I. dichotoma*）的实生后代中选育出的新品种	2011	园艺学报，2013，40（11）：2335-2336	2011 年 11 月通过国际园艺学会命名与登录委员会任命的鸢尾国际登录权美国鸢尾协会的审定，获得国际植物新品种登录证书		沈阳农业大学园艺学院、辽宁省北方园林植物与地域景观高校重点实验室
	天蓝风车	野鸢尾蓝紫色花类型为母本、射干为父本的 F1 自然结实的实生 F2 代中选育出	2011	园艺学报，2013，40（12）：2551-2552	2011 年 11 月通过国际园艺学会命名与鸢尾国际登录权美国鸢尾协会的审定，获得国际植物新品种登录证书。（国际登录号：11-935）		沈阳农业大学园艺学院、辽宁省北方园林植物与地域景观高校重点实验室
	时尚豹纹	野鸢尾黄花类型作母本、射干为父本的 F_1 中直接选育出	2011	园艺学报，2013，40（12）：2551-2552	2011 年 11 月通过国际园艺学会命名与鸢尾国际登录权美国鸢尾协会的审定，获得国际植物新品种登录证书。（国际登录号：11-936）		沈阳农业大学园艺学院、辽宁省北方园林植物与地域景观高校重点实验室

（续）

学名 种或属	品种名称	亲本	选育时间	论文发表	国内或国际登录	农业农村部植物新品种保护办公室授权	育种者
Iris germanica 德国鸢尾	紫金	德国鸢尾淡紫花色类型×德国鸢尾内花瓣淡粉色，外花瓣紫红色类型	1997	植物资源与环境学报，1998，7(1)：35-39			江苏省中国科学院植物研究所/江苏省植物迁地保护重点实验室
	金舞娃	德国鸢尾淡紫花色类型×德国鸢尾内花瓣淡粉色，外花瓣紫红色类型	1997	植物资源与环境学报，1998，7(1)：35-39			江苏省中国科学院植物研究所/江苏省植物迁地保护重点实验室
	彩带	德国鸢尾淡紫花色类型×德国鸢尾内花瓣淡粉色，外花瓣紫红色类型	1997	植物资源与环境学报，1998，7(1)：35-39			江苏省中国科学院植物研究所/江苏省植物迁地保护重点实验室
	红浪	德国鸢尾淡紫花色类型×德国鸢尾内花瓣淡粉色，外花瓣紫红色类型	1997	植物资源与环境学报，1998，7(1)：35-39			江苏省中国科学院植物研究所/江苏省植物迁地保护重点实验室
	水晶球	德国鸢尾淡紫花色类型×德国鸢尾内花瓣淡粉色，外花瓣紫红色类型	1997	植物资源与环境学报，1998，7(1)：35-39			江苏省中国科学院植物研究所/江苏省植物迁地保护重点实验室
	紫云	德国鸢尾淡紫花色类型×德国鸢尾内花瓣淡粉色，外花瓣紫红色类型	1997	植物资源与环境学报，1998，7(1)：35-39			江苏省中国科学院植物研究所/江苏省植物迁地保护重点实验室
	紫盘	德国鸢尾淡紫花色类型×德国鸢尾内花瓣淡粉色，外花瓣紫红色类型	1997	植物资源与环境学报，1998，7(1)：35-39			江苏省中国科学院植物研究所/江苏省植物迁地保护重点实验室
	黄金甲	‘93E41076-8’×‘金舞娃’	2013	园艺学报，2015，42(9)：1861-1862	2013年12月通过江苏省农作物品种审定委员会鉴定		江苏省中国科学院植物研究所
	幻舞	‘93E41076-10’×‘Elizabeth of England’	2013	园艺学报，2015，42(11)：2327-2328	2013年12月通过江苏省农作物品种审定委员会鉴定		江苏省中国科学院植物研究所
	风烛	‘00266’×‘金舞娃’	2015	园艺学报，2016，43(S2)：2805-2806	2015年11月通过江苏省农作物品种审定委员会鉴定		江苏省中国科学院植物研究所

（续）

学名 种或属	品种名称	亲本	选育时间	论文发表	国内或国际登录	农业农村部植物新品种保护办公室授权	育种者
Iris germanica 德国鸢尾	扬州优雅新娘	‘Thornbird’×‘Spiced Custard’	2016	园艺学报，2016，43（S2）：2807-2808	2016年3月获得国际植物新品种登录证书		江苏里下河地区农业科学研究所
	扬州粉色记忆	‘Spiced Custard’×‘Beverly Sills’	2016	园艺学报，2016，43（S2）：2807-2808	2016年3月获得国际植物新品种登录证书		江苏里下河地区农业科学研究所
	扬州四月烟花	‘Thornbird’×‘Spiced Custard’	2016	园艺学报，2016，43（S2）：2807-2808	2016年3月获得国际植物新品种登录证书		江苏里下河地区农业科学研究所
	鸣莺	‘Sun Doll’×‘Blue Staccato’	2019	园艺学报，2020，47（S2）：3041-3042	2019年10月通过美国鸢尾协会（AIS）新品种登录		江苏省中国科学院植物研究所、山西林业职业技术学院
Iris japonica 蝴蝶花	梦蝶		2019		获得美国鸢尾协会（American Iris Society）新品种登录权		上海植物园鸢尾研究团队
	晓蝶		2019		获得美国鸢尾协会（American Iris Society）新品种登录权		上海植物园鸢尾研究团队
	化蝶		2019		获得美国鸢尾协会（American Iris Society）新品种登录权		上海植物园鸢尾研究团队
	蝶衣		2019		获得美国鸢尾协会（American Iris Society）新品种登录权		上海植物园鸢尾研究团队
Iris pallida 香根鸢尾	贵妃	从意大利引进的香根鸢尾种质资源，通过单株选择、分株扩繁，筛选出香料用鸢尾新品种‘贵妃香根鸢尾’	2016	园艺学报，2018，45（10）：2065-2066	2016年1月经陕西省林木品种审定委员会审定并定名		陕西省西安植物园、陕西植物资源保护与利用工程技术研究中心
Iris sanguinea 溪荪	紫蝶	从日本引进的溪荪的实生后代中选育出的新品种	2012	园艺学报，2014，41（3）：607-608	2012年2月通过吉林省农作物品种审定委员会审定		吉林农业大学园艺学院
	娇藕	蓝、白花色溪荪混合栽培采种后，从实生后代中选育出的浅藕荷花色的溪荪新品种	2016	园艺学报，2016，43（8）：1629-1630	2016年3月通过国际新品种登录认证		东北林业大学园林学院

（续）

学名 种或属	品种名称	亲本	选育时间	论文发表	国内或国际登录	农业农村部植物新品种保护办公室授权	育种者
Iris sanguinea 溪荪	婷蝶	从溪荪实生后代中选育出的切花新品种	2017	园艺学报，2017，44（S2）：2717-2718	国际新品种登录号为 No. 16-1095		东北林业大学园林学院
	纯心	从溪荪自然杂交实生后代中选育出的浅紫花色的新品种	2017	园艺学报，2018，45（S2）：2797-2798	2017 年 11 月通过国际新品种登录认证		东北林业大学园林学院
	芭蕾女	从溪荪田间自然杂交实生后代中选育出的新品种	2017	园艺学报，2017，44（S2）：2719-2720	2017 年 9 月获得美国国际鸢尾协会新品种登录权		东北林业大学园林学院
	斑蝶	蓝、白花色溪荪自然杂交后，从实生后代中选育出的新品种	2017	园艺学报，2017，44（S2）：2715-2716	2017 年 3 月通过了国际鸢尾协会新品种登录		东北林业大学园林学院
	迷恋	从白花溪荪自然杂交实生后代中选出	2017	园艺学报，2019，46（S2）：2843-2844	2017 年 11 月通过国际鸢尾协会新品种登录认证		东北林业大学园林学院
	白裙	*I. sanguinea* f. *albiflora* 的实生种中选育而来	2017	Hortscience，2019，54（6）：1101-1103	2017 年 11 月 23 日通过国际鸢尾协会新品种登录认证，注册号为 17-0990		东北林业大学园林学院
	含蓄	从 *I. sanguinea* 自由授粉后代群体中选育而成	2017	Hortscience，2019，54（7）：1-2	2017 年，通过国际鸢尾协会新品种登录认证，注册号为 17-0987		东北林业大学园林学院
	国王	从 *I. sanguinea* 自由授粉后代群体中选育而成	2017	Hortscience，2019，54（8）：1-2	2017 年，通过国际鸢尾协会新品种登录认证，注册号为 17-0988		东北林业大学园林学院
	森林仙子	*I. sanguinea*×*I. sanguinea* f. *albiflora*	2017	Hortscience，2018，53（8）：1222-1223	2017 年 9 月通过国际鸢尾协会新品种登录认证，注册号为 17-0518		东北林业大学园林学院
	紫美人	从 *I. sanguinea* 和 *I. sanguinea* f. *albiflora* 混合种植的后代中选育而来	2017	Hortscience，2019，54（8）：1435-1436	2017 年 9 月通过国际鸢尾协会新品种登录认证，注册号为 17-0991		东北林业大学园林学院

（续）

学名 种或属	品种名称	亲本	选育时间	论文发表	国内或国际登录	农业农村部植物新品种保护办公室授权	育种者
Iris tigridia 粗根鸢尾	紫孔雀	2008 年从辽宁北镇医巫闾山引种，经 5 年采用实生单株选择法，从实生群体中选育	2012	园艺学报 2014，41（10）：2163-2164	2012 年 11 月通过鸢尾国际登录权威美国鸢尾协会的审定，获得国际植物新品种登录证书		沈阳农业大学园艺学院、辽宁省北方园林植物与地域景观高校重点实验室
	星光钻石	2008 年从辽宁北镇医巫闾山引种，经 5 年采用实生单株选择法，从实生群体中选育	2012	园艺学报 2014，41（10）：2163-2164	2012 年 11 月通过鸢尾国际登录权威美国鸢尾协会的审定，获得国际植物新品种登录证书		沈阳农业大学园艺学院、辽宁省北方园林植物与地域景观高校重点实验室
	五月彩虹	2008 年从辽宁北镇医巫闾山引种，经 5 年采用实生单株选择法，从实生群体中选育	2012	园艺学报 2014，41（10）：2163-2164	2012 年 11 月通过鸢尾国际登录权威美国鸢尾协会的审定，获得国际植物新品种登录证书		沈阳农业大学园艺学院、辽宁省北方园林植物与地域景观高校重点实验室
	明亮维塔斯	2008 年从辽宁北镇医巫闾山引种，经 5 年采用实生单株选择法，从实生群体中选育	2012	园艺学报 2014，41（10）：2163-2164	2012 年 11 月通过鸢尾国际登录权威美国鸢尾协会的审定，获得国际植物新品种登录证书		沈阳农业大学园艺学院、辽宁省北方园林植物与地域景观高校重点实验室
Iris × hollandica 荷兰鸢尾	玉蝶	从 ^{60}Co-γ 射线辐照品种“展翅”种球种植后群体中选育出	2018	国家科技成果			福建省农业科学院作物研究所
	紫韵	从 ^{60}Co-γ 射线辐照品种“展翅”种球种植后群体中选育出	2018	国家科技成果			福建省农业科学院作物研究所
Iris × norrisii 糖果鸢尾	爱华	野鸢尾 × 射干	2014	北方园艺，2016（9）：168-169	2014 年 11 月通过美国鸢尾协会审定，国际登录号是 14-0763		花卉种质创新与分子育种北京市重点实验室/国家花卉工程技术研究中心/城乡生态环境北京实验室/北京林业大学园林学院
	明媚微笑	野鸢尾 × 射干	2014	北方园艺，2016（9）：168-169	2014 年 11 月通过美国鸢尾协会审定，国际登录号是 14-0764		花卉种质创新与分子育种北京市重点实验室/国家花卉工程技术研究中心/城乡生态环境北京实验室/北京林业大学园林学院

（续）

学名 种或属	品种名称	亲本	选育时间	论文发表	国内或国际登录	农业农村部植物新品种保护办公室授权	育种者
Iris×*norrisii* 糖果鸢尾	舞女	野鸢尾×射干	2014	园林，2016（4）：60-63	2014年11月通过美国鸢尾协会审定，国际登录号是14-0765		北京林业大学
	激情狂想曲	野鸢尾×射干	2014	园林，2016（4）：60-63	2014年11月通过美国鸢尾协会审定，国际登录号是14-0766		北京林业大学
	圣尼	野鸢尾×射干	2014	现代园艺，2015(6):148	2014年11月通过美国鸢尾协会审定，国际登录号是14-0770		花卉种质创新与分子育种北京市重点实验室/国家花卉工程技术研究中心/城乡生态环境北京实验室/北京林业大学园林学院
	粉蝴蝶	(*Iris dichotoma*(purple)×*I. domestica*)×*I. domestica*	2017	Hortscience，2020，55(8)	2017年通过美国鸢尾协会审定		沈阳农业大学园艺学院
	辉煌	*I. domestica*×(*Iris dichotoma*(yellow)×*I. domestica*)	2017		2017年通过美国鸢尾协会审定		沈阳农业大学园艺学院
	久久红	(*Iris dichotoma*(yellow)×*I. domestica*)×*I. domestica*	2017		2017年通过美国鸢尾协会审定		沈阳农业大学园艺学院
	蓝色星空	(*Iris dichotoma*(violet)×*I. domestica*)×*I. dichotoma*(violet)	2017		2017年通过美国鸢尾协会审定		沈阳农业大学园艺学院
	小可爱	(*Iris dichotoma*(purple)×*I. domestica*)×self	2017		2017年通过美国鸢尾协会审定		沈阳农业大学园艺学院
	黑骑士	(*Iris dichotoma*(white)×*I. domestica*)×*I. domestica*	2017		2017年通过美国鸢尾协会审定		沈阳农业大学园艺学院
	甜心	((*Iris dichotoma*(violet)×*I. domestica*)×self)×self	2017		2017年通过美国鸢尾协会审定		沈阳农业大学园艺学院
	紫斑斓	((*Iris dichotoma*(purple)×*I. domestica*)×*self*)×self	2017		2017年通过美国鸢尾协会审定		沈阳农业大学园艺学院

（续）

学名 种或属	品种名称	亲本	选育时间	论文发表	国内或国际登录	农业农村部植物新品种保护办公室授权	育种者
Iris × *norrisii* 糖果鸢尾	紫精灵	((*Iris dichotoma* (purple) × *I. domestica*) × self) × self	2017		2017年通过美国鸢尾协会审定		沈阳农业大学园艺学院
	紫云祥	((*Iris dichotoma* (white) × *I. domestica*) × *I. domestica*	2017		2017年通过美国鸢尾协会审定		沈阳农业大学园艺学院
	粉玲珑	((*Iris dichotoma* (purple) × *I. domestica*) × *self*) × *self*	2017		2017年通过美国鸢尾协会审定		沈阳农业大学园艺学院
	红妆	((*Iris dichotoma* (purple) × *I. domestica*) × self	2017		2017年通过美国鸢尾协会审定		沈阳农业大学园艺学院
Lavandula angustifolia 薰衣草	京薰1号	'74-26(2)'×'C-197'	2012	园艺学报，2015，42(S2)：2969-2970	2012年12月通过国家林业局林木品种审定委员会良种审定		中国科学院植物研究所北方资源植物重点实验室/北京植物园、新疆生产建设兵团第四师六十九团
	京薰2号	从'74-26(2)'自交繁殖的植株中，通过优良单株筛选，无性繁殖的方法选育而成	2012	园艺学报，2015，42(S2)：2971-2972	2012年12月通过国家林业局林木品种审定委员会良种审定		中国科学院植物研究所北方资源植物重点实验室/北京植物园、新疆生产建设兵团第四师七十团
	新薰四号	杂交薰衣草'7441'(穗薰衣草×真薰衣草)中发现的变异单株	2016	北方园艺，2017(1)：169-171	2016年2月通过新疆维吾尔自治区非主要农作物品种审定委员会审定登记，登记号为新农登字(2015)第45号		新疆兵团第四师农业科学研究所
Ligularia sachalinensis 橐吾	金穗	从黑龙江橐吾实生后代中筛选出的新品种	2014	园艺学报，2015，42(11)：2333-2334	2014年1月通过吉林省农作物品种审定委员会登记		吉林省经济管理干部学院、吉林农业大学园艺学院
Limonium 补血草属	紫蝴蝶		2011			2015年1月1日(总第93期)CNA20111236.7	云南云科花卉有限公司
	紫云		2011			2016年3月1日(总第100期)CNA20110010.1	昆明芊卉园艺有限公司
	黄水晶		2011			2016年3月1日(总第100期)CNA20110009.4	昆明芊卉园艺有限公司

（续）

学名 种或属	品种名称	亲本	选育时间	论文发表	国内或国际登录	农业农村部植物新品种保护办公室授权	育种者
Musella lasiocarpa 地涌金莲	佛乐金莲	2008 年从地涌金莲野生种群的天然变异植株中经单株无性繁殖选育而成的新品种	2012	园艺学报，2013，40（8）：1625-1626	2012 年 8 月通过云南省林业厅园艺植物新品种注册登记办公室组织的现场审查和鉴定，同年 9 月获注册登记证书		中国林业科学研究院资源昆虫研究所
	佛喜金莲	2006 年从地涌金莲野生种群的天然变异植株中经单株无性繁殖选育而来	2012	园艺学报，2013，40（4）：811-812	2012 年 8 月通过云南省林业厅园艺植物新品种注册登记办公室组织的现场审查和鉴定，同年 9 月获注册登记证书		中国林业科学研究院资源昆虫研究所
	佛悦金莲	2006 年从地涌金莲野生种群的天然变异植株中经单株无性繁殖选育而成的园艺新品种	2012	园艺学报，2013，40（6）：1219-1220	2012 年 8 月通过云南省林业厅园艺植物新品种注册登记办公室组织的现场审查和鉴定，同年 9 月获注册登记证书		中国林业科学研究院资源昆虫研究所
Nymphaea 睡莲属	天赐	睡莲品种‘诱惑’（*N.*‘Attraction’）芽变而来	2016	北方园艺，2018（3）：208-210	2016 年 10 月 30 日通过国际睡莲新品种登录权威审查，登录国际睡莲新品种保护名录		陕西省西安植物园/陕西省植物研究所
	粉玛瑙	‘紫外线’×‘普林夫人’	2017	园艺学报，2018，45（S2）：2807-2808	2017 年 9 月在国际睡莲及水景园艺协会登录		中国科学院植物研究所北方资源植物重点实验室、中国科学院大学现代农业科学学院、中国科学院植物研究所北京植物园、南京农业大学园艺学院
	婚纱	变色睡莲（*Nymphaea atrans*）×蓝星睡莲（*Nymphaea colorata*）	2018	园艺学报，2020，47（S2）：3075-3076	2018 年 12 月在国际睡莲水景园艺协会进行品种登录		上海辰山植物园

（续）

学名 种或属	品种名称	亲本	选育时间	论文发表	国内或国际登录	农业农村部植物新品种保护办公室授权	育种者
Nymphaea 睡莲属	蓝鸟啼血	实生苗选育	2018		在国际睡莲及水景园艺协会登录		中科院西双版纳热带植物园
	大唐荣耀	母本为‘玛伊拉’（‘Mayla’），父本未知	2018		2018 年 9 月 11 日通过国际睡莲新品种登录权威审查，登录国际睡莲新品种保护名录		陕西省西安植物园/陕西省植物研究所
	大唐倾城	母本为‘荷瓣睡莲’，父本未知	2018		2018 年 9 月 10 日通过国际睡莲新品种登录权威审查，登录国际睡莲新品种保护名录		陕西省西安植物园/陕西省植物研究所
	彩云	母本为‘虹’（‘Arc-en-ciel’），父本未知	2018		2018 年 9 月 10 日通过国际睡莲新品种登录权威审查，登录国际睡莲新品种保护名录		陕西省西安植物园/陕西省植物研究所
	条斑梗	‘喜庆’（‘Celebration’）×‘虹’	2018		2018 年 9 月 10 日通过国际睡莲新品种登录权威审查，登录国际睡莲新品种保护名录		陕西省西安植物园/陕西省植物研究所
	红粉佳人	‘奥斯塔’×‘公牛眼’	2019	园艺学报，2019，46（S2）：2893-2894	2019 年 7 月在国际睡莲及水景园艺协会登录，并获国际品种登录权		广西壮族自治区农业科学院花卉研究所、云南省农业科学院花卉研究所/国家观赏园艺工程技术研究中心、广西亚热带作物研究所
	粉黛	从睡莲名品‘奥斯塔’籽播实生苗中选育出的新品种	2019	园艺学报，2019，46（S2）：2891-2892	2019 年 7 月 25 日在国际睡莲及水景园艺协会登录，并获国际品种登录权		广西壮族自治区农业科学院花卉研究所、云南省农业科学院花卉研究所/国家观赏园艺工程技术研究中心、广西亚热带作物研究所

（续）

学名 种或属	品种名称	亲本	选育时间	论文发表	国内或国际登录	农业农村部植物新品种保护办公室授权	育种者
Nymphaea 睡莲属	大唐飞霞	实生苗选种	2020		2020年11月18日通过国际睡莲新品种登录权威审查，登录国际睡莲新品种保护名录		陕西省西安植物园/陕西省植物研究所
Paeonia lactiflora 芍药	金科状元	由'紫袍金带'种子实生后代中选育出的新品种	2013	园艺学报，2015，42（4）：807-808	2013年9月、12月分别通过国际芍药品种权登录和江苏省农作物品种审定委员会鉴定		扬州大学园艺与植物保护学院、江苏畜牧兽医职业技术学院园林园艺系
	华丹	从山东省菏泽市牡丹区马岭岗芍药圃中选育出的天然杂交新品种	2017	园艺学报，2018，45（S2）：2789-2790		2017年10月获植物新品种权证书	山东省林业科学研究院、花卉种质资源创新与分子育种北京市重点实验室/国家花卉工程技术研究中心/北京林业大学园林学院、山东省林木种苗和花卉站
	华光	从山东省菏泽市牡丹区黄堽镇芍药中选育出的新品种	2017	园艺学报，2018，45（S2）：2791-2792		2017年10月获新品种权证书	山东省林业科学研究院、花卉种质资源创新与分子育种北京市重点实验室/国家花卉工程技术研究中心/北京林业大学园林学院、山东省林木种苗和花卉站
	富贵抱金		2018		获得国际登录认证证书		北京林业大学园林学院
	晓芙蓉		2018		获得国际登录认证证书		北京林业大学园林学院
	粉面狮子头		2018		获得国际登录认证证书		北京林业大学园林学院
	香妃紫		2018		获得国际登录认证证书		北京林业大学园林学院
Platycodon grandiflorus 桔梗	中梗白花1号	从河北安国引种到北京的一份桔梗种质中发现紫花、白花和粉花植株。2004年开始进行单株自交纯化，经4代自交纯化选育	2010	园艺学报，2011，38（7）：1423-1424	2010年10月通过北京市种子管理站农作物新品种鉴定		中国医学科学院/北京协和医学院/药用植物研究所

（续）

学名 种或属	品种名称	亲本	选育 时间	论文发表	国内或国际登录	农业农村部植物新品种 保护办公室授权	育种者
Platycodon grandiflorus 桔梗	中梗粉花 1 号	从河北安国引种到北京的一份桔梗种质中发现紫花、白花和粉花植株。2004 年开始进行单株自交纯化，经 4 代自交纯化选育	2010	园艺学报，2011，38（7）：1423-1424	2010 年 10 月通过北京市种子管理站农作物新品种鉴定		中国医学科学院/北京协和医学院/药用植物研究所
Primula malacoides 报春花	红霞	霞红灯台报春（*Primula beesiana*）后代群体中单株选择培育而成	2008	园艺学报，2009，36（3）：466	云南省园艺植物新品种注册登记		云南省农业科学院花卉研究所、云南农业大学园林园艺学院
	红粉佳人	橘红灯台报春（*Primula bulleyana*）和霞红灯台报春（*Primula beesiana*）的自然杂交后代中选育	2019	园艺学报，2020，47（S2）：3039-3040	2019 年 7 月通过云南省林业厅园艺植物新品种注册登记		中国科学院昆明植物研究所/云南省极小种群野生植物综合保护重点实验室，中国科学院昆明植物研究所
	金粉佳人	橘红灯台报春和霞红灯台报春的自然杂交后代中选育	2019	园艺学报，2020，47（S2）：3039-3040	2019 年 7 月通过云南省林业厅园艺植物新品种注册登记		中国科学院昆明植物研究所/云南省极小种群野生植物综合保护重点实验室，中国科学院昆明植物研究所
Primulina 报春苣苔属	花苹果	‘紫苹果’（‘Lavender Apple’）× 硬叶报春苣苔（*P. sclerophylla*）	2016	园艺学报，2018，45（11）：2273-2274	2016 年获得国际登录权威世界苦苣苔科协会的国际植物新品种登录证书		广西农业职业技术学院
	猫的花环	永福报春苣苔（*P. yungfuensis*）× 阳朔小花苣苔（*P. glandulosa* var. *yangshuoensis*）	2016	园艺学报，2018，45（11）：2273-2274	2016 年获得国际登录权威世界苦苣苔科协会的国际植物新品种登录证书		广西农业职业技术学院
	小喇叭	条叶报春苣苔（*P. ophiopogoides*）× 齿苞报春苣苔（*P. beiliuensis* var. *fimbribracteata*）	2016	园艺学报，2018，45（11）：2273-2274	2016 年获得国际登录权威世界苦苣苔科协会的国际植物新品种登录证书		广西农业职业技术学院

（续）

学名 种或属	品种名称	亲本	选育时间	论文发表	国内或国际登录	农业农村部植物新品种保护办公室授权	育种者
Primulina 报春苣苔属	银色鹿角	牛耳朵（*Primulina eburnean*）×钝齿报春苣苔（*Primulina obtusidentata*）	2017	园艺学报，2019，46（S2）：2845-2846	2018年4月获得世界苦苣苔科植物协会授予的认证证书		武汉市园林科学研究院、中国科学院武汉植物园、恩施冬升植物开发有限责任公司
	红粉佳人	永福报春苣苔（*Primulina yunfuensis*）×巨型报春苣苔（*Primulina* sp.）	2018		2018年获得世界苦苣苔科植物协会授予的认证证书		武汉市园林科学研究院
	红舞裙	永福报春苣苔（*Primulina yunfuensis*）×巨型报春苣苔（*Primulina sp.*）	2018		2018年获得世界苦苣苔科植物协会授予的认证证书		武汉市园林科学研究院
	幸运	褐纹报春苣苔（*Primulina glandaceistriata*）×硬叶报春苣苔（*P. sclerophylla*）	2019	园艺学报，2020，47（12）：2461-2462	2019年通过世界苦苣苔科植物协会国际登录		广西壮族自治区农业科学院花卉研究所
	雨延	柳江报春苣苔（*P. liujiangensis*）×褐纹报春苣苔（*P. glandaceistriata*）	2019	园艺学报，2020，47（12）：2461-2462	2019年通过世界苦苣苔科植物协会国际登录		广西壮族自治区农业科学院花卉研究所
	初见	紫花报春苣苔（*Primulina purpurea*）×马山唇柱苣苔（*Primulina* sp.）	2019	园艺学报，2019，46（S2）：2853-2854	2019年6月20日在世界苦苣苔科植物协会登录		广西壮族自治区农业科学院花卉研究所
	淡雅伊人	报春苣苔（*Primulina medica*）×龙氏报春苣苔（*Primulina longii*）	2019	园艺学报，2019，46（S2）：2847-2848	2019年6月20日在世界苦苣苔科植物协会登录		广西壮族自治区农业科学院花卉研究所
	淡妆美人	荔波报春苣苔（*Primulina liboensis*）×褐纹报春苣苔（*Primulina glandaceistriata*）	2019	园艺学报，2019，46（S2）：2849-2850	2019年6月20日在世界苦苣苔科植物协会登录		广西壮族自治区农业科学院花卉研究所
	繁星	三苞报春苣苔（*Primulina tribracteata*）×柳江报春苣苔（*Primulina liujiangensis*）	2019	园艺学报，2019，46（S2）：2861-2862	2019年6月20日在世界苦苣苔科植物协会登录		广西壮族自治区农业科学院花卉研究所

（续）

学名 种或属	品种名称	亲本	选育时间	论文发表	国内或国际登录	农业农村部植物新品种保护办公室授权	育种者
Primulina 报春苣苔属	蓝光	大根报春苣苔(*Primulina macrorhiza*)×紫花报春苣苔(*Primulina purpurea*)	2019	园艺学报，2019，46(S2)：2863-2864	2019年6月20日在世界苦苣苔科植物协会登录		广西壮族自治区农业科学院花卉研究所
	如意	褐纹报春苣苔(*Primulina glandaceistriata*)×柳江报春苣苔(*Primulina liujiangensis*)	2019	园艺学报，2019，46(S2)：2859-2860	2019年6月20日在世界苦苣苔科植物协会登录		广西壮族自治区农业科学院花卉研究所
	希望	褐纹报春苣苔(*Primulina glandaceistriata*)×牛耳朵(*Primulina eburnea*)	2019	园艺学报，2019，46(S2)：2857-2858	2019年6月20日在世界苦苣苔科植物协会登录		广西壮族自治区农业科学院花卉研究所
	珍宝	硬叶报春苣苔(*Primulina sclerophylla*)×柳江报春苣苔(*Primulina liujiangensis*)	2019	园艺学报，2019，46(S2)：2855-2856	2019年6月20日在世界苦苣苔科植物协会登录		广西壮族自治区农业科学院花卉研究所
	紫嫣红颜	荔波报春苣苔(*Primulina liboensis*)×紫花报春苣苔(*Primulina purpurea*)	2019	园艺学报，2019，46(S2)：2851-2852	2019年6月20日在世界苦苣苔科植物协会登录		广西壮族自治区农业科学院花卉研究所
	翔鸟	*P. fimbrisepala*×*P. linearifolia*			通过世界苦苣苔科植物协会国际登录		北京林业大学园林学院，中国科学院广西植物研究所
	楠梦	*P. fimbrisepala*×*P. pungentisepala*			通过世界苦苣苔科植物协会国际登录		北京林业大学园林学院，中国科学院广西植物研究所
Ranunculus asiaticus 花毛茛	妖姬	‘乐园’系列中的红色系与黄色大花系杂交选育而成	2013	园艺学报，2015，42(7)：1423-1424	2013年12月通过江苏省农作物品种审定委员会鉴定		江苏省中国科学院植物研究所/南京中山植物园、江苏省大丰市盆栽花卉研究所
	橙色年代	‘乐园’花毛茛为亲本经混交、杂交选育而成的新品种	2013	北方园艺，2015，(07)：151-152	2013年12月通过江苏省农作物品种委员会审定		江苏省中国科学院植物研究所/南京中山植物园，江苏省大丰市盆栽花卉研究所

（续）

学名 种或属	品种名称	亲本	选育时间	论文发表	国内或国际登录	农业农村部植物新品种保护办公室授权	育种者
Sedum 景天属	滨海长伞	从辽宁山区野生景天资源中选育出的新品种	2013	园艺学报，2014，41（9）：1959-1960	2013年12月通过河北省林木品种审定委员会审定		河北省农林科学院滨海农业研究所、河北省林业技术推广总站、河北省农林科学院
Stylosanthes 柱花草属	热研21号		2014			2018年3月1日(总第112期)CNA20141106.1	中国热带农业科学院热带作物品种资源研究所
	品109		2009			2015年11月1日(总第98期)CNA20090361.0	中国热带农业科学院热带作物品种资源研究所
Tulipa 郁金香属	紫玉	‘Purple Lady’×‘Miss Holland’	2015	北方园艺，2015(23)：170-172	2015年4月19日通过了辽宁省非主要农作物品种备案委员会组织的相关专家现场鉴定		辽宁省农业科学院花卉研究所
	黄玉	是从郁金香品种‘Golden Apeldoorn’的芽变中选育出的新品种	2016	园艺学报，2020，47（S2）：3047-3048	2016年4月通过了辽宁省非主要农作物品种备案委员会备案		辽宁省农业科学院花卉研究所
	天山之星	是由中国野生种郁金香人工驯化而选育出的新品种	2019		2019年通过荷兰皇家球根种植者协会国际登录		辽宁省农业科学院花卉研究所
	和平年代	是由中国野生种郁金香人工驯化而选育出的新品种	2019		2019年通过荷兰皇家球根种植者协会国际登录		辽宁省农业科学院花卉研究所
	伊犁之春	是由中国野生种郁金香人工驯化而选育出的新品种	2019		2019年通过荷兰皇家球根种植者协会国际登录		辽宁省农业科学院花卉研究所
	金色童年	是由中国野生种郁金香人工驯化而选育出的新品种	2019		2019年通过荷兰皇家球根种植者协会国际登录		辽宁省农业科学院花卉研究所
	丰收季节	是由中国野生种郁金香人工驯化而选育出的新品种	2019		2019年通过荷兰皇家球根种植者协会国际登录		辽宁省农业科学院花卉研究所

（续）

学名 种或属	品种名称	亲本	选育时间	论文发表	国内或国际登录	农业农村部植物新品种保护办公室授权	育种者
Tulipa 郁金香属	心之梦	是由中国野生种郁金香人工驯化而选育出的新品种	2020		2020年通过荷兰皇家球根种植者协会国际登录		辽宁省农业科学院花卉研究所
	金丹玉露	‘Moonshine’×‘Spring Green’	2020		2020年通过荷兰皇家球根种植者协会国际登录		辽宁省农业科学院花卉研究所
	月亮女神	‘Exotica’×‘White Triumphator’	2020		2020年通过荷兰皇家球根种植者协会国际登录		辽宁省农业科学院花卉研究所
	银星	是由中国野生种郁金香人工驯化而选育出的新品种	2020		2020年通过荷兰皇家球根种植者协会国际登录		辽宁省农业科学院花卉研究所
Vriesea 丽穗凤梨属	凤剑1号	‘红宝剑’（*Vriesea*‘Margot’）×‘精宝剑’（*V.*‘Ginger’）	2015	园艺学报，2015，42（S2）：2973-2974	2015年2月通过浙江省非主要农作物品种审定委员会审定		浙江省农业科学院花卉研究开发中心
Zantedeschia aethiopica 马蹄莲	京彩阳光	新西兰引进的切花品种‘Black Magic’组培无性系中选育出的变异株系	2012	园艺学报，2013，40（9）：1863-1864	2012年12月通过北京市林木品种审定委员会审定并正式定名		北京市农林科学院蔬菜研究中心/农业部华北地区园艺作物生物学与种质创制重点实验室/农业部都市农业重点实验室
	京彩粉韵	‘紫玉’×‘Pot of Gold’	2013	园艺学报，2015，42（10）：2099-2100	2013年12月通过北京市林木品种审定委员会审定并定名		北京市农林科学院蔬菜研究中心/农业部华北地区园艺作物生物学与种质创制重点实验室/农业部都市农业（北方）重点实验室
	粉玉	‘Saigon Pink’×‘Passion’	2014	园艺学报，2015，42（S2）：2957-2958	2014年9月通过上海市农作物品种审定委员会认定		上海市农业科学院林木果树研究所、上海花卉工程技术研究中心
	红玉	‘Mango’×‘Captain Amigo’	2014	园艺学报，2015，42（S2）：2957-2958	2014年9月通过上海市农作物品种审定委员会认定		上海市农业科学院林木果树研究所、上海花卉工程技术研究中心
	紫玉	‘Naomi’×‘Purple Heart’	2014	园艺学报，2015，42（S2）：2957-2958	2014年9月通过上海市农作物品种审定委员会认定		上海市农业科学院林木果树研究所、上海花卉工程技术研究中心

光萼荷‘凤粉1号’（浙江省农业科学院花卉研究开发中心）

丽穗凤梨‘凤剑1号’（浙江省农业科学院花卉研究开发中心）

红掌‘丹韵’（浙江省农业科学院花卉研究开发中心）

香石竹‘云蝶衣’（云南省农业科学院花卉研究所）

小苍兰‘上农红台阁’（上海交通大学农业与生物学院）

溪荪‘娇藕’（东北林业大学园林学院）

溪荪‘婷蝶’（东北林业大学园林学院）

溪荪‘纯心’（东北林业大学园林学院）

溪荪'芭蕾女'（东北林业大学园林学院）

溪荪'斑蝶'（东北林业大学园林学院）

溪荪'迷恋'（东北林业大学园林学院）

溪荪‘白裙’（东北林业大学园林学院）

溪荪‘含蓄’（东北林业大学园林学院）

溪荪‘国王’（东北林业大学园林学院）

溪荪‘森林仙子’（东北林业大学园林学院）

溪荪‘紫美人’（东北林业大学园林学院）

粗根鸢尾‘明亮维塔斯’（沈阳农业大学园艺学院）

粗根鸢尾‘五月彩虹’（沈阳农业大学园艺学院）

粗根鸢尾‘星光钻石’（沈阳农业大学园艺学院）

粗根鸢尾‘紫孔雀’（沈阳农业大学园艺学院）

糖果鸢尾‘粉蝴蝶’（沈阳农业大学园艺学院）

糖果鸢尾‘粉玲珑’（沈阳农业大学园艺学院）

糖果鸢尾‘黑骑士’（沈阳农业大学园艺学院）

糖果鸢尾‘红妆’（沈阳农业大学园艺学院）

糖果鸢尾‘辉煌’（沈阳农业大学园艺学院）

糖果鸢尾‘久久红’（沈阳农业大学园艺学院）

糖果鸢尾‘蓝色星空’（沈阳农业大学园艺学院）

糖果鸢尾‘甜心’（沈阳农业大学园艺学院）

糖果鸢尾‘小可爱’（沈阳农业大学园艺学院）

糖果鸢尾‘紫斑斓’（沈阳农业大学园艺学院）

糖果鸢尾‘紫精灵’（沈阳农业大学园艺学院）

糖果鸢尾‘紫云祥’（沈阳农业大学园艺学院）

芍药‘粉面狮子头’(北京林业大学园林学院)

芍药‘富贵抱金’(北京林业大学园林学院)

芍药‘香妃紫’（北京林业大学园林学院）

芍药‘晓芙蓉’（北京林业大学园林学院）

报春苣苔属‘银色鹿角’（武汉市园林科学研究院）

报春苣苔属‘红粉佳人’（武汉市园林科学研究院）

报春苣苔属‘红舞裙’（武汉市园林科学研究院）

景天‘滨海长伞’（河北省农林科学院滨海农业研究所）

郁金香‘黄玉’（辽宁省农业科学院花卉研究所）

郁金香‘紫玉’（辽宁省农业科学院花卉研究所）

郁金香‘天山之星’（辽宁省农业科学院花卉研究所）

郁金香‘和平年代’（辽宁省农业科学院花卉研究所）

郁金香‘伊犁之春’（辽宁省农业科学院花卉研究所）

郁金香‘金色童年’（辽宁省农业科学院花卉研究所）

郁金香‘丰收季节’（辽宁省农业科学院花卉研究所）

郁金香‘心之梦’（辽宁省农业科学院花卉研究所）

郁金香‘金丹玉露’（辽宁省农业科学院花卉研究所）

郁金香‘月亮女神’（辽宁省农业科学院花卉研究所）

郁金香‘银星’（辽宁省农业科学院花卉研究所）